KB124363

다윈에서 데리다까지

다윈에서 데리다까지

—

2023년 12월 20일 초판 1쇄 발행

—

지은이 데이비드 헤이그
옮긴이 최가영
감수자 최재천
펴낸이 강준규
책임편집 유형일
마케팅지원 배진경, 임혜솔, 송지유, 이원선

—

펴낸곳 (주)로크미디어
출판등록 2003년 3월 24일
주소 서울특별시 마포구 마포대로 45 일진빌딩 6층
전화 02-3273-5135
팩스 02-3273-5134
편집 02-6356-5188
홈페이지 http://rokmedia.com
이메일 rokmedia@empas.com

—

ISBN 979-11-408-2009-2 (03400)
책값은 표지 뒷면에 있습니다.

—

브론스테인은 로크미디어의 과학, 건강 도서 브랜드입니다.
잘못 만들어진 책은 구입하신 서점에서 교환해 드립니다.

FROM DARWIN TO DERRIDA

다윈에서 데리다까지

이기적 유전자,
사회적 자아, 그리고
삶의 의미에 관하여

데이비드 헤이그 지음
최가영 옮김
최재천 감수

BRONSTEIN

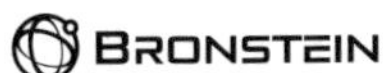

•

당신의 진중한 성품과 더불어,
열정 있는 남자를 남편으로 선택해
내게 아버지의 자질을 함께 물려주신
어머니께 이 책을 바칩니다.

•

한 얼굴은 시작을, 다른 얼굴은 끝을 뜻하지만
야누스와 테르미누스가 실은 하나의 신이라는 것만큼
양면성의 성질을 고상하게 깨우치는 이야기가 또 있을까?
일하는 자는 두 신을 모두 숭상해야 마땅하다.
일을 진행함에 있어 매사 처음을 돌아보지 않는 자는
끝을 내다볼 줄도 모른다.
그러하니 앞날에 대한 구상은 지난날의 기억과 필히 이어지는 것이다.
어떻게 시작했는지 기억하지 못하는데
일을 마무리 지을 방법이라고 어찌 찾겠는가?

- 히포의 아우구스티누스Augustinus of Hippo

저자·역자·감수자 소개

· 저자 ·

데이비드 헤이그David Haig

데이비드 헤이그는 세계적으로 저명한 진화생물학자이다. 맥쿼리대학교에서 강의를 시작한 그는 옥스퍼드대학교를 거쳐 현재 하버드대학교 유기체 및 진화생물학부에서 일하고 있다. 헤이그는 한 몸을 이루는 유전자들도 협력만 하는 게 아니라 각자의 이득을 위해 갈등을 일으킨다는 유전체 갈등 이론으로 명성을 얻었다. 그는 임신이 태아와 엄마의 유전체 갈등으로 인해 고통스러운 과정이 되었다는 논문과 잘 자던 아기가 생후 6개월 즈음 되면 자주 깨서 칭얼거리는 이유가 동생의 탄생을 막아 자신의 생존율을 높이기 위함이라는 연구 결과를 담은 논문을 발표한 바 있다. 헤이그는 자신의 연구를 유전체 각인, 부모 자손 간 갈등까지 확장했으며, 유전체 각인과 유전체 갈등 이론에 관한 내용을 담은 《유전체 각인과 친족Genomic Imprinting and Kinship》이란 책으로 써냈다.

· 역자 ·

최가영

서울대학교 약학대학원을 졸업하였다. 현재 번역 에이전시 엔터스코리아에서 과학 및 의학 분야 출판 전문 번역가로 활동하고 있다. 주요 역서로는 《게놈 오디세이》, 《너무 놀라운 작은 뇌세포 이야기》, 《나이듦에 관하여》, 《뉴 코스모스》 등이 있다.

· 감수자 ·

최재천

하버드대학교에서 에드워드 윌슨 교수의 지도로 진화생물학 박사 학위를 받고 하버드대학교 전임강사와 미시건대학교 조교수, 서울대학교 생명과학부 교수를 거쳐 이화여자대학교 에코과학부 석좌교수로 일하고 있다. 150여 편의 논문과 6권의 영문 저서를 출간한 것 외에도 《생태적 전환》, 《다윈지능》, 《통찰》, 《통섭》 등 70권 이상의 책을 집필 또는 번역했다. 초대 국립생태원 원장, 《동물행동학 백과사전Encyclopedia of Animal Behavior》 총괄 편집장, 국제생물다양성협약CBD 의장, 유엔기후변화협약UNFCCC 명예대사, 코로나19 일상회복지원위원회 공동위원장을 역임했고 현재 생명다양성재단 이사장을 맡고 있다.

차례

추천의 말

"드디어 《이기적 유전자》의 적자가 탄생했다!"

최재천 (이화여대 에코과학부 석좌교수 / 생명다양성재단 이사장)

44년을 기다렸다, 《이기적 유전자》의 적자가 태어나기를! 1976년 리처드 도킨스의 명저가 출간된 이래 자연선택론과 진화유전학에 관한 대중과학서들이 봇물처럼 쏟아져 나왔지만 그들은 모두 《이기적 유전자》의 아류이거나 적대적 비평이었다. 저자 데이비드 헤이그는 자신이 대학에 들어가기 한 해 전에 출간된 《이기적 유전자》보다 1982년에 나온 도킨스의 다음 책 《확장된 표현형》을 먼저 읽었다고 했다. 《다윈의 사도들》에서 나는 도킨스와 대담을 마치며 그가 쓴 책 중에서 가장 아끼는 책이 있느냐 물었다. 그는 머뭇거림 없이 《확장된 표현형》이라고 답했다. 나는 1979년 미국에 유학

해 그 이듬해인 1980년 펜실베이니아주립대에서 수강한 '사회생물학Sociobiology' 수업에서 《이기적 유전자》를 읽고 내 평생의 연구 주제로 삼았지만, 동물행동학을 전공하는 내게는 《확장된 표현형》이 실질적으로 훨씬 큰 영향을 끼쳤다. 도킨스 스스로 밝힌 확장된 표현형 개념의 핵심이 바로 동물의 행동에서 드러나기 때문이다. "동물의 행동은 그 행동을 '위한' 유전자의 생존 확률을 극대화하는 경향이 있다. 이 행동을 하는 개체의 몸속에 그 유전자가 있는지 없는지와 무관하게 말이다." 도킨스는 생물체 내 유전자들 사이에 벌어지는 온갖 갈등을 묘사하며 생물의 행동과 구조는 자연선택 과정을 거치며 개체보다는 유전자의 이익을 위해 진화한 적응의 결과물이라고 설명했다. 《다윈에서 데리다까지》는 《확장된 표현형》에서 출발하여 《이기적 유전자》와 도킨스가 아끼는 또 다른 책이자 내가 직접 번역한 《무지개를 풀며》의 내용을 아우르며 우리를 아예 유전체 안으로 끌고 들어간다.

나는 지금도 또렷이 기억한다. 1990년 하버드대에서 박사학위를 하고 1992년 미시건대에 부임해 연구실을 꾸리던 시절 헤이그의 논문 두 편—〈유전체 내 갈등과 진사회성의 진화Intragenomic conflict and the evolution of eusociality〉(*Journal of Theoretical Biology, 1992*)와 〈인간 임신 중 유전적 갈등Genetic conflicts in human pregnancy〉(*Quarterly Review of Biology, 1993*)—을 읽고 그 옛날 《이기적 유전자》를 읽었을 때 못지않은 전율을 느꼈다. 나는 마치 목욕을 하다 왕관의 진위를 밝힐 방법을 알아내곤 발가벗은 채 '유레카Eureka'를 외치며 뛰쳐나간 아르키메데스처럼 이 새로운 관점을 당시 내가 한 거의 모든 강의에서 침 튀기며 역설했다. 이 책의 추천서문을 쓴 철학자 대니얼 데닛Daniel C. Dennett이 내 심정을 제대로 대변한다.

지금은 혹시 내가 '다윈주의 편집증'이 아닐까 하는 괜한 불안감을 과감히 털어낼 때다. 그런 다음 헤이그의 안내를 따라 이상하고 아름다운—동시에 다소 황당하기도 한—전략적 유전자의 세상으로 가 보자. 그곳에선 변절자와 사기꾼이 아무 이유 없이 경쟁을 벌이고, 팀플레이와 감시하는 보초가 있고, 로봇이 모인 로봇으로 된 로봇은 자신이 왜 그렇게 행동하는지 모른 채 거대한 운반자를 미래로 향하도록 조종한다. 여기가 바로 이기적 유전자의 세상이다. 리처드 도킨스가 기발하게 떠올렸고 헤이그가 구체화한 그곳이다.

헤이그가 하버드대 교수로 부임한 이후 나는 내 스승 에드워드 윌슨Edward O. Wilson 교수를 찾아 뵐 때마다 종종 그의 연구실에 들러 담소를 나누곤 했다. 두어 차례 학교 잔디밭에 앉아 샌드위치 점심을 함께하기도 했다. 그와 나는 비슷한 시기에 그는 옥스퍼드에서 나는 하버드에서 박사학위를 하고, 그는 하버드에서 나는 미시건에서 교수 생활을 시작해 서로 아는 사이가 아니었지만, 나는 그의 이론에 워낙 깊숙이 매료된 터라 그냥 일방적으로 찾아가 일종의 '사랑 고백'을 했다. 그는 이 책에서 윌슨의 《통섭*Consilience*》을 인용하지 않았지만 나는 그야말로 완벽한 의미의 통섭학자라고 생각한다. 나는 다시 한번 데닛을 인용한다.

이 책은 어떻게 의미가 실재하게 되는지, 어떻게 인간 스스로 세상을 납득하게 되었는지를 유쾌하게 풀어낸다. 그러면서 학문과 학문을 경계 짓던 서슬 퍼런 장벽을 태연자약하게 허물고 철학과 과학을, 시와 생화학을, 클로드 섀넌Claude Shannon이 정립한 수학적 정보 이론과 유서 깊은 문학론을 하나로 화합한다. 유전자 조절 동력의 이치에서 아리스토텔레스Aristoteles와 프랜시스 베이컨Francis Bacon의 철학을 발견하고, 태반 유전자 조절 네트워크에서 레트로바이러스가 하는 역할을 문학적으로 해석하는 게 가당하다고 어느 누가 생각할까? 과학자가 본인 전공의 역사를 알고 나서 새로운 깨달음을 얻고, 인문학이나 사회과학을 연구하는 사람이 미생물학을 공부해 자기 분야의 전문성을 강화하는 게 과연 가능할까? 나는 이처럼 극과 극에 선 독자들의 열정에 불을 지펴 데이비드 헤이그가 운행하는 철학의 롤러코스터에 태우고자 한다.

문학, 역사, 철학, 심리학은 아니더라도 과학만큼은 목적론을 철저히 멀리해야 한다는 학문의 세계에서 찰스 다윈은 '아리스토텔레스의 텔로스'라는 말괄량이를 숙녀로 길들이는 방법을 우리에게 알려주려 했건만 사상가들은 이를 입 밖에도 내지 않으려 했다. 데닛에 따르면 헤이그는 이 책에서 이런 혐오감과 편견을 머리 꼭대기에 앉아 꿰뚫고 있다. 그는 이런 통섭을 은유metaphor로 풀어낸다. 그의 논문을 심사하는 학자들은 그의 글을 널널하고 비과학적이라고 비판한다. 이에 그는 어차피 수학 모형도 따지고 보면 고도로 정제된 은유라는 사실을 받아들이면 은유를 사용하는 걸 두려워할 까닭이 없다며 당당히 맞선다. 《창의성의 기원》에서 에드워드 윌슨은 "언어가 발명되지 않았다면, 우리는 동물로 남아 있을 것이다. 은유가 없었다면, 우리는 지금도 야만인으로 남아 있을 것이다"라고 단언한다. 문학 작품을 읽으며 우리는 은유 혹은 유추analogy를 이해를 돕기 위한 수사 기법 정도로 생각하지만, 《사고의 본질》에서 철학자 더글러스 호프스태터Douglas Hofstadter와 심리학자 에마뉘엘 상데Emmanuel Sander는 이들이 특이한 사고의 한 유형이 아니라 우리의 생각을 전적으로 지배하는 핵심 인지 메커니즘이라고 주장한다. 나 역시 오래전부터 어차피 인간의 모든 활동은 언어에 의해 행해지고 과학도 궁극적으로는 언어로 발표되므로 과학은 결국 인문학일 수밖에 없다고 생각해 왔다. 그럼에도 불구하고 이 책 곳곳에서 펼쳐지는 헤이그의 현란한 은유에 적이 놀라고 있다. 평소 나지막하고 조용한 목소리에 다소 어눌한 어조로 호주식 영어 액센트를 웅얼거리는 그를 생각하면 은유의 향연으로 점철된 그의 글은 그지없이 신선하다. 그는 이렇게 마무리한다. "지금 내가 소망하는 바는 생물학자들이 생물체에 대한 객관적 이해에 주관성을 반영해야 함을 인정하고 인문학으로부터 배울 점이 있음을 깨닫는 것이다." 나 역시 《통섭》의 옮긴이 서문에서 윌리엄 휴얼William Whewell의 가법적 통섭additive consilience과 에드워드 윌슨의 환원적 통섭reductionistic consilience을 넘어 인문학과 자연과학을 아우르는 이른바 호상적 통섭interactive consilience을 추구해야 한다고 제언한 바 있다.

헤이그는 거의 언어학자 수준으로 그가 구사하는 다양한 단어들의 어원과 의미에 천착한다. 고전적 의미의 유전자는 진화적 차이를 설명하기 위해 고안된 추상적 개념의 산물이었다. 그러나 유전자의 존재는 유전자가 만들어 낸 차이가 대물림되어야 비로소 드러난다. 이처럼 유전자는 차이로 정의된 것이지만, 다른 한편 유전자는 물리적 실체로 존재한다. 차이와 실체라는 서로 대립하는 두 개념에 따라 그는 우리가 별 생각 없이 사용하는 '유전자'라는 용어와 개념을 '정보 유전자'와 '물질 유전자'로 나눈다. 아리스토텔레스의 4원인—질료인質料因, material cause, 형상인形相因, formal cause, 동력인動力因, efficient cause, 그리고 귀결점telos을 뜻하는 목적인目的因, final cause—을 세분하여 설명하고, 우리 유전자의 형상인인 정보 유전자는 자연선택이 걸어온 텍스트 기록이며 각 개체가 발달하는 동안 유전적 원인으로 작동하는 물질 유전자로 실체화하는 과정을 분석한다. 유전 정보를 텍스트로 해석하는 그의 접근은 결국 그를 다윈에서 데리다로 이끈다. 하지만 "텍스트 바깥에는 아무것도 없다"고 주장한 데리다의 포스트모던 해체주의에 대해 윌슨은 그의 《통섭》에서 "작가의 텍스트는 비평가의 머리 속에 있는 유아론적 세계에서 유래한 신선한 분석과 논평에 열려 있다. 그러나 비평가 또한 해체주의의 적용을 받고 비평가의 비평가 역시 마찬가지이므로 결국 무한 소급이 일어날 수밖에 없다"며 '데리다의 역설'은 그저 현란한 몽매주의적 진술에 지나지 않는다고 혹평했다. 헤이그는 경험이 의식으로 재생되는 뇌 안의 가상공간으로서 '데카르트의 극장' 가설을 부정하며 우리 의식에는 정본 텍스트 같은 건 없고 무한히 개정되는 초고들만 존재할 뿐이라고 설명한 데닛을 애써 데리다와 엮으며 의식적으로 윌슨을 밀어내는 것처럼 보인다. 누가 봐도 거의 완벽한 통섭을 추구하는 학자로서 굳이 윌슨에 대한 언급 자체를 회피한 점은 못내 아쉽다.

'다윈의 불독'으로 불린 허버트 스펜서처럼 '도킨스의 불독'을 자처한 나에게 이 책은 단 한 페이지도 허투루 넘길 수 없는 배움의 연속이다. 헤이그가 상당한 지면을 할애하며 설명에 설명을 거듭한 자연선택의 단위와 수준에 관한 논쟁 못지않게 진화생물학계에서 쉽사리 끝나지 않을 또 다른 논쟁거리는 진화가 과연 진보인가 하는 문제이다. 나는 그동안 수업시간이나 대중강연에서 진화에는 방향성이 없음을 쉼 없이 설파해 왔다. 비록 내 지도교수인 윌슨 교수는 진화를 진보로 해석하는 학파의 중심 학자이지만 나는 결연히 반대 진영에 서 있었다. 하지만 이 책을 읽으며 나는 다른 각도의 설명이 가능하다는 걸 깨달았다. 방향 없는 우연이 어떻게 현존하는 생물체처럼 복잡한 존재를 창조할 수 있느냐는 비판에 대해 헤이그는 다음과 같이 대응한다.

> 우연은 홀로 작용하지 않는다. 자연선택은 다행한 우연을 겪은 자손을 보존하고 그 자손이 낳은 자손들 가운데 다행한 우연을 더 겪은 자손을 다시 보존한다. 그러면서 불운한 우연을 겪은 자손과 아무 일도 겪지 않은 자손은 제거한다. 표기를 잘못한 것과 운 좋게 펜이 손에서 미끄러지는 것 사이—틀린 메모 하나와 그것이 기록으로 고정되는 것 사이—의 차이는 뜻밖의 행운으로 시작된 오류의 경우 복제에 복제를 거듭하면서 차차 의미를 갖게 된다는 점에 있다. 그러고 나면 맞물린 톱니바퀴처럼 계속 진행하는 것이다. 이것이 자연선택의 창조력이다. (……) 돌연변이 하나는 국지적으로 일어나는 무작

위 반응이지만 성공적 경로에서 목격되는 일련의 돌연변이들은 머뭇머뭇하긴 해도 성향을 점점 키우는 방향으로 진행한다. 이런 방향성은 선택의 주체인 환경에서 나오는 것이다. (……) 의미는 자연선택 과정에서 무의미한 돌연변이들로부터 의미 있는 것들이 걸러지면서 생겨난다고 할 수 있다. 차등적 복제는 다양한 수준의 가치를 보존하고 진화학적으로 성공한 계통 안에서 일어나는 일련의 돌연변이에 방향성을 부여한다. 불순물에서 금을 분리하는 과정과 흡사하다.

나는 진화의 지향성에 대해 그간의 내 생각을 접고 원점에서부터 다시 생각해 보기로 했다. 이 문제에 관한 생각이 정리되어야 비로소 자유의지와 영혼, 그리고 도덕성의 진화를 재점검할 수 있기 때문이다. 이에 대한 헤이그의 생각은 여기에서 출발한다.

우리는 유전자의 노예가 아니다. 유전자가 결정권을 우리 영혼에게 위임한 까닭이다. 우리는 문화의 노예도 아니다. 우리 영혼은 문화의 어떤 부분은 받아들이고 어떤 부분은 거부할지를 스스로 판단하고 결정하는 까닭이다.

이는 《이기적 유전자》에서 도킨스가 내지른 다음과 같은 발언을 이어받은 것이다.

우리는 유전자의 기계로 만들어졌고 밈의 기계로서 자랐다. 그러나 우리에게는 우리의 창조자에게 대항할 힘이 있다. 이 지구에서는 우리 인간만이 유일하게 이기적인 자기복제자의 폭정에 반역할 수 있다.

나는 《다윈 지능》에서 유전자 결정론에 관한 내 생각을 손오공이 근두운을 타고 수만 리를 날아올라 구름 위로 솟아 있는 기둥에 자기 이름을 새겼지만 결국 부처님 손가락이었다는 《서유기》의 은유를 빌려 생물체의 구조와 행동은 물론, 심지어 문화까지 결국 모든 게 유전자가 깔아 준 멍석 혹은 손바닥 위에서 벌어질 수밖에 없다는 의미로 다소 우스꽝스러운 '유전자장 이론遺傳子掌 理論'을 제안한 바 있다. 코로나19로 소원했던 헤이그와의 만남을 재개해야 할 이유가 차고 넘친다.

지금 서점에서 판매되고 있는 《이기적 유전자》 표지에는 다음과 같은 내 추천사가 적혀 있다. "한 권의 책 때문에 인생관이 하루아침에 뒤바뀌는 경험을 한 적이 있는가? 내게는 《이기적 유전자》가 바로 그런 책이다." 《이기적 유전자》를 읽고 나와 같은 경험을 한 사람이라면 이제 《다윈에서 데리다까지》를 읽어야 한다. 《이기적 유전자》는 읽었는데 이 책을 읽지 않는다면 당신은 진화의 산티아고 순례길을 완주하지 못한 것이다. 《이기적 유전자》를 계승하는 적자로서 《다윈에서 데리다까지》를 열렬히 권유한다.

추천서문

대니얼 C. 데닛Daniel C. Dennett

이 책은 어떻게 의미가 실재하게 되는지, 어떻게 인간 스스로 세상을 납득하게 되었는지를 유쾌하게 풀어낸다. 그러면서 학문과 학문을 경계 짓던 서슬 퍼런 장벽을 태연자약하게 허물고 철학과 과학을, 시와 생화학을, 클로드 섀넌Claude Shannon이 정립한 수학적 정보 이론과 유서 깊은 문학론을 하나로 화합한다. 유전자 조절 동력의 이치에서 아리스토텔레스Aristoteles와 프랜시스 베이컨Francis Bacon의 철학을 발견하고, 태반 유전자 조절 네트워크에서 레트로바이러스가 하는 역할을 문학적으로 해석하는 게 가당하다고 어느 누가 생각할까? 과학자가 본인 전공의 역사를 알고 나서 새로운 깨달음을 얻고, 인문학이나 사회과학을 연구하는 사람이 미생물학을 공부해 자기 분야의 전문성을 강화하는 게 과연 가능할까? 나는 이처럼 극과 극에 선 독자들의 열정에 불을 지펴 데이비드 헤이그가 운행하는 철학의 롤러코스터에 태우고자 한다. 그는 로런스 스턴Laurence Sterne의 진기한 장편 《트리스트럼 섄디*Tristram Shandy*》(1759)와 이마누엘 칸트Immanuel Kant의 《판단력 비판》(1790~1793)부터 찰스 샌더스 퍼스Charles Sanders Peirce와 자크 데리다Jacques Derrida를 거쳐 유전자 전달, 복제, 발현의 정교한 기제를 해설하는 최신 과학논문에 이르기까지 상상 이상으로 다양한 원전을 넘나들면서 스토리를 노련하게 전개한다. 헤이그가 차분하면서도 자신감 넘치는 어조로 생명에 관한 새로운 시각을 제시하기에 이 책은 더욱 매력적이다. 약간의 과장도, 자기합리화도 없이 우아하게 흘러가는 글을 읽고 있노라면 그 울림에 절로 스며든다.

몹시도 전형적인 철학자들은 누구 하나 예외 없이 케케묵은 논제 하나를 두고 고민에 빠진다.

생명의 의미는 무엇일까?

이때 한편에서 또 다른 전형의 최고봉에 선 '강직한' 과학자들은 이 논제를 구석으로 영원히 밀어낸다. 그들의 관심은 *왜*가 아니라 온통 *어떻게*에 가 있다. 그래서 훨씬 전문적인 것처럼 들리지만 본질은 물리적인 혹은 기계적인 부분에만 치중한 논제에 매달린다.

물질이란 무엇인가?
시간이란 무엇인가?
분자는 어떤 일을 어떻게 수행하는가?
생명은 어떻게 발생했으며 생명체는 어떻게 살아 있는가?

이런 틀에 박힌 사고방식은 완강한 추정을 낳아, 예술과 인문학을 과학과 생이별시킨다. 그러면서 전자의 목적과 수단이 과학의 그것과 다르다고 말하고 둘 사이의 대립을 부추긴다. *가이스터스비센샤프텐*Geisteswissenschaften(정신과학)과 *나투어비센샤프텐*Naturwissenschaften(달과 산과 산소와 바다 같은 것들을 전부 포괄하는 가장 넓은 의미의 자연과학)의 대결구조는 그렇게 생겨났다(19세기 철학자 빌헬름 딜타이Wilhelm Dilthey의 학문 분류—옮긴이). 좌측에선 어떤 규칙도 따르지 않는 서사가, 우측에선 온갖 자연법칙이 한 치의 양보 없이 팽팽하게 버틴다.

이 이분법은 수세기 전부터 정설로 전수되어 왔고 지금도 모두가 배운다. 그러나 새로운 가르침이 필요한 건 오히려 그쪽이다. 오늘날 인류는 과거보다 훨씬 많은 걸 알고 있기 때문이다. 우리는 생명체의 신체장기 구조가—적어도 지금껏 찾아낸 장기들에 관한 한—그렇게 되어 있는 데는 *다 이유가 있다*는 걸 아주 잘 안다. 우리는 예술과 인문학에서 우리가 발견하는 의미가 과학자들이 발견해 공식으로 기호화하는 의미만큼이나 확실한 진짜 현상이라는 것도 잘 안다. 물질과 의미를, 메커니즘과 목적을, 인과 추론과 정보를 통일된 하나의 시각으로 해설할 방법은 *틀림없이 존재한다*.

인류는 그런 대화합의 열쇠가 다윈의 발칙한 자연선택론에 있다는 걸 150여 년 전부터 이미 어렴풋하게나마 감지하고 있었다. 이 감感은 다윈 시대는 물론이고 21세기에 이르기까지 생물학, 물리학, 심리학, 철학을 아울러 형태는 제각각이지만 폭넓게 조성된 공감대의 원천이 되었다. 생명은 *아무 목적 없이* 무작위적인 차등적 복제 과정에 의해 설계되지만 그 결과물은—생물체와 부산물 모두는—각각 독자적인 목적을 갖는다는 다윈의 가설이 있다. 그런데 자세히 뜯어보면 어찌된 일인지 여기에 아리스토텔레스의 목적인目的因, final cause이—*텔로스telos* 혹은 *궁극의 이유*에 관한 논제가—녹아들어 있다는 걸 알 수 있다. 이게 어떻게 가능할까? 다윈의 《종의 기원》을 예찬한 카를 마르크스Karl Marx의 유명한 글귀에서 잘 드러나는 팽팽한 긴장감은 오늘날에도 여전하다.

(다윈의 저술은) 최초로 자연과학의 목적론을 일격에 때려눕히면서 합리적 의미를 실증적으로 설명하고 있습니다. (마르크스가 페르디난트 라살레Ferdinand Lassalle에게 보낸 편지, 1861)

- 마르크스가 페르디난트 라살레Ferdinand Lassalle에게 보낸 편지(1861)

다윈의 이론은 목적론을 지지할까 아니면 반발할까? 둘 다다. 다윈은 그 자체로는 아무 목적도 없는 현상으로부터 진짜 목적과 실제 기능이 생겨날 수 있다고 제안한다. 하지만 대다수에게 이 말은 어불성설이었고 기껏해야 희망사항이나 자기기만밖에 안 됐다. 아리스토텔레스의 *텔로스*는 간교하면서도 어딘지 *신성한* 냄새를 풍기기에 *파문*해야 마땅했다. 문학, 역사, 철학, 심리학은 상관없더라도 과학을 할 때만큼은 목적론을 철저히 멀리해야 할까? 아니면 다윈은 아리스토텔레스의 말괄량이를 길들여 숙녀로 탈바꿈시키는 방법을 우리에게 알려주려 했을까? (지금 이 저속하고 나아가 무례하기까지 한 발제 방식 자체도 또 하나의 생각할 거리다. 당대 사상가들이 입 밖에 내지 않아 행간에서 곪고 있던 혐오감과 편견을 헤이그는 머리 꼭대기에 앉아서 꿰뚫는다.)

디테일은 매우 중요하다. 누군가는 뭐 그렇게까지라며 시큰둥할지 모른다. 나도 그랬다. 모든 조각이 완벽히 딱 들어맞는 과정을 능수능란하게 설명하는 헤이그의 언변에 넘어가기 전엔. 우리는 스스로가 진화론을 조목조목 다는 아니더라도 큰 맥락 정도는 이해한다고 생각한다. 그러면서 유전자군과 생명체를 넘어 정신, 문화, 사회로 진화론적 사고를 확대하기 위해 갖출 소양으로 이 정도 배경지식이면 충분하다며 자족한다. 하지만 만약 우리가 헤이그처럼 세심한 *적응론자*의 시선에서 모든 생명현상은 역설계가 가능하다고 간주하고 자연에서 목격되는 패턴의 기저원인을 찾으려 한다면 하찮아 보이는 것들에서 얻는 게 얼마나 많은지를 헤이그는 몸소 보여준다. 일찍이 스티븐 제이 굴드Stephen Jay Gould와 리처드 르원틴Richard Lewontin이 '팡글로스 패러다임Panglossian Paradigm'(우리가 사는 세상이 존재할 수 있는 모든 세상 중 가장 좋은 곳이라고 가정하는 지나치게 이상적인 사고방식)의 위험성을 경고한 바 있다(Gould and Lewontin, 1979). 하지만 지금은 혹시 내가 '다윈주의 편집증'이 아닐까 하는 괜한 불안감을 과감히 털어낼 때다. 그런 다음 헤이그의 안내를 따라 이상하고 아름다운—동시에 다소 황당하기도 한—전략적 유전자의 세상으로 가 보자.

그곳에선 변절자와 사기꾼이 아무 이유 없이 경쟁을 벌이고, 팀플레이와 감시하는 보초가 있고, 로봇이 모인 로봇으로 된 로봇은 자신이 왜 그렇게 행동하는지 모른 채 거대한 운반자를 미래로 향하도록 조종한다. 여기가 바로 이기적 유전자의 세상이다. 리처드 도킨스가 기발하게 떠올렸고(Dawkins, 1976) 헤이그가 구체화한 그곳이다.

헤이그의 아이디어를 더욱 유용하게 써먹으려면 좀 다른 분야의 이론 두 가지를 알아두는 게 편하다. 브라이텐베르크 법칙Braitenberg's Law과 교도소장 법칙Warden's Law이 그것이다. 스위스 신경과학자인 발렌티노 브라이텐베르크Valentino Braitenberg는 1984년에 저서 《운반자들*Vehicles*》을 발표했다. 박테리아보다 단순한—단순하다는 표현이 아까울 정도다!—가상의 유기체가 하나둘 모여 점점 복잡해지는 과정을 풀어낸 이 책에는 이 유기체가 개체로서는 어떻게 행동하고 무리를 이루면 또 어떤지를 설명한 부분이 있다. 이 논법의 근거는 브라이텐베르크의 *오르막 분해와 내리막 합성 법칙law of uphill analysis and downhill synthesis*이었다. 브라이텐베르크에 따르면, 행동 관찰 대상인 복잡한 개체의 내부 작동구조를 분석하는 것—오르막 분해—보다는 복잡한 개체의 행동을 그 구성단위인 단순한 개체로 미루어 예측하는 것이—내리막 합성이—훨씬 쉽다고 한다. 그의 견해는 많은 이의 지지를 얻었고 이 얇은 책 한 권은 로봇공학과 여타 컴퓨터 연계 분야들의 연구 전통을 세우는 탄탄한 지주가 되었다. 그런데 자연선택 과정에서 정보가 포착되고 동원되는 여러 가지 방법에 관한 헤이그의 분석에도 브라이텐베르크 법칙과 흡사한 원리가 작동하고 있다. 바로 작게 출발해 점점 키워 나가는 것이다.

내 책《자유는 진화한다*Freedom Evolves*》에서도 다룬 적 있는데 (Dennett, 2003, pp. 160~161), 나는 일어날 수 있는 일이라면 언젠간 일어나게 되어 있다는 *교도소장 법칙*을 어디선가 주워듣고 쭉 기억하고 있다. (죄송하지만 어디서 들었는지는 아무리 생각해도 기억나지 않는다). 말하자면, 어떻게든 잘못될 수 있는 일은 반드시 잘못된다는 '머피의 법칙'이 개량된 버전이다. 내가 개량이라고 한 건 그냥 재미있으라고 비틀어 표현한 게 아니라 이 법칙이 들어맞는 상황이 현실에 정말로 존재하기 때문이다. 그런 의미에서 세상의 모든 교도소장이 새겨들어야 할 교훈일지도 모르겠다. 논리는 이렇다. 죄수들로 만원인 감옥이 있다. 시간은 남아도는데 재소자들은 하나같이 인내력과 경쟁적 탐구심이 투철하다. 그들은 과정이 얼마나 고되든 탈옥할 방법을 찾으려고 혹은 감방 환경을 개선하려고 교도소 시스템을 샅샅이 조사한다. 재소자들은 얼마나 똑똑할까? 몇몇은 꽤 영리하겠지만 나머지는 그냥 깡으로 버티는 것이다. 만약 재소자들이 각자 알아낸 정보를 공유한다면 개혁의 공을 누가 차지할지는 크게 중요하지 않다. 그들은 각자 지능을 겨루는 게 아니라 그들이 처한 환경에 *기회*가 얼마나 있는지 시험하는 것이다. (1984년에 출간된 내 또 다른 저서《행동의 여지*Elbow Room*》에서 나는 쓰레기통 속에 버려진 보석 가방이 *희박한 기회*라는 얘기를 한 적이 있다. 만약 가방에 대해 미리 알았다면 부자가 될 수 있었겠지만 아무 정보가 없었기에 불과 몇 미터 거리에서도 쓰레기통을 뒤질 생각을 하지 못했기 때문이다.) 교도소장 규칙에 따르면 희박한 기회도 기회로 쳐야 한다. 재소자들은 기회를 노리는 것 말고는 딱히 할 일이 없기 때문이다. 감옥에서는 쓰레기통 하나도 털어 보지 않고는 무사통과하지 못하니까.

진화의 세계에도 희박한 기회는 널려 있다. 그런 기회들을 우연히 발견하는 데에 그렇게 좋은 두뇌가 필요하지도 않다. 그저 오랜 시간 꾸준하게 변화를 축적하면서 계속 도전하면 된다. 진화 환경에 *정보*가 있다면, 그러니까 차이를 감지하거나 이 차이에 단순하게 반응만 하는 무언가에 차이를 *만들 수 있는* 차이가 존재한다면, 그것은 차이를 *실제로 만들* 것이다. (경험상 일반적으로는 그렇다.) 그리고 그렇게 만들어진 차이는 다시 번식을 거쳐 증폭되어 더 큰 격차로 벌어지고, 반복되는 순환과정을 통해 앞으로 이 차이가 감지될 확률이 한층 높아지고…… 계속 이런 식일 것이다. 맞다. 이것은 자연선택이 일어나는 과정을 설명하는 또 다른 방식일 뿐이다. 하지만 이 방식은 가장 밑바닥까지 내려갈 수 있기 때문에 아주 단순한 분자구조조차 장기복역하면서 주어진 환경에서 끝없이 연구하고 더 많은 이익을 취할 기회를 열심히 궁리하는 죄수에 비유해 이해하기에 편리하다. 죄수들이 갈망하는 단 하나의 목적은 *탈옥*이다. 진화의 행위자들에게는 다른 목표가 있다. 바로 *번식*하는 것이다.

두 관점을 하나로 합치면, 어떤 식으로 헤이그의 철학이 어쩌면 이다지도 맛깔나는 과실을 맺을 수 있었는지 이해하게 된다. 브라이텐베르크 법칙은 밑에서 위로, 그러니까 가장 단순한 형태의 행위자, 물질 유전자, 혹은 그 구성요소에서 출발한 그것들을 '번식'이라는 하나의 목표만 바라보고 달려가는 똥멍청이—오죽하면 우리 인간이 부릴 수 있을 정도로 미련스런—호문쿨루스homunculus로 간주하라고 제안한다. 프랑수아 자코브François Jacob는 "모든 세포의 꿈은 세포 두 개로 나뉘는 것"이라고 말했지만 자코브의 통찰은 세포에서 하나 더 들어간 층위에도 똑같이 적용된다. 그렇게 볼 때 우리는 유전자 유형의 토큰들이 수감된 한 무리의 갱단과 흡사하다는 걸 알게 된다. 그들은 오직 혈족에게만 이타적이다. 형제들을 묶으면 하나의 이기적 집단 단위가 되는 셈이다. 교도소장 법칙과 비슷한 목적에서는 이기적 갱단에게 주어지는 기회를 생각하는 게 훨씬 쉽다. 갱단의 경쟁 성향은 내면에서 끓어오르는 욕구라기보다는—유전자 토큰 하나하나는 결국 거대분자의 작은 부분일 뿐이다—기회가 생길 때마다 잘 이용해 먹는 사회적 재능이다. 우리가 *전략적* 유전자에 주목해야 하는 이유는 협동하는 것만이 이 갱단이 살 길이라는 데 있다. 생식세포계열의 복사본들은—난자와 정자는—체세포 혹은 체부에 나가 있는 형제들의 '노력' 덕에 탈출할 기회를 얻는다. (게다가 운이 좋다면 나아가 증식까지 한다.)

한마디로 이 작은 로봇 가족은 가장 단순한 형태의 브라이텐베르크 운반자와 같다. 그리고 내리막 합성 법칙 덕분에 우리는 싹틀 수 있는 기회를 예측하고 작은 운반자들이 그 기회를 '발견'하는 효과를 기대할 수 있다. 유전자 요소가 무엇을 '기대할 수 있는가'에 관한 얘기에서 사실 헤이그가 다루는 것은 이 로봇들이 마주하는 인식론적 논제들이다. *어떤 것이든* 로봇들이 '원칙적으로' 자신에게 유리하게 이용할 만한 정보가 바로 근처에 있나? 희박하지만 우연히 발견해 써먹을 수 있는 기회가 있을까? 로봇이 기회를 '알아볼' 수는 있나? 이 로봇들은 오로지 아무 데나 찔러 보고 다니다가 횡재하는 방식으로만 무언가를 인식할 수 있다. 만약 기회가 체계적으로 생성된다면, 그런 기회는 갱단이 기대 가능한 대상 안에 들어갈 것이다.

하지만 더 큰 주장을 위해 혹은 그저 상상의 핑곗거리로 이런 생각 없는 존재가 목적을 가진 행위자라는 해석을 눈감아 주더라도, *진짜* 주체성은 과연 어디서 나오는 걸까? 평범한 분자에서 배후의 주동자로, 이기적 유전자에서 이기적인—때로는 이타적인—인간으로 어떻게 승화되는 걸까? 헤이그는 "의식적인 지향은 생명체에게 보편적인 지향성의 특별 사례"라고 말한다. 그는 의식적인 지향이 어째서 특별하며 어떻게 생겨나는지 하고 싶은 말이 많은 것 같다. 헤이그는 과소평가되기 일쑤인 애덤 스미스Adam Smith의 명저《도덕감정론》(1759)에서 기본틀을 가져와 도덕론에 새 옷을 입힌다. 분명 다윈주의와 맥을 같이하면서도 요즘 유행하는 진화생물학의 윤리적 면들을 왜곡시키는 일부 단순한 시각들과는 확연히 다르다. (내 말은, 다윈주의적 사고를 도덕론 혹은 정치이론에 접목했다는 최근의 엉성한 사례들에서 별 감흥을 받지 못했던 이라면 마지막으로 헤이그에게 희망을 걸어도 좋다는 얘기다.) "당신이 내가 믿을 만한 사람이라고 느낀다고 내가 *느끼는가*? 당신이 내가 이용하기 좋은 상대라고 느낀다고 내가 *느끼는가*?" 헤이그는 유전자와 문화와 이성의 상호작용을 고도로 섬세한 공예품처럼 묘사해 "완전무결성이 신중함에서 비롯되는 까닭"을 이야기한다. 그것은 하루아침에 기적처럼 일어나지 않는다. 복잡도가 점점 커지는 구조로 한 걸음씩 차근차근 나아가는 것이며 그와 함께 통제해야 할 자유도도 커진다.

진화생물학은 다윈을 선봉으로 여러 뛰어난 해설자들 덕에 번영해 왔다. 나는 평소 그들을 향한 경외감과 감사의 마음을 자주 드러냈지만 이번만큼은 생략하려 한다. 몇 페이지가 될지 모를 헌사를 읽어야 하는 독자의 수고를 덜고 내게 깨달음을 준 현학들의 존함이 누락되는 실수를 애초에 범하지 않기 위해서다. 그와 같이 지혜로 빛나는 연구자들 가운데서도 데이비드 헤이그는 단연 군계일학이다. 참신한 통찰로 넘쳐나고, 논란의 명쾌한 중재자이자 해결사이며, 학문에 신중하면서도 즐길 줄 안다. 살아 움직이는 모든 사람이 그러듯 헤이그는 내게 *생각*하고 *이해*한다는 게 얼마나 눈부시게 아름다운 일인지를 새삼 되새기게 한다.

참고문헌

Marx, Karl. 1861/1942. Letter to Laslle, London, January 16, 1861. In *Gesamtausgabe*. New York: International Publishers.

Braitenberg, Valentino. 1984. *Vehicles: Experiments in Synthetic Psychology*. Cambridge, MA: MIT Press.

Dawkins, R. 1976. *The Selfish Gene*. Oxford: Oxford University Press.

Dennett, D. C. 1984. *Elbow Room*. Cambridge, MA: MIT Press.

Dennett, D. C. 2003. *Freedom Evolves*. London: Penguin Books.

Gould, S. J., and R. C. Lewontin. 1979. The spandrels of San Marco and the Panglossian paradigm: A critique of the adaptationist programme. *Philosophical Transactions of the Royal Society B*. 205:581-598.

Smith, A. 1976. *The Theory of Moral Sentiments*. Oxford: Oxford University Press.

프롤로그

태초에 말이 있었다

진화론은 무엇보다 심술궂은 학문일지 모른다. 은근히 인간 본성을 폭로한다는 점에서 그렇다.

학계에서 높이 평가받는 진화이론은 대부분 수학이라는 겉옷을 걸치고 있다. 그런데 나는 수학 모형이 체계화된 은유라고 생각한다. 수학 모형에서는 세상에 존재하는 무언가를 *x*라 칭하고 또 다른 무언가를 *y*라 칭한 다음 *x*와 *y*의 관계를 수학적으로 분석한다. 전자를 민달팽이라 하고 후자를 상추라 하자. 이때 사람들은 민달팽이와 상추가 모형의 *x*항과 *y*항처럼 행동한다고 간주하고 현실에서 관측되는 민달팽이와 상추의 모든 동태를 수학 모형으로 이해하려 한다. 수학 모형에는 아무도 토를 달지 않는다. 애초에 너도나도 수학을 끌어다 쓰는 게 그래서다. 반면에 모형에 뭘 넣고 뭘 뺄지 혹은 모형이 뜻하는 바가 무엇인지를 두고는 언쟁이 끊이지 않는다. 은유는 여러 가지 방식으로 해석될 수 있기 때문이다. 은유를 활용하는 게 잘못이라는 소리가 아니다. 도리어 은유는 꼭 필요하다. 우리가 이 세상에 대해 아는 것은 모두 은유다. 인간이 지각하는 세상은 사물의 본체가 아니라 그 자리에 무언가 존재한다는 사실만 어렴풋이 감지한 가상현실에 불과하다. 그런 세상에서 현상이란 우리가 사물을 이해하고자 사용하는 은유를 말한다. 겁먹을 건 없다. 이 책에 수학공식은 거의 등장하지 않으니까. 다만 당신이 은유를 좋아하지 않는다면 이쯤에서 책을 덮고 환불을 받는 게 나을지도 모르겠다.

나는 자꾸 관용적 표현을 쓰지 말라는 꾸지람을 귀에 못이 박히도록 들으며 학부 시절을 보냈다. 그런데 40년이 흐른 지금도 익명의 심사관들은 나처럼 논문을 쓰면 절대로 안 된다고 굳게 믿는 듯 내 글쓰기가 "비과학적"이라고 손가락질한다. 그런 비평들은 마치 내 글이 중대한 가치를 해치기라도 하는 듯한 위기감을 풍긴다. 공개 강연장에서 청중석의 노벨상 수상자들은 내 말 한마디 한마디에 눈살을 찌푸린다. 그들은 적응주의를 논하는 내 어휘 선택이 "물렁"하고 비과학적이라고 지적한다. 과학은 무릇 "단단"하고 강직해야 한다는 것이다(강직rigor은 뻣뻣하다는 뜻의 라틴어에서 나온 단어다). 그러나 귀 기울여 들어보면 그들의 말에도 기호, 암시, 함축 따위에 기댄 은유가 넘쳐난다는 걸 알 수 있다. 그렇다고 또 그걸 가지고 딴지를 걸라치면, 이 고집불통 경험론자들은 저희의 단어는 철저히 물리적 함의만 할뿐 다른 뜻은 조금도 없다고 주장한다. 그들은 너희도 은유를 썼다는 반론이 헛소리라며 단칼에 부인한다.

만약 이게 말에서 끝날 일이었다면 나는 굳이 이 책을 내지 않았을 것이고 여러분도 이걸 읽을 시간을 더 중요한 일정에 쓸 수 있었을 것이다. 말의 가치를 깎아내리려는 게 아니다. 내 뜻은 입 밖으로 뱉어 나오고 글로 새겨진 언어는 깊은 내면의 표출이라는 것이다. 검열된 언어는 검열자의 가치판단과 두려움을 반증한다. 이 책은 크게 네 가지 이유에서 말의 의미에 주목한다. 첫째, 언어는 스스로 진화하면서 유전적 진화를 생각하는 데 유용한 비유거리를 제공한다. 기원이 되는 어구는 오래전에 잊힌 채 애용되고 있는 줄임말이 그런 예다. 다들 'e.g.'를 밥 먹듯 쓰지만 'exmpli gratia'는 떠올리지 못하는 것처럼 말이다. 둘째, 말의 의미는 해석 과정의 산물이며 해석하는 사람에 따라 그 결과가 달라진다. 같은 단어라도 누가 읽느냐에 따라 다르게 해석되어 다른 의미를 갖는다. 생물철학에서 어떤 사실 자체보다는 그 정의를 두고 험악한 논쟁이 훨씬 자주 일어나는 게 바로 그래서다. 셋째, 하나의 기원어에서 시작했어도 여기서 파생된 표현어휘는 오랜 세월에 걸쳐 폭발적으로 늘어난다. 의미의 유동성 덕분이다. 가장 중요한 마지막 이유는 언어의 아름다움과 다양성은 자연계의 그것과 다름없이 그 자체로 경이의 대상이라는 것이다.

그동안 나는 농경학적 혹은 의학적 중요성을 지닌 전도유망한 많은 생물학 개념이 당대 주류 학설과 어긋난다는 핑계로 찬밥 취급받는다는 확신을 갖게 됐다. 사실 주류 학설 역시 본질은 추정이라는 걸 아는지 모르겠다. 괜찮은 아이디어들이 어이 없는 이유로 거절당한다. 연구 지원에 할당된 정부 예산은 지금보다 잘 쓰일 수 있었다. 그러나 내가 목격한 것은 자연선택의 강력한 은유에 기반을 둔 자연화된 목적론을 이와 같은 실패한 추정 중 하나로 치부하는 현실이다. 유기체의 모든 행동에는 다 이유가 있다는 자명한 진실을 인정하지 않겠다는 것이다.

과학계가 목적론을 배척한 역사는 17세기로 거슬러 올라간다. 목적인은 이미 과학혁명이 시작될 무렵부터 세상만물을 설명하는 유용한 원칙으로 인정받지 못했다. 원래 목적인은 중세철학을 견인한 아리스토텔레스의 4원인설 중 하나였다. 간략하게 소개하면 *질료인*質料因, material cause은 사물의 재료가 되는 물질을 말한다. *형상인*形相因, formal cause은 이 물체를 저 물체와 구분짓는 특징이고, *동력인*動力因, efficient cause은 사물을 움직이게 하는 요인이다. 마지막으로 *목적인*은 사물이 존재하는 목적 혹은 귀결점*telos*을 뜻한다. 그러나 신흥 유물론 철학은 질료인과 동력인(움직이는 물질)은 그대로 수용하면서 형상인에는 양면적인 입장을 취하고 목적인은 아예 받아들이지 않았다. 그 배경에는 사실과 가치를 분리하려는 의도가 숨어 있었다. 하지만 아무리 가치보다 사실이 중요하다는 게 과학의 핵심 기조였다 해도, 진정한 과학자라면 가치와 의미의 뿌리까지 탐구하고 싶은 마음이 들어야 옳다.

한마디로 이 책은 움직이는 물질로 이뤄진 물리계, 즉 질료인과 동력인이 목적과 의미를 품은 생물계, 즉 목적인과 형상인으로 어떻게 발전했는지를 다룬다. 본론으로 들어가기에 앞서 여러분이 감을 잡기 쉽도록 잠깐 요점을 미리 훑어볼까 한다. 생명의 발전사에서 분수령이 된 사건은 바로 *유전물질*이 기록으로 남겨지기 시작한 것이었다. 유전물질은 스스로도 복제본이면서 새 카피가 복제될 확률을 직접적으로든 간접적으로든 쥐락펴락할 정도로 세상에서 효과를 발휘한다. 이런 유전물질은 무에서 유를 창조하지는 않지만 원래 있는 재료들을 어떤 원형에 맞게끔 재배열한다. 잇따라 생성되는 복제본은 무형의 아이디어가 아니라 물질적인 실체다. 그런데 유전자의 분자 조성이 세대마다 계속 변함에도 한 계통 안의 유전물질들 사이에서는 일정한 구조가 보존된다. 그렇다면 무엇이 원형에서 복제본으로 '전달되는' 걸까? 혹자는 그것을 정보information 내지는 형식*form*이라 부른다. 유전물질을 목적인으로 볼 수도 있다는 소리다. 아리스토텔레스라면 인간이라는 존재의 형상인은 이 질료인 덩어리를 인간으로 인식되게끔 하는 것이라고 말했으리라. 인간과 침팬지와 민달팽이의 몸뚱이는 모양새만 다를 뿐 모두 같은 재료로 만들어졌다. 그럼에도 우리의 몸은 민달팽이보다는 침팬지의 몸과 더 흡사하다. 인간은 민달팽이보다는 침팬지와 더 오랜 진화의 역사를 공유해 왔기 때문이다. (즉, 인간의 형상인이 민달팽이보다는 침팬지의 그것과 더 비슷한 셈이다.)

복제 행위 자체에는 아무 의미도 없다. 쓸모 없는 것으로 쓸모 없는 것을 만드는 것, 그뿐이다. 하지만 인간은 쓸모 없는 것으로 뭔가 쓸 만한 것을 만들고 싶어 한다. 가령 달걀 같은 것 말이다. 말이 나왔으니 달걀 얘기를 해 볼까. 스피노자Baruch de Spinoza는 목적인은 상식적으로 성립할 수 없다고 주장하며 이렇게 말했다. "목적인 이론은 자연의 순리를 완전히 뒤집는다. 실은 원인인 것을 결과라 하고 결과는 원인이라 하기 때문이다. (……) 본래 처음인 것을 끝으로 만들어 버린다"(Spinoza, 2002, p. 240). 상식은 원인이 결과 뒤에 올 수 없다고 말한다. 반면에 목적인은 뒤에 일어난 일을 앞에 일어난 일이 이루려던 목적으로 간주하고 나중 사건을 먼저 사건으로 설명한다. 또, 상식은 *특정 사건의 원인*이 지닌 논란의 여지 없이 명확한 성질을 *사건 유형 전체의 원인*에 억지로 갖다 대느라 무리한 제한을 만든다. 이 책에서 여러 번 등장할 텐데, 유명한 예가 바로 닭과 달걀의 관계다. 어떤 닭이 어떤 달걀의 원인이냐 아니냐라는 물음에는 여러 답이 나올 수가 없다. 만약 달걀이 부화해 그 닭으로 자랐다면 달걀이 닭의 원인이다. 만약 닭이 그 달걀을 낳은 거라면 닭이 달걀의 원인이 된다. 그런데 일반명사로서 닭과 달걀 사이의 인과관계를 따지려 들 땐 문제가 생긴다. 닭은 달걀 전에도 있었고 달걀 후에도 존재하기 때문이다. 달걀은 닭으로 성장하기 위해 존재하고 닭은 달걀을 낳기 위해 존재하는 것이다.

목적인은 우리가 자연선택이라 부르는 순환적 복제 과정에서 출현한다. 유전자와 그 효과의 관계는 달걀과 닭의 관계와 같다. 유전자의 *효과*는 다음에 어느 유전자가 복제되게 할지 결정하는 *원인* 역할을 한다. 어떤 유전계통이 생존과 생식에 꾸준한 성과를 거둘 때는 그 유전자 역시 계속 살아남는다(즉 물질 복사본의 한 계통이 된다). 어떤 유전자를 보유함으로써 생존과 번식에 성공하는 일이 거듭된다면 그 유전자의 *효과*가 유전자 존속의 *원인*이 되었다고 추측할 수 있다. (한 생애 안에서 유전자는 다른 유전자나 환경 자극에 반응하는 것 빼고는 아무것도 이루지 않는다. 그러나 여러 세대를 거치는 동안 아무렇게나 헤쳐 모여 매번 달라지는 유전자들의 배경그림 속에 어떤 유전자가 늘 어디든 한 자리 잡아 살아남기를 반복할 경우, 자연선택은 이 무작위 혼합이 낳은 우연한 연관성에서 인과관계를 추론해 낸다.) 만약 유전자 존속에 기여한 과거의 효과들이 현재 유전자의 효과로 재현된다면 이 효과는 원인을 위해 *존재*하는 셈이므로 유전자의 존재 이유(목적인)가 된다. 거듭되는 무작위뽑기식 복제 후에도 살아남은 유전자는 지난 성공 경험을 토대로 정보를 축적한다. 이 정보는 그때 선택된 *환경에서 나온* 것이다.

그런 맥락에서 자연선택을 유효 결과에서 출발하는 귀납 추론으로 볼 수 있다. 여기서 유전자의 효과는 세상에서 통하는 것들에 관한 가설이고, 가설의 신뢰도는 지난날 결과물이 바람직했을수록 올라간다. 문제는 세상이 불변한다는 보장이 없다는 점이다. 일찍이 귀납 추론의 특징을 간파한 데이비드 흄David Hume은 다음과 같이 적었다. "경험에 기반한 모든 추론에서는 기본적으로 미래가 반드시 과거를 닮고 엇비슷한 힘이 엇비슷하게 합리적인 성질과 결합한다고 상정한다. 만약 자연의 섭리가 변하고 미래가 과거에 좌우되지 않는다면, 모든 경험은 무용지물이 되고 어떤 추론이나 결론도 나올 수 없다"(Hume, 1748/2004, p. 22). 과거에 먹혔던 것이 지금도 반드시 통하지는 않는다. 세상이 달라졌을지도 모르기 때문이다.

장담하는데, 그럼에도 누군가는 진화의 지향성이 진짜가 아니고 흡사 의도한 것 같다는 뜻의 은유 표현이라 주장할 것이다. 오직 미래를 예견할 줄 아는 우리 인간 같은 존재만이 진정한 의도를 가질 수 있다고 말이다. 하지만 인간은 정확한 앞날을 미리 알지 못한다. 따라서 미래에서 현재로 역행하는 인과 추론은 불가능하다. 인간의 의도는 예측한 결과일 뿐이다. 인간은 마음속에 결과를 그리면서 의도를 가지고 어떤 행동을 한다. 나의 의도함은 이미 지나간 과거이며 일은 내 계획과 다르게 흘러갈 수 있다. 마찬가지로, 자연선택의 의도치 않은 산물은 지난날 먹혔던 게 훗날에도 먹힐 거라는 '기대'에서 그런 모양새를 갖게 되었거나 그런 본능적 행동을 하는 행위자라 할 수 있다.

우리 인간을 포함해 살아 있는 모든 것의 몸뚱이는 움직이는 물질에 지나지 않는다는 형이상학적 관념이 여전히 남아 있다. 생명의 기원이 있기 전에 헤아릴 수 없이 복잡하게 얽히고설킨 동력인들에 의해 정교한 구조를 가진 질료인이 빚어져 움직임을 시작했다는 식이다. 하지만 이것은 신앙 고백이지 진짜로 세상을 이해할 현실적인 해설이 아니다. 형상인과 목적인은 인간으로 하여금 생명을 이해하게 할 실용적이고도 생산적인 도구이고 발견을 위한 용광로와 엔진이다. 생물학을 설명하는 기본 원리로서 이 두 가지를 부정하는 것은 태아를 어미의 태 밖으로 내던지는 것과 같다. *목적론의 언어를 쓰면 안 된다*던 내 학부 시절 스승님들의 훈령은 허울뿐인 순결에 대한 독단적 고집에 불과하다.

자연선택의 지향성은 훗날 거슬러 미루어 볼 때 드러나는 소급적 성질이다. 하지만 과거에 주효했던 것들은 현재의 관찰이면서 미래의 예견이기도 하다. 생물은 자신이 속한 세계를 실시간으로 해석하고 세상에 관한 정보를 활용해 그 안에서 유효 결과를 도모하면서 진화해 간다. 생물은 숙고해 결정을 내린다. 책의 후반부에서는 *의미*를 해석 과정의 결과로 정의할 텐데, 여기서 그 이유를 자세히 밝히기는 어렵다. 실은 이 책 *전체가* 하고 있는 게 바로 이 얘기다. 해석이란 생명의 기원에 거의 근접한 작은 RNA 분자 하나 수준의 매우 단순한 형태부터 시작해 지금 미간을 찌푸려 가며 이 글을 읽고 있는 당신의 심상에 흐르는 고차원적 형태까지 이어진다. 내가 이 책을 통해 바라는 건 이와 같이 심도 있는 의미 해석의 행위가 지적 탐구의 울타리 안에서 인문학과 과학을 다시 하나로 잇는 것이다. 이런 내 소망이 이뤄질 기회를 독자 여러분이 주면 좋겠다.

지금까지는 내용과 목적 설명이었고, 구성 형식을 알아 두면 이 책을 이해하기가 더 수월할 것 같다. 나는 책의 짜임새가 자연선택의 결과물을 닮게 하는 데에 신경썼다. 결과물이 몸소 창조 과정을 투영하도록 말이다. 그리고 이런 내 의도는, 자연선택의 결과물과 마찬가지로, 회고해 드러나는 소급적 성격을 어느 정도는 띠고 있다. 처음에 나는 영역들 간의 경계를 비틀고 여러 학문이 한데 어우러지도록 하려고 일단 지금까지 나온 문헌들과 미발표 원고들을 최대한 모으기 시작했다. 그러다 어느 순간 내 자료 선별 기준이 진화 과정과 몹시 닮았다는 걸 깨달았다. 본격적으로 집필에 착수할 때조차 나는 책이 어떻게 끝맺음날지 모르고 있었다. 그런데 자연선택도 똑같다. 자연선택에 추구하는 목적이나 운명 지워진 결말 같은 건 없다. 하지만 자연선택의 결과로 의도된 의미를 가진 존재가 탄생한다. 자연선택은 보잘것없는 국지적 문제를 해결하는 데 집중하지만 그 과정에서 우연히 큰 문제가 해결되곤 한다. 지금껏 나는 진화이론의 사소한 골칫거리들을 푸는 데 거의 평생을 바치고 있지만, 그 과정에서 어쩌다 커다란 난제 해결에 힘을 보탰기를 내심 바란다.

자연선택은 옛 재료를 새 목적에 사용한다. 따라서 자연선택의 산물은 언식이 제각각인 부품들의 조합임에도 온전한 완제품처럼 거의 위화감 없이 멀쩡하게 작동한다. 그렇게 만들어진 유전체는 짜깁기된 모작이며 이 책도 다르지 않다. 이 책엔 인용과 편집된 발췌문이 넘쳐난다. 잘 빠진 구절은 실컷 우려먹는다. 진화의 노동력을 아끼는 것처럼 문학 창작의 노동을 덜어 보려는 심산이다. 바퀴, 스프링, 도르래가 오래전부터—최소한의 구조 개량만 거쳐—얼마나 다양한 용도로 재활용되어 왔는지를 논한 걸 보면 다윈은 이 원리를 완벽하게 이해하고 있었고 나 역시 그의 은유를 반복해서 써먹을 것이다. 나는 내가 세상을 바라보는 관점을 처음부터 완성된 이야기로 풀어 놓지 않으려 한다. 나 스스로가 시시각각 전개가 변하는 허구적 존재이기 때문이다. 어쩌면 과거 어느 순간들의 내 자아가 지금의 나보다 주제를 더 잘 이해했을지 모르는 일이다.

이 책은 시간 순서로 전개되지 않기에 옛날 일이 무조건 앞에 나오고 최근 사건이 뒤에 등장하지는 않는다. 그러니 독자들도 차례에 구애받지 말고 각자 취향대로 중간에 건너뛰었다가 앞으로 돌아와 다시 읽어도 된다. 어떤 단원에서는 쉽고 친절하게 요약하는 대신 고급 생화학 이론에 깊이 들어가기도 할 것이다. (과학에 조예가 깊은 독자라면 그것도 그다지 어렵지 않다고 느끼겠지만 말이다.) 내용을 완벽히 이해할 필요는 없다. 그냥 대충 훑고 넘어가도 괜찮다. 내가 원하는 바는 겉으론 단순해 보이는 것들 뒤에 얼마나 복잡한 밑바탕이 있는지를 보여 주는 것이니까. 하지만 만약 당신이 생명의 의미를 탐구함에 있어 해체주의의 입장에 서 있다면, 이 책을 정독함으로써 분자 수준의 매체가 계속 새 옷으로 갈아입으며 내재된 메시지가 끊임없이 재해석되는 과정을 따라갈 수 있을 것이다. 마지막으로, 나는 인문학과 과학 모두 서로에게 할 말이 많다고 믿는다. 그래서 양쪽의 노여움을 동시에 사 모두에게 따돌림 당할 위험을 무릅쓰고 내 생각을 양측 모두 납득할 만한 스타일로 표현하려고 노력했다. 참고로, 본문의 상당 부분은 원래 논문용으로 작성됐던 글이고 규칙을 따르느라 보통 사람에겐 읽기가 상당히 불편했다. 그렇기에 책을 핑계로 논문 작성법의 제약에서 벗어나 원고를 수정할 땐 그렇게 통쾌할 수가 없었다.

유전자를 주제로 정하고 고민하다가 내가 의도치 않게 얻은 성과는 의미에 대한 새로운 사고방식을 발견한 것이다. 의미는 읽히기 전의 글귀가 아니라 독자의 머릿속을 통과해 나온 곳에 자리한다. 독자들이 저마다 문장을 어떤 뜻으로 해석하든 말이다. 나는 독자의 해석이 내게 우호적이면서 내 해석과 조화롭기를 소망한다. 하지만 어떤 말이 일단 활자로 새겨지고 나면 그 말이 어떤 의미를 갖느냐는 전적으로 독자에게 달린 문제다. 이 책은 어떤 '진실'을 발견했다고 주장하지 않는다. 다만 세상을 바라보고 말을 해석하는 다양한 사고방식을 소개하고 있다. 내게 쓸모 있었으니 여러분에게도 그러기를 바라면서.

역사는 잘 몰라요

생물학도 마찬가지예요

과학도 아는 게 별로 없어요

수업 들었던 프랑스어도 그렇고요

하지만 내가 당신을 사랑한다는 건 알아요

그리고 당신도 날 사랑한다면

이 세상이 얼마나 아름다워질지도 잘 알죠

- 샘 쿡Sam Cooke, 루 애들러Lou Adler, 허브 앨퍼트Herb Alpert(<Wonderful World> 가사)

1

불임의 동정녀

BARREN VIRGINS

뭇 당대 철학자들이 그러듯, 그는 불임의 동정녀라 일컬어지지만 철학의 창녀라는 호칭이 더 어울릴 듯한 목적인들을 가지고 끊임없이 사내들을 희롱하며 타락시킨다.

- T. H. 헉슬리T. H. Huxley(1869)

프랜시스 베이컨은 엘리자베스 여왕(1558~1603)에게 등용되는 데는 실패했지만 제임스 왕 통치기(1603~1625) 동안 다시 출세 기회를 노렸다. 그의 저서 《학문의 진보*Advancement of Learning*》(1605년 출간/1885년 재출간)는 새 왕에게 헌정되었는데, 내용은 독서와 고전 연구보다는 실용기술과 실험과학 중심으로 교육제도와 학문을 개혁해야 한다는 것이었다. 이 책 제2권은 제임스 왕을 향한 직설적인 호소문으로 시작한다.

현실은 종종 달리 흘러가긴 해도, (위대한 왕이시여) 현재 결실이 있고 앞으로도 절대 마르지 않을 게 분명한 옥토는 미래를 위한 소중한 자산으로서 더욱 귀히 여기고 모두가 진실된 맹세 아래 그리 하도록 서로 장려하고 권면하는 것이 이로울 것입니다. 엘리자베스 여왕은 이 세상에 머무신 평생을 독신으로 사셨고 훌륭한 군주이셨습니다. 호시절의 행복한 기억들 말고도 건실한 국가 경영으로 여왕께서 이룬 길이 남을 업적도 없지 않지요. 하오나, 신께서 폐하의 이름을 영세에 빛낼 과업을 폐하께 따로 맡기셨고 폐하께서 지닌 놀라운 생산력이 발전과 혁신을 약속하는 것은 당연지사이니, 훌륭한 정부로 가는 과도적 조치뿐 아니라 영구히 지속될 정책에도 정통하심이 마땅하고 바람직할 것입니다. 그 가운데서도—소신은 은혜를 입지 못할지언정—온전하고 생산적인 지식을 세상에 널리 전파하는 것보다 더 가치 있는 일은 없습니다. (Bacon, 1605/1885, pp. 76~77)

엘리자베스 여왕이 감히 범접할 수 없는 존재였음에도 베이컨은 제임스 왕의 정력을 칭송하며 비위를 맞췄다. 자식 없는 여성과 다산하는 남성의 대비는 실험과학에 대한 재정지원을 구하는 청원서에서 다시 한번 등장한다.

소신이 발견한 결점이 하나 더 있는데, 이것을 고치려면 연금술사의 도움을 받아 사내들을 불러모아 그들이 가진 책을 팔고 아궁이를 짓게 해야 합니다. 이로써 미네르바(지혜의 여신—옮긴이)와 뮤즈(예술과 학문의 여신—옮긴이)로 하여금 불임의 동정녀 역할을 그만두고 불카누스(불과 대장간의 신—옮긴이)에게 의지하게 해야 할 것입니다. (……) 불카누스의 아궁이나 다이달로스(미노스 왕의 미궁을 만든 신화 속 아테네 최고의 장인. 이카로스의 날개를 만든 자이기도 하다—옮긴이)의 엔진 혹은 비슷한 다른 도구를 활용한 실험에 얼마든 재정 지원이 되지 않는다면 자연을 연구함에 있어 그 어떤 성과도 낼 수 없을 것입니다. 그렇기에 폐하께서는 조정백관과 왕실 정보조직이 올리는 첩보활동 지원 요청서에 하시는 것과 똑같이 자연을 감시하고 파헤치는 신하들의 청구서에도 응당 답하셔야 합니다. 그러지 않으신다면 폐하의 곁에 직언하는 충신이 없는 것입니다. (Bacon, 1605/1885, p. 80)

물리학과 형이상학을 두고는 베이컨은 서로 별개의 두 학문으로 간주했다.

물리학은 자연에 존재하면서 움직이는 것들만을 다루고 형이상학은 자연에서 목격되는 현상 너머의 원인, 기전, 배경을 다룬다. (……) 하나, 즉 물리학은 질료인과 동력인을 탐구하는 한편 다른 하나, 즉 형이상학은 형상인과 목적인을 탐구한다. 물리학은 자연사自然史와 형이상학 사이의 중간쯤에 자리한다. 자연사는 다양한 사물을 기술하지만 물리학은 원인을 기술하되 변동하거나 개별적인 원인에 초점을 맞추고 형이상학은 고정되어 늘 일정한 원인을 기술한다. (Bacon, 1605/1885, p. 114)

신新학문의 초점은 반드시 실증實證에 맞춰져야 했다. 고정되어 한

결같은 원인은 실생활에 아무 쓸모 없었다. 베이컨은 물리학 영역에서 목적인의 역할을 단호히 부정했다.

> 목적인을 물리학의 다른 의문들과 뒤섞어 함께 다루는 바람에 모든 실재하는 물리적 원인들에 관한 진중하고 부지런한 탐구가 방해를 받고, 학자들이 무난하고 허울 좋은 원인에 안주하면서 편견에 사로잡혀 새로운 발견으로 나아가지 못한다. (……) 진실로 더 이상의 항해를 가로막고 배를 정체시키는 걸림돌이자 장애물에 지나지 않기에, 급기야 물리적 원인의 탐구가 과소평가되고 침묵 속에 외면받는 지경에 이르렀다. (Bacon, 1605/1885, pp. 118~119)

베이컨은 제임스 왕 치세하에 법무차관(1607), 법무장관(1613), 대법관(1618)으로 고속승진한 데 이어 베룰럼 남작Baron Verulam(1618)과 세인트 올번 자작Viscount St. Alban(1621)의 작위를 연달아 받으며 승승장구했다. 그러다 정적들에 의해 부패 혐의로 유죄 판결을 받고 1621년에 모든 공직에서 물러난 뒤로는 여생 동안 오직 학문에만 전념했다. 그 결과물로 《학문의 진보》의 라틴어 증보판인 《학문의 존엄성과 진보*De dignitate et augmentis scientiarum*》가 1623년에 출간된다. 새롭게 추가된 단원에서 그는 자연의 실용적 원칙을 논하면서 목적인을 자식 없는 여인에 비유했다.

> Physica siquidem et inquisitio causarum efficientium et materialium producit mechanicam: at metaphysica et inquisitio formarum

producit magiam; nam causarum finalium inquisitio sterilis est, et, tanquam virgo Deo consecrata, nihil parit. (Bacon, 1623/1829, p. 192)

원문을 대충 번역하면 이렇다. "동력인과 질료인을 연구하는 물리학은 기계학을 낳고 형상인을 연구하는 형이상학은 마법을 낳는다. 그러나 목적인 연구는 마치 신 앞에 서임한 처녀처럼 아무것도 생산하지 않는다." 목적인은 실생활에 써먹을 데가 없었다. 출간 당시엔 virgo Deo consecrata(신 앞에 서임한 처녀)의 지칭 대상이 가톨릭 수녀로 직역됐겠으나, 19세기로 오면 이 구절에서 베이컨이 순결한 처녀를 암시하면서 목적인을 '불임의 동정녀'에 빗댔다는 게 지배적인 해석으로 바뀐다. 내가 읽은 바로 베이컨은 어디서도 목적인을 미네르바와 뮤즈를 깎아내리는 별명인 '불임의 동정녀'라 대놓고 부르지 않았다. 그러나 "virgo Deo consecrata, nihil parit(신 앞에 서임한 처녀는 아무것도 생산하지 않는다)"라는 구절은 같은 뜻이나 마찬가지다.

르네 데카르트René Descartes의 '네 번째 성찰Fourth Meditation'에도 물리학에 목적인의 자리는 없음을 옹호하는 비슷한 내용이 있다 (Descartes, 1641/2011). 데카르트의 경우는 신의 마음은 헤아리기 어렵다는 이유에서였다.

> 나는 천성이 미약하고 유한하나 신은 방대하고 불가해하며 무한하심을 내가 이미 알고 있으니, 그리하여 나는 원인을 짐작하지 못할 것들이 수도 없음 또한 잘 안다. 이 이유만으로도 예사로이 목적을 좇는 모든 원인은 물리학에서 설 자리가 없다고 해야 할 것이다. 만

> 용을 부리는 게 아니고서야 감히 신의 목적을 따질 수는 없기 때문이다. (Descartes, 1641/2011, p. 39)

데카르트는 《철학의 원리》에서도 이 주제를 다시 한번 들고 나온다.

> 그리고 마지막으로 천지만물에 관해서는, 신 혹은 자연이 그것들을 창조할 때 직접 정하신 종착지를 가지고 우리는 어떤 추론도 해서는 안 될 것이며 철학을 함에 있어 목적인 탐구를 철저히 배척하는 것이 마땅하다. 왜냐하면 우리는 우리 스스로 그분의 의도를 확신한다고 단정할 수 없기 때문이다. (Descartes, 1647/1983, p. 14)

베이컨과 데카르트가 목적인을 노골적으로 부정한 것은 아니지만 두 사람 다 자기 자리를 지켜야 한다는 입장이었다. 그리고 그 자리에 물리학에 의문을 품는 것은 포함되지 않았다. 동력인과 목적인을 별개의 영역으로 선 긋는 사고방식은 오늘날까지도 따르는 이가 적지 않은 오랜 절충안으로 자리 잡는다. 가령 윌리엄 휴얼William Whewell은 다음과 같은 주장을 펼쳤다.

> 목적인은 물리학 연구에서 배제되어야 한다. 다시 말해 우리가 창조주의 설계 목적을 안다고 가정하지 말아야 하며 그렇게 가정한 목적으로 물리적 원인을 대체해서도 안 된다. 물리철학자에게는 (……) 목적인이 아무 쓸모없다. 물리철학자는 목적을 어떻게 가정하든 상

관없이 이론을 세우기 때문이다. 종국에 그에게 되돌아와 회피할 수 없어지면 그런 목적은 지적 입법자의 존재를 뒷받침하는 부정할 수 없는 증거가 되어 버린다. (……) 목적인을 순결한 처녀에 빗댄 베이컨의 비유는 그의 저술에 지겹도록 등장하기에 잊으려야 잊을 수 없는 그런 유의 냉철한 지적이다. (……) 만약 그의 많은 비유적 표현들과 마찬가지로 꽉 찬 함의를 담고 있는 이 비유를 해설할 기회가 베이컨에게 있었다면, 아마도 그는 말했을 것이다. 목적인을 당대 자연과학의 어머니가 아니라 딸로 봐야 하며, 본성이 불완전하다는 게 아니라 순결하게 남아 있으니 신전의 사제로서 더할 나위 없이 적합하다는 뜻에서 불임이라는 것이므로 목적인의 불임에는 비난의 뜻이 조금도 없다고 말이다. (Whewell, 1833, p. 266)

형태와 기능

해설에서 형상인과 목적인을 배제시킨 17세기 과학 사조는 무생물에 관한 연구 분야에서 차고 넘치는 결실을 맺었다. 그러나 생물계를 설명하는 데는 비물리적 원인들이 여전히 사용되고 있었다. 생리적인 것(정상)과 병리적인 것(비정상)이라는 목적론적 구분은 의학과 생리학의 핵심이었고, 박물학자들은 동식물의 복잡한 적응 패턴을 창조자의 증거로 해석했으며, 발생학자들은 생물체의 발달을 최종 형태로 가는 과정이라 규정했다. 유신론의 경우, 과학과 신학을 해석 방식이 다른 별개의 두 영역으로 떨어뜨리는 절충안 덕분에 육체가 형태와 기능을 통해 신성한 제정자制定者의 지혜와 자비를 드러내는 수단이라 주장할 수 있었다.

생물의 신체 구조는 기능적 적합성을 보여 주는 명백한 증거였지만, 서로 다른 생물종 사이에서 목격된 구조적 유사성을 단지 공통의 목적으로만 설명하기에는 턱없이 부족했다. 가령 향유고래는 다른 포유류처럼 골격에 골반뼈를 가지고 있지만 뒷다리뼈는 없고, 타조는 다른 새들과 비슷하게 생긴 날개로 날지 못한다. 알쏭달쏭한 형태 법칙은 목적인과 아무 연관 없이 존재하는 듯했다. 생물계에서는 개체가 모여 종種, species이 되고 종이 모여 속屬, genus이 되며 속은 또다시 형태 혹은 구조적 관계 파악 과정에서 드러난 친밀도에 근거해 더 큰 범주로 묶였다. 어느 두 개체도 완전히 똑같지는 않지만, 이상적 형태에서 살짝살짝 빗겨간 개체들이 모여 하나의 종을 이뤘다. 비록 저마다 종 특이성을 띠긴 해도, 큰 의미에서 '동일한' 신체 부위를 어느 생물종에서나 발견할 수 있었다. 생물분류학자들은 '자연스러운' 분류 체계를 찾아 엄청나게 다양한 생물종들을 질서 있게 줄 세우려고 애썼다.

괴테Johann Wolfgang von Goethe가 이름붙인 형태학은 19세기에 나온 형태에 관한 과학이다. 비교해부학자들은 밖으로 드러난 형태가 다름에도 내부구조에 존재하는 유사성을 포착하고 그 이유를 설명하는 비물리적 원리를 찾으려 했다. 조르주 퀴비에Georges Cuvier는 동물의 형태를 결정하는 것이 "존재의 조건, 다시 말해 목적인"(Cuvier, 1817, p. 6)이라 주장했지만 다른 이들은 기능만 가지고는 설명 불가한 부분들을 형태에서 찾아냈다. 이에, 에티엔 조프루아 생틸레르Étienne

Geoffroy Saint-Hilaire는 형태와 기능의 유혹 뒤에는 유기적 구성물의 통일성이 감춰져 있다는 설명을 내놨다. 그는 온갖 동물의 다양한 형태에 공통적으로 발현된 단 하나의 계획이 존재한다고 믿었다(Le Guyader, 2004). 이런 견해차는 수없는 논쟁을 거쳐 가열되다가 1830년 프랑스 과학아카데미Académie des Sciences 회합에서 극에 달했다. 평에 의하면 토론이 벌어지는 자리마다 퀴비에가 대체로 생틸레르와 같은 편에서 싸웠다고 한다.

《창조자의 징표*Indications of the Creator*》에서 윌리엄 휴얼은 목적인에 관한 자신의 생각을 자신만만하게 풀어냈다.

> 베이컨의 주장처럼 물리학에 이론적 목적인을 가정할 땐 과학이 해를 입을지 모른다. 하지만 생리학에 미지의 목적인을 가정하는 것은 과학을 부흥시킨다. 사유의 두 갈래인 물리학과 생리학은 둘 다 처음 보는 현상을 접하고 "왜"라고 묻는다. 그러나 전자의 "왜"는 기실 '무슨 까닭으로'라는 뜻이고 후자의 "왜"는 '어떤 결말을 위해서'라는 뜻이다. 게다가 생리학에 동력인의 개념을 도입하는 게 가능할지라도, 모든 조직체에 내재된 '목적'이라는 무소부지無所不至한 개념에 과학이 지고 있는 의무가 그로 인해 없어지는 건 아니다. (Whewell, 1845, p. 21)

누가 봐도 칸트적인 맥락에서 휴얼은 목적인을 유기물계와 무기물계 전체를 이해하기 위한 구성적 요소이자 유기물계를 사유할 규범으로 여겼다.

> 목적인의 개념은 유기생명체에 관한 사유에 한정해 규범적 기초 이론으로 활용 가능하다. 주위에 차고 넘치는 질서와 법칙만 봐도 창조의 구석구석에 목적이 있다는 믿음을 가질 증거가 충분하다. 그러나 무기물계에 관한 한 이 논리가 우리의 사유를 규제하고 이끌도록 허락해서는 안 된다. 무기물 세상에서는 수단과 결과가 반드시 모종의 관계로 이어지지는 않는다. 베이컨이 지적했듯 순수 물리학에서는 목적인이 사유의 원리로 인정될 수 없다. 반면에 유기과학의 경우는 모든 전체의 각 부분마다 설계와 목적을 가정하는 것, 다시 말해 목적인의 개념이 만연하다고 보는 것이 타당한 사유의 밑거름이자 진정한 교리의 원천이 된다. (Whewell, 1845, p. 49)

리처드 오언Richard Owen은 처음에는 퀴비에의 편에서 목적인을 옹호했지만 나중에 입장을 바꾼다(Owen, 1868, p. 787). 하나의 초월적 이론으로 모든 사례를 설명하기에는 아직 이해가 부족하긴 했어도 오언은 두더쥐, 말, 박쥐, 고래가 각기 전혀 다른 기능으로 쓰이는 앞다리라는 공통 신체 구조를 가지고 있다는 점을 알아봤다(Owen, 1849). 구조적 대응성은 용도나 자세한 모양새와는 아무 상관없는 '이데아'를—다소 무성의하게—표현하고 있었다. 이 연구를 토대로 그는 원시 척추동물의 거짓 구조가 같은 취지로 괴테가 제시한 아이디어에서 원시식물의 그것이 그랬던 것 만큼이나 생물의 본질적인 요소라는 결론을 내렸다. 더불어 모든 생물집단에서 목격되는 '다양성 속의 통일성'이라는 특징을 보다 납득하기 쉽게 만들고자 노력하는 모든 이에게 '표상'의 참고 기준 역시 마찬가지일 게 분명하다는 것도 그의 견해였다(Owen, 1868, p. 788). 오언은 형태학자들의 입에서 끊이지 않는 목적인에 대한 불평을 친숙한 은유에 담아 표현했다(Owen, 1849, p. 40):

> 분만 과정을 무사히 견뎌 낼 수 있도록 인간 태아의 두개골이 여러 지점에서 골화骨化되는 걸 보면 목적인을 인식하고 인정하기란 참으로 쉬운 일이다. 그러나 몸체가 1인치쯤 됐을 때 태어나는 캥거루 태아의 두개골과 솜털도 다 나지 않은 몸으로 알을 깨고 나오는 새 새끼의 두개골에 똑같은 골화중심점들이, 그것도 비슷한 순서로 생긴다는 걸 알고 나면, 베이컨이 '목적인'을 순결한 처녀라 칭한 진짜 의도를 알 듯하다. 목적인은 계속 불임의 상태로 남아서 우리가 그토록 얻고자 하는 열매를 맺지 않을 것이며 우리의 탐구 목표인 정합 법칙law of conformity을 이해할 어떤 단서도 내어 주지 않을 것이다.

다윈주의가 치러 준 혼례

19세기 중반까지 기계론적 철학은 물리과학의 영토를 철통같이 지켜냈다. 하지만 경계가 모호한 생물학은 여전히 일촉즉발의 전쟁터였다. 찰스 다윈의 1838년 기록에도 그런 내용이 남아 있다.

> 무수한 달걀의 목적인이 맬서스Thomas Malthus의 이론으로 설명된다. [목적인 얘기를 꺼내는 내가 이상한가? 하지만 이걸 생각해야 한다!]

이 불임의 동정녀들을 살펴보라. (Barrett 외, 1987, p. 637)

이 암호문 같은 말은 여러 방식으로 해석 가능하다. 그중에 내가 가장 끌리는 해석은 "불임의 동정녀"가—대부분은 수명을 다하면 별 잡음 없이 사라질—무수한 달걀을 가리킨다는 것이다. 어째서 그렇게 많은 달걀이 태어나는가는 맬서스주의식 생존경쟁으로 이해할 수 있다. 그리고 괄호 안은 자연선택이 생물계에서 목적인을 지워버렸는지 아니면 해설했는지 잘 생각해 보라는 경고문이다.

《종의 기원》에서 다윈은 이렇게 적고 있다.

모든 개체가 유형의 통일성Unity of Type과 생존 조건Condition of Existence이라는 두 가지 위대한 법칙에 따라서 탄생되어 왔다는 사실은 일반적으로 인정되고 있다. 유형의 통일성이라는 것은 같은 강에 속하는 개체들 사이에는 각각의 생활 습성과는 상관없이 기본적으로 구조적 일치가 나타나는 것을 의미한다. 나의 이론에서 유형의 통일성은 유래의 동일성으로 설명된다. 자연선택의 원리는 저명한 학자인 퀴비에가 자주 언급했던 생존 조건이라는 표현을 완전히 아우른다. (……) 그러므로 사실 생존 조건의 법칙은 과거에 일어난 적응의 대물림을 통해 유형의 통일성까지 아우르는 더 고차원적인 법칙이다.* (Darwin, 1859, p. 206)

---

* 찰스 다윈, 《종의 기원》, 장대익 옮김, 최재천 감수, 사이언스북스, 2019.

이처럼 다윈은 *추상적인 정형공간*이 아니라 *실제로 진화가 일어나는 시간* 안에서 형질전환에 의한 유형 통일성을 논함으로써 구조적 유사성과 기능 분화를 양립시킬 수 있었다.

《종의 기원》에 대한 한 초기 논평에서 T. H. 헉슬리는 다윈의 이론을 도중에 목적론이라는 바다요괴(세이렌siren)를 만나는 항해에 묘사한다.

> 다윈은 그가 우리에게 따라오라고 일러 준 길이 완벽한 모습으로 허공에 드리운 거미줄 같은 환상이 아니라 사실에 기반해 널찍하게 세워진 튼튼한 다리라 한다. 만약 정말 그렇다면 이 길은 우리를 곳곳이 깊은 골짜기로 끊긴 지식의 광야 너머로 안전하게 인도할 것이다. 그리하여 최고권위가 참으로 마땅하게 경고해 온 매력적이지만 불임의 동정녀, 즉 목적인의 덫이 없는 곳으로 우리를 데려갈 것이다. (Huxley, 1859, p. 9)

그러나 헉슬리는 다윈이 의도한 이야기의 핵심을 놓치고 있었다. 다윈은《영국난과 외국난이 곤충을 통한 가루받이에 사용하는 다양한 장치에 관하여*On the Various Contrivances by which British and Foreign Orchids Are Fertilised by Insects*》에서 현재 쓸모와 과거 쓸모 사이의 관계를 재차 논의한다.

> 어떤 장기가 처음부터 어떤 구체적 목적 때문에 생겨나지 않았더라도 만약 현재는 그것을 위해 존재한다면, 장기가 특별히 그 목적을

> 위해 고안됐다고 표현해도 틀린 말이 아니다. 같은 원리로 만약 누군가 모종의 특수 목적을 위해 어떤 기계를 만들되 옛날부터 있던 바퀴, 스프링, 도르래를 살짝만 고쳐서 재활용한다면 완성된 기계와 부품 하나하나가 전부 특별히 그 목적을 위해 고안됐다고 말할 수 있을 것이다. 따라서 자연계에 존재하는 모든 생물의 각 부분부분이 다양한 목적에 따라 조금씩 변형된 모습으로 나름의 쓸모를 발휘하면서 각기 다른 수많은 원시적 형태의 살아 있는 기계장치 안에서 내내 작동해 온 셈이다. (Darwin, 1862, p. 348)

다윈은 자연선택 지지자에게 사소한 세부구조 하나하나의 유용성을 조사하는 것이 헛짓거리가 아니라고 여기면서도 의미심장한 한마디를 덧붙였다.

> 여기서 나는 15개 일차기관의 흔적들이 5가지 윤생체(잎, 꽃받침, 꽃잎, 수술, 암술이 줄기나 자루를 중심으로 빙 둘러 난 것—옮긴이)에 번갈아 배열되는 것 같은 식물의 기본 구조를 말하는 게 아니다. 유기체의 형태 변화를 지지하는 이들 대부분은 생물이 먼 조상의 모습을 물려받아 지금과 같이 존재하고 있음을 인정할 것이다. (Darwin, 1862, p. 352)

헉슬리는 자연선택과 목적인 사이의 관계를 계속해서 붙잡고 씨름했다. 에른스트 헤켈Ernst Haeckel의 《창조의 역사*Natürliche Schöpfungs-Geschichte*》를 읽고 남긴 평론에도 그런 부분이 있다.

아마도 다윈 선생이 생물철학에 한 가장 탄복스런 공헌은 목적론과 형태학을 화해시키고 둘을 그의 시각에서 해설한 것이라 할 것이다. (Huxley, 1869a, p. 13)

하지만 헉슬리의 중재에는 진심 어린 열정이 없었다. 바로 이어서 그는 목적론을 두 종류로 나눈다. 첫째는 이러했다.

사람이나 다른 고등 척추동물에게서 볼 수 있는 눈이 그 눈을 가진 동물로 하여금 앞을 보게 하려는 목적으로 처음부터 현재의 모습 정확히 그대로 만들어졌다고 추정하는 식의 목적론. (Huxley, 1869a, p. 14)

이 유형의 목적론은 진화론으로부터 '마땅히 크게 한 방' 먹는다. 목적의 출현은 목적인을 들먹일 필요 없이 기계론적 과정만으로 충분히 설명 가능했다. 형태학은 시체를 가지고도 완벽하게 이해할 수 있기 때문이다. 두 번째 유형은 우주를 은밀한 목적을 가진 심오한 메커니즘으로 간주하는 이른바 '넓은 목적론'이었다. 이 넓은 목적론은 아직 진화론의 손길이 닿지 않았지만 과학을 연구하는 자가 절대로 가타부타해서는 안 되는 주제였다.

목적론자가 우주 메커니즘의 일부가 작동한 이런저런 결과가 그 목적이자 목적인이라 주장할 때 기계론자로서는 단순한 시계 째깍거림 같은 아무 필연성 없는 사건을 기능으로 착각한 게 아님을 어떻게 아느냐고 목적론자에게 묻고 싶은 게 당연하다. 이 경우, 무한한 실용적 중요성을 지닌 메커니즘 작동 연구에만 혼신을 다해도 모자랄 판에 도대체 왜 범위 밖의 것들에 매달리는 수고를 자처하는지 이성적으로 반문하는 것 말고 달리 더 나올 만한 반응은 없어 보인다. (Huxley, 1869a, p. 14)

헉슬리는 목적인이 실용적 탐구와 아무 상관없는 불임의 동정녀라는 베이컨의 비판을 여전히 신경 쓰고 있었다.

반면에 에이사 그레이Asa Gray는 다윈이 목적론과 형태학을 단지 화해만 시킨 게 아니라 둘을 다산하는 한 쌍으로 맺어 주었다고 공표했다.

목적론을 자연과학에 복귀시킨 다윈의 업적이 혁혁함을 인정하자. 그리하여 형태학과 목적론을 *맞붙이는 게* 아니라 형태학과 목적론을 혼인시키는 게 마땅할 것이다. 대부분의 경우 진화목적론은 마치 이점이 하나도 없는 것처럼 미심쩍은 형태로 제시되지만, 시간이 흘러 생각이 달라지고 새 이론이 연구에 어떤 추진력을 주었는지 알게 되면 사람들도 [다윈주의를] 제대로 볼 수 있게 될 것이다. 다윈주의가 사변적이고 잠깐 유행하는 학설이라는 오해가 깊다. 그러나 다윈주의는 적용된 영역마다 실용적이고도 생산적인 새 동력임이 증명됐다. (Gray, 1874, p. 81)

그레이의 극찬에 다윈은 서둘러 답한다.

> 선생님이 목적론에 대해 하신 말씀에 얼마나 기쁜지 모릅니다. 지금껏 어느 누구도 이 요점을 간파하지 못하고 있었지요. 저는 늘 선생님이 정곡을 찌르는 분이라고 얘기해 왔습니다. (F. Darwin, 1898, p. 367)

다윈을 이토록 감격시킨 "이 요점"은 무엇이었을까? 대부분의 평론가는 다윈이 형태학과 목적론을 맺어 주었다고 그레이가 표현한 부분을 꼽았다. 하지만 이미 헉슬리가 둘을 화해시킨 것이 다윈이 생물 *철학*에(이탤릭체 부분은 내가 추가한 것이다) 한 가장 탄복스런 공헌이라고 말했다는 점만 보더라도 이 해석에는 문제가 있다. 아마도 '이 요점'이 진정으로 가리키는 것은 생물학의 *실제*와 탐구의 추진력에 관한 그레이의 발언이었을 것이다. 그가 본 목적인은 불임의 동정녀와는 거리가 멀었다. 오히려 *실용적이면서 생산적인* 동력이었다.

합방하지 않는 부부

두 집단의 동물들이 지금은 구조와 습성 면에서 서로 어느 정도나 다르든 간에, 그들이 동일하거나 유사한 배 발생 단계를 거친다면, 우리는 그들이 동일하거나 거의 유사한 부모로부터 내려왔고, 그렇기 때문에 밀접한 유연 관계를 갖는다고 확신할 수 있다. 따라서 배 구조의 공통성은 계통의 공통성을 드러낸다.*

— 찰스 다윈(1859)

* 찰스 다윈, 《종의 기원》, 장대익 옮김, 최재천 감수, 사이언스북스, 2019.

《종의 기원》에서 다윈은 비교발생학이 공통 계승 경로에서 비롯되는 연관 형태들 사이의 유사성과 상이한 적응 방향 때문에 생기는 차이를 드러낸다고 주장했다. 그는 유형 통일성과 생존 조건의 상충하는 요구로 인지된 요소들을 통합시키는 이론으로서 '변화를 동반한 계승descent with modification'(다윈이 진화라는 용어를 본격적으로 쓰기 전 초창기에 사용하던 표현—옮긴이)설을 제시했다. 하지만 형태와 기능을 이어주려는 다윈의 노력은 의도와 달리 생물 발생을 목표지향적 과정으로 보는 발생학과 자연선택에 의한 진화를 예정된 결말 없이 일어나는 변화로 여기는 진화학을 오히려 멀어지게 하고 말았다.

아리스토텔레스에게 텔로스는 움직이는 어떤 것이 향하는 방향 끝의 종착지일 수도, 그것을 움직이게 한 실용적 목적일 수도 있었다. 아리스토텔레스 이후, 목적인에 내포된 목표와 효용성이라는 두 가지 개념은 종종 한 덩어리로 뒤엉켜 사용됐다. 19세기 전반으로 오면 어떤 형태의 생물(알이나 배아)이 다른 형태(성체)로 발전하는 것을 다들 '진화'라 불렀다. 이 맥락에서는 생물의 종착점(텔로스)은 그 형상(*에이도스eidos*)을 완성하는 것이었다. 한 세대 안에서의 형태 변화를 가리키던 '진화'는 때때로 여러 세대에 걸친 변화—'진화'의 현대적 개념—로 그 의미가 확장돼 사용됐고, 보통은 두 변화 과정이 유사하고 전자를 이해함으로써 후자를 헤아릴 수 있다는 믿음이 배경에 깔려 있었다. 어떤 면에서는 19세기 독일 형태학의 주류는 발달의 목표지향성을 중시했고 영국 자연주의는 실용적 기능에 무게를 뒀다고 이 시대를 요약할 수도 있겠다(독일어 Zweck[츠베크]이 영국 영어 purpose[퍼포즈]보다 목적 내지는 목표를 더 강조하는 듯한 어감을 주는 것도 사실이다).

과학사학자 피터 보울러Peter Bowler는 19세기 후반의 문학을 심층 연구한 끝에 《종의 기원》 덕에 진화에 의한 변화가 짧은 기간에 생물학계에서 인정받을 수 있었지만 다윈이 제시한 자연선택 기전은 거의 묵살됐다는 결론을 내렸다(Bowler, 1983, 1992). 대신 진화적 변화에 관한 이론들은 정해진 목표를 향해 질서정연하게 진행되는 발달 과정으로 재포장됐다. 일례로 《정향진화설과 종 형성에서 자연선택의 무능에 관하여*On Orthogenesis and the Impotence of Natural Selection in Species-Formation*》에서 테오도어 아이머Theodor Eimer는 다음과 같이 적고 있다.

> 정향진화설orthogenesis은 *유기적有機的 성장*의 결과로 생물이 효용성에 대한 한 치의 고려도 없이 순수하게 생리학적인 원인이 이끄는 일정한 방향으로 발달함을 보여준다. (Eimer, 1898, p. 2)

이와 같은 이론들은 다윈이 부인했던 목적인 개념(정향성定向性)은 하나같이 받아들이고 반대로 다윈이 수용했던 목적인 개념(효용성)은 배격하고 있었다. '진화의 종합이론evolutionary synthesis' 혹은 '근대종합설modern synthesis'은 미숙하게도 자연선택에 의한 진화가 멘델 유전학과 거의 같은 것이라고 여겼던 20세기 초반에 유행한 표현이다. 오늘날 진화이론의 개혁을 요구하는 목소리들은 당시 이론들을 종합하는 과정에서 발생생물학만 '소외됐다'고 공통적으로 지적한다. 조금 다른 해석으로, 이 시대를 주도하던 발생학자들이 생물의 발생과정을 이해하는 것과 자연선택이나 멘델 유전학의 연관성에 회의

적이었던 탓에 진화학계가 뭘 하든 참견하지 않는 쪽을 선택했다는 평도 있다. (Hamburger, 1980)

기계론으로의 환원

생물의 목적을 생물학에 융화시키려는 다윈의 무던한 노력에도 실험생물학자들은 진화목적론의 매력을 처참히 묵살했다. 이런 태도는 생물을 물리학과 화학의 맥락에서 설명해야 한다는 신흥 과학 사조와 연관 있었다. 이와 같은 19세기의 움직임은 생리학계에서 처음 목격된 뒤 신생 분과인 생화학, 세포생물학, 실험발생학으로 점차 확산됐다. 당시 기준으로는 무기물과 생물이 모두 같은 기본법칙의 지배를 받는 대상이었다. 물리학계와 화학계는 오래전부터 목적인을 부정해 온 터라 생물학을 물리학과 화학 안에 포함시키고자 하는 이들은 여전히 목적인에 격한 반감을 드러냈다. 그럼에도 기계론적 생물학은 19세기 내내 묵묵히 기반을 다져 갔고 마침내 20세기 생물학의 주류로 우뚝 섰다.

에밀 뒤부아레이몽Emil du Bois-Reymond과 에른스트 브뤼케Ernst Brücke는 일찍이 1842년에 물리화학적 힘이 유기체 안에서 작동하는 유일한 동력이라는 진실을 수호하겠다고 선언한 바 있다(du Bois-Reymond, 1918, p. 108). 그러다 생리학을 순수하게 물리화학적인 관점으로 봐야 한다는 개혁의 움직임이 일면서 헤르만 헬름홀츠Hermann Helmholtz와 카를 루트비히Carl Ludwig가 결사대에 합류한다(Cranefield,

1957). 헬름홀츠는 생물체에 힘 보존 법칙을 적용할 때의 결과를 이렇게 풀어 썼다.

> 생물체에서는 무기물계에 존재하는 것과는 다른 행위자가 작동할지도 모른다. 하지만 체내에서 화학반응이나 기계적 변화를 일으키는 한 그런 힘은 틀림없이 무기물계의 힘과 본질적으로 같은 성질을 가질 것이다. 그런 점에서라도 이 힘은 반드시 필연성의 지배를 받아 작동할 것이고, 조건이 같을 땐 늘 한결같은 효과를 내야 하며, 힘의 작용 방향이 임의적 선택으로 달라지는 일은 절대 있을 수 없다. (Helmholtz, 1861, p. 357)

기계론적 시각의 힘 보존 법칙은 생물체가 부동의 원동자unmoved mover일 가능성을 완전히 뿌리 뽑았다. 즉 생물은 사전에 준비된 물리적 원인 없이 임의적 선택에 좌우될 수 있는 존재가 아니라는 얘기였다.

현대생물학의 바탕이 된 실험 원칙과 과학철학의 형성에는 다윈주의보다 기계론이 훨씬 큰 영향을 미쳤다. 다윈주의는 그다지 중요하지 않았다. 내부작동기전 면에서 다양한 생물종의 근본적 유사성에 관한 진화 가설에 힘을 실어 주는 해설들을 환영하는 인사들도 일부 있었다. 다만 이유는 그것이 효모를 이용한 의학 연구를 정당화하기 때문이었다. 또 혹자는 다윈주의가 유물론을 지지하면서 자연계에서 목적인을 배제할 근거라고 여겼다. 하지만 대다수는 무엇보다 의도적인 함의가 의심스럽다며 자연선택의 은유를 과학적으로 못 미더워했다.

20세기 중반까지 무서운 기세로 휘몰아친 기계론은 철옹성 같던 생물학에서 질료인과 동력인만 남기고 다른 것들을 싹 쓸어 냈다. 비물리적 원인을 옹호하는 이는 어느 시대에나 있었지만 그런 과학자들은 점점 패권적 기계론의 엄격한 정설에 반항하는 이단자로 비쳤다. 내 학창시절만 해도 목적론적 사고와 그 비슷한 계통인 의인화의 오류를 경계하라는 꾸지람을 얼마나 들었는지 모른다. 그런 선생님들이 정작 수업 시간에는 심장은 혈액을 순환시키기 *위한* 펌프이고 RNA는 단백질 번역을 *위한* 메신저라고 가르쳤다. 과학탐구에서 목적인의 역할을 부정한 17세기의 풍조는 지금까지도 현역 과학자들의 이데올로기에 무서운 영향력을 미치고 있다. 목적과 기능의 개념은 생물학 연구의 실행 방향을 구체화하는 기본 수단이지만—그러는 것이 살아 있는 생물을 생각하는 자연스러운 방식이기도 하다—생물학에서 목적론을 대놓고 입에 올리는 것은 여전히 금기시된다. 목적인은 단단한 과학의 남성미 넘치는 대장장이들에게 지극한 혐오의 대상인 자식 없는 여자처럼 따돌림당하고 있다.

2

사회적 유전자

From Darwin to Derrida

SOCIAL
GENES

리처드 도킨스Richard Dawkins의 《이기적 유전자*The Selfish Gene*》(1976)는 내가 대학에 들어가기 한 해 전에 출간된 이래로 지금까지 40여 년 동안 수백만 부가 팔렸다. 이 베스트셀러는 가슴속에 강렬한 반향을 일으켰다. 어려운 개념이 명료하게 해설되었기에 수많은 애독자가 생명을 보는 새로운 눈을 뜰 수 있었다. 반면 평론가들에게는 형편없는 (심하게 말하면 사악하기까지 한) 책이었다. 이 책을 두고 누군가는 "인간은 근본적으로 이기적이고 인간의 선한 본성은 환상"이라는 메시지를 전한다고 봤고, 또 누군가는 생물을 폄하하고 유전자를 미화한다며 비난했다. 문화의 변화를 상호대안적 밈들alternative meme의 이기적인 확장으로 보는 피상적 사고라는 비판의 목소리도 나왔다. 이런 부정적인 (그러나 충분히 반박 가능한) 반응들에는 그 내막에 심신이원론이 관통한다는 공통점이 있었다. 《이기적 유전자》는 자연선택의 결과물을 일컬을 때 행위자와 목적이라는 말을 천연덕스럽게 사용했다. 대다수 생물학자들, 특히 생명과학과 물리과학의 합일을 추구하는 부류는 그들이 하는 과학의 순결을 더럽힌다는 이유로 생물학에서 의미와 목적을 거론하는 것을 극도로 기피하는 시대였는데 말이다. 또 혹자는 유전자에 행위자라는 단어를 사용하면 안된다고 반대했다. 오로지 인간만이 그렇게 불릴 자격이 있다는 것이었다. 이런 비평가들은 종종 가장 열렬한 독자이기도 했다.

《이기적 유전자》에서 도킨스는 진화가 집단의 이익을 위해 혹은 종種에 유리한 방향으로 일어난다는 유명한 학설을 단호하게 부정했다. 대신 그는 자연선택이 개체 혹은 유전자의 이익을 도모한다고 주장했다. 도킨스는 이 책 전반에서 적합도 면에서는 개체와 유전자를 등가로 놓았지만 적응의 기본 수혜자로서는 개체보다는 유전자의 편을 들어주었다. 유전자는 육신을 수없이 갈아타면서 홀로 보전되는 불멸의 존재였다. 반면에 필멸의 육신은 버려지는 족족 소멸됐다. 일회용 몸뚱이는 안에 담긴 유전물질의 안녕과 번영을 돕도록 발달한 정밀 생존기계였다.

그래도 '집단의 이익이 우선'이라는 목소리가 사그라지지는 않았다. 집단 선택의 열렬한 신봉자들은 이기적 유전자를 지지하는 측과 살벌한 논쟁을 벌이며 대립했다. 가령 데이비드 슬론 윌슨David Sloan Wilson이 무리를 이뤄 협동하는 것이 개체들에게 유리함을 설명하려고 개발한 모델이 있다(Wilson, 1980). 수학적으로는 결점 하나 없이 완벽했음에도 반대파들은 모델의 가정과 해석을 두고 맹비난을 퍼부었다. 여기서 언급된 집단은 진정한 집단이 아니라거나, 개체가 집단을 위해 스스로를 희생하는 게 아니라 집단의 구성원이 됨으로써 득을 본 것이므로 모델이 진짜로 설명하는 건 집단 선택보다는 오히려 개체 선택이라는 둥 이유도 다양했다. 윌슨은 똑같이 응수했고 더 큰 원성을 샀다.

집단선택론자들은 선택과 적응이 여러 층위에서 일어난다는 주장을 펼쳤다. 크게는 개체들로 이뤄진 집단에서 집단 내의 각 개체, 개체 몸 속 세포들, 그리고 그 세포 안의 유전자들까지 들어가는 식이다. 유전자의 선택은 계층구조의 최하위층에서 일어나지만 유전자가 적합도나 적응 면에서 딱히 유리한 건 아니다. 1980년대에는 이 개념이 '계층 선택hierarchical selection'이라 불렸지만 오늘날에는 '다수준 선택multilevel selection'으로 더 잘 알려져 있다. 구글 엔그램 뷰어Ngram Viewer를 검색하면 계층 선택이라는 용어의 사용 빈도가 수적으로 월등하다가 다수준 선택을 선호하는 분위기로 역전된 해가 1996년으로 나온다. 내 생각에 이처럼 흥미로운 사회 관념 전환에는 정치의 입김이 있었을 것 같다. 소수 특권층의 독재를 연상시키는 '계층'보다는 포용적 다원주의를 암시하는 '다수준'이 훨씬 설득력 있었을 테니.

다수준선택론에 대한 찬반론을 가만히 듣고 있으면 양측의 정치적 함의를 눈치 못 챌 수가 없다. 다수준선택론자들은 개체(즉 우리 인간)가 유전자선택론이 묘사하는 것보다 상냥하고 온화하며 덜 이기적인 존재임을 나름의 모델을 들어 설득하려 했다. 이기주의를 용납한다는 오명을 썼다고 느낀 유전자선택론자들은 분개했다. 그러나 악감정의 이면에서는 양쪽 진영 모두 이기성을 유전자에 전가하거나 여러 층위로 분산시킴으로써 덜 이기적인 개체를 상정하고 있었다. 내 눈에는 양측이 같은 어휘를 다른 의미로 쓰는 것뿐으로 보였다. 이들의 불화는 사실상 의미론적인 문제였다. 즉 양쪽 모두 각자 나름대로 옳았다.

나는 1980년대로 넘어오고도 몇 해가 지난 뒤에야 《이기적 유전자》를 제대로 읽었다. 책에 유려하게 윤문되어 실려 있는 데이비드 랙David Lack, 조지 윌리엄스George Williams, 윌리엄 해밀턴Wiiliam D. Hamilton, 로버트 트리버스Robert Trivers, 존 메이너드 스미스John Maynard Smith의 사상을 원문의 거친 언어로 먼저 접한 뒤였다. 그런 까닭에 내게는 이 책이 남들처럼 인생이 바뀔 만큼 감동적이거나 하지는 않았다. 그래도 다음 출간작 《확장된 표현형*The Extended Phenotype*》은 1982년에 나오자마자 독파했다. 박사학위 과정을 시작하는 시점에 읽어서 그랬는지 내게 어떤 계시를 주는 듯했다. 처음엔 책이 개체의 통일성을 깎아내리는 급진적 사상으로 가득하다고 느꼈다. 《확장된 표현형》에서 도킨스는 적고 있다. "내가 볼 때 개체를 자연선택이 일어나는 하나의 수준으로 끝까지 남겨 둘 최후의 수단은 포괄적합도 개념이다." 그의 관점에서는 어떤 유전자가 선택되느냐 마느냐의 당락이 그 표현형, 그러니까 세상에 내놓은 결과물이 유전자 자신의 번영을 얼마나 돕는가에 따라 결정됐다. 이런 선택적 결과는 한 개체의 육신을 넘어서서 주변 무생물계를 지나 같은 종의 다른 개체는 물론이거니와 다른 종의 개체들에게까지 확장되어 영향력을 미쳤다. 도킨스는 확장된 표현형 개념의 핵심을 이렇게 표현했다. "*동물의 행동*

은 그 행동을 '위한' 유전자의 생존 확률을 극대화하는 경향이 있다. 이 행동을 하는 개체의 몸속에 그 유전자가 있는지 없는지와 무관하게 말이다"(Dawkins, 1982, p. 233).

《확장된 표현형》에서 이야기를 이끌어 가는 두 번째 주제는 생물체 내에서 유전자들 사이에 생기는 불화다. 다른 유형의 유전자들은 추구하는 결말이 서로 다르다. 성염색체상의 유전자는 다른 염색체에 있는 유전자들과 다른 작용을 선호한다. 핵에 있는 유전자와 미토콘드리아에 있는 유전자는 자손의 가치를 서로 다르게 평가한다. 분리변형인자segregation distorter는 멘델 법칙을 착실하게 따르는 인자들을 희생시키고 살아남은 이단아다. 메뚜기처럼 옮겨다니는 전위인자transposable element(전위에 필요한 유전자를 가지고 있는 DNA 조각을 총칭한다. 그 안에 기능적 유전자가 들어 있는 것을 트랜스포존transposon이라 구분해 부르기도 한다—옮긴이)에게는 오직 자신의 생존만 중요할 뿐, 의탁 중인 몸뚱이의 안위는 안중에 없다. 어느새 나는 유전자선택론을 확신하면서 유전자들 간 갈등 가설을 지지하게 되었다. 이와 관련해 바로 다음 문단부터 역사가 아주 오래된 얘기 하나를 해 볼까 한다.

《확장된 표현형》은 복잡한 행동과 구조가 각 개체(운반자)보다는 유전자(자기복제자)의 이익을 위해 적응 과정에서 자연선택을 통해 진화한 결과물이라고 해석했다. 그러자 사람들은 모든 개체는 통합적 완전체이며 어떤 유전자도 다른 유전자들의 도움 없이 스스로 복제할 수 없다며 저자의 견해를 반박했다. 저자의 해석에 생물은 기계이고 유전자는 부품들의 조립법이 적힌 설명서라는 은유가 담겨 있다고 본 것이다. 그런데 또 다른 은유도 가능하다. 바로, 유전자는 사회적 집단의 일원이라는 것이다. 정교한 상호의존성을 보이고 노동을 세밀하게 분업화하는 건 사회와 기계가 공통적이다. 하지만 기계와 달리 사회는 설계에 의해 만들어지지 않는다. 협동과 조정 기능은 미리 설정할 수 없는 것이고, 만약 그런 가정이 가능하다면 반드시 부연이 뒤따라야 한다. 사회 이론들은 개체와 그런 개체들이 이룬 사회 사이에 저마다 제각각의 인과관계를 상정한다. 어떤 이론이 개체들의 행동이 사회를 지탱하는 위력을 강조할 때, 어떤 이론은 사회 안에서 제한되는 개인의 자유를 부각한다. 이 챕터에서는 개체의 성질을 개별 유전자들의 작용에 의해 생겨난 사회적 현상으로 보고 유전자 사회를 와해하는 내부 갈등과 그런 갈등을 줄이기 위해 발달한 사회적 계약들을 살펴볼 것이다.

유전자 중심 이론들은 인간 사회를 비유한다는 인식 탓에 괜한 뭇매를 맞곤 한다. 때때로 유전자는 오로지 자기복제를 위해 아첨을 하거나 남을 속이거나 반칙을 하거나 사기와 절도에 몸 담는다. 하지만 그렇다고 사람 역시 그처럼 자기중심적이라는 의미는 아니다. 생물은 (회사, 코뮌, 조합, 자선단체, 팀처럼) 집합적인 독립체다. 집합적 개체들의 행동과 결정이 반드시 각 구성 요소들의 행동과 결정을 투영한다고는 말할 수 없다. 내가 원고를 쓰는 지금 이 순간에도 내 안의 자기복제자들은—유전자들과 밈들은—쉼 없이 논쟁을 벌이고 때로는 심각한 불화를 빚는다. 그럼에도 나는 그럭저럭 잘 버텨 가고 있다. 나라는 존재가 단순한 선택의 단위 하나가 아니라서 다행이다.

전략가로서의 유전자

유전자는 촉매제다. 촉매는 자신을 소모하지 않고도 화학반응이 쉽게 일어나도록 돕는다. 유전자는 자신이 촉매하는 반응을 통해 일어나는 자기복제의 확률을, 보통은 중간 전사체와 번역산물의 힘을 빌려 간접적으로, 좌지우지한다. 이것은 진화 게임에서 유전자가 펼치는 전략에 비유될 수 있다. 유전자는 유전자 염기서열의 변화(돌연변이)가 유전자 발현 패턴을 얼마나 달라지게 할지를 두고 미리 전략을 짤 때 언제, 어디서, 얼마나 발현할지까지 다 계획해 놓는다. 사실, 진화 게임 이론(Maynard Smith, 1982)이 초점을 두는 것은 유전자가 아니라 개체가 받는 보수다. 이처럼 교묘한 반칙이 가능한 것은 개체의 성공적 번식을 돕는 결과가 그 개체 안에 존재하는 유전자(전부는 아니더라도) 대부분의 보전 역시 돕기 때문이다.

그런데 개체의 행동이 친족의 번식 성공률에 영향을 미치거나 개체의 유전체 안에서 내부 분열이 일어날 때는 개체와 유전자가 각자 현재 보수에 만족함으로써 유지되던 평화가 깨지게 된다. 다투는 친족들이야 개인주의를 포괄적합도의 개념(Hamilton, 1964)으로 유도해 화해시키면 된다. 그러나 유전체 내부의 분쟁은 훨씬 골치 아프다. 유전자마다 서로 다른 적합도를 가진다면 포괄적이든 그렇지 않든 개체의 적합도가 정확히 규정되지 않기 때문이다. 하지만 개체가 아닌 유전자를 전략가로 인정하면 이런 개념 정립의 어려움이 생기지 않는다.

왜 유전자를 의인화한 전략적 사고를 할까? 이미 탄탄하게 닦여 있는 집단유전학 인프라를 굳이 놔두고? 내 경우는 이쪽이 실용적이라서다. 분자생물학은 무신경한 정통 유전학이 우성과 열성 중 하나로만 단정하는 것 이상으로 유전자가 훨씬 정교한 존재라고 말한다. 가령 어떤 유전자는 발현될 장소나 환경 조건을 예민하게 가리고, 어떤 유전자는 상황에 따라 종류가 다른 전사체를 여럿 만들어낸다. 또 일부 유전자는 다른 유전자들이 보낸 신호에 반응할 줄 알고, 뿌리를 따져서 부계에서 왔을 땐 발현되지만 모계에서 왔을 땐 침묵하는 유전자도 있다. 이처럼 복잡한 유전자의 성질을 전통적 유전학 연구 기법으로 모델링하는 것은 쉽지 않은 일이다. 그러나 게임 이론이라면 유전자 발현 패턴의 광범위한 선택지를 놓고 가장 안정적인 진화 전략을 골라 내는 것이 가능하다. 전략 분석의 리얼리즘은 고르라고 제시되는 후보 전략들 전체의 리얼리즘에 의해 결정된다. 떠오르는 괜찮은 전략들이 모두 현실세계에서 통하는 건 아니지만, 선택지가 너무 좁아도 잘못된 길로 빠질 수 있다.

유전자의 종류

"이 책에는 몇 개의 단어가 들어 있을까?"라는 질문에는 최소 두 가지 방식으로 답할 수 있다. 하나는 컴퓨터 문서작성 프로그램이 자동계산한 단어수를 말하는 것이다. 이 답에서 *단어*는 띄어쓰기 혹은 마침표로 끝나는 글자들의 배열이다. 이 '운반자'가 출현할 때마다 프로그램 계산기의 숫자는 1씩 올라간다. 다른 하나는 저자의 어휘력 수준을 밝히는 것이다. 이번 답에서는 몇 번이나 등장하든 상관 없이 각 '복제자'를 한 단어로만 친다. *유전자*에도 비슷한 애매함이 있다. 흔히들 유전자를 특정 DNA 서열을 구성하는 원자들의 집합이라 설명한다. 이중나선 DNA가 복제될 때마다 유전자 수는 하나에서 둘로 두 배가 된다. 한편, 때로는 복제된 횟수가 얼마든 같은 종류의 유전자를 보전하는 모든 염기서열을 추상적으로 통틀어 유전자라 칭한다. 그렇다면 *물질로서의 유전자*(첫 번째 의미)는 *정보로서의 유전자*(두 번째 의미)의 운반자라 할 수 있다. 더 철학적으로 표현하면 정보 유전자는 *유형*이 되고, 물질 유전자는 *형식*이 된다.

'선택의 단위'를 둘러싸고 벌어지는 논쟁은 끝날 기미가 안 보인다. 그것은 '유전자'의 서로 다른 의미가 뒤섞여 있기 때문이기도 하다. 하위단계가 바로 위 단계에 포섭되는 모양새의 선택단위 구조(바닥부터 꼭대기까지 유전자, 세포, 개체, 집단, 종의 순서로 올라감[Wilson and Sober, 1994])에서 계층선택론자들이 유전자를 가장 바닥층위에 놓는 것은 그 의미를 물질 유전자로 본 것이지만, 유전자선택론자가 선택의 단위로 유전자를 언급할 때는(Dawkins, 1982) 그 의미가 정보 유전자에 더 가깝다. 물질적으로 정보 유전자는 운반자 계층구조의 여러 수준에 걸쳐서 언급될 수 있지만 어느 한 계층 자체를 대변하지는 못한다. 같은 관점에서 물질 유전자는 정보 유전자에게 운반자로 잠깐 지나가는 인연에 그친다. 그런데 정보 유전자가 유전자선택론자들이 의도한 의미에 완벽하게 들어맞는 건 또 아니다. 나는 유전자선택론자들이 말하는 유전자를 *전략적 유전자*라 부르려 한다. 그들의 의중에 있는 것은 진화 게임에서 전략가 역할을 맡는 유전자이기 때문이다.

유전자 세상에 부는 새 바람(새 정보 유전자)은 늘 기존 유전자의 작은 변화에서 비롯된다. 처음엔 단순히 희소하다는 이유로 물질 유전자 계층구조 중 낮은 층위의 소수 운반자에게로만 한정적이다. 그러므로 초기에 이 물질 유전자의 복제로 만들어진 카피들은 체내의 여러 세포에 흩어지거나 혈연관계 개체들 다수의 몸속에서 떨어져 지낼 때만 서로에게 감응한다. 이런 유전자는 일단 자리를 잡으면 같은 환경에서 출현 빈도를 높여 갈 게 틀림없다. 출현 빈도가 올라갈수록 유전자의 운명에 계층 상위층위의 영향력이 점점 커지겠지만, 그렇더라도 있는 둥 없는 둥 하던 시절에 자수성가를 뒷바라지한 유전자의 특질은 계속 보존된다. 그런 면에서 유전자는 일정 빈도를 유지하기 위한 전략을 스스로 짠다고 말할 수 있다. 훗날 성공한 유전자의 표현형 효과는 바로 다음 직계후손들을 위해 상호작용하는 물질 유전자 집단에게 유리한 방향의 적응 형태로 나타난다. *전략적 유전자*는 이런 물질 유전자들이 똘똘 뭉친 정예 집단에 해당하며 적응을 통한 쇄신의 기본 단위가 된다.

단어도 유전자도 그 의미는 계속 진화한다. '단어'의 정의를 하나로 규정할 수 없는 것처럼 '유전자'의 의미도 단 한 줄로 못 박지 못한다. 정확한 구분이 중요하지 않을 땐 의미론적 융통성이 유용하기까지 하다. 장황한 용어해설을 달지 않아도 의미에 소소한 변동을 줄 수 있기 때문이다. 이따금씩 생기는 비일관성은 간결함의 대가다.

전략적 유전자의 영향력

전략적 유전자는 정보 유전자의 물질 카피들 사이에서 일어나는 상호작용의 성질에 따라 정의된다. 이런 상호작용은 카피가 아직 희귀할 때 이 염기서열의 전파력에 영향을 미친다. 만약 정보 유전자의 카피들이 상호작용 없이 전부 따로 논다면 이 유전자의 전파를 도울 표현형 효과는 카피 하나하나의 복제 과정에 직접 힘을 보태는 것뿐이다. 그러면 전략적 유전자와 물질 유전자가 같은 시공간에 존재하게 될 것이다. 하지만 물질 유전자는 혼자 애쓸 필요가 없다. 예를 들어, 다세포생물의 체내에 발현된 물질 유전자는 직계 후손들의 몸속에도 계속 남아 자신의 분신들을 생식세포계열germline에 퍼뜨리는 일에 열중한다. 이쯤 되면 전략적 유전자는 거의 생물체 하나만 해진 물질 유전자들 무리나 다름없다. 비슷하게, 개체의 체내에 존재하는 어떤 유전자가 친족들의 생식세포계열에 자신의 복사본을 퍼뜨린다. 이 경우, 전략적 유전자는 전부는 아니더라도 다수의 가족 구성원에게 퍼진 물질 유전자의 집합이 된다. 이때 유전자가 내세우는 전략은 아마 '모든 자손에게 공평하라'일 것이다. 모든 자손이 유전자 카피를 가지고 있어서가 아니다. 유전자가 자신의 분신을 가진 후손만 골라 예뻐할 방법을 모르기 때문이다.

유전자 카피가 자기 운반자로 C만큼 소모해 다른 운반자에게 B만큼의 혜택을 나눠 준다고 치자. 이때 만약 pB가 C보다 크다면($pB > C$) 유전자의 희생적 행동은 전략적으로 득이 된다. 그러므로 상당한 값을 치르는 행동에는 중요한 상수 p가 꼭 따라붙는다. 여기서 p

는 혜택을 받은 운반자가 유전자 카피를 가지고 있을 확률을 말한다. 큰 p값을 갖기 위해서는 두 가지 인자가 필요하다. 바로 인식능력(녹색 수염)과 연관도(혈연관계)다. '녹색 수염'의 존재는 그 유전자가 직관적으로 인식되거나 유전자가 표현형 효과로 이어져야 인정된다. 반면에 유전자가 핏줄을 구분할 때는 역사의 연속성에 의지한다. 포유류 암컷이 출산 행위 과정에서 자기 자식을 알아보는 법을 깨치고, 수컷은 잠자리한 암컷이 낳은 새끼들에게 먹이를 몰아주며, 한 둥지 안에서 길러지는 새끼들이 당연하게 서로를 형제자매로 아는 식이다. 혈연선택kin selection 상황에서 유전자는 감수분열이라는 동전을 던질 때마다 나올 결과를 전혀 모르는 채로 전략을 세운다. 그러므로 친족으로 취급될지 아닐지는 개체가 실제로 어느 유전자를 물려받았는지에 좌우되지 않으며 p값은 온전히 연관도하고만 상관있는 전통적 계수coefficient of relatedness가 된다. 이와 달리 녹색 수염 효과는 요주의 유전자를 가진 형제와 갖지 못한 형제를 차별한다.

'녹색 수염'이라는 이름은 도킨스가 만든 한 사고실험(Dawkins, 1976)에서 나왔다. 당시 도킨스는 어떤 유전자가 녹색 수염을 나게 해 그 사람이 녹색 수염 달린 다른 사람들에게도 상냥히 행동하도록 만들 가능성이 얼마나 될까 하는 고민에 빠졌다. 이후 '녹색 수염 효과'는 한 개체의 어느 유전자가 똑같은 유전자를 가진 다른 개체들도 비슷한 이윤을 얻도록 이끄는 일종의 유전자 자기인식을 일컫는 용어로 쓰인다. 자아self와 비자아non-self를 인식하는 것은 동전의 양면과 같다. 그런 맥락에서 만약 표식이 없다는 것과 탈락 이유인 유전자 부재 상황이 서로 연결된다면, 표식을 갖고 있지 않은 개체가 열외 처리되는 것 역시 '녹색 수염 효과'로 볼 수 있다. 지금껏 녹색 수염 효과는 실없는 우스갯소리로 취급 당하기 일쑤였다. 고작 유전자 하나가 어떤 표식을 지정하고 그것을 인식해 반응까지 할 리 없다는 것이었다. 그러나 긴밀하게 얽혀 늘 함께 대물림되는 유전자 둘 이상이 모인다면 충분히 가능한 일이다.

자기인식에 근거한 협력(녹색 수염)과 역사의 연속성에 의지한 협력(혈연관계) 사이의 구분법은 다양한 유전자 상호작용에 적용될 수 있다. 가령 평소 한 쌍인 상동 센트로미어centromere(동원체動原體)는 감수분열 제1후기에 떨어지면서 일사불란한 움직임을 보인다. 그럴 수 있는 것은 두 상동염색체 가닥의 염기서열 일부를 미리 읽어 놓아서다(녹색 수염). 반면 감수분열 제2후기에 자매 센트로미어들이 분리될 때는 방금 전의 인식 절차가 굳이 필요하지 않다. 시조 염색체가 태초에 위치를 확정한 이래 센트로미어는 항상 이 지점에서 매듭을 졌다가 풀어 온 것이다(혈연관계). 마찬가지다. 자매세포들은 공통의 접합자로부터 발원한 이래 친밀한 관계를 계속 유지해 왔기에 물리적 결합이 비교적 쉽지만(혈연관계), 자아와 비자아를 구분하는 면역계가 발동하면 침입자로부터 옥토를 지키기 위한 전투가 시작된다(녹색 수염).

원핵생물이라는 회사가 세포질 공유지를 관리하는 방법

유전자 복제에는 에너지와 원료가 든다. 이 재료들의 대량생산 규모는 유전자 분열이라는 인고의 노동이 없을 때 뽑아낼 수 있는 양을 훌쩍 뛰어넘는다. 이 자원은 공공재다. 그래서 세포질을 부유하는 모든 유전자가 자유롭게 사용한다. 같은 이유로 이 동네는 자신이 내놓은 것보다 많은 걸 거둬 가는 무전취식 유전자들에게 탈탈 털리기도 십상이다. 그렇기에 사회자원 개발 기회를 가로막는 기구와 과정이 지금보다 나아지지 않는 한 생화학이라는 특수 업종의 거래에서 이득을 보기란 요원하다. 특히 복제 기계에 직접 손대려는 시도에는 통제가 더 엄격할 게 뻔하다.

DNA 기반 복제자는 RNA 기반 복제자로부터 진화했다고 여겨진다. 아마 DNA 복제의 성능이 RNA보다 낫기 때문일 것이다(Lazcano 외, 1988). 그런데 이 변화는 세포 보안 면에서도 중요했다. RNA 중합효소RNA polymerase가 복제와 전사 모두 담당하는 동네는 DNA 중합효소DNA polymerase와 RNA 중합효소가 각각 복제('자기확장')와 전사('협동노동')를 분담하는 동네에 비해 치안 관리가 소홀했을 것이다. 참고로, 더 나아가 토착 유전자들을 DNA로 고치고 리보뉴클레아제ribonuclease(RNA를 분해하는 효소)를 써서 세포질을 틈틈이 청소한 동네에서는 RNA 기반 기생체 대부분이 자취를 감춘다.

공유지인 세포질을 관리하는 효율적인 방법은 유전자들의 복제 출발점을 딱 한 곳으로 지정하고 세포질의 구성원이 아닌 것들은 단호히 쫓아내는 것이다. 그러면 염색체는 구성원 유전자들의 이해가 일치하는 단일팀이 된다. 세포질 용액은 누구에게나 평등하다. 적어도 울타리 안에서는 그렇다. 염색체에 속하는 유전자들은 저마다 자기 지분을 보유하고, 어떤 기여를 하든 상관 없이 한 주기에 한 번씩만 복제된다. 만약 소속된 동네의 생산성에 기여도가 큰 유전자일수록 더 많은 카피 수로 보상받았다면 관리 효율이 훨씬 좋았을지도 모른다. 하지만 이는 공정분배율을 협상하는 것과 복잡한 규칙이 잘 지켜지는지 감시하는 것의 가치를 무시하는 주장이다. 복제의 기원을 하나로 통일해 내부 분열을 잠재우는 데는 불가피한 대가가 따른다. 한 곳보다는 여기저기서 복제가 시작될 때 유전자가 머릿수를 더 빨리 늘릴 수 있기 때문이다(Maynard Smith and Szathmáry, 1993).

위험한 접선

레다 코스미데스Leda Cosmides와 존 투비John Tooby는 함께 복제되어 적합도를 똑같이 극대화하는 유전자 그룹에 *코레플리콘*coreplicon이라는 이름을 붙였다(Cosmides and Tooby, 1981). 두 사람은 생물체가 다수의 코레플리콘을 보유할 때 유전체 내 분열이 일어나기 쉽다고 주장했다. 이유인즉, 때로는 간택된 한 코레플리콘의 유전자들이 본인의 확장에 힘쓰느라 다른 코레플리콘들의 확장을 방해한다는 것이었다. 어떻게 생각하면 단기적 복제를 위한 선택과 장기적 복제를 위한 선택은 서로 반대 개념이다. 같은 세포계통 안에서도 다른 코레플리콘들보다 빨리 복제하는 코레플리콘은 출현 빈도가 점점 증가하게 된다. 그런데 만약 세포 생존 면에서 이 차등적 복제의 실이 득보다 크다면 그 세포계통은 다른 세포계통들과의 경쟁에서 패배하고 소멸될 것이다. 따라서 한 세포계통의 코레플리콘에게 다른 세포계통의 유전자들과 새로운 조합으로 손잡을 기회가 한 번도 주어지지 않는다면 이 계통 코레플리콘들의 이해가 장기적으로 같아질 수밖에 없다. *재조합*recombination은 한 몸으로 묶여 있던 유전자들의 운명을 갈라놓는다. 그런 까닭에 유전체 내 분쟁의 영속을 위해 꼭 필요하다(Hickey, 1982).

박테리아 중에는 동그란 고리 모양 유전체를 여럿 가진 것이 많다. 미생물학에서는 이런 원형 유전체 중 하나만 박테리아 염색체로 인정하고 나머지는 플라스미드plasmid라 부른다. 플라스미드 복제에는 에너지와 원료가 든다. 플라스미드가 염색체에 있는 유전자처럼 스스로의 보전을 위해 대가를 치르면서 노력할지 말지는 그 유전자가 세포 내에 유도하는 대사반응, 현재의 환경에서 이런 대사반응이 반드시 필요한지 여부, 플라스미드와 염색체의 공적응coadaptation 정도에 따라 달라진다. 현대의학의 골칫거리인 항생제 내성의 원인 유전자 다수는 플라스미드에 실려 전파된다. 박테리아 입장에서 플라스미드는 항생제가 존재하는 환경에서는 고마운 필수품일지 몰라도 항생제가 없을 땐 짐 덩어리가 된다(Eberhard, 1980).

덩치 큰 플라스미드에게 대행시키는 소형 플라스미드가 일부 있긴 해도, 대부분의 플라스미드는 숙주 박테리아와 다른 박테리아의 접합을 직접 나서서 환영하고 장려한다. 두 박테리아가 접합하면 공여세포에는 플라스미드 복사본이 남고 새 박테리아의 몸에는 원본이 넘어간다. 그렇게 접합은 플라스미드가 새 세포질에 다시 대량 서식하는 기전이 된다. 이와 대조적으로 염색체는 쉽게 옮겨 다니지 않는다. 그래서 염색체는 넘어온 플라스미드의 복제 비용을 부담하는 것도 모자라 접합하는 동안 바이러스 노출 증가라는 위험 비용까지 떠맡지만 얻는 것은 거의 없다. 플라스미드에 어떤 유용한 기능이 담겨 있다면 염색체는 잠재적 경쟁자에게 고급정보를 그냥 퍼 준다. 프라스미드가 짐일 땐 염색체가 이것을 라이벌과 나눔으로써 부담을 더는 게 고작이다.

플라스미드를 기생충이나 공생생물 따위로 단순히 분류할 수는 없다. 예를 들어, 처음에는 플라스미드가 숙주의 경쟁력을 약화시켰더라도 플라스미드와 염색체가 함께 증식하기를 500세대에 걸쳐 반복하고 나면 숙주의 적합도는 오히려 향상되어 있다(Lenski, Simpson, and Nguyen, 1994). 플라스미드는 수직적 전달과 수평적 전달이라는 두 가지 방식으로 전파되고, 선택에 따라 어느 한 경로로 치우쳐 증식이 일어나기도 한다. 수직적 전달을 줄여 수평적 전달에 집중하는 쪽으로 선택이 일어날 때는 플라스미드 때문에 염색체가 지는 비용이 일반적으로 증가하게 된다. 반대로 수직적 전달 비중을 키우는 쪽의 선택은 대개 염색체에 유리하다. 그러다 플라스미드의 수평적 전달이 더 이상 일어날 수 없는 한계에 이르면 염색체와 플라스미드의 장기적 운명이 긴밀하게 얽혀 사실상 하나의 코레플리콘이 된다. 박테리아 세포질에 서식하는 기타 바이러스, 트랜스포존, 다른 코레플리콘들에도 비슷한 해설이 가능하다.

상습갈취하는 폭력배

한 번 얻은 플라스미드를 다시 버리기는 어렵다. 플라스미드 유전자에는 새로운 숙주와 그 후손들 안에서 안정적으로 전파해 나가는 데 필요한 다양한 기능의 발현 명령이 들어 있다(Nordström and Austin, 1989). 플라스미드 다수는 독성이 지속되는 '독소'와 약효가 금방 사라지는 '해독제'를 만들어 낸다. 그런 까닭에 플라스미드가 빠진 채 분리된 세포는 해독제 공급이 끊겨 중독으로 죽는다. 독을 만드는 유전자가 해독제를 생산하는 유전자의 유무를 알려주는 셈이다. 독과 해독제는 세트로 유전되므로 플라스미드 자체가 둘의 존재 증거라고도 말할 수 있다(녹색 수염 효과). 이러한 폭력배 같은 갈취 사례는 더 있다(Lehnherr 외, 1993; Salmon 외, 1994; Thisted 외, 1994). 예를 들어, 어떤 플라스미드는 메틸라제methylase와 반대 제한효소의 유전자를 꼭 한 쌍으로 갖는다. 박테리아 DNA는 원래 제한효소에 의해 절단되는데, 그렇게 되지 않도록 DNA 모양을 살짝 바꿔 보호하는 것이 메틸라제다. 박테리아는 이 플라스미드를 잃으면 죽는다. 염색체가 복제될 때마다 반드시 메틸라제가 메틸기 결합반응methylation으로 마감 처리를 해 주어야 하기 때문이다. 세포 안에서 제한효소는 메틸라제가 없는 바이러스와 라이벌 플라스미드들로부터 박테리아 세포질을 보호하는 임무를 동시에 수행한다. 갱들이 저희 구역은 열심히 지키는 것과 같다(Kusano 외, 1995).

파동편모충波動便毛蟲, trypanosoma의 미토콘드리아에는 덩치 큰 DNA 조각인 맥시서클maxicircle 하나와 미니서클minicircle 여럿이 존재한다.

맥시서클에는 필수 유전자들이 난장판으로 뒤섞여 있고 미니서클에는 가이드 RNA를 만드는 명령이 들어 있다. 가이드 RNA는 본래 무슨 말인지 전혀 읽히지 않는 전사체를 그럭저럭 번역되는 메신저 RNAmRNA로 편집하는 데 필요하다(Benne, 1994). 혹시 RNA 편집 기능이 미니서클 유지 시스템으로서 발달했을까? 만약 그런 거라면 미니서클은 DNA도 편집해 맥시서클의 유전자를 자신만의 방법으로 암호화할 줄 알 것이다. 여러 미토콘드리아 계통을 넘나들어 활동 영역을 넓혀 갈수록(Gibson and Garside, 1990), 미니서클은 박테리아 플라스미드를 점점 닮는다.

팀원 교체

재조합하지 않는 박테리아 염색체는 (돌연변이가 생길 때를 제외하곤) 멤버가 절대 교체되지 않는 하나의 팀이다. 작업장에서 팀의 좌우명은 '유전자마다 각자 알아서'가 아니라 '하나를 위한 전체, 전체를 위한 하나'다. 염색체의 재조합은 플라스미드(접합)나 바이러스(형질도입)의 수평적 전달 과정에서 우연히 발생하는 부작용처럼 몹시 드문 상황에서만 일어난다. 하지만 발달된 일부 박테리아는 주변 환경에서 주운 DNA를 가지고 염기서열이 똑같은 염색체 부분을 보수하는 능력을 갖추고 있다. 이것을 *자연적 형질전환natural transformation*이라고 한다. 형질전환transformation은 접합이나 형질도입transduction과 달리 염색체의 유전자에 의해 통제되는 것이 특징이다(Stewart and

Carlson, 1976). DNA 채집 활동은 영양학적 스트레스 환경에서 유도되고, 처음에 주 목적은 아마 영양분 확보였을 것이다(Redfield, 1993). 그런데 공여세포 DNA의 분해와 재조합 효소반응 기구의 발동을 막는 DNA 결합 단백질이 발현된다는 사실로 미루어 볼 때 재조합은 단순한 부작용이 아니라 적극적으로 채택된 기능임이 분명하다(Lorenzd and Wackerknagel, 1994; Stewart and Carlson, 1976).

팀이 팀원을 바꾸려는 이유는 무엇일까? 수선 가설repair hypothesis은 형질전환을 다친 팀원(손상된 DNA) 교체를 위한 수단으로 본다. 하지만 수선이 형질전환의 으뜸 기능일 리는 없다. 염색체 손상이 생겼다고 늘 DNA 채집이 시작되지는 않기 때문이다(Redfield, 1993). 한편 후손 재조합 가설recombinant progeny hypothesis은 형질전환을 시험 삼아 새 팀원을 실전에서 뛰게 하는 기회로 해석한다. 클론 세포 하나에서만 기존 유전자 하나가 다른 것과 맞바뀌고 다른 팀들은 재조합의 영향을 받지 않는다. 나머지 클론 세포들에서는 기존 팀 구성도 뛰어난 생존력을 발휘하기 때문이다. 그럼에도 한편에서 새로운 조합들의 실험을 병행하는 건 시시각각 변하는 환경에서 팀이 계속 좋은 성과를 낼 가능성을 더 끌어올리기 위해서일 터다. 문제는 팀의 각 구성원 입장에서는 교체되는 팀원이 내가 아닐 때만 팀원 교체가 자신에게 이롭다는 것이다. 또 염색체에서 옛날 유전자를 밀어내고 대신 자리를 차지한 유전자에게는 형질전환이 남는 장사지만 밀려난 유전자에게는 막대한 손해다. 이 대목에서 궁금해지는 게 하나 있다. 몹시 특별해서 교체 대상에서 면제되는 유전자 자리가 있을까? 더 정확히 표현하면, 형질전환을 주도하는 유전자 자체도 형질전환될까?

기업이 된 다세포생물

고초균枯草菌(바실루스 섭틸리스*Bacillus subtilis*)이 만드는 내성포자는 체세포와 생식세포 분화의 가장 단순한 형태를 설명하기에 좋은 실례다. 박테리아는 불균등한 세포분열을 통해 모母세포(체세포)와 전前포자(생식세포)를 만든다. 모세포는 전포자를 에워싸 보호하면서 포자 껍질의 생성을 도운 뒤 제 몫을 다하면 버려진다. 전체 과정의 진행은 모세포와 전포자가 주고받는 신호를 통해 조율된다(Errington, 1996). 모세포의 유전자는 포자에 남을 자신의 복제본을 위해 스스로를 희생한다. 어떤 박테리아 체세포는 이것보다 좀 더 복잡하다. 점액균의 일종인 믹소코쿠스 잔투스*Myxococcus xanthus*는 다세포 자실체子實體, fruiting body를 형성하고 스스로 이동 가능한 포식성 박테리아다. 이 점액균은 각 개체가 흙에서 식량을 구하고 세포분열도 하지만, 먹을 것이 귀한 시기에는 개체들이 한 데 모여서 마지막에 버려질 자루세포(체세포) 끝에 점균포자(생식세포)가 달린 모양새로 무리를 형성한다(Shimkets, 1990).

생물체는 세포분열이라는 노동에 대한 보상을 누리기 위해 체세포를 발달시킨다. 하지만 체세포는 다른 생식세포들의 유전자가 탐낼 만한 자원의 보고寶庫다. 그런 까닭에 오직 체세포 유전자가 피땀 흘려 일한 보상이 자신의 카피들에게 반드시 돌아간다는 신뢰도가 일정 수준 이상이어야만 체세포 특화의 이점이 실현될 수 있다. 체세포 유전자가 애쓴 만큼 정당히 거두려면 체세포와 생식세포가 직접 몸을 맞붙이는 게 가장 쉬운 방법이다. 바실루스균 모세포의 유전자는 자신의 카피가 전포자에 반드시 들어가게 할 수 있다. 세포분열과 포자 형성이 외부인 출입이 철저히 차단되는 포자낭 안에서 일어나기 때문이다. 하지만 체부가 커지고 복잡해지면서 체세포와 생식세포 사이의 소통에는 점점 많은 것들이 끼어든다. 직접 대화가 뜸할수록 기생체가 체세포의 생산물을 유용流用할 기회가 많아지므로 체세포를 착복당하지 않도록 지키려면 보안 시스템을 강화해야 한다. 물리적으로 인체는 응집된 한 덩어리이기에 내 간세포에 들어 있는 유전자와 똑같이 생긴 카피가 고환에도 거의 확실하게 존재할 테지만, 정교한 면역감시 시스템이 없다면 지방(비곗살)과 근육(살코기)이 멀쩡하게 붙어 있기 어렵다. 이 예시는 연관도(응집)와 녹색 수염 효과(면역감시)가 어떻게 상호작용해 체성 협동을 지속시키는지를 잘 보여준다.

그런데 체부가 누수 없이 잘 뭉쳐 있더라도 만약 (믹소코쿠스균처럼) 자매세포들이 식량을 구하기 어려워지거나 (다세포동물처럼) 복잡한 장기를 형성한다면 체세포 유전자가 횡령당하는 것을 막지 못한다. 그런 까닭으로 일종의 세포인식 장치가 필요하다. 두 세포가 조우할 때 각각의 반응은 서로가 서로를 어떻게 파악했느냐에 따라 달라진다. 세포표면 분자들은 안에 어떤 유전자가 들어 있는지와 이 세포가 친구인지, 적인지, 그도 아니면 상대에게 무관심한지에 관한 단서를 제공한다. 이런 분자 상호작용은 크게 두 가지로 나뉜다. 우선 두 세포 모두에 발현된 똑같은 분자 사이에 일어나는 동형 상호작용homotypic interaction이 있다. 이 상호작용 유형은 어떤 유전자가 다른 세포에 들어 있는 자신과 똑같은 유전자의 존재를 인식하는 직접적인 방법이 된다. 한편 이형 상호작용heterotypic interaction은 서로 다른 유전자가 만들어 낸 분자들 간에 일어나며, 상대 세포 안에서 상호작용하는 유전자들 사이에 연관불균형linkage disequilibrium(어떤 표현형이 그 유전자의 빈도에 근거해 기대되는 것보다 훨씬 자주 나타나는 것—옮긴이)이 있을 때 또 다른 세포에 그 유전자 카피의 존재 여부를 짐작하게 한다(Haig, 1996a). 한마디로 다세포생물의 체세포 보안시스템에는 녹색수염 효과가 큰 역할을 하는지도 모른다. (특히 다른 종류 유전자들 사이의 연관불균형을 이용할 땐 더 그렇다.)

자신과 똑같이 생긴 분자와 매우 흡사하지만 똑같지는 않은 분자를 구분할 줄 아는 분자의 출현은 유전자가 써먹을 수 있는 전략의 선택지를 엄청나게 넓히고 대형 다세포생물로 가는 진화의 문을 열었다. 추측하기로 오래 전 면역글로불린immunoglobulin 유의 조상세포는 오직 동족끼리만 동형 세포부착이나 신호전달을 통해 교류했던 듯하다. 하지만 현재는 척추동물 면역계의 T세포 수용체, MHC 항원, 면역글로불린을 비롯해 다양한 이형 세포부착 분자들이 이 대분류 안에 속한다(A. F. Williams and Barclay, 1988). 또 다른 예로, 카드헤린cadherin은 다른 세포에 발현된 자신과 똑같은 분자에 결합하는 표면단백이다. 노세能瀨聡直, 나가후치永渊昭良, 다케이치竹市雅俊 세 사람은 1988년에 카드헤린 활성이 없는 세포주에 P-카드헤린 유전자와 E-카드헤린 유전자를 주입해 다 똑같고 이 유전자 하나만 차이 나는 두 가지 방계 세포주를 만들었다. 그런 다음 둘을 섞었더니 마치 유층과 수층이 분리되듯 세포들이 동떨어진 두 무리로 알아서 갈라지는 현상이 목격됐다. 카드헤린은 조직장기 생성 과정에서 핵심 역할을 하는데, 자신과 타자를 구분하는 능력 역시 비슷한 기전으로 설명할 수 있을 것이다.

야생의 키메라들

점성 곰팡이slime mold는 세포주기가 놀라울 정도로 믹소코쿠스균과 닮은 진핵생물이다(Kaiser, 1986). 이 진핵균은 평소에는 단세포 아메바처럼 생활하다가 환경이 열악해지면 생식에 드는 체력 소비를 최대한 줄여 포자와 자루 모양 체부로만 이뤄진 자실체를 형성한다. 점성 곰팡이는 체세포 착복에 특히 취약하다. 집합 신호에 반응해 이쪽으로 오는 저 아메바가 같은 클론을 가진 동료가 맞는지, 지금 이게 포식자가 아메바들을 몰살하려고 신호를 이용해 낚는 상황은 아닌지 확인할 길이 없기 때문이다. 위험은 현실이다. 앞서 설명했던 세포 표면 인식 메커니즘으로 어느 정도 완충되긴 해도 말이다. 딕티오스텔리움 카베아툼*Dictyostelium caveatum*이라는 아메바는 다른 아메바종의 집합 신호를 감지해 그 종 개체들이 자실체로 모습을 바꾸기 전에 먹어 치운다(Waddell, 1982). 또, 딕티오스텔리움 디스코이데움*Dictyostelium discoideum*의 접합자는 직접 집합 신호를 퍼뜨려 여기에 반응하고 모여든 동족 반수체 아메바들을 집어삼킨다(O'Day,

1979). 딕티오스텔리움 디스코이데움 중 일부 계열은 자루를 만드느라 손가락 하나 까딱할 필요 없이 다른 계열 아메바를 꾀어 키메라 자실체를 이룬다(Buss, 1982).

동족끼리 반씩 합치는 키메라 현상은 동물계에서도 목격된다. 집단생활하는 미삭동물尾索動物, urochordata인 보트릴루스 슐로세리*Botryllus schlosseri*의 경우, 가까이 있는 유전자형들 사이의 혈관융합은 자주 있는 일이다. 이 동물의 기원 생식세포는 혈관을 떠다니다가 정착하는데, 경우에 따라 상대 개체 체부의 성선性腺을 완전히 대체하기도 한다(Pancer, Gershon, and Rinkevich, 1995). 또 다른 예는 암수 한 몸 곤충인 깍지벌레 이세리아 푸르카시*Icerya purchasi*다. 이 벌레의 암컷쪽 반수체는 정자에서 기원한 정자발생세포들의 숙주가 된다. 정자가 난자의 세포질까지 진입했지만 선수 친 다른 정자 때문에 난자핵을 뚫지 못해 수정에는 실패한 뒤 정자발생세포 형태로 계속 주변을 맴도는 것이다(Royer, 1975). 그렇게 이번 세대 난자와 짝을 이루지 못한 정자는 딸 세대나 손녀 세대의 난자와 재결합을 시도하거나 암컷의 체부에서 반수체로 영구 서식한다. 가끔 무정란에서 날개 달린 수컷이 태어나기도 하지만(Hughes-Schrader, 1948), 암컷 성선 안에 살고 있는 '반쪽짜리 수컷'들과의 경쟁이라는 관문을 반드시 통과해야 한다.

마모셋원숭이와 타마린은 원래 단태임신에 적합하게 설계된 자궁(다시 말해, 새끼들 사이에 안전거리를 유지시킬 기다란 자궁뿔 구조가 없는 단일자궁)에 종종 이란성쌍둥이를 잉태한다. 자궁 안에서 태반 혈관이 붙은 채 발달하다가 태어난 쌍둥이는 평생 몸 안에 서로의 혈액세포를 가지고 있게 된다(Benirschke, Anderson, and Brownhill, 1962). 만약 수컷 쌍둥이의 생식세포도 이 통로로 오가다가 반씩 섞였다면 체세포 유전자는 자신이 쌍둥이 중 어느 쪽에서 온 건지 아무 관심 없을 것이다. 두 형제의 고환과 정액 안에서는 여전히 치열한 경쟁이 벌어질지라도 말이다. 마모셋원숭이에게는 이란성쌍둥이 사이의 키메라 현상이 일상이지만 인간 쌍둥이에게는 그렇지가 않다(van Dijk, Boomsma, and de Man, 1996). 그래도 모자 간의 키메라 현상은 사람에게도 흔한 편이다. 임신 초기에 태아의 세포가 모체의 혈액으로 흘러들어 가면 출산 후 수십 년까지도 이 태아 세포의 후손들이 모친의 몸속에 머물곤 한다(Bianchi 외, 1996). 이런 세포들은 그저 길 잃고 배회하는 걸까, 아니면 엄마의 몸을 자식들에게 유리하게 이용하는 걸까?

병원균과 기생체의 숙주 체세포 착취는 모든 다세포생물에게 큰 고민거리다. 여기서 같은 종끼리 만들어지는 키메라의 사례를 중점적으로 얘기한 것은 체세포 착취가 비단 서로 다른 생물종들 사이에서만 위험 요소가 되는 게 아님을 강조하기 위해서다. 동족 간 체세포 착취의 현장에서도 협박과 기만이 판치는 건 말할 것도 없다.

핵이라는 성채

복제가 일어나는 속도는 하나의 기점에서 효율적으로 복사되어 나올 수 있는 DNA의 양을 제한한다. 대장균, 즉 에셔리키아 콜라이*Escherichia coli*(흔히 줄여서 이콜라이라 부른다)의 염색체가 복제를 한 차례 완결하기까지는 40분이라는 시간이 걸린다(Zyskind and Smith, 1992). 만약 호모사피엔스의 유전체가 복제가 한 지점에서 시작돼 양방향으로 진행하는 이 고리형 염색체처럼 작동했다면, 덩치가 천 배나 큰 인간 유전체 하나가 다 복제될 때까지 한 달은 족히 기다려야 했을 것이다(Fonstein and Haselkorn, 1995; Morton, 1991). 하지만 인간을 비롯한 대부분의 진핵생물은 복제 기점을 여러 곳에 둠으로써 문제를 해결한다. 그런데 그러자니 유전체 일부분이 다른 부분들보다 빨리 복제될 위험성이 커진다. 배우자gamete가 융합했다가 감수분열 뒤 떨어지기를 반복하는 과정에서 악질 분자들이 새 유전체 창조를 꾀할 기회가 활짝 열리기 때문이다(Hickey, 1982). 그런 이유로 진핵생물에서는 불법적 복제를 통제할 정교한 시스템이 발달할 수밖에 없었다.

진핵세포에는 복제의 안정성을 높이는 두 가지 특징이 있다. 첫째, 유전물질 보관(핵에서 일어남)과 단백질 합성(세포질에서 일어남)이 분리된 두 장소에서 따로 일어난다. 이때 핵을 출입하는 대형 분자는 핵막공복합체nuclear pore complex의 검문을 반드시 거쳐야 한다. 단백질이 이 복합체와 접속하려면 핵에 들어가도 좋다는 통행증이 필요하다(Davis, 1995; Hicks and Raikhel, 1995). 세포질에는 이 통행증을 인식해 도킹을 돕는 분자가 따로 있다. 둘째는 세포주기다. 진핵세포의 복제는 오직 S기 동안에만 일어난다. DNA는 먼저 일종의 '복제허가증'을 받아야만 복제를 시작할 수 있는데, 허가증은 일회용이라 한 주기에 한 번밖에 못 쓴다(Rowley, Dowell, and Diffley, 1994; Su, Follette, and O'Farrell, 1995). 나중에 복제가 시작될 지점은 복제기점인식복합체ORC, origin recognition complex가 달려 표시되는데, 이 표식 때문에 근방에서는 유전자 전사가 일어나지 않는다(Rivier and Pillus, 1994). 기능을 가진 RNA가 만들어지지 않으므로 유전자 복제가 방해받을 일도 없다.

빵 곰팡이인 뉴로스포라 크라사*Neurospora crassa*는 유전자가 한 주기 안에서 여러 번 복제되지 않도록 관리하는 고성능 제어 시스템을 갖추도록 진화했다. 만약 반수체 핵 안의 어떤 염기서열이 쓸 데 없이 반복된다면 두 카피 모두 그 부분이 메틸기 결합반응을 통해 비활성화된다. 그런 다음엔 반복 유도 점돌연변이RIP, repeat-induced point mutation가 계속 일어나는데, DNA 카피는 문제의 염기서열이 더 이상 비슷하다고 인식되지 않을 만큼 충분히 달라지고 나서야 이 절차에서 해방된다(Selker, 1990). 한마디로 복제 속도가 다른 부분들보다 유난히 빠른 DNA 서열이 있을 때 잉여 카피와 원본 모두에서 미리 입력된 프로그램에 따라 일어나는 돌연변이가 그 부분을 망가뜨리는 것이다.

척추동물은 자신의 DNA를 작동하는 부분과 메틸기로 막혀 전사가 일어나지 않는 부분으로 구획화한다(Bestor, 1990; Bird, 1993). 유전체에서 비활성화된 부분을 보면 단순 반복되는 서열이 다량 존재하는 경우가 흔하다. 이런 부분은 단백질을 만들지 못하며, 복제 미끄러짐 현상replication spippage과 그에 따른 불균형적 자리바꿈 탓에 염기서열의 회전율이 높다(Dover, 1993). 이와 같은 염기 재배열은 몇 가지 측면에서 유전체에 잠입한 기생체에 맞설 방어 시스템 역할을 어느 정도 할 수 있다. 첫째, 외래 DNA 삽입은 별로 중요하지 않은 염기서열 부분에서 더 잘 일어난다. 둘째, 삽입된 외래 DNA에는 메틸기 결합반응을 통해 전사 기능 비활성화가 일어나는데, 이때 아마도 외래 DNA 특유의 구조를 인식하는 기전이 관여할 것이다(Bestor and Tycko, 1996). 셋째, 기생 DNA는 복제 미끄러짐 현상을 통해 여러 조각으로 쪼개진다.

진핵생물 핵의 구조조정이 오직 내부 보안유지만을 위해 일어난다고 못 박는 것은 잘못된 주장이다. 행위자들의 이해가 일치하더라도 여전히 조정이라는 숙제가 남기 때문이다. 이콜라이*E. coli*의 유전체는 약 4000가지 유전자로 이뤄진 반면 사람, 생쥐, 복어의 유전체에는 단백질 합성을 지시하는 유전자만 2만 종쯤 된다. 버드는 진핵세포에 핵막과 히스톤histone 단백질이 생기고 척추동물의 염색체 곳곳에서 메틸기 결합이 활발히 일어나는 것이 유전체의 덩치가 커짐에 따라 함께 늘어난 전사 단계의 잡음을 줄이려는 적응의 결과라 주장했다(Bird, 1995). 이처럼 통제와 보안을 위한 각종 전략이 서로 긴밀하게 얽혀 발달해 왔을 것이다.

성性 혁명

박테리아의 재조합은 승자와 패자가 분명하게 갈리는 경쟁에서 코레플리콘들이 파트너십을 맺었다가 끊고 한 유전자가 다른 유전자를 대체하면서 일어난다. 반면, 감수분열 재조합의 경우는 두 임시팀이 연합해 멤버를 맞교환함으로써 새로운 임시팀을 꾸리는 모든 단계에서 양자 간 관계가 대등하다. 좋은 성적을 내는 팀의 멤버들은 저조한 팀들보다 다음 세대에 더 많은 활동 기회를 얻는다. 즉 이 세계에서는 어느 팀에 갖다 놔도 매번 잘 싸우는 선수가 훌륭한 선수이며 챔피언 팀보다는 챔피언들로 꾸려진 팀이 어디서나 각광받는다. 추구하는 목표는 모든 팀원이 같다. 장기적으로 그들 모두 떼려야 뗄 수 없는 운명 공동체라서가 아니다. 그보다는 다음 제비뽑기 때까지 팀이 살아남아야 모든 멤버에게 동등한 기회가 돌아가도록 감수분열의 규칙이 작용하기 때문이다.

만약 감수분열에서 유전자의 채택 여부가 개인전으로 결정된다면, 선수들은 장기적인 협력관계를 맺지 못한다. 생식세포가 융합하기 전엔 같은 반수체 팀 소속이던 두 선수가 감수분열 과정에서 헤어질 가능성이 반반이기 때문이다. 세대당 50퍼센트라는 재조합 확률은 다수의 염색체를 가진 생물의 유전자들 중 아무렇게나 둘을 고른 유전자 쌍 대부분에 적용된다. 같은 염색체상에서 유대하는 유전자들은 관계를 좀 더 오래 유지하는 편이다. 만약 서로 연결된 유전자들의 조합 중 일부가 나머지 조합들보다 일을 더 잘한다면 그 조합은 대개 이기는 팀 소속일 것이고 따라서 실력이 떨어지는 다른 조합들보다 많은 후손을 남기게 된다. 이와 같은 과정을 통해 선택은 선수들 간의 전혀 무작위적이지 않은 연합(연관불균형)을 낳지만, 그렇게 살아남는 팀이라도 여전히 재조합의 끝없는 어깃장에 시달린다.

진화유전학계가 집착하며 매달리는 대표 논제 중 하나는 어째서 그렇게 많은 유전자 무리가 잘 돌아가는 팀을 정기적으로 해체하고 새로운 조합을 시도하는가다. 이에 지포토프스키, 펠드먼, 크리스티

안센은 여러 이론을 종합해 이렇게 결론 내렸다(Zhivotovsky, Feldman, and Christiansen, 1994). "무작위로 짝짓기하는 유전자 집단에서 두 유전좌위 사이의 재조합이 조정 유전자modifying gene에 의해 통제될 때 만약 한 유전좌위 쌍이 끊임없이 (암수를 가리지 않고 똑같이) 생존을 위한 선택의 기로에 놓인다면, 더불어 이 집단이 중요한 유전자들끼리는 연관불균형 관계인 평형 상태에 이른다면, 조정 유전자 자리에서 만들어지는 새로운 대립유전자는 오직 핵심 유전좌위들 간의 재조합 속도를 줄여야만 진입할 수 있다." 비슷한 원칙이 임의 수량의 유전좌위들에도 적용된다(Zhivotovsky, Feldman, and Christiansen, 1994). 이와 같은 '감속 원칙reduction principle'의 의미는 재조합을 통해 새로 만들어지는 팀은 평균적으로 직전 세대의 선택에서 살아남은 옛 팀만 못하다는 것쯤으로 대강 풀이할 수 있다. 즉 각 선수들이 다음 세대에 성공할 가능성은 지금 팀에 재조합이 덜 일어날수록 커지게 된다.

그러나 감속 원칙에 아랑곳없이 재조합은 자연계에서 흔하디 흔한 현상이다. 저빈도 재조합 쪽으로 선택이 일어난다고 예측하는 모델들의 가정 중 적어도 하나 이상은 틀린 게 분명하다. 만약 어느 집단이 선택 균형에 아직 이르지 못했다면 재조합 빈도를 높이는 유전자가 환영받을 것이다. 재조합이 효율을 현재 잘 하는 선수들이 한 팀일 때보다 더 끌어올릴 테니 말이다. 말하자면, 유전자 A와 유전자 B 모두 보유함으로써 팀이 얻는 이득은 두 선수 각각의 기여도를 합한 것보다 적다(Barton, 1995). 비슷한 맥락으로 A와 B가 동시에 부상 당한(즉 돌연변이가 일어난) 경우의 비용이 각각 다친 비용의 합보다 클 때도 재조합은 활발해진다(Charlesworth, 1990). 두 사례 모두 고

빈도 재조합은 선택 효율 향상이라는 결과를 가져온다. 고빈도 재조합은 열등한 선수가 다른 팀원들의 활약에 '무임승차'하거나 못하는 나머지 멤버들 탓에 우월한 선수의 노력이 물거품이 될 위험을 줄이기 때문이다. 유전자 재조합이 기생체에 대한 저항을 키우기 위한 적응 현상이라고 보는 이론들은 다 이런 유의 해석이다. 재조합 속도는 가장 바람직한 대립유전자 조합이 늘 유동적인 탓에 점점 열악해지는 환경 속에서 조정된다는 점에서 그렇다(Hamilton, Axelrod, and Tenese, 1990).

열린 사회와 그 적

감속 원칙은 여러 유전좌위에 녹색 수염 효과가 있을 때에도 무너진다. 녹색 수염 효과는 유전자로 하여금 동족이 존재할 가능성이 높은 팀에 혜택을 몰아주도록 만든다. 앞서 한 번 설명했듯, *pB*가 *C*보다 클 경우 유전자는—혹은 유전자들의 연합은—자기 팀이 *C*만큼 손해를 보는 대신 다른 팀에게 *B*만큼의 혜택을 돌림으로써 이득을 얻는다. 여기서 *p*는 득을 보는 팀에 동족 유전자가—혹은 그 연합이—들어 있을 확률이다. 만약 이 확률이 혜택을 선사하는 팀의 모든 유전자에게 같다면 거래의 수익은 모든 멤버에게 똑같이 돌아갈 것이다. 그런데 만약 이 확률이 유전자마다 다르다면—다른 친족들을 희생시켜 녹색 수염이 난 친족에게 좋은 걸 몰아주는 것처럼 말이다(Ridley and Grafen, 1981)—한 팀 안에서도 누구는 득을 보고 누구는 손해를 볼 것이다. 연관불균형은 유전자의 소규모 연합들로 하여금 공공의 선에 반해 모의하게 하지만, 고빈도 복제는 여러 유전좌위에서 나타나는 녹색 수염 효과의 영향을 받으며 이어지는 비무작위적 연맹을 다시 깨뜨린다. 팀원들은 지난날 단체로 라이벌 팀의 구성원이었던 멤버들의 동기를 의심하고, 저들이 다시 뭉치기 전에 패거리의 우위를 점한다.

이 같은 모의 유형 중 가장 잘 알려진 것은 감수분열 부등meiotic drive 기전이다. 이배수 이형접합체의 한 반수체는 흔히 독과 해독제의 합성 명령을 두 유전좌위에 동시에 심는 방법으로 자신과 똑같이 생긴 카피를 갖지 않은 배우체의 생존을 방해한다. 만약 반수체가 영구 정착하는 데 성공하지 못하면 십중팔구 적합도 감소로 인한 비용이 발생할 것이다. 그러면 그 뒷감당은 온전히 반수체와 아무 연결고리도 없는 팀원들의 몫으로 돌아간다. 그런 까닭에 연관성 없는 유전좌위에서는 재조합 빈도를 높여 음모를 무산시키고 독과 해독제를 분리하는 쪽으로 선택이 일어난다(Haig and Grafen, 1991). 리Egbert Leigh는 유전체를 "유전자들로 구성된 의회"에 비유했다(Leigh, 1971; Eshel, 1985도 참고). "평소에는 오로지 자기 이익만을 위해 행동하지만 그 행동이 누군가를 다치게 한다면 그런 일이 일어나지 않도록 연합해 힘을 모은다"는 것이다. 분리변형segregation distortion과 그에 수반되는 결과들은 공정성을 벗어난 일탈 현상이다. 리가 주창했듯 "감수분열의 전달 규칙transmission rule of meiosis은 페어플레이를 위한 불가침의 원칙으로 진화해 가고 있다. 마치 개인 혹은 소수의 위험 행동으로부터 의회 전체를 지키고자 제정된 법률처럼 말이다. (……) 너무

작은 의회가 소수 파벌에 의해 타락하기 쉬운 것처럼, 너무 긴밀하게 얽히고설킨 염색체 하나만 가진 생물종은 금세 분리변형인자의 사냥감이 된다."

진핵세포 동맹

핵 안에서 일어나는 내부갈등의 대부분은 공정한 분리와 대립유전자 재조합을 통해 무마된다. 하지만 진핵세포에는 미토콘드리아와 플라스미드의 유전자처럼 감수분열 협정에서 자유로운 유전자도 존재한다. 애초에 진핵세포는 핵의 유전자와 공생 박테리아의 유전자가 맺은 동맹의 결과로 생겨났다. 오늘날에는 박테리아 유전자 대부분이 핵 염색체로 포섭됐지만 미토콘드리아 유전자와 플라스미드 유전자 같은 극소수는 끝까지 최소한의 독립성을 지켜냈다. 무슨 까닭으로 어떤 유전자는 핵 지분 분배를 수락하고—혹은 허락받고— 또 어떤 유전자는 외주계약 관계를 유지하는지 그 정확한 배경은 아직 아무도 모른다. 둘의 종속이 늘 세포소기관이 핵에 무릎 꿇는 쪽으로만 일어나는 이유 역시 여전히 미스터리다. 핵 유전자와 세포소기관 유전자는 평소 상호의존하는 사이지만, 전달 규칙이 서로 다르다는 점이 때때로 갈등의 빌미가 된다.

배우체 융합 후 한 세포질에 여러 계통의 세포소기관이 공존한다면 어떤 일이 벌어질까? 세포질 공간을 놓고 계통들끼리 자리다툼을 벌일 테고 그 갈등 비용은 핵 유전자가 떠맡게 될 것이다. 코스미데스와 투비는 배우체 융합 전이나 후에 어느 한쪽 배우자의 세포소기관들을 망가뜨림으로써 세포소기관들 간의 불화를 최소화할 유전자들로 핵 염색체가 꾸려진다고 설명했다(Cosmides and Tooby, 1981). 그런 이유로 한 배우자(정자)의 핵 유전자는 세포소기관을 그대로 갖고 있는 상대 배우자(난자)의 핵 유전자와 합방하기 전에 자기 세포소기관 식구들을 모조리 내버린다는 것이다(Hastings, 1992; Hurst and Hamilton, 1992; Law and Hutson, 1992의 관련 가설들 참고). 그러므로 세포질 쟁탈전을 핵의 중재로 진압하려는 노력이 아마도 난자와 정자의 진화 향방을 결정하는 열쇠가 되었을 것이다. 이 최초의 이분二分으로부터 여타 모든 암수 차이가 생겨났다. 같은 맥락의 보충 설명으로, 허스트와 해밀턴은 세포질 융합 없이 핵 유전자를 교환하는 생물종에게는 형태학적인 암수 구분이 없다고도 언급했다(Hurst and Hamilton, 1992).

한부모 유전이라는 미토콘드리아와 플라스미드의 특징은 문제 하나를 해결하면서 또 다른 문제를 낳는다. 핵 유전자는 정자와 난자가 나눠 공급하는 반면 세포소기관 유전자는 오로지 난자로부터만 전달된다. 그런 까닭에 만약 그러는 것이 암컷쪽 기능에 필요한 자원의 조달을 돕는다면 수컷쪽 세포소기관 유전자가 생식에 관여하지 못하는 것이 전체적으로 유익할 것이다. 개화식물은 오랜 세월에 걸쳐 세포질이 웅성불임male sterility을 띠도록 진화했다. 자세히 연구된 사례들을 보면 미토콘드리아 유전자가 웅성불임을 유도하고 종종 핵 유전자가 이 작용을 상쇄해 웅성가임male fertility 상태를 복구시킨다. 반면에 엽록소 역시 전적으로 모계로부터만 유전물질을 물려받는 세포소기관임에도 엽록소 유전자는 웅성불임을 유도하지 않는다(Saumitou-Laprade, Cuguen, and Vernet, 1994). 플라스미드 유전체에는 웅성을 억누르는 기전이 존재하지 않는다. 만약 있더라도 핵 유전자가 제압하는 것은 일도 아니다.

내부갈등이 끊이지 않긴 해도 진핵세포 내의 동맹은 괄목할 성공작에 속한다. 나아가 대니얼 데닛(Dennett, 1995, pp. 340~341)은 인간 역시 진핵세포에 맞먹는 중요성을 지닌 특별한 연합체라 말한다. 그의 시각에서 모든 인간은 유전물질 복제자와 문화 복제자(밈meme)의 공생 시스템이다. 핵과 세포소기관 어느 하나라도 없으면 진핵세포가 살아남지 못하듯 우리도 유전자와 밈 모두 있어야만 생존할 수 있다. 유전자도 밈도 무엇으로도 대체 불가능하지만 그렇다고 어느 하나가 우리의 진정한 자아를 대변한다고 말할 수는 없다. 또 유전자와 밈은 서로 다른 전달 규칙을 따르기에, 밈은 감수분열 규칙의 지배를 받는 염색체에 고분고분히 영입되지 않는다. 그런 까닭에 둘의 충돌은 충분히 예견된 결과다. 누군가 신념을 위해 목숨을 바칠 때 다른 누군가는 향락을 누리고자 소신을 저버리는 게 그래서다.

성性염색체

암수 따로인 생물종의 평범한 유전자는 암컷과 수컷의 몸에서 거의 비슷한 시간 동안 머문다. 모든 개체는 암수 한 쌍 부모로부터 태어난다는 점에서 그렇다. 하지만 선택 균형이 유지되는 상황에서는 간혹 일부 유전자가—혹은 그런 유전자들의 조합이—한 성별 유전자들의 평균보다는 뛰어나고 반대 성별 유전자들의 평균에는 모자라는 성능을 나타낼 수 있다. 이런 성차별적 유전자는 일반적인 적합도(생존력) 면에서든 분리(감수분열 부등) 면에서든 비교우위에 있는 한쪽으로 치우쳐 성별이 결정되도록 다른 유전자들과 친목을 다져 득을 보려 할 것이다(Rice, 1987). 이것은 일종의 자기강화 반응이다. 암수 결정을 좌우하는 유전자는 특정 성별에 더 오래 머물면서 빈도 낮은 성별에 있을 때의 불이익이 빈도 높은 성별에 있을 때의 이득보다 큰 연관불균형 상태를 지속시킨다는 점에서 그렇다. 그런 까닭에 유전체는 두 성별에 똑같이 머무는 부분(상염색체)과 한 성별에만 특화된 부분(성염색체)으로 구획을 나누려 한다.

정자 발생이나 난자 발생 과정에서 일어나는 감수분열 부등은—두 군데서 동시에 일어나지는 않는다—성염색체의 발달을 부추긴다. 분리변형인자가 어느 한 성별에만 집중적으로 선취점을 몰아주기 때문이다. 분리변형인자는 전부터 존재하던 성염색체에 작용하는 경우에도 그 효과가 배가된다. 이처럼 감수분열 부등의 행위자와 성별 결정 유전자의 결탁은 성비 불균형을 야기하지만 유전자 의회가—혹은 적어도 여당인 상염색체가—나서면 이 불균형이 적잖이 완충된다. 개체들은 직전 세대 암컷과 수컷으로부터 유전자를 절반씩 물려받는다. 이 말은 곧 소수 성별의 구성원들이 다수 성별 구성원들에 비해 평균적으로 더 많은 후손을 남긴다는 뜻이다. 한마디로 상염색체 유전자 입장에서는 소수 성별에 자리잡는 편이 유리하다는 소리다(단, 여기에는 암수가 부담하는 비용이 동일하다는 전제가 붙는다).

상염색체 유전자는 이형배우체heterogamete에서 성염색체가 공정하게 분리되도록 힘쓸 것이다. 그러면 어느 쪽도 절대다수가 되지 않을 테니 말이다.

해밀턴에 따르면(Hamilton, 1967), 때로는 상염색체도 성비 불균형을 키우는 쪽으로 행동한다고 한다. 그는 국지적 집단 안에 서로 아무 연관성 없는 암컷들이 소수 존재하는 이론적 모델을 세우고, 그 자손들이 저희끼리 짝짓기할 때 여기서 태어난 암컷들이 새로 생긴 국지적 집단들에서 골고루 발견된다고 추정했다. 이때 만약 수컷이 이형배우체이고 유전자 분리가 엄격하게 멘델 법칙을 따라서만 일어난다면, X형 정자와 Y형 정자 중 어느 것과 짝을 맺게 될지 몰라 국지적 집단들 사이에 소소한 편차가 벌어질 수는 있어도, 전체 집단의 성비는 거의 일대일이 될 것이다. 그런데 국지적으로 암컷 후손에게 예측되는 적합도는 해당 지역의 성비가 얼마든 전체 집단의 암컷 평균과 같은 반면, 수컷 후손의 예측 적합도는 집단 내 암컷 비중이 높을수록 커지게 된다. 즉 여초 상태인 국지적 집단에 스스로 말뚝 박은 상염색체 유전자는 평균을 웃도는 적합도를 가질 것이고 일대일 성비를 맞추는 것은 더 이상 무적의 전략unbeatable strategy이 아니게 된다. 이 예시는 성비에 관해 서로 다른 정책을 지지하는 여러 정당으로 의회가 구성된 상황과 같다. X당과 상염색체당과 미토콘드리아당이 여초 현상을 대대손손 강화할 작정으로 손잡고 Y당과 맞선다. 단, 구체적인 성비값을 두고는 연합 정당들 사이에서도 의견 합치가 안 된 상태다(Hamilton, 1979). 성性의 정치학은 감수분열을 지배해 온 '의회 규칙'을 뿌리째 뒤흔들 수 있다(Haig, 1993a).

유전체 각인과 세대 갈등

친족이란, 구성이 완벽하게 일치하지는 않지만 상당 부분을 공유하는 유전자 무리를 말한다. 유전자는 그 안에 자신의 카피가 존재할 확률 r에 관한 정보에 따라 집합들을 차별대우하는 비상계획을 발동함으로써 이익을 도모한다. 지금부터는 편의상 확률 r 정보의 유일한 출처가 가계도(집단의 족보)와 멘델 법칙상의 확률이고 필요한 경우 부모 세대 정보와 부계 유전자형의 불확실성을 추가로 참고한다고 가정할 것이다. 녹색 수염 효과는 고려하지 않는다.

이배수체 어미와 유성생식으로 태어난 그 이배수체 자손 사이의 관계 중 가장 단순한 형태는 어미가 난자를 여럿 만들고 잘 먹여 키우다가 저마다 수정 후에는 뿔뿔이 흩어져 어미의 보살핌 없이 알아서 살게 하는 것이다. 각 모계 유전자가 감수분열이라는 동전 던지기의 결과로 자손의 몸속에 사본을 남길 확률은 딱 절반이며, 자원 배분이 감수분열 전에 완료되기 때문에 지급되는 난황卵黃의 양은 자손의 몸속에 발현되는 유전자의 영향을 전혀 받지 않는다. 모계 유전자가 발휘하는 입김은 기껏해야 자신에게 주어진 생애에 번식 성공률을 최대한 끌어올리는 것을 목표로 난자의 크기와 수량을 조율하는 데까지다. 한정된 자원 조건에서 생산라인에 대기 중인 난자들이 하나씩 질서정연하게 만들어지는 단순한 모델의 경우, 모계의 적합도는 각 난자에 일정량의 자원이 투입될 때 극대화된다. 일정량이라 함은 난자에 극소량 더 딸려온 자원으로 자손이 얻을 한계편익marginal benefit(δB)이 생산라인에 꼴지로 서 있던 난자에게서 난 다른 후손이 감당하게 될 이 자원의 한계비용marginal cost(δC)과 같아지도록 하는 규모를 말한다. 모계 유전자가 대물림될 확률은 태어나는 자손마다 모두 동일하므로, 한계비용과 한계편익에는 같은 가중치를 부과한다.

만약 자손이 수정된 후에도 어미의 보살핌을 받는다면 모자 관계는 좀 더 복잡해진다. 모계 유전자가 자손에게 발현되는지 아닌지 여부에 따라 보살핌의 정도가 달라지기 때문이다. 지금 세대 자손에게 발현된 유전자는 모친으로부터 받은 잉여 자원의 한계편익을 온전히 누리지만, 한계비용을 짊어지는 자손에게 이 유전자가 존재할 확률은 r에 불과하다. 즉 자손에게 발현된 유전자는 $\delta B > r\delta C$ 상황이 지속되는 한 잉여 자원을 받기를 원할 것이고, 모계 유전자는 형편이 $\delta C > \delta B$로 돌아서자마자 투자를 끊으려 할 것이다. 그러므로 $\delta C > \delta B > r\delta C$라는 부등식이 성립하는 한 모자 사이에는 갈등이 있을 수밖에 없다(Trivers, 1974; Haig, 1992a). 이와 같은 갈등은 구속력 있는 합의를 이뤄내기가 어려운 까닭에 생긴다. $\delta B = \delta C$이던 시절에 부모 세대 유전자들이 이런저런 시점부터는 자식 뒷바라지를 관두자고 저희끼리 의견을 모았더라도 막상 자손의 몸 안에 나와 똑같이 생긴 카피 유전자가 있다는 걸 알고 나면 합의사항을 강제하기가 어려운 것이다. 자손들이 손을 덜 벌린다면 모든 유전자에게 일이 더 수월하겠지만 그러면 일방적 통제 카드를 남용하는 게 된다.

모계 유전자가 자손에게 발현될 확률 r은 딱 절반이지만 부계 유전자의 경우는 일반적으로 *r*이 절반에 못 미친다. 모친으로부터 받은 잉여 자원으로 한계편익을 얻는 자손과 반대로 한계비용을 내는 자손은 부친이 서로 다르기 일쑤이기 때문이다. 그렇기에 자손에게 대물림된 부계 유전자는 같은 몸 안의 모계 유전자들보다 더 많은 요구를 모친에게 할 것이라는 예측이 가능하다. 이와 같은 조건부 전략이 생기는 것은 유전체 각인genomic imprinting 때문이다. 유전체 각인은 부모 대에서 부계에 있었는지 아니면 모계에 있었는지에 따라 유전자가 서로 다른 패턴으로 발현되게 한다(Moore and Haig, 1991). 설치류 발생 과정을 예로 들어보자. *인슐린 유사 성장인자 2IGF2, insulin-like growth factor 2*의 경우 부계 대립유전자에 작동하는 카피가 있고 모계 대립유전자는 침묵할 때 *IGF2* 유전자가 발현되는 반면, *인슐린 유사 성장인자 수용체IGF2R, insulin-like growth factor 2 receptor*의 경우 거꾸로 부계 대립유전자는 침묵하고 모계 대립유전자에 작동하는 카피가 있을 때 *IGF2R* 유전자가 발현된다. 부계 쪽 카피의 *IGF2* 유전자 전원이 꺼진 생쥐는 평균의 60퍼센트 정도 체격으로 태어난다. 이에 비해 모계 쪽 카피의 *IGF2R* 유전자 전원이 꺼진 새끼는 태어날 때 덩치가 보통 생쥐보다 20퍼센트쯤 크다. 두 유전자 각기 침묵하는 대립유전자의 출처 부모 성별이 예시와 반대인 생쥐는 출생 체중이 정상 범위다(DeChiara, Robertson, and Efstratiadis, 1991; Lau 외, 1994). *IGF2R* 유전자의 기능은 *IGF2*에 의해 합성된 단백질을 분해하는 것이라고 한다(Haig and Graham, 1991). 결국 이 유전자들은 "모계보다는 부계에서 물려받았을 때 더 많이 요구하기"라는 조건부 전략을 구사하는 셈이다.

모계 유전자와 부계 유전자 간의 연관도 비대칭성은 이복형제나 이부형제 사이에서 가장 크다. 하지만 어느 혈연관계든 대부분은 모계 연관도와 부계 연관도의 정도가 제각각이기 십상이고 그 패턴이 꽤 복잡할 수도 있다. 남성들은 곳곳으로 분산되지만 여성들은 씨족의 울타리 안에 머무는 가상의 사회가 있다고 치자. 만약 남성 한 명이 모든 여인을 독점하며 자식들을 낳고 살다가 혈연으로 얽히지 않은 다른 남성이 그 자리를 대체하는 식이라면, 유소성留巢性, Philopatry(생물이 고향에서 멀어지지 않으려 하는 성향—옮긴이) 탓에 다양한 연령층의 여성들이 서로 부계 쪽보다는 모계 쪽으로 더 가까운 친척 사이가 되지만 비슷한 또래의 자손들끼리는 양친 모두 같은 동복형제와 아버지만 같은 이복형제, 이 둘 중 하나일 것이다. 유전자가 조건부 전략을 세우면서 이런 비대칭적 연관성 패턴을 고려했는지는 아직 모른다.

지금껏 자주 연구된 유전체 각인 사례들은 모두 '기원이 모계 쪽이면 이렇게 하고 부계 쪽이면 저렇게 하기' 식의 단순한 조건부 전략인 듯하다. 더 복잡한 조건부 전략도 논리적으로 가능은 하다. 가령 '난자에서 왔으면 이렇게 하고, 남편의 정자에서 왔으면 저렇게 하고, 외도 상대의 정자에서 왔으면 또 다르게 하기'처럼 말이다. 하지만 그런 이론적 가능성이 실현될지 아닐지는 비용, 편익, 적절한 메커니즘의 존재 여부에 따라 달라진다. 바로 앞 문단에 등장했던 부족사회 모형의 경우, 어떤 유전자가 집단 내의 다른 여성에게 존재할 가능성은 그 유전자가 모계 생식세포계열에 잇따라 계승될수록 커진다. 부계 생식세포계열 관점에서는 유전자가 전달될 때마다 기본값이 0으로 리셋되는 누적 각인 효과가 일어난다.

재현부

생물체의 유전학적 경계 기준은 한 코레플리콘(같은 규칙에 따라 전달되는 유전자들의 패거리)에 속하는지 여부라고 대충 이해된다. 공통의 목적을 가진 한 무리로서 생겨난 코레플리콘의 구성원들은 같은 결과에서 이득을 보지만, 서로 다른 코레플리콘에 속하는 유전자들 사이에서는 이해가 충돌할 수 있다. 같은 맥락에서 박테리아 염색체에 삽입된 바이러스 유전자는 상이한 전달방식 때문에 '진짜' 박테리아 유전자와 확연히 구분된다. 바이러스 유전자는 박테리아 유전자보다 많이 복제되기 위해 종종 스스로를 동원해 저희끼리 똘똘 뭉친 내성 바이러스 입자를 형성한 뒤 죽어 가는 숙주 박테리아의 몸을 찢고 바깥세상으로 나온다. 그렇다고 코레플리콘들끼리의 관계가 반드시 적대적인 것만은 아니다. 코레플리콘들은 도둑질이나 거래를 통해 저마다 필요한 것을 구하고 때로는 값을 흥정하기도 한다. 코레플리콘은 내수시장이 따로 없는 연방과 같다. 즉 유전자들은 코레플리콘에 소속됨으로써 구매자를 찾아다니고 제품 가격과 품질을 조사하는 데 들어갈 거래비용을 아끼며 악덕 장사치와 사기꾼으로부터 보호받는다(Coase, 1993).

박테리아 세포에는 보통 소수의 코레플리콘만 존재한다(하나뿐일 때도 있다). 박테리아의 염색체 재조합은 드문데, 일단 일어나면 늘 유전자 하나(승자)가 다른 하나(패자)를 대체하는 유전자 치환이 일어난다. 이와 대조적으로, 진핵세포의 염색체 재조합은 훨씬 빈번하고 승자와 패자가 따로 없이 두 염색체가 유전자들을 맞교환하는 분리 형태로 일어난다. 이쯤되면 더 이상 코레플리콘은 장기적 운명이 얽히고설킨 까닭에 재조합 없이 협동만 하는 유전자들의 집합이 아니다. 그보다는 당분간 같은 규칙을 따르다가 오래지 않아 동업관계가 깨지면 수익으로 얻은 자원을 공평하게 나눠 갖는 한시적 공동 대표들이라는 해석이 더 정확하다. 고빈도 재조합은 요즘 잘나가는 팀원들을 위한 시장(혹은 그 엇비슷한 것)을 창조한다.

진핵세포의 생식주기가 배우체 융합, 재조합, 감수분열을 위한 분리의 순서로 되어 있는 까닭은 아직 정확히 모르지만 짐작하건대 변화무쌍한 선택 환경에서 유전자의 장기적 생존 기회를 높이는 건 틀림없다. 재조합은 *친족*을 만든다. 유전자 일부를 공유하지만 완전히 같지는 않은 유전학적 공동체가 생기는 것이다. 친족 간의 상호작용은 공동체 안에서 내부분열의 원천이 될 수 있다. 일부 구성원이 다른 구성원에게 손해를 끼침으로써 우위에 올라선다는 점에서다. 예를 들어, 남의 배우자를 망가뜨리거나 똑같이 배 아파 낳은 자식 중에서도 누구만 편애하는 식이다. 고빈도 재조합은 재조합이 너무 굼뜬 탓에 일어난 분쟁의 부분적 해결책이 될 수 있다. 임의 선택 기구들이 '소수 파벌'을 흩트리기 때문이다.

3

'유전자'의 밈

From Darwin to Derrida

THE "GENE" MEME

《이기적 유전자》(Dawkins, 1976)의 마지막 챕터는 유전자의 진화와 문화의 진화 사이의 유사점을 다루는 단원이다. 여기서 리처드 도킨스는 문화가 자기전파에 도움되는 형질을 선별적으로 계승시키는 쪽으로 자연선택을 통해 진화한다고 제안하면서 이렇게 적고 있다. "새롭게 부상한 자기복제자에게 이름이 필요할 텐데 (……) 문화 전달의 단위 혹은 모방의 단위를 뜻하는 명사여야 할 것이다. 어원을 따지면 그리스어에서 온 '미멤mimeme'이 알맞겠으나 내 생각엔 '진gene(유전자)'과 흡사하게 읽히는 단음절 단어가 더 나을 것 같다. 그러니 내가 미멤을 '밈meme'으로 줄여 쓰더라도 고전학자 친구들이 나를 너그럽게 이해해 주길 바란다." 그러면서 그는 다음과 같이 논의를 끝맺었다. "내 밈 이론이 다소 사변적일지는 몰라도 거듭 강조하고 싶은 중요한 논점이 하나 있다. 바로 문화적 형질의 진화와 그 생존 가치를 논할 때 우리가 지금 '누구'의 생존에 대해 얘기하는지 분명히 알아야 한다는 것이다." 도킨스는 "문화적 형질은 단지 그러는 것이 *스스로에게 유리하다*는 이유만으로 그렇게 진화하는 걸지 모른다"며 다른 가능성의 여지를 남겨 놨다.

밈의 개념은 세상에 등장한 이래로 30년 넘게 왕성한 번식력과 생존력을 자랑해 왔다. 그러나 밈의 문화 전파도 밈이 그렇게 이름 지어진 계기가 된 비슷한 발음의 원조 단음절 단어(gene을 가리킴—옮긴이) 앞에서는 무색해진다. 이 챕터 전반부에서는 가장 단순한 밈인 '유전자'에 얽힌 다양한 의미를 살펴볼 것이다. 과학자들이 유전자를 거론할 때 다 같은 것을 뜻하지는 않기에 작은 뉘앙스 차이가 혼란을 불러올 수 있다. 그런 맥락으로, 도킨스가 못 박은 이기적 유전자의 명시적 정의와 더불어, 도킨스의 암묵적인 이기적 유전자 정의라고 내가 추측한 것을 *전략적 유전자*로 부르고 논할 것이다. 유전자의 정의가 유동적이면서 다양하다는 점은 밈 진화의 예시로도 볼 수 있다. 챕터 후반부에서는 전반부에서 한 '유전자' 얘기를 바탕으로 문화 선택의 대상인 추정상의 자기복제자로서 '밈'을 조명한다.

덴마크 식물학자 빌헬름 요한센Wilhelm Johannsen은 모호하고 다의적인 단어인 Anlage(안라게. 근원단위unit라는 뜻)를 대신할 말로 다윈이 언급한 'pangene(범유전자)'을 줄여 새로운 독일어 어휘 'gen(복수형은 gene)'을 만들었다(Johannsen, 1909, p. 124). 그런 뒤 1910년 12월, 미국자연주의학회American Society of Naturalists의 초청으로 영어로 한 강연에서 그는 'gene'을 단수형 단어로 사용했고 강연 내용은 이듬해 다시 학회지에 게재됐다. 당시 요한센이 강연을 한 의도는 '생물의 개인적 기질은 진정으로 대물림 가능한 요소 내지 특질'이라는 통념에 문제 제기를 하는 것이었다. 그는 "멘델 유전학의 재발견은 생물의 *개인적 기질*이 자손들의 기질에 아무 영향도 미치지 않음을 증명해 보였다"면서 "조상과 후손의 기질은 둘 다 똑같이 각자 발생하게 된 성적 기원물질—배우자—의 성질에 의해 결정될 뿐이다. 개인적 기질은 모여서 접합자를 형성하는 *배우자들의 반응*이며, 배우자의 성질이 해당 부모 혹은 더 윗대 조상의 개인적 기질에 의해 판가름나지는 않는다"고 주장했다. 그렇게 요한센은 *표현형*(목격되는 특질)과 *유전자형*(대물림되는 인자)을 확실하게 분리했다(Johannsen, 1911).

그의 견해로, 개인적 기질이 유전된다는 것은 낡은 어휘가 계속 사용되는 탓에 생긴 그릇된 개념이었다. "우리가 생각을 드러내거나 숨기고자 할 때 언어는 그런 우리의 의도를 고분고분 실행하기도 하지만 어휘에 들러붙은 통념을 휘둘러 우리를 지배할 수도 있다. 그런 까닭에 새 개념이 창조되거나 개정될 때마다 가급적 새로운 용어를 만들어야 하는 것이다. (……) 그리하여 나는 유전학에서 사용할 신조어로 '유전자gene'와 '유전자형genotype'을 그리고 나아가 '표현형phenotype'과 '생물형biotype'까지 제안하는 바이다. '유전자'는 단순한 단어지만 활용도가 높고 여기저기 조합하기 쉬우므로, 현대의 멘델 유전학 연구를 통해 이미 입증된 것처럼 '단위인자', '기본요소', 배우자 세포 안의 '대립형질'을 대체할 표현으로서 손색이 없을 것이다"(Johannsen, 1911, p. 132).

요한센이 처음 제안한 이래로 '유전자'라는 용어는 찬란한 역사를 써 나갔고 '생물형'만 제외하고 '유전자형'과 '표현형'도 마찬가지였다. 하지만 '유전자' 자체는 전달하는 정보가 거의 없다. 그저 알파벳 네 개로 된 단음절 단어일 뿐이다. 이 단어가 밈으로서 대성공을 거둔 것은 아마도 요한센이 지적한 특징—활용도가 높고 여기저기 조합하기 쉽다는 점—과 더불어 이 단어가 큰 밈학적 적합도를 가진 개념들을 대변하는 표현으로 사용되어 왔다는 역사적 우연성 덕분일 것이다. 만약 '유전자'가 밈이라면, 별로 재미있지는 않은 종류다. 유전자가 편리한 꼬리표로 이용된 유전 단위의 가변적 개념들이야 말로 흥미로운 밈이라 할 수 있다. 밈으로서 '유전자'가 써 온 역사는 오직 사상과 개념의 지표 역할을 할 때만 흥미로워진다. 정해진 형태가 없는 사상과 개념이 쉬지 않고 각색되면서 퍼져 나가는 과정을 보여 주기 때문이다.

'유전자'는 한 번도 하나의 의미만 가졌던 적이 없고 늘 사람마다, 심지어는 같은 사람이라도 맥락에 따라 여러 의미로 쓰였다. '유전자'를 단어장에 추가한 사람들에게 이 단어는 어디서 읽거나 들은 직설적 정의를 가리키기도 하고, 말이 쓰이는 상황으로부터 유추되는 의미를 갖기도 하고, 각자의 머릿속에서 각색된 새 정의를 뜻하기도 했다. 이와 같은 '유전자'의 사적 정의는 대화와 저술 안에서 또 다른 정의와 쓰임새를 갖도록 재탄생해 상대방의 심중에 저마다의 사적 정의로 새롭게 받아들여졌다. 내가 당연한 얘기를 굳이 하는 것은 밈 전달이 보통 어떻게 일어나는가를 강조하기 위해서다. 마음에서 마음으로 아이디어가 전파되는 과정에는 어느 정도 연속성이 있다. 하지만 세대에서 세대로 유전자가 전파될 때만큼 정확도가 높지는 않다.

분명 요한센에게도 사람들에게 전달하고자 한 그만의 사상이 있었다. "어떤 가설로 제시하기에는 무리가 있긴 해도 '유전자'의 성질을 생각할 때 멘델 유전학을 보면 '유전자'라는 개념이 현실을 반영하는 건 확실하다. (……) 우리는 '유전자형'이 어떤지 잘 모르지만 유전자형이 다른지 아니면 일치하는지 정도는 증명할 수 있다. (……) 유전자형은 오직 대상 생물의 특성과 반응을 토대로만 파악된다"(Johannsen, 1911, p. 133). 유전자의 존재는 유전자의 표현형 효과로 미루어 알 수 있었다. 요한센은 유전자의 위치를 파악하려는 시도를 경멸했다. "염색체가 소위 '유전되는 기질의 보관소'라는 것은 나태하기 짝이 없는 주장이다. 나는 '유전인자들(유전자형 구성물)'을 세포핵 안의 특정 위치에 붙들어 둘 타당한 근거를 도저히 찾지 못하겠다. 유전자형 구성물은 생물체 전체에 스며들고 각인된다. 유전자형 구성물에 관한 한 개체의 살아 있는 모든 구석구석이 서로 대등한 것이다"(Johannsen, 1911, p. 154).

학계는 요한센이 창안한 '활용도 높은 단순한 단어'를 바로 열렬히 환영했다. 유전자가 염색체상의 물리적 구조라고만 고집하며 요한센과 대립하던 유전학자들마저 이번엔 달랐다. 어떻게 생각하면 유전 단위의 개념에 '유전자'라는 이름표를 달아 줌으로써 밈 재조합이 일어났다고 표현할 수도 있겠다. 그럼에도 염색체 이론 지지자들은 여전히 유전자가 표현형 차이를 대물림시키는 실체라는 조작적 정의operational definition(어떤 조작을 수행하면 일정한 결과가 나타날 때 그 조작이라는 경험을 통해 추상적 개념을 이해하는 방식—옮긴이)만 인정하고 있었다. 염색체상의 유전자 지도를 구상하기 시작한 선구 세력 중 한 명인 앨프리드 스터트번트Alfred Sturtevant는 이렇게 말했다. "설령 유전자 구성이 무채색 눈동자와 딱 하나밖에 차이가 안 날지라도 우리는 절대 눈동자색을 빨간색으로 결정하는 유전자를 하나로 콕 짚어 내지 못한다. 모든 특징이 다 그러하며 (……) 우리가 분홍색 눈동자의 유전자를 말할 때 그것은 눈동자색을 분홍으로 만드는 유전자가 있다는 게 아니라 분홍색 눈동자를 가진 파리를 보통 파리와 구분시키는 유전자가 있다는 얘기를 하는 것이다. 분홍색 눈동자라는 특징은 다른 여러 유전자들의 작용과 연결되어 있기 때문이다"(Sturtevant, 1915, p. 265).

20세기 실험유전학에서는 생물의 물리적 특징에 어떤 차이가 있는지 관찰한 결과를 바탕으로 유전자의 물리적 성질을 추론하는 활동이 특히 활발했다. 이런 연구들은 유전자가 단백질의 아미노산 순서를 지정하는 DNA 가닥으로 정의되도록 이끌었다. 이에 따라 겉으로 드러난 효과를 토대로 유전자를 규정하던 조작적 정의는 유전자를 일정한 화학적 성질을 가진 실재적 요소로 보는 시각으로 바뀌게 되었다. 실제로 요즘엔 유전자의 표현형 효과나 염기서열의 차이를 잘 몰라도 DNA 가닥의 성질로 미루어 유전자의 존재를 유추하는 사례가 흔하다. 하지만 단백질을 인코딩하는 DNA 가닥이라는 이 유전자 정의는 표현형에 차이를 벌리는 요소라는 정의보다 더 최근에 등장한 것이기에, 현대분자학적 정의가 기존의 조작적 정의를 아직 완전히 대체하지는 못했다 해도 놀랄 일은 아니다.

실험유전학자들은 *관찰된* 표현형 차이를 설명하고자 유전자를 잘 들먹인다. 분홍색 눈동자를 가진 파리는 빨간색 눈의 파리와 분명 다르다. 전자는 양친 모두로부터 분홍색 눈동자 유전자만 물려받았지만 후자는 빨간색 눈동자 유전자가 최소 한쪽 부모에게서 대물림됐기 때문이다. 비슷하게, 자연선택에 의한 적응의 성질을 헤아리고자 하는 진화생물학자들 역시 *가상의* 표현형 차이를 설명할 때 유전자를 종종 언급한다. 예를 들어, 한 조류학자가 어떤 조류의 수컷은 육아를 암컷과 분담하는데(아비) 다른 조류의 수컷은 새 교미 상대를 찾는 데만 혈안인(난봉꾼) 원인을 찾고 싶어 한다. 그래서 수컷을 난봉꾼으로 만드는 유전자 하나를 상정하고 도대체 어떤 환경에서 이 유전자가 대다수 수컷이 아비로서 행동하는 집단에 침투하게 되는지 조사해 들어간다. 스터트번트의 표현을 빌리자면, 우리가 난봉꾼이 되게 하는 유전자를 말할 때 그것은 난봉꾼을 아비와 구분시키는 유전자가 있다는 얘기를 하는 것이다. 난봉꾼짓을 하게 하는 유전자가 있다는 게 아니란 말이다. 왜냐하면 난봉꾼이라는 특징은 다른 여러 유전자들이 동시에 작용해 만들어지는 복합적 결과이기 때문이다.

안타깝게도 개체 간 차이와 생물의 불변하는 특징을 둘 다 유전자로 해설하다 보니 유전자가 행동을 유도한다는 주장들을 두고 대중 사이에 벌어진 담론에 혼란이 생기고 말았다. 그렇게 논쟁거리가 된 사례를 하나 소개하겠다. 행동유전학자들은 개인차에 관심이 많다. 그래서 누군가는 폭력을 자주 휘두르는 반면 또 누군가는 폭력을 기피하는 까닭을 개개인의 유전적 소인에서 찾으려고 한다. 어쩌면 폭력적인 사람은 모노아민 옥시다제monoamine oxidase 효소를 인코딩하는 유전자에 생긴 돌연변이 때문에 충동을 참지 못하는지도 모른다. 이때 진실을 직접적으로 확인하는 방법은 이 유전자의 서로 다른 변이형을 가진 사람들이 어떻게 행동하는지 비교하는 것이다. 이번엔 진화심리학자 차례다. 그들은 개개인보다는 동물종의 전형적인 행동에 더 큰 관심을 보인다. 그런 행동이 개체들의 생존과 번식을 돕는 적응 현상이라고 여기기 때문이다. 그런 까닭에 진화심리학자들은 인간을 다른 데서는 안 그러는데 특정 환경에서만 유난히 폭력적으로 행동하게 만드는 유전자형이 생겨난 경위를 파헤친다. 어쩌면 빈부격차가 큰 사회에서 거머쥘 자원이 거의 없으면 젊은이들이 폭력적으로 변하는 걸지도 모른다. 이 경우, 진실을 우회적으로 확인하는 방법은 현세와—혹은 구성원들이 환경에 더 잘 순응해 행동했던 과거 세상과—유전자가 환경에 지금과 다르게 반응하는 대안적 세상 간에 개체들의 번식 적합도를 비교하는 것이다. 한마디로 행동유전학은 폭력적인 사람과 그렇지 않은 사람 사이에서 목격되는 차이를 유전자 탓으로 돌리는 반면, 진화심리학은 이 차이가 환경요인 때문이라 여긴다. 그러나 인간 행동의 생물학적 해석을 부정하는 무리에게 '유전자 결정론genetic determinism'이라며 손가락질 받는 건 둘 다 마찬가지다.

그렇다면 도킨스는 《이기적 유전자》(Dawkins, 1976)의 제목에도 등장시킨 이 단어를 어떻게 정의했을까? 그는 "유전자에 대해 모두가 동의하는 정의는 존재하지 않는다. 설령 존재한다 하더라도 신성시할 정도는 아니다. 깔끔하고 명확하기만 하다면 목적에 맞게 정의내려도 된다. 그런 맥락에서 나는 조지 윌리엄스의 정의를 사용하고자 한다. 그의 정의에 따르면, 유전자는 자연선택의 단위로서 기능할 수 있을 만큼 세대를 거듭해 충분히 오래 존속 가능한 염색체 물질의 일부"라고 적고 있다(Dawkins, 1976, p. 30). 즉 분자생물학에서 말하는 단백질 인코딩 유전자보다 조금 더 길거나 짧은 단위가 유전자라는 말이 된다. 이렇게 정의내리면서 도킨스는 유전자가 "자연선택의 기본 단위이며 따라서 이기주의의 기본 단위이기도 하다"고 믿었다(Dawkins, 1976, p. 35).

이처럼 유전자를 선택의 단위로 보는 도킨스의 시각은 보편적인 공감대를 얻지는 못했다. 여러 이유가 있지만 일단 과학자마다 생각하는 유전자의 함축적 정의가 다 다르기 때문이었다. 가령 데이비드 슬론 윌슨과 엘리엇 소버Elliot Sober는 유전자는 생물종, 집단, 개체, 세포, 유전자순으로 내려가는 선택 단위의 계층구조에서 최하위층에 놓이므로 어떤 특별한 지위도 가질 자격이 없다고 주장했다(Wilson and Sober, 1994). 유전자는 세포 안에 머물고 세포는 개체 안에, 또 개체는 집단 안에 자리하는데, 어느 층위에나 자연선택이 작용할 수 있다는 견해다. 그렇다면 유전자뿐만 아니라 개체와 집단 모두의 이익을 도모하는 방향으로 적응이 일어날 것이다. 이때 계층구조에서 유전자를 세포 밑에 놓은 것은 암묵적으로 유전자를 세포 안에 갇힌 물질적 대상으로 규정한 것과 같다. 그러나 도킨스가 의도한 개념은 이런 게 아니었다. "이기적 유전자란 무엇인가? 그것은 그저 그런 작은 DNA 조각이 아니다. (……) 온 세상에 존재하는 특정 DNA 조각의 *복사본들 전체*다. (……) 요점은 (……) 어쩌면 유전자가 다른 몸뚱이에 들어앉은 자신의 복사본을 도울 수 있다는 것이다. 이 경우, 그런 행위는 개인의 이타주의로 보이겠지만 실은 유전자의 이기주의에서 비롯되는 것이다"(Dawkins, 1976, p. 95). 윌슨과 소버에게는 유전자가 세포 안에 머무는 *물질적* 대상이지만, 도킨스에게 유전자는 윌슨과 소버가 그린 계층구조에서 여러 층위를 넘나드는 *정보* 조각이다. 그런 까닭으로 나는 그것의 실체나 그것이 의미하는 바가 무엇이든 상관 없이, 아직은 논쟁거리인 선택 단위unit of selection를 가리키는 '활용도 높은 간단한 단어'로서 새로운 용어 하나를 제안하고 싶다. 바로 유짓usit이다. '유즈 잇use it'을 빨리 읽는 것처럼 발음하면 된다.

유전자선택론파와 계층선택론파 간에 논쟁이 끊이지 않는 것은 희귀하게 재조합된 DNA 가닥이라는 정의가 공표되었음에도 유전자의 의미에 모호한 부분이 남아 있다는 방증이다. 유전자란 특정 DNA 가닥을 구성하는 원자들의 집합을—이중나선이 복제될 때마다 유전자 하나가 새 유전자 두 개로 교체된다—가리킬 수도 있고, 해당 서열이 얼마나 많이 복제되든 상관 없이 똑같은 유전자가 보존된 어느 추상적 염기서열을 말할 수도 있다. 나는 바로 앞 챕터에서 이 개념을 *물질 유전자*와 *정보 유전자*로 명명했다. 도킨스는 이기적 유전자를 정보 유전자 엇비슷한 것으로 간주하면서 저서에서는 "특정 DNA 조각의 *복사본들 전체*"라 기술했다. 그런데 짐작하건대 그는 이 정의를 의도하지도, 반기지도 않았던 것 같다. 어쩌다 모든 인간이 똑같은 DNA 염기서열 하나를 공유하게 되었다고 치자. 이때 이기적 유전자 이론은 보편적 자혜를 예상하지 않을 것이다. 이기적 유전자는 자신의 모든 복사본을 두루 '돌보지' 않는다. 나와 친족관계인 소수 집단에게 존재하는 복사본만 신경 쓸 뿐이다. 그러는 이유는 유전자 자기복제의 역학과 밀접하게 얽혀 있다.

돌연변이는 기존 정보 유전자를 변형시켜 새로운 정보 유전자를 창조한다. 그런데 각 돌연변이는 물질 유전자 하나하나의 변화로서 일어난다. 그렇다면 돌연변이가 유전자군 안에서 몹시 희귀한 변이형으로 처음 출현한 뒤 초반에는 세포 내의 물질 복사본들이 한 몸 안에서 혹은 가까운 친족들끼리만 오가며 교류할 것이다. 이와 같이 상호작용하는 물질 유전자들의 무리가 앞 챕터에서 얘기했던 *전략적 유전자*(혹은 적응을 통한 쇄신의 단위)에 해당한다. 자연선택을 통해 이 돌연변이가 출현 빈도를 높여 갈 수 있으려면, 그 표현형은 친족 안의 다른 무리들이 가진 다른 정보 유전자를 전달하는 것보다 이 소수 친족 무리가 가진 복사본을 전달하기에 유리한 성질을 갖고 있어야 한다. 그런데 만약 이 표현형 때문에 새 정보 유전자의 출현 빈도가 증가하게 된다면, 그 전략적 유전자들은 먼 친족 개체들 간의 상호작용 과정에서도 조우하지만 정보 유전자가 희소했던 시절에 지금처럼 번창하도록 밀어준 족벌주의 표현형에 여전히 힘을 보탤 것이다. 그런 까닭으로 자식이나 조카가 가지고 있는 정보 유전자 대부분과 일치함에도 어미는 12촌 조카보다는 친자식을 더 예뻐하게 된다. 유전자 구성이 거의 같은 개체들로 이뤄진 집단에서 유전학적 경쟁은 예견된 현상이다.

물질 유전자에게는 두 가지 임무가 있다. 하나는 *발현하는 것*—다시 말해 염기서열이 메신저 RNA로 전사된 뒤 다시 이것이 단백질로 번역되는 것—이고 다른 하나는 자기 자신의 사본을 *복제하는 것*이다. 자연선택에 의한 적응의 묘미는 물질 유전자의 표현형 효과, 그러니까 물질 유전자가 어떻게 발현되느냐에 따라 물질 유전자 혹은 그 복사본이 복제될 확률이 달라진다는 데 있다. 이때 전략적 유전자의 양은 표현형 효과를 일으키는 물질 유전자와 커진 복제 확률의 덕을 보는 물질 유전자가 분리되기까지 얼마나 많은 복제 주기가 필요한가에 의해 결정된다. 따라서 전략적 유전자는 고정된 것이 아니라 정보 유전자의 물질 복사본을 줄이는 쪽으로도 늘리는 쪽으로도 발전할 수 있는 존재다.

예를 들어 보겠다. 여기 다양한 유형의 단세포 식물성 플랑크톤이 골고루 섞인 대규모 집단이 있다. 플랑크톤이 세포분열해 만들어진 딸세포들은 하나씩 완전히 분리된 후에는 우연히 마주치지 않는 한 절대로 다시 서로에게 간섭하지 않는다. 각 물질 유전자에게 선택의 변수는 오직 발현이 자신의 복제에 어떤 영향을 주는가라는 것뿐이다. 이때 전략적 유전자라고 부를 만한 것은 개별 물질 유전자 하나에 그친다. 이번엔 암수 모두 산란과 방정을 한 번에 대규모로 하는 물고기 대구를 생각해 보자. 난자와 정자가 만나 접합자를 이루면 이것이 거대한 다세포 덩어리로 발달한다. 다세포 개체는 곧 다음 세대의 접합자가 될 난자나 정자를 생산할 성체로 자란다. 접합자들이 바다의 조류에 실려 널리 퍼져 나가기 때문에 대구 집단에서는 혈연 우선적인 관계가 생기지 않는다. 접합자 안의 물질 유전자는 대구 성체 한 마리의 모든 체세포에 자신의 복사본을 남긴다. 단 심장과 뇌에 있는 물질 유전자에는 복제능이 없다. 대신에 이곳에서 물질 유전자가 발현되면 성선조직의 물질 유전자 복제가 빨라진다. 이 경우, 대구 한 마리의 전신에 전략적 유전자가 분포하는 셈이다. 마지막으로 살펴볼 사례는 벌집이다. 이곳에서 사는 불임 일벌들에게 발현된 물질 유전자는 여왕벌의 난소나 정자 저장 기관에서 자신의 복사본이 더 많이 복제되도록 자극한다. 그 결과는 전략적 유전자의 물질 복사본이 벌집 식구들 모두에게 퍼지는 것이다. 도킨스가 이기적 유전자를 논할 때 그 진의는 전략적 유전자의 맥락에서 유전자를 이해해야 한다는 것이었을 게 틀림없다.

도킨스는 생물의 진화에 유전자가 했던 것과 같은 역할을 밈이 문화의 진화에서 맡는다고 제안했다. 정말 그렇다면 밈은 자신의 복제를 독려하는 특징을 가져야 옳다. 그런 특징은 밈 스스로의 '이익을 위한' 적응으로 해석될 수 있다. 이제부터 이 챕터 끝까지는 유전자와 밈이 어떤 면에서 비슷한지를 살펴보려 한다. 나는 '한 사람에게 빌려와 다른 사람에게 전수하는 정신적 항목'이라는 밈의 다소 모호한 정의를 사용할 것이다. 밈이라 간주될 만한 것이 여럿 있지만, 여기서는 아이디어 전달에 초점을 맞추고 '유전자'의 밈을 그 대위 개념으로 사용한다.

밈 전달로 누가 득을 보느냐고 노골적으로 묻는 대신, 소통이 누구에게 득이 되는지 생각해 보자. 많은 소통 행위는 송신자가 수신자에게서 일정한 변화를 이끌어 내고 싶어 하기 때문에 일어난다. 그런 행위를 선전propaganda이라 하자. 선전은 '전파'를 뜻하는 라틴어에서 온 말이다. 선전의 소재인 선전물propagandum은 선전자가 수신자의 행동을 변화시키기 위해 설계한 장치다. 만약 수신자가 의도대로 움직여 준다면 선전물이 *선전자의 목적*을 이뤄 주는 셈이다. 이 목적을 달성하기 위해 반드시 수신자가 선전물을 남들에게 전달할 필요는 없다. 다만 전달이 연달아 일어나지 않을 때 선전물은 밈으로서 자격 미달이 된다. 이 경우 전달의 효과는 선전자에게만 유익할 뿐 선전물에게는 아무 도움이 되지 않는다.

어떤 선전물은 애초에 한 수신자에게서 다른 수신자로 전달되도록 설계된다. 그러는 게 대중 설득의 수단으로서 선전물의 효율을 높이기 때문이다. 만약 선전자가 연속 전달에 성공한다면 선전물은 밈의 자격을 충족하게 된다. 수신자가 선전자의 의도대로 움직이고 거기다가 선전물을 다시 2차 수신자들에게 전달해 그들의 행동을 변화시키면 선전물은 설계자의 목적 달성에 이바지하게 된다. 이때 선전물의 전달을 독려하는 특징은 선전자에게 이익을 안겨줄 뿐만 아니라 밈으로 인정받는다는 점에서 선전물에게도 이득이다. 하지만 수신자의 행동 변화에 영향을 주는 특징은 선전자에게 늘 득이 되는 반면에 밈에게는 항상 그렇지는 않다.

선전자의 설계가 불발에 그치는 경우도 있다. 이때 선전물은 행동 변화라는 선전자의 목적을 이루지는 못하고 정신에서 정신으로의 전달이라는 보조 임무만 달성한다. 혹은 잘 나가다가 더 이상 선전자의 목적을 실현시키지 못하게 된 뒤에 정신으로의 전달만 이어간다. 그런 식으로 일단 밈 전달의 연쇄고리가 형성되면 선전물이 설계자의 최초 목표를 이뤄 주고 말고의 선택지는 사라져 버린다. 혹시나 전달의 정확도가 충분히 높다면 선전물이 그 목표를 계속 실현해 줄지도 모르지만 말이다.

전달 연쇄고리상의 단계는 하나하나가 *선택*의 행위다. 각 단계에서 전달자는 여러 밈들 중에서 수신자에게 전달할 밈 하나를 고르거나 아무 밈도 고르지 않는 선택을 한다. 어떤 밈이 자신을 전달'하고 싶은 마음이 들도록' 연속전달자를 유도한다면, 밈의 그런 특징을 자기 자신의 전달을 독려하는 밈의 적응이라 할 수 있다. 이런 적응은 전달자의 의식적 동기를 부추기거나 무의식적 동기와 성향을 변화시킬 수 있다. 더불어 이 적응은 선전자가 의식적으로 선택한 의도된 특징일 수도, 연쇄적 전달 중에 '무작위적' 돌연변이가 차등적 복제와 엮이면서 생겨난 의도되지 않은 특징일 수도 있다. 따라서 적응이라는 밈의 특징은 아마도 '지적 설계' 아니면 '자연선택' 아니면 둘 다의 결과일 것이다.

그렇다면 밈 전달로 실속을 얻는 건 누구일까? 이 논제는 개체의 관점에서 볼 수도 있고 밈의 관점에서 볼 수도 있다. 우선 전자의 경우, 밈 전달 고리의 단계마다 전달자의 이익을 살펴야 한다. 한 개체가 밈을 전달하기로 의식적으로 선택했다면 밈이 그들의 인지된 이익을 일부라도 충족시키기에 그러는 것이다. 여기서 내가 '인지된 이익'이라고 못 박은 이유는 본인에게 진짜 이득이 되는 것을 개체가 잘못 알고 있을 수도 있기 때문이다. 예를 들어, 사실은 밈이 전달 고리 앞 단계에 있던 다른 개체들의 진정한 이익이 실현되도록 돕는 선전물일 수도 있다는 얘기다. (여기서 개체의 이익이라 함은 각자 본인에 한정해 정한 개인적 인생 목표를 말한다.)

두 번째 관점에서는 자신의 전달을 통해 얻는 밈이 이익이라는 은유적 렌즈를 끼고 문화를 조망한다. 첫 번째 시각으로는 얻을 수 없던 것들이 과연 이 관점에서는 쟁취될까? 밈의 눈으로 본다는 관점은 만약 밈 전달자들의 이익에는 조금도 도움을 주지 않으면서 밈 자신의 이익만 도모하는 어떤 특징이 밈에게 있음을 입증한다면 정당화될 수 있다. 그런 특징은 개인적 동기의 원천이라기보다는 무의식적 성향이라 표현하는 게 더 적절할 신경계의 특이 성향과 유난히 잘 맞을지 모른다. 한편 밈을 더 잘 전달되게 하는 특징이 밈 전달 경로 내의 여러 단계에 걸쳐 축적됐을 때도 밈의 눈으로 본다는 관점은 더 큰 지지를 얻을 수 있다.

요한센은 유전자형(유전자)과 표현형(특질)을 확실하게 구분하려고 '유전자'라는 단어를 만들었다. 그렇다면 밈학에서도 비슷한 구분이 가능할까? 목격된 바 밈 전달의 성질을 뒷받침하는 증거는 기본적으로 두 종류로 나뉜다. 첫째는 소리, 글, 행동, 인공물 등으로 표출되는 소통 행위다. 둘째는 우리가 소통 행위를 인식할 때, 소통 행위의 내용을 개개인의 가치관에 통합시킬 때, 그리고 우리가 소통 행위를 발산할 때 자기성찰에서 나오는 식견이다. 사실 자기성찰은 미덥지 못한 길잡이일지도 모른다. 인간 동기의 무의식적 면은 감춰져 있으며 의식적 지각은 불완전하고 부정확하면서 오해의 소지로 가득하기 때문이다. 그렇다면 소통 행위는 유전자형의 개념(전달되는 것)에 가깝고, 이런 행위가 인간의 내면에서 의식적으로나 무의식적으로 발휘하는 효과는 표현형의 개념(전달 대상물에 영향을 주는 효과)에 가깝다고 할 수 있다. 유전학의 역사에서 표현형은 늘 관찰을 통해 드러났고 유전자형은 거의 추론되어 왔다. 그런데 밈학에서는 이 관계가 역전된다. 밈은 관찰하면 보이지만 그 효과는 추론해야 알 수 있다.

유전자에서는 표현형과 유전자형의 구분이 꽤 잘 통한다. 반면 밈의 경우에는 아직 해결되지 않은 문제가 여럿 존재한다. 일례로 중세부터 오늘날까지 방대한 구전 지식을 보존하고 업데이트해 온 선전자 길드가 있다고 가정하자. 길드는 여론을 돌리는 데 어떤 기술이 효과적인지 연구하는데, 축적된 지식은 스승에서 제자에게로 끝없이 계승된다. 지식을 전수받은 제자는 효과가 검증된 기술을 활용해 선전을 설계한다. 이때 한 선전물이 대중 설득에 성공하느냐 마느냐는 제자가 훗날 스승이 됐을 때 자신의 제자에게 그 기술을 전수할지 여부에 영향을 미친다. 이 기술을 밈으로 간주한다면, 선전은 기술의 전달 확률을 좌우하는 밈 산물meme-product이면서 스스로 밈으로 기능하기도 한다. 즉 선전물이 '밈 형memotype'인 동시에 '펨형phemotype(밈표현형)'일 수 있다는 얘기다.

물질로서의 유전자는 세대에서 세대로 전달되는 과정에서 물리적으로 어떤 손상도 없이 온전히 보존되는 DNA 염기서열이라 정의된다. 밈 역시 개인에서 개인으로 전달되는 물리적 형태가 있다. 그것은 소리의 진동일 때도 있고 종이에 적힌 텍스트일 때도 있으며 모뎀을 통과해 이어지는 전자신호의 모습을 할 때도 있다. 이런 밈의 '외적' 형태가 인지되면 밈의 '암호문처럼 난해한' 형태를 구성하는 인간 신경계에 변화가 일어난다. 난해한 형태의 물질 기반은 밈이 자리 잡은 신경계마다 제각각일 게 분명하다. 그렇다면 밈의 복제는 이중나선의 우아한 간결함 따위와는 완전히 거리가 먼 것이 된다.

만약 밈의 물질 형태에 문제가 많다면, 순수하게 정보 측면에서 밈을 정의하는 게 더 적절할까? 하지만 계속 달라지는 '유전자'의 개념을 생각할 때 도대체 무엇이 밈인가? 유전자의 개념은 전달 고리의 단계마다 재구성되고 다른 아이디어를 보태 재조합되면서 매번 갱신된다. 이 과정 내내 변하지 않기에 "자연선택의 단위로서 기능할 수 있을 만큼 세대를 거듭해 충분히 오래 존속하는" 한 토막 아이디어를 어떻게 찾아야 할까? 도킨스는 "자연선택의 기본 단위라 불릴 만한 모든 존재가 이기주의라는 성질을 갖는다"고 말했다. 그리고 그가 제시한 유전자의 정의는 그러한 존재로서의 기준을 충족했다. "자연선택에 성공하는 단위는 (……) 장수하고, 다산하며, 높은 정확도로 복제되어야 한다"는 대목에 등장하는 세 가지 요소를 모두 갖췄기 때문이다. 그런데 유전자의 정의를 세우는 데 몹시 신중했던 것과 다르게, 밈의 정의에 대한 도킨스의 태도는 훨씬 모호했다. 말을 아껴 고작 "문화 전달 혹은 모방의 단위"라고만 언급했을 뿐이다. 밈이 자연선택 단위의 자격 조건인 성질들을 갖게 해서 '이기적'이라는 수식어를 달 수 있도록 밈을 정의할 방법이 있긴 있을까?

《이기적 유전자》 초판은 215쪽짜리로 인쇄됐다. 도킨스는 이 얇은 책 한 권에 옛 서적들을 통해 깨친 많은 아이디어를 담았고 다시 그 책으로 이후 쓰인 많은 책들에—당신이 지금 펴든 내 책을 비롯해서—인쇄된 아이디어에 영향을 주었다. 우리는 《이기적 유전자》를 하나하나가 장수, 다산, 복제의 정확성을 모두 드러내는 이기적 밈들로 분해할 수 있을까? 그런데 유전체도 비슷하게 개별 유전자들로 해체 가능하던가? 유전자를 정의할 때 도킨스가 유전자들 사이의 경계선을 구체적으로 언급하지는 않았다. 그의 정의에 따르면 유전자는 재조합 없이 짧든 길든 선택 단위로 기능하기에 충분한 염색체 조각일 뿐이다. 그런 까닭에 여기에는 염색체를 여러 유전자로 나누는 중복적 방법이 여럿이라는 뜻이 담겨 있었다. 그렇다면 밈도 이런 식일까?

도킨스의 주된 관심 대상은 유전자보다는 생물체의 표현형이었다. 하지만 염색체를 유전자들로 쪼개는 방법을 구체적으로 설명하지 못했듯, 그는 표현형을 유전자들로 인한 각 적응 결과들로 나누는 정확한 방법 역시 어디서도 언급하지 않았다. 솔직히, 그러는 것이 그의 목적에는 적절했던 것도 같다. 모든 유전체 파트가 똑같은 유전 법칙을 따르는 한, 한 부분에 유익한 것은 유전체 전체에 유익한 것이고 유전체 자체를 적응 단위라 간주할 수 있으니 말이다. 단 고도로 복잡한 적응에는 아주 긴 유전자 텍스트가 필요하다. 이 문제에는 보편적인 해결책이 두 가지 있는데, 각각을 무성해결책asexual solution과 유성해결책sexual solution이라 부를 수 있다. 무성해결책의 경우, 유전체 전체가 하나의 단위로 복제되며 다른 유전체와 재조합하지 않는다. 말하자면 유전체가 통째로 하나의 도킨스주의적 유전자처럼 행동하는 셈이다. 한편 유성해결책에서는 두 유전체가 일정 시간 동안 합체해 있으면서 호환되는 파트들을 교환한 뒤에 새로워진 두 유전체로 다시 분리된다. 이때 새로 만들어진 유전체들은 각 파트를 하나씩만 갖는다. 유성 유전체는 단명하는 수많은 도킨스주의적 유전자들의 집합이지만 멘델 유전법칙 덕에 한 부분에 유익한 것이 모두에게 유익하다는 성질이—적어도 유전자들이 서로에게 참견하는 잠시 동안만큼은—여전히 유효하다. ('법칙'이 깨지고 유전체 내부에 분열이 일 때 생기는 복잡성은 따로 논하기로 한다.)

그러나 유성해결책도 무성해결책도 최고로 복잡한 밈 '텍스트'에는 통하지 않는 듯하다. 아이디어들은 자유롭게 재조합해 새 텍스트를 만들며, 호환 가능한 파트들 사이의 정해진 교환 패턴 같은 건 없다. 한 텍스트에서 아이디어 하나가 채택되면 나머지는 버려진다. 한마디로 밈의 적응은 희소한 구성으로 재조합되는 아이디어들의 이익을 위한 적응이 된다. 그런 아이디어들 가운데 어떤 것은 몹시 단순해서 자기 자신의 전달을 돕는 적응을 거의 혹은 전혀 함의하지 못할지 모른다. 가령 유전자가 염색체의 일부라는 아이디어처럼 말이다. 나는 그런 아이디어를 이기적이라 평할 수는 없다고 본다. 뉴클레오티드 하나를 이기적이라 말할 수 없는 것처럼 말이다. 그런 아이디어들은 선전자의 효용을 그리고 (아마도) 선전자들이 모여 덩치가 커졌지만 재조합은 하지 않는 밈 복합체meme complex의 효용을 실현시킨다. 이때 복잡한 적응과 이기주의를 찾아볼 만한 구석은 논리정연한 이데올로기, 그러니까 정확도 높은 전달 단위로서 전달되는 덩치 큰 '무성asexual'의 밈 복합체다. 리처드 도킨스였다면 이러한 대표 사례로 세상의 위대한 종교들을 꼽을 것이다. 그러면서 만약 아이디어의 역할이 자신보다는 우리 인간의 목적을 이루는 것이라면 아이디어들의 자유로운 재조합이 중요해진다고 말하지 않을까 싶다.

내가 보기에 밈의 정의를 확정하거나 밈을 이기적이라 여기기에는 아직 몇 가지 문제점이 있다. 그럼에도 《이기적 유전자》를 처음 읽고 40년 넘는 세월이 흐른 오늘까지 책의 마지막 챕터('11장. 밈-새로운 복제자'. 12장과 13장은 이후 개정판에서 추가됐다—옮긴이)만큼 내 뇌리를 오래도록 맴도는 내용이 또 없다. 그러는 동안 나는 수많은 대화 자리에서 이기적 밈을 확산시켰고 지금 이 순간엔 활자의 형태로 밈을 퍼뜨리고 있다. '밈'의 밈은 지독히도 끈질긴 짐승 같다. 최소한 밈의 매력에 정신을 뺏기기 쉬운 영혼들에겐 그렇다. 이 챕터는 일종의 선전 작업이다. 나는 여러분의 머릿속에 있는 유전자와 밈의 개념에 영향을 주었으면 하는 아이디어를 이 책을 통해 소통한다. 만약 내가 잘 해낸다면 여러분은 이 아이디어를 조금 고친 뒤에 다른 이들에게 다시 전달할지 모른다. 그런 결말을 꿈꾸면서 나는 *여러분의 주의를 끌* 글귀를 짜내고 내 심중의 개념들을 명료하게 표현하려 애썼다. 이 과정에서 내가 효과적이면서 챕터의 나머지 내용과 완벽하게 합치한다고 생각한 문장과 다른 수많은 후보 문장들이 나란히 견주어 비교되는 시험대에 올랐다. 초고를 읽고 고치기를 몇 번이나 반복했는지 모른다. 내 생각에 원고 최종본은 내가 전달하려던 아이디어의 목적을 이룬다기보다는 내 심중의 의도를 표현하고 있는 것 같다. 그런데 과연 나는 이 모든 과정에서 온전히 자율적이었을까? 집필하는 동안 여러 아이디어가 지면을 다퉜지만 오직 일부만 최종 원고에서 자기 자리를 사수했고, 그렇게 완성된 원고는 내가 처음 펜을 들었을 때 상상했던 형식이나 내용과는 전혀 다른 모습을 하고 있었다. 내가 하는 얘기가 무슨 뜻인지 나 스스로 정확하게 안다는 건 순전히 나중에 돌이켜보니 그렇다는 소리다. 결국 최종본 원고에 담긴 건 *내 주의를 끈* 아이디어들이다. 가끔은 아이디어가 자신의 목적을 위해 날 이용했다는 느낌도 받는다. 이런 아이디어 중 몇 할이나 진짜 내 창작물이고 몇 할이 남에게서 빌려온 것일까? 지적 영향력의 그물망은 어찌나 복잡하게 엉켜 있는지, 내 독자적 아이디어란 게 애초에 있었는지조차 알쏭달쏭해진다.

다윈의 제자인 옥스퍼드 출신 생물학자 겸 심리학자 조지 로마네스George Romanes가 남긴 저서 《다윈, 그리고 다윈 이후*Darwin, and After Darwin*》를 보면 이런 내용이 있다.

> 획득된 특징의 유전적 전달에 관한 그 어떤 논의와도 상관 없이, 후천적 경험의 *지적* 전달에는 인간 사유 범위 저 너머에 수양修養 효과가 *축적되게* 하는 수단이 존재한다. (……) 이 경우, 어느 한 수양의 효과는 한 개인의 일생으로만 끝나지 않고 세대를 거듭해 무한히 전승된다. (……) 순수하게 지적인 전달이라는 이 특별한 영역에서는 일종의 비물리적 자연선택이 영구적으로 일어나 최선의 결과가 나오도록 유도한다. 그리하여 '아이디어들', '방법들' 등등 심리학 관점의 명명도 가능할 개념들 사이에 생존경쟁이 쉼 없이 벌어지는 것이다. 적합도가 낮은 개념은 적합도가 높은 개념에 덮어씌워지며, 이 같은 수양은 비단 개개인의 정신뿐만 아니라 인류의 정신에서도 언어와 문학을 통해 활발히 일어난다. (Romanes, 1895, vol. 2, p. 32)

리처드 도킨스는 우리에게 종용한다. '적합하다'는 게 어떤 의미에서 누구에게 그렇다는 뜻인지 궁금하지 않느냐고 말이다.

4

차이를 만드는 차이들

From Darwin to Derrida

DIFFERENCES THAT MAKE A DIFFERENCE

'유전자'의 여러 의미를 깊이 생각하던 나는 그 쓰임새에 미묘한 모호함이 있다는 걸 깨달았다. 고전적 의미의 유전자는 관찰된 차이를 설명하고자 떠올린 추상적 존재였다. 유전자의 존재는 유전자가 초래한 차이가 대물림될 때 비로소 드러났다. 즉 차이만이 차이를 유도할 수 있기에 당연히 유전자가 *차이*라 정의된 것이었다. 한편 유전자는 물리적 *실체*로도 여겨졌다. *차이*와 *실체*라는 대립하는 유전자의 두 개념에는 각각 나름의 쓰임새가 있다. 하지만 적응과 자연선택을 논할 때는 *유전되는 차이를 만드는 근원*이 유전자의 가장 적절한 개념이 된다. 자연선택은 각각이 불러오는 차이라는 기준을 토대로 여러 대안들 가운데 하나를 '선택'한다. 이런 대안들은 차이를 만드는 차이들이다. 대안 없이 선택이 이뤄질 수 없듯 차이가 생기지 않는 차등적 복제는 있을 수 없고, 차이의 원인이 유전되지 않는다면 변화의 축적도 불가능하다.

유전자선택론은 유전자를 적응의 궁극적 수혜자로 그리고 생물 혹은 생물 집단을 유전자의 목적을 이루기 위한 수단으로 보는 개념체계다. 유전자선택론과 경쟁하는 개념체계들도 존재한다. 다수준선택론은 모든 수준에서 선택이 일어날 수 있고 각 수준마다 적응의 수혜자가 되는 중첩식 계층구조에서 유전자를 가장 밑바닥 층위에 놓는다(Sober and Wilson, 1994; Wilson and Sober, 1994). 비슷하게, 발생계 이론developmental system theory 역시 발달과 진화에서 유전자의 어떤 특수 신분도 인정하지 않는다. 발생계 이론은 유전자 말고도 많은 것들이 유전되고 유전자 외에도 많은 것들이 생물발생 과정에서 인과적 역할을 맡는다고 설명한다. 세대를 거듭해 스스로를 재구축하는 것은 발생을 위한 환경자원을 포함한 발생계 전체다(Gray, 1992; Oyama, 2000; Sterelny and Griffiths, 1999). 이처럼 다양한 개념체계들 가운데 어느 것이 더 가치 있는지를 따지면 시끄러워지기 십상이다. 몇몇 귀담아 들을 만한 주장도 있지만 대부분은 의미론적 논쟁에 머문다. 근본적으로 개념체계들은 용어를 정의하는 방식이 서로 다르다. 그런 의미론적 차이점을 주의깊게 살피지 않으면 상호 이해의 부재 때문에 진짜 심각한 문제가 흐지부지될 수도 있다.

이 챕터에서는 한 유전자선택론자가—그러니까 내가—특정 맥락에서만 사용하는 유전자, 표현형, 환경의 비표준 정의들을 풀이해 두려 한다. 해설의 정확성에 나름 최선을 다했지만 빈틈이 전혀 없진 않을 것이다. 예나 지금이나 자연선택은 융통성 없는 정의를 기피한다. 자연선택 자체가 어떤 종류의 것들이 다른 종류로 바뀌는 과정이기 때문이다. 정의는 스스로 진화하며 단어는 맥락에 따라 매번 다른 의미를 품는다. 까다로운 독자가 해석의 선택권을 거머쥘 때 좋은 소리만 들을 단어는 하나도 없다. 당연히 용어 사용 규칙을 명확히 정해 상호 이해를 도모할 필요는 있다. 그러나 만장일치된 정의는 나올 수도 없고 그러는 게 좋은 일도 아니다.

유전자선택론이 일관성 있는 이론이 되도록 핵심 개념의 정의 방법을 명확히 해 두는 내 속뜻은 유전자선택론이 다른 개념체계들보다 우월하다고 우기려는 게 아니다. 빼도 박도 못할 유전자선택론자이긴 해도 나는 다수준선택론이 대단하다고 생각하고 가끔은 내 연구에 적용하기도 한다. 다수준선택론은 일관성 있으면서 논리정연한 이론이다. 또한 특히 발생을 잘 설명한다는 점에서 발생계 이론도 훌륭한 것 같다. 이런 개념체계들은 진화에 관한 의문들을 사유하는 데 유용한 체험 장치의 역할을 한다. 특이 기질을 상대하고 특정 숙제를 풀기에는 이와 같은 대안적 이론들이 더 나을지 모른다.

표현형

전통적으로 표현형은 생물이 보이는 특징으로 정의되어 왔다. 그런 까닭에 표현형을 유전자의 특징으로 이해하기 위해서는 새로운 정의가 필요하다. *유전자의 효과는 그 표현형*이라는 말이 있다 (Dawkins, 1982, p. 4). 이 정의에서 효과는 단순히 차이를 가리킨다. 그 유전자가 없어지거나 유전자에 변이가 일어났을 때 나머지 부분들은 변함 없는데 이전과 달라졌다고 관찰되는 것들 말이다. 그렇다면 혼자 따로 떨어진 유전자는 어떤 표현형도 가질 수 없다. 모든 표현형이 비교를 통해서만 결정되기 때문이다(Bouchard and Rosenberg, 2004). 대립유전자 상대빈도의 변화라는 유전자 적합도 측정지표는 이 비교를 기본으로 내포한다. 따라서 유전자의 표현형은 암시되든 드러나든 비교 상대가 되는 대안적 상황이 무엇이냐에 따라 다르게 판가름된다. 가령 어떤 진화학적 논제에 대해서는 이미 알려진 염기서열의 기존 변이형들끼리 비교를 실시한다. 그런데 또 어떤 논제의 경우는 현존하는 유전자를 가상의 대안적 상황과 비교한다. 아니면 차이를 굳이 특정 유전좌위에 구속시키지 않고 가상의 유전자와 가상의 대안적 상황을 세상에서 목격되는 어떤 차이의 원인으로 상정할 수도 있다.

선택적 대청소 후 한 집단에서 존재가 고정되는 변이형 염기서열 하나를 생각해 보자. 처음에 이 변이형의 대립유전자는 단일세포 내의 유일무이한 복사본 하나밖에 없었을 것이다. 그러다 청소 과정 초반에 기존 대립유전자와 비교한 효과 상대평가를 거쳐 변이형 대립유전자의 출현 빈도를 높이는 쪽으로 결정이 내려진다. 청소 작업이 끝나고 나면, 대립유전자는 더 새로운 돌연변이와 비교한 효과 상대평가 후 고빈도로 계속 출현하거나 스스로 자리에서 물러난다. 그런데 어떤 돌연변이는 기능을 완전히 상실하게 한다. 이 경우, 선택의 시험대에 오르는 표현형은 기능하는 대립유전자와 기능하지 않는 대립유전자 간의 차이가 된다. 또, 어떤 돌연변이는 새로운 세포 유형에서 유전자를 발현시키거나, 가위질이 다른 식으로 되게 하거나, 프로모터promoter(DNA 주형에서 RNA 합성, 즉 전사를 시작하라는 지령이 들어 있는 DNA상의 영역—옮긴이) 활성을 변화시키거나 하는 식으로 작용한다. 선택이라는 시험을 받는 차이는 이와 같은 돌연변이 유형마다 다 달라진다.

유전자의 효과라는 표현형 정의는 환경적 인자와 유전적 인자를 개념화하는 방법을 변화시킨다. 이 시각에서 표현형은 더 이상 유전적 영향과 환경적 영향의 합(에 상호작용을 가미한 것)이 아니다. 표현형은 전부 유전자의 효과이며, 다양한 환경에서 그때그때 다르게 나타나는 모든 효과(유전자 효과 레퍼토리)에다가 유전자가 환경에 미치는 영향까지 포괄해 유전자의 표현형이라 말할 수 있다. 만약 생명체들 사이에 유전자의 영향을 받지 않는 차이점이 목격된다면, 그런 차이는 유전자의 표현형에 포함되지 않을 것이다. 순전히 우연한 사고로 개구리의 다리 한 짝이 잘렸다고 치자. 이때 다리가 없어진 상태는 표현형이라 할 수 없다. 개구리가 사고를 얼마나 잘 극복하는지 혹은 못 이겨내는지는 수많은 유전자의 표현형 중 일부일지 모르지만 말이다. 우리는 모두 상호작용론자다. 환경 조건에 따라 유전자의 영향력이 달라질 수는 있지만 모든 효과는 유전자에서 비롯된다는 표현형의 정의는 기꺼이 추천할 만하다. 이 정의가 태생적 기질이냐 후천적 환경이냐를 따지는 무용한 논쟁을 넘어 더 높은 차원으로 우리를 인도한다면 말이다.

유전자는 단백질, RNA, DNA, 기타 분자들과 상호작용함으로써 효과를 발휘한다. 여기서 유전자와 상호작용하는 기타 분자들은 유전자의 환경요소라 생각할 수 있다. 특히 중요한 것은 전사 과정에서 유전자가 RNA 중합효소와 하는 상호작용이다. 단 유전자의 표현형이 꼭 그 유전자 가닥에서 전사된 RNA만 매개해 드러나야 하는 건 아니다. RNA에 단백질 번역 기능이 있든 없든 상관 없이 말이다. DNA는 세포핵 내 환경조건에 따라 스스로 자세를 이리저리 바꾸는데 이런 입체 구조들이 유전자 전사에 영향을 줄 수 있다. 사람 γ(감마)-글로빈 유전자를 예로 들어보자. 퓨린purine이 풍부한 가닥 하나가 근처 이중나선의 굵직한 홈에 껴 들어가면서 피리미딘pyrimidine이 풍부한 가닥이 짝 없이 남겨지면 분자 내에 삼단구조가 만들어진다. 이때 달라진 분자구조는 주변의 pH를 낮추고 여기에 γ-글로빈 유전자의 5' 측부영역이 반응한다. 그런데 이 구조를 불안정하게 만드는 점돌연변이가 태아 헤모글로빈이 잔류해 생기는 선천적 장애를 유발한다(Bacolla 외, 1995). 그러므로 이처럼 pH에 따라 알아서 원래 구조로 돌아가 자기 자신의 전사를 막는 능력을 γ-글로빈 유전자의 표현형 중 하나라 할 수 있다. 사례를 하나 더 소개하면, 다른 각인 유전자들의 복제가 일어나는 세포주기 단계에서는 각인된 H19 유전자가 다른 염색체들상의 해당 각인 영역과 직접적으로 상호작용하면서 영향을 준다(Sandhu 외, 2009).

예전부터 유전자는 화학반응을 촉진하면서 자기 자신은 변하지 않는 촉매로 여겨졌다. 그런데 최근에는 화학반응이 유전자를 변화시킨다는 견해가 우세하다. 가령 한 DNA 염기서열이 메틸트랜스퍼라제methyltransferase와 상호작용함으로써 '후생유전학적으로' 변형될 수 있다. 만일 여기에 메틸기 결합반응을 거치지 않는 대안적 DNA

서열들이 존재한다면, 메틸기 결합은 그런 대안들과 다르게 이 유전자에서만 두드러지는 표현형이 될 것이다. 이때 만약 한 번 붙은 메틸기가 반드시 대물림되어 사실상 영구적인 구조로 굳는다면, 메틸기가 붙은 서열과 붙지 않은 서열은 서로에게 비교 상대가 되는 대안적 유전자라 말할 수 있다. 하지만 유전계통genetic lineage 내에서 메틸기 결합 상태와 비결합 상태 사이를 계속 왔다 갔다 할 경우는 그런 상태전환 능력(유전자의 반응 양태norm of reaction)이 두 상태를 오가지 않는 대안적 대립유전자들과 비교되는 이 유전자만의 표현형이라 해석할 수 있다(Haig, 2007).

기능과 부작용

유전자는 자신이 복제될 확률에 영향을 미치는 효과를 발휘할 수 있다. 자신의 복제를 돕는 유전자는 영속하게 되지만 이 일을 잘 못 하는 유전자는 없어지게 될 것이다. 이 경우, DNA 염기서열의 *효과*는 유전자군 내에 그 서열이 존재하게 만드는 여러 *원인* 인자 중 하나다. 유전자형과 표현형 사이의 이런 인과적 피드백이 유전적 참신성의 원천(돌연변이)과 결합하면 아무 목적 없는 과정(자연선택)이 어떻게 목적 충만한 구조와 기능(적응)을 만들어 내는지가 비로소 설명된다. 환경은 여러 표현형들 가운데 선택하므로 곧 *여러 유전자들 가운데 하나를 선택하는 셈*이다. 그렇게 유전자는 주어진 환경에서 잘 먹히는 것들에 관한 '정보'를 구현하고 표상화하게 된다(Frank,

2009; Shea, 2007).

유전자의 효과는 *기능*(유전자에게 유익한 효과)과 *부작용*(유전자에게 아무 영향도 없거나 해로운 효과)으로 구분할 수 있다. 효과가 기능인지 부작용인지 여부는 단판승부로 결정되는 게 아니고 여러 차례 기회 동안 복제에 한 기여도의 평균을 기준 삼아 판가름된다. 지난 세대들부터 이 유전자의 전달에 간접적으로나마 기여해 온 유전자 효과들은 유전자의 기능에 속한다. 미래는 과거를 반복한다는 전제가 계속 유효하다면 이 기능들은 후대에서도 유전자의 전달에 힘을 보탤 것이다. 유전자의 모든 효과는 표현형을 이루며 선택의 관문을 통과해야 하지만, 오직 유전자의 복제를 도모하는 효과만이 기능으로 인정받을 수 있다. 선택에는 유전자의 기능을 좇는 것도 있고 *일부러* 유전자의 부작용을 고르는 것도 있다. 만약 부작용을 고르는 쪽으로 선택이 일어날 수밖에 없다면 이는 틀림없이 훨씬 더 큰 이익이 바로 뒤따르기 때문이다(선택 교환selective trade-off).

기능은 유전자가 하는 적응이다. 어떤 효과가 기능의 조건을 충족하려면 지난날 존재했던 다른 변이형 유전자들은 효과를 내지 못한다는 명목으로 다 사라졌어야 하고, 효과가 기능의 자격을 유지하려면 앞으로도 변이형 유전자가 등장하는 족족 제거되어야 한다. 그런데 환경이 달라지면 유전자의 효과가 변할 수 있다. 기능이었던 효과가 부작용으로 변질되거나 그 반대로 뒤바뀌기도 한다. 어떤 효과가 한때는 기능이었지만 더 이상은 그렇지 않다고 말해도 전혀 이상할 게 없다. 유전자의 기능을 논할 땐 목적론의 화법이 잘 어울린다. 기능은 목적인이기 때문이다. 유전자의 기능은 유전자 보전의 원인인 동시에 유전자의 효과다.

환경

유전자의 환경은 유전자의 효과를 측정할 때 비교 상대로 쓰이는 것들과 유전자가 공유하는 모든 요소를 아우른다. 그래서 생물의 세포나 신체 바깥에 있는 외부인자들뿐만 아니라 유전자 코앞의 세포와 신체 자체도 유전자 환경에 포함된다. 여기서 신체는 유전자들이 모두 안성맞춤으로 구현되어 한 형체를 이룬 일종의 확장된 표현형이라 할 수 있다. 유전자 환경에서 가장 중요한 요소 중 하나는 유전자와 상호작용하는 분자들이다. 사교 활동의 장이 되는 유전자 환경에서는 다른 유전자들도—동일 유전좌위에서 목격되는 다른 대립유전자들까지 포함해—들어간다(Fisher, 1941; Okasha, 2008; Sterelny and Kitcher, 1988). 단, 선택 대안인 다른 유전자들과는 그러지 않는데 오직 이 유전자하고만 얽히는 인자는 환경이 아니라 유전자의 표현형이다.

유전자는 환경에 따라 적응의 형태로 혹은 적응 외의 방식으로 다양한 효과를 발휘할 수 있다. 만약 대안적 유전자가 비슷한 환경 조건들을 경험함에도 그런 환경에 다른 반응을 나타낸다면, 유전자의 반응 양태는 선택이라는 시험이 불가피한 표현형이 된다. 한편 유전자는 다른 유전자의 환경이나 표현형을 살짝 손보는 효과를 내기도 한다.

유전자 대물림과 표현형 발생을 그래프상의 직교하는 두 축으로 그려 볼 수 있다(Bergstrom and Rosvall, 2011). 세로축은 조상의 옛 정보가 자손에게 전달되는 것을, 가로축은 신세대의 발생을 가리킨다. 이때 유전자와 환경 사이의 관계는 어느 축을 보느냐에 따라 달라진다. 세로축에서는 환경이 최고 권력자다. 유전자의 정보는 환경에서 나오며 여러 유전자 차이들 가운데 하나를 환경이 선택한다. 반면에 정보를 불특정 다수에게 공적으로 재전송하는 가로축에서는 유전자와 환경이 상호작용해 새로운 형태를 창조한다. 그러나 둘 중 어느 것도 절대적인 설명은 못 된다. 세로축에서는 유전자가 *과거의* 환경을 얘기할 때 가로축에서는 유전자가 *현재의* 환경하고만 상호작용한다.

그렇다고 계보학 축(세로축)과 개체발생학 축(가로축)이 인과적으로 서로 완전히 무관한 건 아니다. 만약 유전자가 현재 환경에서 선택에 의한 차이를 만든다면, 그 효과가 유전자군의 조성 변화로 반영될 것이다. 한 특정 세대에서 전체 유전체가 선택될 때는 선택에 의한 차이가 어느 유전자 하나 탓이라 말하지 못한다. 하지만 유전체는 한 세대 안에서도 재조합을 통해 해산했다가 다시 집결한다. 그러므로 여러 세대에 걸쳐서는 짧은 DNA 조각들이 다채로운 유전적 배경을 상대로 시험을 받게 된다. 개체발생학 축에서 살펴볼 때 유전자들의 효과는 덧셈이 안 되는 불가산성不可算性을 띤다. 환경과의—다른 유전자들도 여기에 포함된다—복잡한 상호작용 탓이다. 이와 달리 계보학 축에서는 유전자 출현 빈도의 지속적인 변화가 유전체 부분들의 효과를 전부 더한 뒤 평균 낸 값으로 설명된다(Ewens,

2011; Fisher, 1941).

유전자는 없어도 괜찮을까?

다시 정리하자면, 유전자의 세상은 유전자의 표현형과 환경으로 갈린다. 표현형은 선택 후보들 간의 다름이고 환경은 같음이다. 표현형은 한 유전자의 세상이 비교 상대인 다른 유전자의 세상과 구분되는 차이점들로 이뤄지는 반면, 환경은 두 세상이 겹치는 공통점들로 구성된다. 이 공식에서 표현형과 환경은 대상 자체의 성질이 아니라 두 대상을 비교한 성질을 가리킨다. 환경은 서로 대안적인 표현형들 중 하나를 선택하는데, 이는 곧 유전자들 중 하나를 선택하는 것과 마찬가지다. 그렇다면 대물림되는 차이결정인자 얘기를 꺼낼 필요 없이 환경이 유전되는 표현형 차이들 가운데 하나를 고른다고 간단하게 설명해도 되지 않을까?

그럼에도 차이결정인자를 거론하는 가장 큰 이유는 인과율이 중요하기 때문이다. 다른 곳에서 소개한 적 있는 출생체중에 관한 이론이 하나 있다. 이 모델에 의하면, 출생체중의 유전력heritability이 큰 상황에서 출생체중이 서로 다를 때 태아의 생존 확률이 달라지는 것으로 분석되지만, 편차의 유전적 원인에 따른 적합도의 차이는 없었다(Haig, 2003). 대신 적합도 차이는 오로지 환경의 편차 기여도하고만 연관성을 보였다. 어쩌면 모든 모계 유전자형이 더 나은 환경에서는 보다 실하고 건강한 아기를 낳게 하는 건지도 모른다. 정말 그렇다면 더 무거운 아기가 태어나는 정향적定向的 선택이 일어나야 할 것이다. 하지만 선택 패턴에는 미동도 없었다. 아니면 환경 탓에 유전자형 특이적인 최적의 출생체중에서 멀어질수록 태아의 생존율이 낮아지는 걸 수도 있다. 만약 그렇다면 체중이 안정화되는 쪽으로 선택이 일어나야 마땅할 것이다. 하지만 유전적 편차는 조금도 줄지 않았다. 두 시나리오 모두, 출생체중과 적합도가 상관관계를 맺고 있고 출생체중은 유전되지만 적합도는 그렇지 않다. 즉 적합도와 상관관계를 보이는 특질의 유전력이 충분하지 않다는 소리다. 자연선택은 적합도 격차의 *원인*이라 불리려면 반드시 유전력이 있어야 한다고 요구하는데 말이다. 한편 차이결정인자로서 유전자를 꼭 언급하는 두 번째 이유는 유전자를 자신의 표현형에서 이익을 얻는 행위자로 간주할 수 있기 때문이다.

유전자는 셀 수 있을까?

조지 윌리엄스와 리처드 도킨스는 유전자를 '세대를 거듭해 전달되는 과정에서 온전히 보존되는 희귀조합 DNA 토막'이라 정의 내렸다(Williams, 1966, p. 24; Dawkins, 1976, p. 30). 이 정의에는 유전자가 "앞뒤 맥락에 민감한 차이생성기"인 DNA 가닥이라는 스티렐니Kim Sterelny와 그리피스Paul E. Griffiths의 해석(Sterelny and Griffiths, 1999, p. 87)이 함축되어 있지만 꼭 이 울타리에 얽매일 필요는 없다. 아무 효과도 발휘하지 않는 DNA 염기서열의 존재는 진화적 유전자evolutionary gene 개념의 골칫거리로 취급되어 왔다. 그러나 진화적 유전자가 반드시 선택을 거치는 건 아니라고 생각한다면 고민은 씻은 듯이 사라진다. 생긴 건 다르지만 똑같은 효과를 내는 DNA 서열들이 있다고 간주할 때도 마찬가지다. 가령 염기 배열로 따지면 서로 다른 종류인데 두 유전자가 똑같은 효과를 발휘하는 것이다. 효과를 내지 않는 유전자는 표현형이 없는 유전자다. 그런 유전자는 선택에 의한 차이를 만들지 않는다. 유전적 부동genetic drift 혹은 유전적 교환genetic draft 때문에 상대 빈도는 변할지라도 말이다. 비슷하게, 자신의 복제에 변덕스럽게 작용하는 탓에 평균적 효과라 할 게 없는 유전자 역시 선택의 시험을 피하지만 유전자 자체는 계속 남는다. 이런 것들은 차이를 만들지 않는 차이들이다.

진화적 유전자가 선형성을 띠는 범위는 염색체상에서 유전자 차이들이 서로 상관관계를 맺는 구간이라 할 수 있다. 이웃한 두 DNA 조각 X와 Y가 있다고 치자. P(X)와 P(Y)를 X와 Y의 상대 빈도라 하고 P(XY)를 X가 Y와 함께 출현하는 빈도라 할 때, 만약 P(XY)≠P(X)P(Y)라면 X와 Y의 분포가 통계적으로 서로 비독립적이라는 뜻이 된다. 이 경우, X의 존재 여부를 아는 것은 Y에 관한 정보를 제공하고 Y의 존재 여부를 아는 것은 X에 관한 정보를 제공한다. DNA 조각들의 이 같은 비독립성을 *연관불균형*이라 한다. 가끔은 재조합 '과열'로 생기는 균열 때문에 연관불균형의 큰 블록들이 서로 떨어지기도 한다. 하지만 대개 연관불균형은 거리가 멀어질수록 점차 약해지므로 서로 별개인 진화적 유전자 두 개로 염색체가 완전히 분리되는 일은 없다. 그보다는 특정 다형 부위와 높은 연관불균형 관계인 영역이 존재하고 그 부위 때문에 이 영역이 진화적 유전자라 간주되는 식이다. 이때 서로 다른 다형 부위를 잣대로 정의된 진화적 유전자들의 구역이 조금씩 겹치기도 한다.

만약 X와 Y가 완벽히 상호의존적이라면, 자연선택은 효과가—그러니까 X때문도, Y때문도 아닐 때와 비교한 상대적인 효과가—X나 Y 어느 하나 때문인지, 두 효과의 합인지, 아니면 X와 Y가 상호작용한 결과인지 여부에 무관심하다. (참고로 인과의 문제는 둘 사이의 관계를 실험적으로 끊어내 Y 없는 X나 X없는 Y를 만드는 방법으로 풀어 볼 수 있다.) 그런데 만약 X와 Y가 종잡기 어렵게 얽혀 있다면 X는 Y의 환경에 속하는 가변적 요소로, Y는 X의 환경에 있는 가변적 요소로 취급할 수 있다. 당연히 완벽한 상호의존과 마구잡이식 상호의존은 연속된 가능성 범주의 양끝에 놓인 두 극단적 시나리오다. 보통은 둘 사이에서 연관불균형이 커질수록 X와 Y를 같은 진화적 유전자의 일부로 취급하기가 편해진다. 반대로 연관불균형이 작아지면 X와 Y를 상대측 환경의 일부분으로 간주하는 게 더 낫다.

피터 고드프리-스미스Peter Godfrey-Smith는 진화적 유전자에 비임의적 경계선을 긋지 못한다는 것을 유전자선택론의 큰 결점으로 꼽는다(Godfrey-Smith, 2009, pp. 135~139). 그의 관점에서 "다윈주의적 집단은 확실하게 계수되는 것들definite countable things의 모임"이며, 진화적 유전자는 '확실하게 계수되어야 한다'는 기준에 미달이기에 기껏해야 근소하게 다윈주의적인 개체이다. 고드프리-스미스는 "해석자의 관점이 충분히 실리적이라면" 수를 셀 수 없다는 성질이 크게 중요하지 않다는 걸 인정하고 생물체, 세포, 집단의 수를 셀 때 역시 비슷한 문제가 불거진다는 데도 동의했다. 그러면서 진화적 유전자의 경우에 특히 문제가 까다롭다고 언급했다. 그의 설명에 따르면, 진화적 유전자는 "다윈이 설명한 것 같은 종류의 변화를 겪는 실체 있는 존재"가 아니다. "진화의 맥락"에서 유전자를 논한다기보다는 "저마다 대물림될 수 있고 다양한 인과적 역할을 맡는 크고 작은 덩어리 형태의 *유전자 물질*을 논한다는 게 더 정확한 표현"이라는 것이다.

고드프리-스미스는 박테리아 집단 내의 유전자 수를 계산하면서 두 가지 숫자 개념을 똑같이 취급하는 실수를 범하고 있다. 먼저 박테리아 한 마리가 가진 유전자의 수(수천 개)를 센다. 이어서 집단 안의 박테리아 개체수(100만 마리)를 센다. 그런 다음에 두 숫자를 곱해 집단 내 모든 유전자의 수를 계산한다(수십 억 개). 여기서 첫 번째 숫자는 유전자 종류의 수다. 그런데 이것은 정확한 숫자가 아니다. 유전자들 간의 경계가 애매하기 때문이다. 게다가 그렇게 계수된 것들은 다윈주의적 집단에 포함되지도 않는다. 한편 두 번째 숫자는 각 유전자 유형이 그 집단에 얼마씩 있는지를 센 것이다. 이것은 다윈주의적 집단의 크기를 말해 주는 숫자이며, 유전자 경계선을 어떻게 긋느냐에 따라 값이 달라지지 않는다.

유성생식하는 진핵생물의 진화적 유전자를 계수할 때도 비슷한 문제가 등장한다. 염색체상의 유전자 수는 늘 부정확하게 계산된다. 유전자들 사이의 경계가 애매한 탓이다. 그런데 한 집단 내의 X 염색체 카피 수는 유전자 경계선을 어떻게 긋든 늘 일정하다. 이번에도 다윈주의적 집단의 크기를 나타내는 건 두 번째 숫자뿐이다. 만약 특정 부위의 집단이 여러 변이형('대립유전자')으로 이뤄져 있다면,

이 변이형들의 비임의적 숫자가 어떻게 변하는지를 측정해 선택 패턴을 평가할 수 있다. 연관불균형은 한 다형 부위의 수가 근처 다형 부위의 수를 얼마나 잘 대변하는지를 가늠하는 측정 지표다.

중요한 것들 중에는 경계가 명료하지 않은 경우가 흔하다. 로키 산맥의 시작을 알리는 지형 경계선 따위는 없으며, 콜로라도 주에 있는 봉우리 수를 정확히 세는 방법이 따로 있는 것도 아니다. 그저 뭣부터 봉우리로 칠지 다소 임의적이어도 대체로 실리적인 선택을 할 뿐이다. 북미 대륙을 경계선이 흐릿하고 어느 특징 지형도 특별한 명칭으로 불리지 않는 크고 작은 *풍경 물질* 덩어리의 모임이라 생각해 보자. 이때 구역과 위치를 위도와 경도로 식별할 수 있지만, 이것은 상당히 번거로운 방법일 터다. 진화적 유전자는 윌리엄스와 도킨스에게 중심이 되는 개념이었다. 그런 DNA 가닥은 세대를 거듭해 오래도록 존속하지만 생물체, 세포, 집단의 일생은 덧없이 짧기 때문이다. 두 사람의 개념체계 안에서는 명료한 경계가 중요한 게 아니라 지속성이 핵심이다. 반면에 고드프리-스미스의 개념체계는 다윈주의적 개체는 반드시 하나하나가 명료히 구분돼야 하고 지속성은 본질적 요소가 아니라고 말한다.

막강한 연관불균형에 의해 정의되는 DNA 블록은 단백질 코딩 단위들 사이의 경계가 어디든 개의치 않는다. 크기는 단백질 코딩 단위보다 조금 작을 수도 있고 조금 클 수도 있다. 조지 윌리엄스가 언급했듯 "다양한 유형의 재조합 억제가 주요 염색체 분절 혹은 한 염색체 전체를 특정 후계의 여러 세대에 걸쳐 전달되게 할 수 있다. 그런 분절 혹은 염색체는 어느 한 유전자의 집단유전학과 매우 흡사한 동태를 보인다”(G. C. Williams, 1966, p. 24). 이 논리대로라면 미토콘드리아 유전체라든지 Y 염색체 내의 재조합하지 않는 구역을 하나의 진화적 유전자라 간주할 수 있다는 얘기가 된다. 무성생식하는 생물의 전체 유전체처럼 말이다.

P(XY)≠P(X)P(Y)라는 연관불균형의 정의는 X와 Y 사이가 비독립적인 모든 사례로 일반화될 수 있다. 이 관점에서는 생물종 경계가 연관불균형의 최대 원인이다. 예를 들어, 영국 시골 지역에서는 토종 청설모의 유전자와 외래종 회색 청설모의 유전자 사이에 완벽한 연관불균형이 성립한다. 회색 청설모 DNA는 토종 청설모 DNA를 빠르게 대체했고, 영국 내 거의 모든 숲에서 토종 청설모 유전체 부분들의 빈도가 회색 청설모 유전체의 유입 속도에 발맞춰 일제히 변해 갔다. 토종 청설모의 몇몇 DNA 조각은 회색 청설모의 신체가 선택적으로 받아들임직도 하지만 실제로 그런 일은 없었다. 애초에 토종 청설모와 회색 청설모는 교배가 안 되는 사이이기 때문이다. 자연선택은 유전자군들 간의 표현형 차이에 작용하지만 조그만 DNA 조각들의 독립적 효과를 ‘알아보지는’ 못한다. 이와 같은 생태학적 치환은 경쟁하는 생물종들의 유전자군이 서로 재조합하지 않는 단위가 되어 일어나는 선택 과정이라 할 수 있다(G. C. Williams, 1986). 이때 진화적 유전자 개념을 옹호하는 측이라면 유전자군을 ‘진화적 유전자들’이라 규정함으로써 종간 경쟁을 해명할 수도 있고, 개념의 적용 범위를 유성생식으로 재조합하는 집단 내의 자연선택에 한정함으로써 논쟁을 피할 수도 있다.

전략적 유전자

이기적 유전자란 무엇인가? 그것은 그저 그런 작은 DNA 조각이 아니다. (……) 온 세상에 존재하는 특정 DNA 조각의 복사본들 전체다.

- 리처드 도킨스(1976)

선택 단위의 문제를 제대로 이해하기 위해서는 한 가지 중요한 대칭성부터 설명해야 한다. 바로 *유기체들이 집단의 일부분인 것처럼 유전자도 유기체의 일부분*이라는 것이다.

- 엘리엇 소버, 데이비드 슬론 윌슨(1994)

온 세상에 존재하는 유전자는 한 공간에 머무는 유기체의 일부분이 될 수 없다. 유전자가 '선택 단위'인지 아닌지는 여전히 이견이 분분한 논제다. 여러 가지 이유가 있지만 무엇보다 '유전자'의 여러 의미들이 뒤섞이기 때문이다. 이 매듭을 풀기 위해서는 가장 먼저 '유전자'가 한 유형과 그 유형의 토큰들을 동시에—더불어 한 유형 토큰들의 총합까지—일컬을 수 있음을 인정해야 한다. 유전자 토큰은 물리적인 존재지만 유전자 유형은 추상적 개념이다. 만약 도킨스가 유전자를 특정 DNA 조각의 복사본들 전체라 정의할 때 그 속뜻은 '유형'이었고 소버와 윌슨이 유전자를 유기체의 일부라 규정할 때 진짜 의미는 '토큰'이었다는 주장으로 문제를 단순화할 수 있다면 편하고 좋을 것이다. 그러나 '이기적 유전자'를 상대로는 이런 식의 매듭 잘라먹기 시도가 성공하지 못한다. 한 생물종의 모든 구성원이 같은 유형의 토큰들을 가지고 있을 때 보편적 자혜가 예견되지 않기 때문이다.

종종 진화는 유전자 빈도의 변화와 이러한 변화들이 발휘하는 표현형 효과라 설명된다. 빈도 변화라는 표현에는 수량을 센다는 뜻이 담겨 있지만 사실 유전자 토큰을 계수하는 경우는 거의 없다. 대신 집단유전학자들은 생물 개체들 간의 경계를 잣대로 삼아 숫자 단위가 큰 토큰들을 합쳐 버리고 이 *총집합*을 그냥 하나의 단일 유전자로 계산한다(Queller, 2001). 따라서 반수체 개체에서는 몸 안에 들어 있는 한 유형의 토큰 전체가 유전자 하나로 계수되는 반면(반수체에는 대립유전자가 하나뿐이다), 이배수체 개체의 경우는 모든 난자 유래 토큰과 모든 정자 유래 토큰이 각각 하나의 유전자로 계수된다(이배수체에는 대립유전자가 둘이다). 이런 교묘한 술책 덕분에 점진적 변화의 단순 수학 모델을 세우는 게 훨씬 쉬워진다.

다수준선택론은 유전자가 어떤 맥락에서는 한 세포 내에 존재하는 토큰 하나지만 또 어떤 맥락에서는 유기체가 가진 한 유형 토큰들의 총합이라 암묵적으로 정의한다. 유전자선택론 역시 암묵적으로 유전자를 토큰 모음으로 간주하긴 하는데, 다만 같은 벌집에 사는 이웃사촌 벌들처럼 여러 생물개체에 널리 분포할 수 있다고 해석한다. 나는 함께 모여 행동하는 토큰들의 모음을 *전략적 유전자*라 부른다. 다른 전략적 유전자들과 벌이는 진화 게임에서 이 유전자 토큰 집합이 전략가 역할을 맡기 때문이다.

유전자 토큰의 염기서열을 RNA 중합효소가 복사해 기능적 RNA를—가령 다음 단계에서 단백질로 번역되는 메신저 RNA같은 것을—만들면 유전자 토큰이 전사된다고 하고, DNA 중합효소가 이중 나선의 두 가닥을 갈라 각각을 주형 삼아 새 토큰 둘로 엮으면 유전자 토큰이 복제된다고 한다. 전략적 유전자는 효과를 일으키는 토큰들(실행자)을 그 효과에 의해 복제 확률이 영향을 받는 같은 유형 토큰들(수혜자)과 한 무리로 묶는다. 실행자는 다세포생물의 체세포에 존재하고 수혜자는 같은 개체 체내의 생식세포에 따로 자리 잡을 때도 있지만, 실행자와 수혜자 모두 여러 생물개체에 공통적으로 존재하는 같은 유형 토큰인 경우도 있다. 전략적 유전자는 고정된 존재가 아니다. 전략적 유전자는 같은 유형 토큰들을 더 혹은 덜 포괄하도록 진화할 수 있다.

한 생식세포 안에 들어 있는 특정 토큰 하나(초점 토큰focal token)를 생각해 보자. 이 토큰을 기점으로 계보를 거슬러 올라가면 돌연변이 때문에 이 유형이 처음 등장한 시점인 *우르토큰urtoken*을 만나게 된다. 우르토큰부터 아래로 펼쳐지는 두 갈래 가지치기 수형도樹形圖는 이 유형 토큰들 전체의 역사를 한눈에 보여 준다. 여기서 초점 토큰은 수많은 가지 끝 중 하나에 자리한다. 나무를 뒤집은 것처럼 생긴 이 그림에서 초점 토큰부터 우르토큰까지 올라가는 경로는 초점 토큰이 지나온 선택의 역사다(그림 4.1a). 생식세포와 체세포의 구분이 뚜렷한 생물의 경우, 이 경로상에 놓인 토큰들은 생식세포에 존재하고 다른 가지들에 있는 토큰들은 대부분 체세포에 존재한다. 토큰 나무의 생식세포 경로상에 있는 토큰들은 이웃 가지들 끝에 자리한 토큰들의 효과에 영향을 받는 수혜자 입장일 공산이 크다(그림 4.1b와 4.1c). 이런 효과가 다른 유형 토큰들과 비교되는 복제 차이를 만든다면—그래서 상대빈도의 변화를 일으킨다면—선택이 작동하게 된다. 이 시나리오에서 표현형 효과는 체세포계열 실행자에서 출발해 생식세포계열 수혜자를 향해 '안쪽으로' 흐른다. 이와 같은 '인과적 화살'은 어떤 토큰이 복제될지에 영향을 주지만 토큰 유형을 바꾸지는 못한다.

전략적 유전자의 범위는 표현형 효과를 불러오는 토큰들과 그 덕분에 선택적 우위에 서는 토큰들이 분리되기까지 몇 번의 복제 주기를 겪어야 하는가에 따라 결정된다. 토큰 나무에서 너무 멀리 떨어진 가지 끝 토큰들끼리는 선택에 의한 효과가 서로의 복제에 영향을 주기 어렵다. 토큰 나무는 토큰들이 널리 흩뜨려져 다른 유형 토큰들과 뒤섞임으로써 선택 면에서 분리된 조각들로 해체되기 때문이다. 선택 면에서 분리된 가지 끝은 저마다 서로 다른 전략적 유전자에 속한다. 어느 토큰이 전략적 유전자에 속하느냐 아니냐는 한 가지 질문에 어떤 대답을 하는지에 따라 달라진다. 바로 이 유형 토큰들이 발휘하는 효과가 얼마나 어떻게 특별하기에 다른 유형 토큰 대신 그 초점 토큰을 이 집단에 안착시켰느냐는 것이다.

전략적 유전자는 유전자 토큰(물질 유전자)이라는 스킬라Scylla(그리스로마 신화에 나오는 바다괴물. 카리브디스와 가까운 곳에 살면서 아름다운 여인의 모습으로 나타나 선원들을 잡아먹는다—옮긴이)와 유전자 유형(정보 유전자)이라는 카리브디스Charybdis(그리스로마 신화에서 바다에 소용돌이를 일으켜 배를 난파시키는 괴물—옮긴이) 사이에서 위험천만한 줄타기를 한다. 전략적 유전자는 토큰들의 모음이지만 한 유형 토큰들을 전부 합친 건 아니다. 마찬가지로 전략적 유전자의 토큰은 다수준선택론이 제

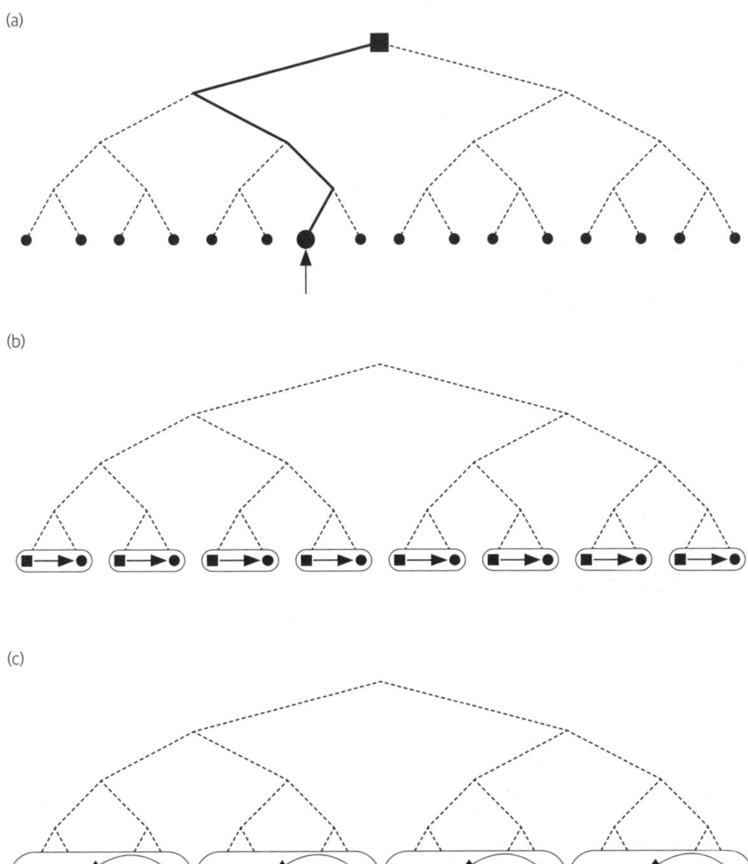

[그림 4.1] 토큰 나무의 개요도. (a) 검은색 동그라미는 한 유전자 유형의 토큰들을 뜻한다. 이때 화살표가 가리키는 것이 초점 토큰이다. 초점 토큰에서 출발해 거슬러 올라가면 이 유형 최초의 조상 토큰(우르토큰. 검은색 네모로 표시)을 만난다. 토큰 나무는 우르토큰을 계승한 모든 토큰들의 계보상 관계를 보여 준다. (b) 실행자 토큰(네모)이 같은 유형 수혜자 토큰(동그라미)에게 이익을 안겨주는(화살표) 단순한 형태의 모델. 이런 식으로 상호작용하는 토큰들의 무리를 전략적 유전자라 할 수 있다(둘러싼 타원). (c) 한 유형 토큰들을 더 (혹은 덜) 아우르도록 전략적 유전자가 진화할 수 있다. 이분二分식 가지치기는 DNA 반보존적semiconservative 복제의 특징이지만 유전자 계보의 필수 요소는 아니다. 광견병 바이러스는 단일사슬 RNA 유전체genome를 갖고 있다. 이 사슬이 전사되면 상보적인 단일사슬 안티유전체antigenome가 만들어지는데, 이것이 다시 모유전체parent genome의 더 많은 복사본을 찍어 낼 주형 역할을 하게 된다(Wunner, 2007).

시하는 상호작용 계층구조 내의 여러 층위에 널리 분포할 수 있지만 어느 계층이든 한 층위 전체를 차지하지는 않는다. 이 점을 기억하고 보면 유전자선택론과 다수준선택론이 같은 현상을 설명하는 근본적으로 비슷한 방법임을 알 수 있다. 전략적 유전자는 표현형 효과를 내는 토큰들과 그 효과로부터 직·간접적으로 득을 보는 같은 유의 토큰들을 합한 것이다. 즉 자신이 발휘하는 효과의 수혜자가 자기 자신인 셈이다. 그렇게 전략적 유전자는 *적응을 통한 쇄신의 단위*이자 사리 추구의 단위가 된다.

역사적인 것

처음에 정보 유전자(유형)와 물질 유전자(토큰)를 구분하려고 유형-토큰 개념을 사용할 때 나는 정보 유전자를 영원한 것이라는 고전적 의미 엇비슷하게 여겼다. 그러나 지금은 생각이 다르다. 내가 보기엔 정보 유전자를 *역사적인 것*으로 취급하는 게 훨씬 유용한 것 같다(Millikan, 1999). 정보 유전자는 생겨나 존재하고, 복제되다가 복제가 멈추거나 불완전한 복사본이 새로운 역사적 존재로 등극할 때 존재하기를 그만둔다. 이런 식으로 개념화된 정보 유전자는 통시적(역사적) 관점과 공시적(동시대적) 관점에서 살펴볼 수 있는데, 통시적 관점에서 보면 정보 유전자는 뚜렷한 기원과 역사를 가진 개체다(Hull, 1978). 반면에 공시적 관점으로 본 정보 유전자는 공통의 조상 때문에 비슷비슷한 것들이 모인 역사적 존재다.

뚜렷한 기원과 역사를 가진 통시적 *개체*인 건 전략적 유전자도 마찬가지다. 전략적 유전자는 한 토큰이 같은 유형의 다른 토큰들로부터 인과적으로 '분리'될 때 존재하기 시작하며, 이 토큰 후손들의 집합으로서 계속 존재하다가 '죽음'이나 '분리'에 의해 인과적 응집성을 잃게 되면 존재하기를 멈춘다. 다만 전략적 유전자가 개체이긴 해도 공시적 관점의 역사적 존재는 아니다. 전략적 유전자가 현재 다른 전략적 유전자들과 함께한 정보 유전자 안에 포함되어 있으면 이 전략적 유전자의 토큰이 다른 전략적 유전자들의 토큰과 구분되지 않기 때문이다.

역사적인 것이라는 정보 유전자의 정의는 만약 두 유전계통에서 동일한 염기서열이 서로 독립적으로 발원한다면 식별 불가능한 정보 유전자 두 종류가 혼재하게 된다는 이론적 난제를 만든다. 그렇다면 혹시 조상보다는 본질에 초점을 맞춰서 정보 유전자를 영원한 것으로 취급하는 편이 더 간단하지 않을까? 이 질문에 현실적으로 답하자면 나는 이 우주가 명을 다해 소멸되기 전에 서로 독립적인 기원 여럿에서 상당한 길이의 동일 염기서열이 진화해 나올 가능성은 극히 희박하다고 말하겠다. 물론 염기 대부분이 겹치는 공통의 조상 탓에 두 서열이 처음부터 매우 흡사했던 경우는 있을 수 있다. 하지만 이런 사례들은 역사적인 것이라는 개념 안에서 현실적으로 충분히 해명 가능하다. 영원한 화학적 존재라는 정보 유전자의 정의는 특이한 존재론을 창조한다. 네 가지 뉴클레오티드 A, T, C, G가 골고루 1000개로 이뤄진 DNA 분자가 있다고 치자. 이때 이 길이를 가진 영원한 화학적 존재는 4^{1000} 가지가 나올 수 있다(최대한 단순하게,

뉴클레오티드 배열 말고 다른 면에서 차이점이 있는 분자 유형들은 일단 다 무시하기로 한다). 이 값(2^{2000})은 우주에 존재하는 모든 소립자의 수를 다 더한 것보다도 한참이나 큰 숫자다. 영원한 유전자는 '자연을 관절에서 조각'하면 되는(플라톤의 《파이드로스》에 나오는 구절. 아무 데서나 잘라내는 게 아니라 관절 부위에서 해체하는 것이 자연계의 형태들을 분류하고 사유하는 바람직한 원칙이라고 소크라테스가 설파하는 내용이라는 해석이 있다—옮긴이) 현실적 존재론의 개념이 아니다. 이 존재론은 우리 세상에 실존하는 것보다 훨씬 많은 관절을 갖고 있기 때문이다.

발생계 개념체계

발생계 이론은 발생에 관한 유전자 중심 해석과 나아가 진화에 관한 유전자 중심 해석에 도전장을 과격하게 던지며 일어난 학설이다(Gray, 1992; Griffiths, 1998; Oyama, 2000). 발생계 개념체계에서 유전자는 그저 발생의 바탕질을 구성하는 수많은 요소들 중 하나일 뿐이고 발생에 특별한 인과적 역할을 하지는 않는다. 아무리 봐도 작금의 유전자선택론은 잘못 이해되고 있는 것 같다. 유전자는 미리 정해진 표현형 구축 방법이 적힌 지령의 운반자이고 환경은 수동적인 보조 역할만 한다는 발생의 이분법적 해설에 암묵적으로 동조한다는 점에서다.

자연선택을 통한 적응은 발생계 이론 지지자들이 던지는 개체발생학 논제에는 뒷짐 지고 있다가 유전자선택론자들이 입을 열 때만 적극적으로 나선다. 이 상황에 제안할 만한 간단한 해결책은 두 개념체계를 서로 다른 문제를 다루는 데 쓰자는 것이다. 누군가에게는 이게 편파적인 방법이라 생각될지도 모른다. 개체발생학적 문제와 진화학적 문제가 서로 다른 종류의 답을 요구한다는 전제를 한쪽에서는 대체로 인정하지만(Dawkins, 1982; p. 98; G. C. Williams, 1986) 다른 쪽에서는 부정하니까 말이다(Gray, 1992, p. 187; Oyama, 2000, p. 45). 유전자선택론자들은 설명을 할 때 발생 개념과 적응 개념을 구분하면 생각이 명료해진다고 믿는 반면, 발생계론자들은 그런 구분이 머릿속을 밝히기보다는 오히려 흐린다고 여긴다.

내 의도는 발생계 이론의 요새를 공격하는 게 아니라 늘 유전자선택론의 편에서 방어하는 것이었다. 유전자가 발생의 인과에 어떤 특별한 역할도 하지 않는다는 발생계 이론의 주장에는 확실한 근거가 있으며, 표현형—전통적 의미의 표현형—이 유전적 인자와 환경적 인자 사이의 복잡하면서 몹시 불가산적인 상호작용에 의해 구축된다는 주장도 마찬가지다(Gray, 1992, pp. 172~174). 그런 까닭으로 발생 과정에서 유전자들이 발휘하는 효과를 하나하나 해체해 얘기하는 건 불가능하다. 그러나 다양한 유전적 배경과 일련의 환경조건에서 유전자들이 시험을 받으면서 세대에서 세대로 이어지는 내내 자연선택이 작동하는 게 정확히 이런 식이다. 환경이 여러 표현형 중 하나를 고를 때 자연선택은 가산적인 유전자 효과들의 평균을 추출하는 것이다.

오야마Susan Oyama의 《정보의 개체발생*Ontogeny of Information*》 2판을 보면, 르원틴이 쓴 서문에 이런 내용이 나온다.

현대생물학의 역사를 통틀어 차이의 기원과 상태의 기원이라는 두 가지 기본 논제가 계속 혼동되어 왔다. 언뜻 처음엔 둘이 같은 문제처럼 보이고 특정 방향에선 실제로도 그렇다. 그래도 어쨌든 만약 각 생물 개체가 각자 고유의 형태를 갖는 이유를 설명할 수 있었다면 생물체들 사이에 목격되는 차이들도 따라서 설명됐을 것이다. 그러나 그 반대는 성립하지 않는다. 어째서 둘이 다른지에 관한 설명이 아무리 충분한들 각각의 성질을 설명하는 데에 필요한 정보는 하나도 들어 있지 않을 수도 있다.(Oyama, 2000, p. viii)*

이 글에는 차이의 원인을 이해하는 것이 상태의 원인을 이해하는 것보다 부차적인 사안이라는 속뜻이 숨어 있다. 르원틴(1974, 2000)과 오야마(2000, p. 2, p. 155)는 두 라이벌 진영 사이에 개념이 불일치해 불거진 문제점을 감지하고 있었다.

발생계 이론의 관점에서는 유전자가 발생 바탕질에 포함된 특별할 것 없는 구성요소 중 하나일 뿐이고, 표현형 특징이 바탕질 전체가 아니라 유전자에서 나온다고 말하는 것은 잘못된 설명이다. 전체 바탕질 혹은 생명주기는 각 세대 안에서 후생유전학적으로 스스로를 구축한다. 이 챕터에 나오는 정의에 따르면, 환경이 유전자를 배제하고 정의된다는 점만 다를 뿐 유전자의 환경과 발생 바탕질 모두

---

* 이저도어 나비Isadore Nabi가 여기에 답언한 글이 있다. "그래도 어쨌든 만약 각 생물 개체가 어떻게 각자 고유의 형태로 진화했는지를 차이의 선택으로 설명할 수 있었다면 생물체가 특정 형태를 갖는 이유도 따라서 설명됐을 것이다. 그러나 그 반대는 성립하지 않는다. *어떻게* 생물체가 발생하는지에 관한 설명이 아무리 충분한들 각 생물체가 고유의 형태를 갖는 *이유*에 대해서는 아무것도 알려주지 않을 수도 있다."

한 시공간에 존재한다. 여기에는 유전자의 효과가 있고 그 밖은 전부 환경이다.

효과는 차이다. 자연선택은 표현형이 어떻게 다른가를 보고 저것 대신 이것을 택한다. 우리 눈에 왜 이 발생계는 관찰되고 다른 발생계는 그러지 않는지는 여러 가지로 설명 가능하지만, 여러 차이들 중 하나를 고름으로써 근본적으로 상속가능한 차이생성기 하나를 고르는 자연선택의 오랜 역사가 큰 몫을 한다. 차이 선택은 상태의 현격한 변화를 불러올 수 있다. 누군가는 차이의 원인을 좇는 선택과 상태의 원인들 중 하나를 고르는 선택이 있다고 말할지도 모른다.

유전자선택론자들은 변화량, 상관관계, 평균적 효과 같은 통계학의 언어로 얘기하는 데 비해 발생계론자들은 '인과관계'를 따지는 풀이를 선호한다. 물리학 안에서 기계학과 열역학이 대치하는 것과 비슷하다. 열역학은 정확한 인과관계가 크게 중요하지 않은 통계학적 이론이다. 열역학의 목적은 평균적으로 옳은 예측을 내놓는 것이다. 원칙적으로는 늘 어느 계의 열역학적 해설이 완벽한 기계론적 해설에 밀리기 마련이다. 하지만 실제로는 정확한 인과관계 해설이 실용적이지 않거나 심지어 비현실적이고 열역학적 설명에 별로 보탬이 되지도 않는 경우가 많다.

비실용적이고 원리에 머물긴 해도 선택, 정보, 평균적 효과 등의 개념에 의지하지 않고 모든 진화적 변화를 물리적 근접인proximate physical cause의 관점에서 풀이하는 완벽한 해설이 있긴 있다. 하지만 나는 현실적이면서 예측력 있는 설명에 만족하려 한다. 소버는 "맥락들을 평균 내는 전략은 유전자선택론이 휘두르는 요술지팡이"

라면서 이렇게 적고 있다. "이 전략은 만능이어서, 어떤 인과구조를 가지고 있든 모든 선택 과정을 단일 유전자 수준에서 제시해 낸다"(Sober, 1984, p. 311). 맞는 말이다. 다만 내가 보기에 이건 유전자선택론의 약점보다는 장점 같다.

솔새의 온 가족이 둥지 안의 새끼들을 먹여 키우는 발생계가 있다. 이 발생계는 솔새의 생명주기 안에서 각 세대마다 매번 재구축된다. 세대가 바뀌면 새로 지어 올리는 둥지가 발생을 위한 핵심 자원이다. 한편 비슷한 둥지에서 솔새 온 가족이 새끼들을 보살피는 또 다른 발생계가 있다. 그런데 이번에는 둥지 안의 새끼들이 뻐꾸기다. 솔새는 덩치가 어른 솔새보다 커질 때까지 뻐꾸기 새끼를 친자식처럼 먹여 키운다. 이 발생계는—그러니까, 둥지까지 포함해서—솔새와 뻐꾸기의 공생관계가 지속되는 한 세대가 바뀔 때마다 항상 재구축된다. 발생 자원은 두 발생계가 비슷하다. 이때 핵심이 되는 차이생성기는 뻐꾸기 유전자가 담긴 알이 새둥지에 있는지 여부다. 두 발생계를 두고 발생계론자는 둘이 근본적으로 비슷하다고 보는 데 비해 유전자선택론자는 근본적으로 다르다고 얘기한다. 둘 다 옳다. 적응은 가산적인 차이들 평균의 원인을 고르는 선택을 통해 일어나고 발생 과정에서는 상태의 원인들이 철저히 비가산적인 상호작용을 한다. 이런 적응의 기원과 발생의 기원 모두 근본적인 논제다.

유전자는 특별할까?

복제되는 것은 유전자 말고도 많다(Sterelny, Smith, and Dickison, 1996; Sterelny and Griffiths, 1999, p. 70). 하지만 유전자는 스스로를 다른 상속가능한 차이생성기들과 차별화하는 특별한 능력을 보유한다. 허먼 멀러Hermann Muller는 유전자가 자신의 복제를 촉매하는 현상을 관찰하고 이렇게 기록했다.

> 이 상황의 핵심은 자주 언급되는 이 자기촉매작용 자체가 아니다. 유전자 구조가 '우연한 변동chance variation'을 통해 변할 때 자기촉매능은 변함없이 유지되도록 유전자의 촉매 활성도 따라서 달라진다는 점이야말로 가장 놀라운 특징이다. 다시 말해, 우연으로라도 유전자 구조가 달라지면 촉매반응의 성질 역시 딱 적당하게 변한다. 그래서 달라진 유전자와 똑같이 촉매반응도 더 많은 물질을 생산하게끔 딱 맞게 적응하게 된다. (Muller, 1922, p. 34)

선견지명 넘치는 이 글은 DNA의 구조가 밝혀지기도 전에 쓰인 것이었다. 오늘날 우리는 이중나선의 두 가닥이 각각 서로를 복제할 주형 역할을 하기에 이런 놀라운 현상이 가능하다는 걸 분자 수준에서 아주 자세히 알고 있다. 하지만 DNA 분자의 모든 화학적 변화가 복제 과정에서 살아남는 건 아니다(기본골격 변화는 유지되지 않고 염기서열 변화는 보전된다). 게다가 복제 '오류'를 바로잡기 위해 생겨난 검수 및 복구 기전까지 작동한다(Sterelny, Smith, and Dickison, 1996). 그럼에도 어떤 변화는 여전히 되돌려지지 않은 채로 남고 이 변화에 뒤따르는 변화들도 마찬가지다. 그렇기에 나올 수 있는 염기서열 종류를 전부 나열하려면 어마어마한 공간이 필요해진다. 멀러는 이런 유전자 변화의 개방적 성질이 엄청난 결과를 불러온다는 걸 간파하고 있었다.

> 그러므로 진화를 불러오는 것은 대물림과 차이가 아니라 차이의 대물림이며, 결국 이는 유전자 구조가 달라지더라도 자가촉매작용은 그대로 유지시키는 유전자 구성의 기본 원리에 기인한다. 어떤 물질 혹은 물질들이 현재 이런 비상한 재주를 가지고 있으면 진화는 자동으로 뒤따른다는 점을 생각할 때, 그 물질은 일정 시간이 흐른 뒤 처음부터 존재했던 촉매 기능 차이에 더해 자가증식하는 차이들의 축적, 경쟁, 선택적 전파를 통해 여러 가지 면에서 평범한 무기물과 확연하게 달라질 것이다. 그 결과, 이 물질과 저 물질 사이에는 크나큰 간극이 생기고 선택된 변이 가능한 물질의 복잡성, 다양성, 그리고 소위 '적응력'이 증가할수록 간극은 점점 더 벌어질 것이다. (Muller, 1992, p. 35)

복제되는 모든 것이 우연한 결과나 환경의 선택으로 생긴 구조 변화를 자가촉매능 손상 없이 후대에 전달하는 성질을 갖지는 않는다. 게다가 만약 유전자가 아닌 일부 자기복제자들이 소소한 변화를 이런 식으로 전달한다고 해도, DNA의 특징인 '적응을 통한 개방적 변화'가 일어날 가능성은 기껏해야 희박한 정도다. 인류 문화의 진화는 분명하게 이런 개방적 성질을 갖는다(Boyd, Richerson, and Henrich, 2011). 문화의 변화에도 상속가능한 차이생성기가 존재하는지, 존재한다면 어떤 성질을 띠는지에 대해서는 논란이 있지만 말이다. 문화의 의미 있는 진화가 일어나려면 그전에 다른 과정들을 통해 지적 수준이 높은 고등생물이 먼저 진화해 나왔어야 한다. 그만큼 유전자는 특별하다. 물론 문화 역시 그 나름의 방식으로 그렇다.

전략적 유전자는 유전자가 이기적 행위자라는 은유를 고상하게 돌려 말한 표현이다. 자연선택이 고른 표현형은 후대에 자기 자신이 전달되도록 보장하기 위해 이성적 행위자가 엄선했을 법한 표현형을 닮는다. 그런 까닭에 생각 없는 유전자가 마치 전략적 결정을 내리는 *것처럼* 비칠 수 있다. 혹자는 이 은유를 재미있어 한다(Dennett, 2011; Queller, 2011). 반면 누군가는 음흉하고 정신 나간 소리라 말한다(Godfrey-Smith, 2009, p. 144). DNA 메틸기 결합반응, 세포막, 둥지, 주식에 투자한 돈 같은 다른 유전되는 자기복제자들에는 행위자 은유의 재미가 덜하다(그래서 덜 끌리는지 모른다). 유전자선택론이 이랬다 저랬다인 걸까, 아니면 행위자 성격이 옅은 자기복제자들과 유전자 사이에 근본적인 차이가 있는 걸까? 나는 유전자의 정교한 전략들에 내재한 차이가 멀러가 언급한 유전자 대물림의 개방적 특징 때문에 생기는 거라고 믿는다. 유전자는 주어진 환경에서 다른 자기복제자 후보들보다 월등하게 잘 먹히는 것에 관한 기능 정보를 축적한 "무한 유전되는 자기복제자"다(Maynard Smith and Szathmáry, 1995, p. 58).

전략적 유전자의 형식론은 표현형과 환경을 재정의한다. 모든 선택은 같은 것들이 모인 배경에 비해 차이 나게 다른 것들 중에서 하나를 엄선함으로써 일어난다. 자연의 선택에서 차이 나는 것은 *표현형*이 되고 같은 것은 *환경*이 된다. 자연선택에 의한 진화는 표현형, 즉 선택되는 대상을 환경, 즉 선택하는 주체로 변환하는 과정이다. 이 과정에서는 생태학과 생물개체 행동 수준의 굵직한 사건들이 유전자 분자 수준의 미세구조를 결정한다. 자연선택에 의한 진화는 대우주가 소우주의 형태를 빚는 수단이다.

두 대립유전자가 뉴클레오티드 딱 하나만 다를 때 상속가능한 차이생성기는 뉴클레오티드의 차이가 된다. 이 상속가능한 차이는 동일한 뉴클레오티드 전체라는 *환경* 안에서 각각 어떤 표현형 효과를 내느냐를 두고 선택의 시험대에 오른다. 만약 한 뉴클레오티드가 집단 내에 고정된다면 그 뉴클레오티드는 환경의 일부가 되어 나머지 차이들 가운데 하나를 고르는 선택에 관여한다. '확장된 표현형'과 '안성맞춤 구현'은 종종 한 개념의 두 이름으로 소개되곤 한다. 하지만 나라면 전자를 '선택 받아야 하는 차이들differences under selection'이라 칭하고 후자를 '환경의 진화한 같음들evolved samenesses of the environment'이라 칭해 업무를 분담시키겠다(Haig, 2017). 즉 신체와 유전체는 유전자 차이의 확장된 표현형들을 놓고 선택을 하는 안성맞춤으로 구현된 형태라 할 수 있다.

많은 독자가 생각할 것이다. '차이를 만드는 차이'는 사람들이 흔히 얘기하는 그 유전자의 의미가 아니라고 말이다. 사실이다. 어떤 면에서는 상속가능한 차이생성기의 개념을 아예 다르게 부르는 게 더 편할 수 있다. 앞서 나도 정확히 같은 의도로 용어 하나를—'선택 단위'의 줄임말인 '유짓'—제안했고 말이다. 솔직히 나는 신조어 만드는 걸 몹시 싫어하는 사람이다. 암묵적으로 유전자를 차이라 정의해 온 역사가 이미 오래고, '선택 단위' 자체의 과거사가 이미 복잡한 데다가, 개인적으로 지난번에 신조어 하나를 소개하려다가 더 헷갈리게만 하고 독자들의 강한 반발을 샀던 경험이 있기 때문이다(관련 내용은 권말에 수록된 〈부록: 붙임에 붙임에 붙임〉 참고). 하지만 이제 유짓은 역사적인 것이 됐다. 사람들이 '사용use it'해 준다면, 이 말은 번성하게 될 것이다.

야누스는 변신의 신이었다. 자연선택은 과거의 다름을 현재로 변신시킨다. 돌연변이는 과거의 같음을 앞으로 서로 다른 미래를 불러올 현재의 다름으로 변신시킨다. 이 챕터는 *차이로서의 유전자*와 *물질로서의 유전자*를 대조하면서 시작했다. 그런데 어쩌면 둘을 변화의 양면으로 생각하는 게 훨씬 유익할지 모른다. 단어를 고르는 것과 마찬가지로, 유전자의 선택은 선택되지 못한 것들로부터 의미를 얻는다. 자연이 선택을 할 수 있으려면 먼저 표현형의 *차이*가 존재해야 하지만, 선택의 결과물은 늘 유전자형 *물질*로 나온다. 그리고 이 유전자형은 자신이 선택된 까닭에 관한 정보를 제 몸에 체현한 채 세상에 작동해 효과를 발휘한다. 다음 챕터에서는 현재 유기체 안의 실행자로서 유전자를 살펴보려 한다. 따라서 물질로서의 유전자에 더 집중할 것이다.

5

유연한 로봇과 덜걱대는 유전자

From Darwin to Derrida

LIMBER ROBOTS AND LUMBERING GENES

오늘날 [유전자는] 안전하게 바깥세상과 차단된 채, 덜걱대는 거대한 로봇 안에 거대한 무리로 떼 지어 살면서, 어마어마하게 복잡한 간접적 경로로 바깥세상과 소통하고 멀리서 원격조종한다.

- 리처드 도킨스(1976)

《이기적 유전자》에 나오는 이 유명한 문장은 흔히 생물체란 유전자가 조종하는 꼭두각시라는 뜻으로 풀이된다. 유전자가 줄을 풀고 당긴다. 즉 통제권을 유전자가 쥔다는 얘기다. 동시에 도킨스는 유전자의 자율성을 약간 축소해 해석하고도 있다. 유전자가 바깥세상으로부터 *멀찌감치 격리된* 채로 돌고 도는 *간접적* 방식으로 바깥세상과 소통한다는 부분에서 그렇다. 유전자는 선택에 절대적 압력을 행사하거나 로봇의 구조적 특징을 지배할까? 유전자의 조언을 구해야 할 때와 그렇지 않을 때를 로봇이 알아서 판단할 수 있을까? 유전자의 의견이 로봇의 결정을 이길까? 아니면 유전자는 그저 굿이나 보고 떡이나 먹는 구경꾼 역할을 즐기는 걸까?

사람들은 보통 로봇이 우리를 결정이 필요한 일상적 잡무들로부터 해방시키고 보조도구 없이는 완수하지 못할 작업을 대신 해 주는 존재라 생각한다. 관리자 인간은 로봇의 행동 통제에 필요한 일부 결정권만 계속 갖고 나머지는 전부 로봇에게 일임한다. 화성 탐사용으로 제작된 로봇을 떠올려 보자. 로봇이 화성의 자연환경과 직접적으로 상호작용할 때 지구에서 로봇을 통제하는 조종사는 로봇에 달린 센서를 통해서만 화성을 간접 체험한다. 로봇과 조종사는 센서에서 들어온 정보를 가지고 로봇의 행동을 조절한다. 단 로봇이 감지하는 모든 정보가 지구로 전송되는 건 아니다. 또한 로봇이 지구 관제소의 명령을 받는 데 쓰는 센서는 따로 있다. 어떤 일은 지구의 조종사가 로봇에게 이렇게 하라고 명령을 내리지만 또 어떤 일은 로봇 스스로 판단해 행동한다. 급할 땐 지구와 교신할 새 없이 눈앞의 상황에 바로바로 대처해야 하기 때문이다(Dennett, 1984, p. 55).

로봇의 자율성 수준을 범위 안에서 다양하게 가정해 보자. 이 범위의 한 끝은 로봇이 중요한 결정을 인간이 일일이 내려 주어야 하는 단순한 금속 덩어리인 경우다. 반대쪽 끝의 로봇은 인간이 설계하긴 했지만 스스로 모든 결정을 내릴 줄 안다. 그렇다면 이 직선상에서 도킨스의 덜걱대는 로봇의 위치는 과연 어디쯤일까? 로봇이 종속적으로 중요한 결정을 늘 유전자에게 맡길까? 아니면 완전히 자율적이어서 유전자의 조언 없이 자유롭게 세상을 탐험하고 이용할까?

'덜걱대는'이라는 수식어에는 서투르다는 뉘앙스가 담겨 있다. 하지만 어떤 로봇은 인간 실행자의 능력을 뛰어넘는 섬세함과 정확도를 자랑하며 임무를 완수한다. 로봇 설계의 목표는 어설프지 않고 유연한 기계를 만드는 것이다. 자연선택의 '설계'도 이와 다르지 않다. 생물은 복잡한 세상에서 효율적으로 기능하도록 자연선택에 의해 설계된 기민한 자동기계automaton('스스로 행동함'을 뜻하는 그리스어에서 유래)다. 복잡한 네트워크 안에서 일어나는 단순 자동기계(유전자와 단백질)끼리의 상호작용은 더 상위 자동기계(세포, 기관, 유기체)라는 계층을 만든다. 단순 자동기계가 존재하면서 가질 수 있는 상태의 가짓수는 얼마 되지 않지만, 더 큰 계를 구성하는 단순 자동기계들이 많을수록 계가 존재할 수 있는 상태의 보기도 조합론combinatorics(유한하거나 가산적인 구조에서 특정 조건을 만족하는 것들의 가짓수를 세거나 주어진 조건을 극대화하는 경우의 수를 연구하는 수학 분야—옮긴이)적으로 폭증한다. 그 결과로 상위 계층 자동기계는 아래층 자동기계보다 유연하게 행동하면서 환경에 관한 고급 정보를 더 많이 보유하게 된다. 유전자가 자신들이 만든 로봇보다 서투를 수도 있다는 얘기다.

자동기계는 환경의 어떤 성질이 자동기계의 상태를 변화시킬 때 그 성질을 '감지'한다. 그런 환경에는 이 자동기계 말고도 다른 자동기계들이 존재할 수 있다. 한 자동기계(신호 송신자)가 다른 자동기계(수신자)의 상태를 변화시키는 것을 '소통'한다고 표현한다. 이때 수신자는 물리적으로 몸이 닿는 직접적 방식으로든 이차적인 환경 변화를 알아채는 간접적 방식으로든 송신자의 달라진 상태를 감지한다.

유전자와 단백질은 송신자 역할도 수신자 역할도 할 수 있으며, 세포와 기타 상위 계층 자동기계들도 마찬가지다.

유전자는 단백질 자동기계 합성을 지시하는 암호문을 인코딩하고 있으면서 스스로 자동기계이기도 하다. 유전자의 상태를 좌우하는 요소로는 전사인자의 결합, 다른 단백질들의 결합, RNA와의 상호작용, 다른 DNA 서열들과의 상호작용, 시토신cytosine 메틸기 결합 반응 같은 화학적 변화가 있다. 이 인자들은 유전자를 언제 어디에 발현시킬지를 결정한다. 때때로 유전자는 현재 환경뿐만 아니라 과거 환경에 관한 정보까지 담고 있다. 예를 들어, 각인된 유전자는 전 세대에 자신이 수컷 몸에 있었는지 아니면 암컷 몸에 있었는지를 '기억'한다. 유전자에 너무 큰 주권을 준다는 주장은 이기적 유전자 개념을 공격할 때 애용되는 전술 중 하나다. 물론 유전자가 생물체에 일어나는 모든 일을 알고 있으면서 그에 맞는 계획을 세우는 호문쿨루스(뇌 속 난쟁이)는 아니다. 하지만 유전자에게 주어진 선택지를 과소평가하는 것 역시 명백한 잘못이다.

유전자가 주로 세상과 상호작용하는 방식은 RNA 전사체를 만드는 것이다. 이런 전사체 중 일부는 단백질로 번역되는데, 많은 단백질이 여러 가지 존재 상태를 왔다 갔다 하면서 단순 자동기계로서 기능한다. 단백질 상태의 변화를 유도하는 인자는 단백질이 세상에 관해 무엇을 '알고 있는가'다. 어떤 단백질이 또 다른 단백질의 상태 변화를 유도할 때는 반드시 두 단백질 사이에 소통이 일어난다. 각 단백질의 기능 상태 레퍼토리로는 화학구조 변화가 있으며, 세포 내 혹은 세포 외 환경에 존재하는 물질들과의 상호작용에 의한 입체구조 변화도 레퍼토리에 포함될 수 있다.

생물체 내의 가사노동은 대부분 단백질이 담당한다. 유전자와 단백질은 둘 다 아무 생각 없이 분자구조가 불규칙하게 반복되는 폴리머다. 그렇다면 생태학 수준에서 진화의 실행자로서 단백질이 아니라 굳이 유전자를 우대하는 건 왜일까? 우리는 유독 유전자만 남다르게 생각한다. 유전자가 아주 특별한 자동기계라는 이유에서다. 다시 말해 유전자는, 도킨스의 표현을 빌리자면, *자기복제자*다. 유전자 구조의 화학적 변화는 그 유전자를 갖게 되는 자손에게 대물림된다. 이와 달리 단백질 구조의 변화는 그 복사본에 전달되지 않는다. 복제되는 건 단백질이 아니기 때문이다. 정보 유전자는 유기체를 구현할 때 사용된 유전정보의 진화사 기록을 보관하는 저장소 역할을 한다. 정보 유전자는 유기체 *구현* 방법을 상세히 지시하지만, 반드시 물질 유전자가 뒤이어 유기체 *통제권*을 쥐는 건 아니다.

무엇이 미소 짓게 하는가?

로돕신rhodopsin 유전자는 다른 세포에는 없고 망막의 막대세포rod cell에만 발현되는 유전자다. 정확히 어떤 식인지는 모르지만 막대세포 안에 이 유전자가 있다는 사실이 인식되면 이 데이터가 로돕신 유전자의 활동기 상태와 휴지기 상태 간 전환에 사용되는 게 틀림없다. 활동기 상태의 로돕신 유전자는 mRNA로 전사된다. 이것이 다시 소포체小胞體, endoplasmic reticulum에서 단백질로 번역되면, 새로 만들어진 단백질은 발색단發色團, chromophore인 11-시스-레티날11-cis-retinal과 공유결합해 시각색소 로돕신이 된다. 이때 적절한 파장의 광자光子가 망막에 들어와 11-시스-레티날을 올-트랜스-레티날all-trans-retinal이라는 이성질체로 변환시킨다. 그러면 로돕신의 입체구조가 달라지는데, 이것을 기폭제로 뒤이은 다른 단백질들에도 줄줄이 변화가 일어난다. 그리고 그 최종 결과는 복잡한 연쇄 생화학 반응을 거쳐 상위 자동기계인 막대세포의 형질막이 과다분극되었다가 방전되는 것이다(Okada 외, 2001; Ridge 외, 2003). *로돕신*(유전자)에는 로돕신(단백질)의 합성 암호가 인코딩되어 있다. 대개 그러듯 유전자와 단백질을 같은 이름으로 부르는 것은 환유換喩(사물의 속성과 밀접하게 관련된 다른 낱말을 사용해 비유적으로 표현하는 수사법—옮긴이)의 한 사례다. (이 문단을 비롯해 챕터 끝까지 계속 나올 텐데, 유전자를 이탤릭체로 적고 그 유전자가 만든 단백질은 그러지 않는 것은 유전학의 표준 용어 표기 규칙이다.)

이 예시에서 주목할 점이 두 가지 있다. 첫째, 광자를 감지하는 건 단백질이지 유전자가 아니다. 유전자는 광자를 감지하지도, 광자의 존재를 알은 체하지도 않는다. 그 대신 유전자는 광자의 존재를 감지할 단백질 자동기계의 합성을 지시한다. 그럼으로써 이 단백질로 하여금 광자가 들어왔다는 사실을 다른 단백질 자동기계들에게 알리게 하는 것이다. 둘째, 시종일관 *한 가지* 상태로 존재하는 유전자가 환경 신호에 반응해 *여러* 상태들 사이에서 왔다 갔다 하는 자동기계를 생산한다. 유전자가 자신에게는 없는 '행동의 유연성'을 가진 단백질을 만들어 내는 셈이다. 이처럼 유전자의 상태 가짓수와 유전자가 구축하는 단백질 자동기계의 상태 가짓수 사이의 관계는 단순하지가 않다.

로돕신이 일정 역할을 해 일어나는 사교적 소통의 대표 사례 하나를 생각해 보자. 무수히 많은 광자가 아기 망막의 막대세포와 원뿔세포cone cell로 쏟아져 들어온다. 그로 인한 망막세포의 방전 패턴은 아기 뇌 속에서 복잡한 활동이 시작되게 한다. 이 두뇌 활동의 결과는 아기가 엄마를 알아보고 특정 운동 반응을 일으키는 것이다. 바로 미소 짓기다. 엄마는 비슷하게 복잡한 두뇌 활동을 거쳐 아기의 미소를 감지하고 똑같이 미소를 지어 보인다. 이때 모든 일련의 사건은—즉 아기의 망막에 광자가 들어오는 것부터 엄마의 안면근육이 수축하는 것까지—*유전자 상태 변화의 인과적 영향 없이* 일어난다.

미소를 주고받는 것은 수많은 유전자 복사본이 무수한 더 상위 자동기계(신경세포와 근육섬유)에서 셀 수 없이 많은 단백질 자동기계가 생산되도록 지시했기 때문에 나올 수 있는 결과다. 이런 상위의 세포 자동기계들은 나아가 서로의 얼굴 표정에 반응할 줄 아는 두 고등 자동기계(엄마와 아기)로 조직화된다. 두 유연한 로봇은 덜걱대는 유전자의 도움 없이도 잘만 소통한다. 유기체 수준의 자동기계가 발생하고 유지되기 위해 정교하게 조정된 유전자 상태 변화가 필요한 건 분명한 사실이다. 하지만 오고가는 미소는 유전자 전사와 번역이 끼어들기에는 너무 빨리 일어난다. 상위 자동기계는 하등 자동기계에겐 구경할 기회조차 없는 정보를 습득하고 그 정보에 기반해 행동한다. 아기의 유전체에 엄마 얼굴을 알아보는 유전자는 하나도 없다는 얘기다.

내 안의 온기

광자 이야기는 생물체의 안팎 환경에 관한 또 다른 정보원을 해석할 때도 똑같이 통한다. 단백질(과 세포) 자동기계가 유전자의 직접 통제로부터 상당히 자유로움을 보여 주는 포유류 사례가 하나 더 있다. 바깥 기온과 체온에 관한 정보를 감지하는 임무는 온도에 특히 예민한 뉴런이 맡는데, 말초에도 있고 중추에도 존재한다. 뉴런에 접수된 정보가 시상하부를 비롯한 여러 뇌 구역에서 통합되면, 뇌는 곧 적절한 열조절 반응을 준비하기 시작한다(Morrison, 2004; Romanovsky, 2007). 그런 반응 중 하나가 몸이 으슬으슬 떨리지 않게 갈색지방세포에서 열생성이 활성화되는 것이다. 갈색지방세포의 미토콘드리아 세포내막에는 UCP1uncoupling protein 1(언커플링 단백질 1)이라는 단백질이 존재한다. 이 UCP1이 활성화되면 산화적 인산화 반응과 미토콘드리아 호흡의 커플링이 해제되어 광자가 새어 나온다. 그 결과는 유기물 기질이 타면서 열을 방출하는 것이다. 이때 자극(피부 냉각)부터 반응(방한 목적의 열생성 활성화)까지 일련 과정 어디서도 유전자는 직접적으로 개입하지 않는다.

원심성 방향을 띠는—즉 뇌에서 UCP1 쪽으로 흐르는—이 전체 과정은 한마디로 여러 단백질 자동기계가 얽힌 복잡한 신호전달 연쇄작용이라 할 수 있다. 하나하나 살펴보면, 갈색지방조직은 원래 교감신경계 노르아드레날린성 뉴런noradrenergic neuron의 지배를 받는다. 뇌에서 송출된 신호를 뉴런이 접수하면 노르에피네프린norepinephrine이 분비된다. 노르에피네프린은 갈색지방세포의 표면으로 가서 $β_3$-아드레날린성 수용체($β_3$AR, $β_3$-adrenergic receptor)에 결합해 세포 안에 한 가지 소분자 단백질Gαs을 퍼뜨린다. 그러면 다시 Gαs가 아데닐릴 사이클라제adenylyl cyclase라는 효소 단백질을 자극해 cAMPcyclic adenosine monophosphate(고리형 아데노신 일인산염)가 합성되게 한다. 이후 일련의 단백질 자동기계 단계를 더 거쳐 양이 불어난 cAMP가 마침내 미토콘드리아 세포내막에서 UCP1의 활성화를 유도한다(Cannon and Nedergaard, 2004; Nakamura and Morrison, 2007; Romanovsky, 2007).

유전자 상태의 변화는 추위에 대한 즉각적 반응에 직접 관여하지 않지만, 더 장기적인 대응력을 조정하는 데는 중요한 역할을 담당한다. 추위 노출 자극이 갈색지방세포의 발열능을 키우는 과정은 학습적이다. $β_3$AR을 통한 노르아드레날린성 신호전달은 UCP1(단백질)만 활성화하는 게 아니라 *Ucp1*(유전자)의 전사도 촉진해 UCP1 단백질이 더 많이 만들어지게 한다. 그런데 노르아드레날린성 뉴런은 전구지방세포(완전히 성숙한 지방세포로 분화되기 전 단계의 지방세포 전구체—옮긴이)와도 시냅스를 형성한다. 이 세포에 발현된 수용체 유형은 $β_1$-아드레날린성 수용체$β_1$AR다. 이때 추위가 $β_1$AR을 깨우면 전구지방세포에 비활성 상태로 존재하던 여러 유전자들이 전사되는 중간 과정을 거쳐 성숙한 갈색지방세포로의 전구지방세포 분화가 활발해진다. 이와 같이 유전자 발현에 변화가 일어난 결과로, 갈색지방세포의 미토콘드리아 세포내막에 UCP1 복사본이 더 많아지고 갈색지방세포 자체의 수도 늘어나 다음번 추위에 대비하게 되는 것이다(Cannon and Nedergaard, 2004).

이 책은 생물 수준의 한 자동기계(저자)가 다른 생물 수준 자동기계들, 다시 말해 독자 여러분과 소통하고자 노력한 흔적이다. 우리 각자 안의 유전자 조종사들은 우리와 연결된 줄을 '지상에서' 이리저리 잡아당기려 하지만 우리는 대부분의 결정을 우리 스스로 내린다. 우리가 느끼는 즐거움과 아픔은 유전자들이 자신의 목적을 달성하고자 우리의 결정에 입김을 넣을 때 사용하는 당근과 채찍이다. 유전자는 우리에게 애정이 없고, 인간 세상을 잘 알지 못하며, 저희끼리도 사이 좋게 지내지 않는다. 우리는 유전자의 제안을 존중해야 하지만 떠받들 필요는 없다. 만약 이 책이 내 유전자들의 사욕을 채워 준다면 그것은 매우 간접적인 방식을 통해서일 것이다. 우리 유전자가 추구하는 목적은 유전자의 것이지 우리 것이 아니다.

뒤섞인 메시지

우리는 기계를 모든 부품이 공통의 목적을 이루고자 한마음으로 협동하는 하나된 전체라 생각한다. 이 책에서 반복해서 등장하는 얘기인데, 한 개체 안에 존재하는 유전자들끼리도 속에 품은 목적은 제각각일 수 있다. 유기체가 '기계'라면 그 부품들이 때로는 상충되는 안건으로 서로를 거슬러 행동하기도 한다는 소리다. 이것은 우리가 흔히 생각하는 기계의 모습이 아니다. 이와 같은 내부갈등은 사회에 빗대서도 표현할 수 있는데, 이 사회에서 실행자들은 공통의 목표를 이루고자 반드시 협력해야 하지만 매번 만장일치만 나오지는 않는다. 기계든 사회든 유기체를 설명하는 이런 은유들은 세포 안에서 목격되는 기본 현상들을 색다른 시각으로 통찰하게 한다.

세포생물학과 행동생태학은 둘 다 '소통'과 '신호'라는 말을 사용하지만, 신호 발생 과정을 암묵적으로 이해하는 방식은 다르다. 세포생물학자들은 흔히 세포 내에서 혹은 개체 내 세포들 간에 전달되는 신호에 주목한다. 이때 신호 송신 세포와 수신 세포는 관심사가 같다고 친다. 세포생물학의 관점에서는 신호의 신빙성을 의심할 필요가 없다. 송신자가 남을 속여 가며 얻을 게 없기 때문이다. 반면에 행동생태학에서는 송신자와 수신자가 이해상충 가능성이 다분한 독자적 개체들이다. 그래서 수신자는 신호가 믿을 만한지 스스로 판단해야 한다. 그래도 행동생태학은 개체 간 갈등의 가능성을 인정하면서도 보통은 개체들이 명확하게 일원화된 관심사를 공유한다고 가정한다.

당연한 얘기지만, 개체 내 신호전달과 개체 간 신호전달은 밀접하게 연결되어 있다. 둘 다 행동 신호는 흔히 송신자 세포 내에서 혹은 세포들 간에 복잡한 신호전달 과정을 거쳐 바깥으로 드러나는 결과다. 마찬가지로 신호의 감지와 해석은 수신자 세포 내에서 혹은 세포들 간에 흡사하게 복잡한 신호전달 과정을 통해 이뤄진다. 둘이 이처럼 흡사함에도, 이상하게 두 분야에 대해 쏟아지는 질문의 유형은 극명하게 갈린다. 생물을 기계로 보는 패러다임 안에서 개체 내 소통은 신호 엔지니어링의 문제로 다뤄지곤 한다. 이때 나오는 질문들은 신호를 어떻게 효율적으로 보낼 것인가, 다른 경로들 때문에 생기는 노이즈와 간섭을 어떻게 처리할 것인가, 오류를 어떻게 보정할 것인가 등이다. 논제가 개체 간 소통일 때도 신호 효율성의 문제가 제기되긴 한다. 하지만 이 경우 행동생태학은 흔히 신호의 신빙성 문제에 더 무게를 둔다. 신호가 믿을 만한가? 송신자가 이걸 보낸 동기는 무엇인가? 송신자가 뭔가 숨기고 있지는 않은가? 개체 간 소통이 기계 활동보다는 사회적 활동으로 취급되는 셈이다.

그런데 생물 개체의 유전체 내 갈등은 세포생물학도 행동생태학도 진지하게 다룬 적이 없다. 그런 까닭에 현재의 이론은 생물체의 반응이 상충하는 이해를 가진 유전자들에 의해 좌우될 경우 생물이 어떻게 행동할지를 예측하지 못한다. 아마 이 물음에 보편타당한 정답 같은 건 없을 테고, 특정 사례마다 답을 찾으려 해도 세포 내에서 일어나는 복잡한 분자 반응 과정을 속속들이 알아야만 할 것이다. 유전체에는 구체적인 실행 방법은 어차피 다른 데서 결정될 텐데 정보도 없이 정책을 세우려고 모인 괴팍한 위원회 같은 면이 있다. 이런 특징을 고려하면 새롭게 드는 염려로 이런저런 질문을 던지지 않을 수 없다. 한 개체 안에서도 사기극이 일어날까? 다른 개체에게 신호를 보낼지 말지를 두고 개체 내 신체 부위끼리 의견이 다를 수도 있을까? 그런 신호가 종국에 송출되긴 할까?

유전체 각인과 혈연관계

유전체 내 갈등은 다양한 이유로 발생한다. 하지만 여기서는 모계 유전자와 부계 유전자 사이의 충돌을 집중적으로 살펴보려 한다. 유명한 사고실험 하나를 살짝 고쳐 활용하면 이 갈등 유형을 이해하기가 쉬워진다. 존 홀데인J. B. S. Haldane이 이런 글을 썼다.

> 어린아이를 구하겠다고 홍수로 불어난 강물에 뛰어드는 행동을 하게 하는 희귀 유전자가 당신에게 있다고 상상해 보자. 당신은 10분의 1 정도 되는 익사의 위험을 무릅쓰고 기꺼이 몸을 던지지만 이 유전자가 없는 사람은 강둑에서 발만 동동 구르며 아이가 물속으로 가라앉는 걸 지켜본다. 이때 만약 아이가 당신의 친자식이거나 친동생이라면, 아이도 이 유전자를 갖고 있을 확률은 반반이다. 그렇다면 당신은 어른이 가진 이 유전자 하나를 희생해 아이에게 있는 다섯을 구하는 셈이 된다. 만약 당신이 구한 아이가 손주나 조카라면, 목숨을 내놓은 보람은 2.5대 1로 줄어든다. 구한 아이와의 촌수관계가 3촌을 넘어간다면 효과는 더욱 미미하다. 당신이 당신과는 5촌인 4촌의 자녀를 구하려고 한다면, 당신의 혈연집단은 이 유전자를 얻기보다는 잃을 공산이 훨씬 커진다. (Haldane, 1955, p. 44)

홀데인의 논리는 간단하다. 당신의 1촌 혈연자, 그러니까 부모가 같은 형제자매와 친자식이 당신 몸속에 있는 희귀 유전자의 사본을 갖고 있을 확률은 2분의 1이다. 따라서 당신의 희생으로 1촌 세 사람 이상을 구할 수 있다면 이 유전자의 복사본은 지금보다 많아질 것이다. 한편 2촌, 즉 손주나 조카가 이 유전자의 복사본을 갖고 있을 확률은 4분의 1이다. 이 경우, 당신은 본인 목숨을 2촌 다섯 명과 맞바꿔야 앞으로 살아 남는 유전자의 수를 늘릴 수 있다. 그런데 관계가 3촌으로 넘어가면 확률은 8분의 1로 줄고 4촌에서는 16분의 1밖에 안 된다. 수학적으로 3촌 친척은 최소 9명, 4촌 친척은 최소 17명 이상 구해야 간신히 본전을 뽑는다는 소리다. 이 계산은 해밀턴의 포괄적합도 이론(W. D. Hamilton, 1964)에 기초해 나왔는데, 이 이론에서는 실행자가 무작위로 고른 유전자를 다른 개체가 공유하고 있을 확률에 비례해 그 개체의 적합도가 매겨진다고 간주한다.

모계 생식세포계열에서든 부계 생식세포계열에서든 후손에게 대물림된 어느 유전자의 분자학적 변화가 역사기록처럼 선대에 그 유전자가 어미와 아비 중 어느 몸에 있었는지 알려주는 것을 유전체 각인이라 한다. 사실 해밀턴의 이론은 유전체 내 갈등 개념을 은밀하게 품고 있다. 각인된 유전자는 부모 세대 출처에 따라 차이 나는 효과를 발휘한다는 점에서다. 당신 목숨을 버리고 이부동생 셋을 구할 수 있다면 당신의 유전자는 기꺼이 그렇게 할지 생각해 보라. 홀데인과 해밀턴이라면 아마도 아니라고 답했을 것이다. 두 사람은 유전자의 효과가 어느 부모에게서 물려받은 유전자인지와 아무 상관없으며 이부동생들이 무작위로 선택된 당신의 유전자를 갖고 있을 확률은 각기 4분의 1씩이라고 여기기 때문이다. 그러나 이 숫자는 이부동생이 당신의 모계 유전자와 똑같은 복사본을 보유할 확률 2분의 1과 부계 유전자 복사본을 보유할 확률 0을 평균 내 나온 값이다. 한마디로 당신의 모계 유전자는 1촌 3명의 생명과 맞바꾼 당신 하나의 족벌주의적 희생으로 큰 이익을 얻지만 부계 유전자로서는 생판 남들을 구해 막대한 손해를 보는 셈이다.

유전체 각인이 일어나는 환경에서 부모 세대 출처에 관한 정보를 가진 유전자는 기원이 모계라면 이렇게 하고 부계라면 저렇게 하는 조건부 전략을 펼친다(Haig, 1997). 이는 곧 혈연자들과의 다양한 상호작용 과정에서 유전자 간의 내부갈등이 발생할 수 있다는 뜻이기도 하다. 왜냐하면 당신이 양쪽 부모로부터 물려받은 유전자들의 복사본을 똑같이 가지고 있을 확률은 대부분 친족마다 다 다르기 때문이다. 단 예외가 있다. 후손들끼리는 당신이 부모로부터 받은 유전자가 다시 대물림될 확률이 한 명 한 명 똑같다. 또한 양친이 같은 형제자매들 역시 당신이 부모로부터 받은 유전자를 동률로 갖는다. 하지만 인간의 진화적 과거사를 되짚어 볼 때 십중팔구 '형제자매'라는 카테고리에는 두 부모가 다 같은 형제자매와 둘 중 한쪽만 같은 형제자매가 섞여 있기 마련이다. 그렇다면 형제자매 간에도 내부적 유전자 갈등이 어느 정도 있을 거라고 예측할 수 있다.

자식이나 손주를 향한 애정에는 큰 내부갈등이 생길 수가 없다. 당신이 가진 유전자의 복사본이 후대에 대물림될 확률은 그 유전자가 당신의 어머니에게서 왔든 아버지에게서 왔든 상관 없이 모든 후손에게 다 똑같기 때문이다. 그러나 그 반대는 성립하지 않는다. 모계에서 당신에게 내려온 유전자라면 당신의 어머니에게 똑같은 복사본이 꼭 존재하고 부계에서 내려온 유전자라면 어머니에게는 그 복사본이 반드시 없어야 한다. 즉 자식이 어미를 바라보는 방향으로는 거센 내부갈등이 일기 십상이다. 이 대목에서 자녀가 있는 독자라면 본인이 자식 입장인 부모님과의 관계(내부갈등이 발생한다)와 부모로서 자식과의 관계(큰 내부갈등이 없다) 사이의 온도차를 새삼 곱씹을지도 모르겠다.

유전체 내 갈등은 어떻게 해결될까?

유전자 간 갈등이 해소되는 과정을 이해하려면 먼저 대략적 매커니즘을 알 필요가 있다. 모계 유전자와 부계 유전자 사이의 내부 갈등이 가장 간단하게 풀리는 시나리오는 주인공이 각인된 유전자가 아닐 때, 그러니까 자신이 어느 부모에게서 나온 것인지 유전자에게 아무 정보가 없을 때다. 각인되지 않은 유전자는 전달 경로가 난자였든 정자였든 늘 같은 행동을 할 수밖에 없다. 그렇다면 각인된 유전자는 어떨까? 자연선택 과정에서 부계 출신일 때보다 모계 출신일 때 더 많은 유전자 산물을 생산하도록 각인된 유전자가 있다고 치자. 이 경우, 유전자가 부계에서 왔을 땐 침묵하되 모계에서 왔을 땐 최대치로 발현한다면 갈등이 '해결'될 것이다. 그런데 만약 유전자가 부계 출신일 때 더 활발히 발현되는 쪽을 자연선택이 선호해 유전자도 그렇게 각인됐다면 갈등 해결 방법은 정반대가 된다. 이런 유전자에게는 출처가 모계일 땐 침묵하고 부계일 땐 최대치로 발현하는 것이 백전백승의 전략이다. 이것을 나는 '*목소리 큰 놈이 이긴다*' 원리라 부른다(Haig, 1997).

'목소리 큰 놈이 이긴다' 원리는 단순한 형태의 갈등해결 방식이다. 많이 생산하기를 좋아하는 대립유전자가 원하는 만큼 유전자 산물을 만들 때 짝꿍 대립유전자는 아무것도 하지 않는 것이다. 이배수체 유전좌위의 두 대립유전자 중 하나가 침묵하면 다양한 결과로 이어질 수 있는데, 여기서는 두 가지만 언급하려 한다. 첫째는 그 유전좌위의 나머지 대립유전자가 부모 한쪽에게서 물려받은 것일 땐 표현형 효과를 발휘하고 반대 성별 부모에게서 물려받은 것일 땐 아무 효과도 나타내지 않는 것이다. 즉 모계 출신일 경우 침묵하는 유전좌위의 대립유전자는 오롯이 부계 적합도에 발휘하는 효과만 고려해 선택되는 반면, 부계 출신일 경우 침묵하는 유전좌위의 대립유전자는 오직 모계 적합도에 나타내는 효과로만 선택된다(Haig, 1997, 2000). 둘째, '목소리 큰 놈이 이긴다' 원리가 수신자에게 송신자의 정체를 드러낼 수 있다. 만약 두 대립유전자 모두 전사된다면 신호 수신자(유전자 산물)는 신호를 보낸 게 모계 대립유전자인지 부계 대립유전자인지 알 길이 없다. 그런데 둘 중 하나가 일관적으로 침묵한다면 신호가 송신자의 정체를 누설하는 셈이 된다.

한 유전좌위 수준에서는 '목소리 큰 놈이 이긴다' 원리를 대량생산을 추구하는 대립유전자가 이긴다는 뜻으로 해석할 수 있다. 하지만 생물체 안에서 일어나는 현상들은 여러 유전자에 좌우되는 경우가 대부분이다. 가령 모친에게서 투자를 얼마나 끌어올지를 두고 자식의 모계 대립유전자와 부계 대립유전자 사이에 의견이 불일치할 수 있다. 다시 말해, 수요를 늘리고 싶어 하는 유전좌위의 부계 대립유전자가 수요촉진물질을 양껏 생산하더라도 반대를 선호하는 다른 유전좌위의 모계 대립유전자가 수요억제물질을 또 잔뜩 만들어내면 부계 대립유전자의 노력이 수포로 돌아간다는 얘기다(Haig and Graham, 1991). 이 시나리오에서는 수요가 늘어나는 걸 좋아하는 유전좌위의 모계 유전자가 침묵하거나 수요가 적은 걸 좋아하는 유전좌위의 부계 유전자가 침묵한다면 갈등의 해소를 기대할 만하다(Haig and Wilkins, 2000; Wilkins and Haig, 2001). 이 갈등 해결 방법은 일종의 무승부 전략이다. 수요촉진물질 증량분 생산의 최소비용이 부계 대립유전자가 수요 증가로 얻을 이익과 맞먹는다는 점에서다. 마찬가지로, 수요억제물질 증량분 생산의 최소비용은 모계 대립유전자가 수요 감소로 얻을 이익과 등가를 이룬다. 결론적으로, 이런 무승부 상황에서는 모계 적합도도 부계 적합도도 개선되기 힘들다.

무승부 전략이 신호전달계에 실제로 어떻게 적용되는지 잘 보여주는 예시가 하나 있다. *IGF2*는 부계로만 발현되어 태아 성장을 촉진하는 유전자다. 그 단백질 산물인 IGF2는 2가지 수용체(IGF1R과 IGF2R)에 결합할 수 있다. IGF1R은 IGF2의 성장촉진 효과를 매개한다. 반면에 IGF2R은 미끼 수용체라서, IGF2를 붙잡아 리소좀으로 가져가서 분해시켜 버린다(Filson 외, 1993). 진수류眞獸類, eutherian(두더지처럼 알을 낳는 단공류와 캥거루처럼 일정 기간 주머니 안에서 새끼를 키우는 유대류를 제외한 거의 모든 포유동물이 이 분류에 속한다—옮긴이) 포유동물 대부분은 이 부계 *IGF2R*이 발현되지 않고 침묵한다(Killian 외, 2001). 다시 말해, 부계 쪽 IGF2 유전자가 만든 성장인자(IGF2)를 분해하는 것은 전부 모계 유전자의 산물(IGF2R)이라는 얘기가 된다(Haig and Graham 1991). 이것을 단순한 형태의 사기라고도 볼 수 있다. *IGF2*는 IGF1R에 신호를 보내지만 원하는 수신자에게 닿기 전에 IGF2R이 메시지를 가로채는 식이다. 이 예시에서는 *IGF2*와 *IGF2R*(즉 두 유전자) 사이에 정보 전달이 일어나지 않는다. *IGF2*가 보낸 메시지를 *IGF2R*에 의해 만들어진 단백질이 중간에서 가로채기 때문이다.

생물 수준에서 드러나는 결과에 영향을 미치는 유전좌위는 여러 이해관계에 얽히기 쉽다. 2006년에 생물의 한 특질(수요)을 두고 여러 파벌들 사이에 일어나는 상호작용을 조사한 연구가 있다. 이 연구에서 내가 내린 결론은 파벌이 수요를 늘리고 싶어 하는 쪽과 수요를 줄이고 싶어 하는 쪽 이렇게 두 무리로 양분되는 경향이 있다는 것이었다. 이 추측을 여러 특질을 둘러싼 갈등에 일반화할 수 있는지는 앞으로 추가 연구를 통해 확인해야 하는 문제다.

싸늘한 어깨

추운 날 온기를 찾아 한 데 모여 옹송그리고 있는 습성을 가진 동물종에서는 열생성 반응을 어떻게 조절해 한기를 없앨 것인가가 모계 유전자와 부계 유전자 사이에 갈등의 씨앗이 된다. 만약 무리에서 한 개체가 열을 생성한다면 어깨를 맞댄 다른 개체들은 난방비를 그만큼 아낄 수 있다. 그러다 보니 공동난방비를 부담하지 않고 혜택을 누리는 이른바 진화의 무임승차 유혹이 생긴다. 이때 만약 멤버들이 부모 한쪽만 같은 형제자매라면 공익을 위해 적정한 열 생성량이 얼마인가를 두고 모계 대립유전자와 부계 대립유전자의 의견이 다를 수 있다. 더 구체적으로, 여러 부계 출신의 형제들이 모였다고 치자. 이때 부계 대립유전자는 십중팔구 갈색지방조직의 목표 온도를 모계 대립유전자가 원하는 것보다 낮게 설정하고 싶어 할 것이다(Haig, 2004a, 2008a).

유전체 각인은 갈색지방세포의 열생성 반응을 활성화시키는 신호전달 경로 내 최소 하나 이상 단계에 영향을 미친다. Gαs는 복잡한 *GNAS* 유전좌위가 만들어 내는 여러 단백질 산물 중 하나다(Abramowitz 외, 2004). *GNAS*의 부계와 모계 대립유전자 둘 다 대부분의 체조직에서 Gαs를 만들어 내지만 갈색지방조직에서는 오직 모계 대립유전자만이 Gαs 합성을 유도할 수 있다(Yu 외, 1998). 두 번째 유전자 산물인 XLαs('엑스트라 라지' αs)는 부계 *GNAS*에 의해 만들어지는 단백질로, 갈색지방조직에서 Gαs의 효과를 길항하는 일을 한다(Plagge 외, 2004). Gαs의 mRNA와 XLαs의 mRNA는 서로 다른 *GNAS* 프로모터의 신호를 받아 전사되고 서로 다른 1번 엑손을 사용하지만, 나머지 열두 엑손은 둘이 똑같다. 즉 모계 *GNAS*가 발현되면 Gαs가 생성되어 추위를 견디는 열생성을 촉진하고 부계 *GNAS*가 발현되면 XLαs가 만들어져 열생성을 억제한다. 한편 각인된 유전자는 발열 일꾼의 추가 모집 여부에도 영향을 미친다. *전구지방세포 인자 1*preadipocyte factor-1과 *넥딘*necdin은 전구지방세포가 갈색지방세포로 분화하는 것을 억제하는 단백질의 합성을 위한 유전자인데, 둘 다 부계를 통해서만 발현된다(Tseng 외, 2005; Haig, 2008a, 2010a).

갈색지방세포는 열을 발생하는 자동기계다. 갈색지방세포의 열생성량은 각인되지 않은 유전자, 각인된 모계 출신 유전자, 각인된 부계 출신 유전자의 복합적 효과에 의해 결정된다. 여기에 '목소리 큰 놈이 이긴다' 원리를 적용하면, 아버지가 제각각인 형제들이 부둥켜안고 있는 무리에서 발열에 애쓰는 각인 유전자는 모계를 통해 발현된 유전자이고 열 생성을 줄이는 각인 유전자는 부계에서 발현된 유전자라는 추측이 가능하다. 그러나 같은 경로에 있는데 왜 어떤 유전자는 각인되고 다른 유전자는 각인되지 않는지는 여전히 어느 이론으로도 제대로 설명되지 않는다. 어째서 갈색지방세포에서 *GNAS*는 각인되고 *UCP1*은 각인되지 않는 걸까?

유전자의 수량을 중시하는 유전좌위에서는 각인이 표현형 차이만 만들 수 있다. 만약 작동하는 대립유전자 하나가 혼자서 둘 역할을 해낸다면 나머지 하나가 침묵해도 선택의 차이가 생기지 않을 것이다. Gαs의 효과 중에도 수량 의존적인 게 있다. 예를 들어, 두 대립유전자 모두 Gαs 전사체를 발현시켰더라도 뼈조직에서 기능하는 Gαs 복사본 하나만 없어져도 골형성장애osteodystrophy가 발병한다(Mantovani 외, 2004). Gαs의 효과가 유난히 수량에 민감해진 것은 아마도 G 단백질 커플링 때문일 것이다. G 단백질과 커플링된 수용체들은 상이한 알파 아단위를 가진 다른 종류 G 단백질을 이용해 여러 신호전달 경로를 동시에 활성화시킨다. 그런 까닭에 알파 아단위의 정확한 화학량론stoichiometry이 경로들 간의 신호 균형과 세포 반응의 성질을 결정짓는 것이다. 갈색지방세포의 β_3AR이 Gαs와 Gαi 모두를 이용해 신호를 전송하는 것도 그런 예다(Chaudhry 외, 1994). 하지만 노르에피네프린 감지로 시작해 추위를 견딜 열생성 활성화까지 이어지는 경로에서 Gαs가 유일한 수량 의존적 단계일 것 같지는 않다. 오직 모계 유전자나 부계 유전자의 이해에 부합할 때만 갈색지방세포가 열을 생성하는 걸까, 아니면 각인되지 않은 유전자에게 이득이 될 때 발열에 힘쓰는 걸까? 혹은 뭔가 또 다른 배후가 있는 걸까?

프라더-윌리 증후군과 엥겔만 증후군

프라더-윌리 증후군Prader-Willi syndrome을 앓는 영아는 자발운동이 거의 없고 늘 조용하다는 점 때문에 양육자와의 교감 기회가 줄어드는 것일지 모른다.

- S. B. 캐시디S. B. Cassidy(1988)

인간 염색체의 15q11부터 q13 자리에는 각인된 유전자들이 잔뜩 모여 있는데, 이 무리의 부계 복사본이 누락될 땐 프라더-윌리 증후군이 발병하고 모계 복사본이 누락될 땐 엥겔만 증후군Angelman syndrome이 발병한다. 즉 프라더-윌리 증후군은 부계 유전자가 발현되지 않아 생기는 병이고 엥겔만 증후군은 모계 유전자가 발현되지 않아 생기는 병이다. 그렇다면 전자는 어미가 자식을 희생시켜 자신에게 유리한 행동을 극대화하고 후자는 어미가 자신의 손해만큼 자식에게 유익한 행동을 극대화한다고 생각할 수 있다(Haig and Wharton, 2003). 두 선천질환의 복잡한 표현형을 유심히 살펴보면 모계 유전자와 부계 유전자 간 갈등의 근원이 아기의 발달이나 행동과 무관하지 않음을 짐작하게 된다(Holm 외, 1993; C. A. Williams 외, 2005). 대부분의 아이들은 각인된 유전자 무리의 복사본을 양쪽 부모 모두에게서 물려받는다. 이때 아이의 행동은 부계 유전자와 모계 유전자 간 발현 효과의 균형에 좌우된다. 두 질환은 이런 평범한 아기의 몸속에서 벌어지는 부계 유전자와 모계 유전자 사이의 통제권 쟁탈전에 관한 단서를 제공한다.

프라더-윌리 증후군을 앓는 아기는 먹는 것에 도통 무관심하고, 젖을 빠는 힘도 시원찮다. 심하면 영양실조가 되지 않도록 튜브를 끼워 위장으로 직접 음식을 부어야 한다(Cassidy, 1988). 울음소리는 새되고 약하며 끼익끼익거리거나 비슷하게 기이한 소리가 나고 그나마 오래 이어지지도 못한다(Aughton and Cassidy, 1990; Butler, 1990; Miller, Riley, and Shevell, 1999; Õiglane-Shlik 외, 2006). 반면에 엥겔만 증후군을 앓는 아기는 아주 잘 먹기 때문에 튜브를 쓸 일이 없다. 둘 사이의 또 다른 차이점은 수면 패턴이다. 프라더-윌리 증후군 아기는 너무 자서 문제고 엥겔만 증후군 아기는 너무 깨어만 있어서 탈이다. 이 대목에서 보통 아기들이 늘 잠투정을 하는 게 유전자 간의 내부 갈등 때문임을 짐작할 수 있다. 아기를 재우려는 모계 출신 유전자와 아기를 계속 깨어 있게 하려는 부계 출신 유전자 사이에 충돌이 일어나는 것이다. 이것을 진화적으로 해석하면 부계 유전자는—프라더-윌리 증후군에서는 발현되지 않는 바로 그 유전자는—아기로 하여금 젖을 열심히 빨고 자주 깨게 함으로써 산모의 산후 비가임 기간을 늘려 엄마의 사랑을 빼앗을 동생의 탄생을 최대한 미루기를 원한다고 말할 수 있다. 반대로 모계 유전자는—엥겔만 증후군에는 발현되지 않는 유전자는—아기가 덜 깨고 젖을 빨리 끊도록 유도하려 한다고 풀이된다. 참고로, 초보 엄마들이 육아하면서 극도의 피로를 호소하는 것은 아기가 아빠에게서 물려받은 유전자의 적응 현상(혹은 확장된 표현형)으로 볼 수 있다(Haig, 2014; Kotler and Haig, 2018).

엥겔만 증후군의 특징은 아기가 애정 표현을 적극적으로 하고 유난히 잘 웃는 것이다(Horsler and Oliver, 2006a). 감정 표현이 거의 없는 프라더-윌리 증후군과는 대조적이다(Isles, Davies, and Wilkinson, 2006).

엥겔만 증후군 아이는 시도 때도 없이 웃음을 터뜨린다고 잘못 알려져 있는데, 과학적인 행동분석 연구들에 의하면 뜬금 없이 혼자 웃는 일은 드물고 특히 눈이 마주쳤을 때 큰 웃음이 터진다고 한다(Oliver, Demetriades, and Hall, 2002; Horsler and Oliver, 2006b). 엥겔만 증후군 환아 13명을 다른 지적장애를 가진 어린이들과 비교한 연구가 있다. 이때 엥겔만 증후군 아이들은 더 자주 미소를 지었고, 보통은 웃기 전에 먼저 눈앞의 어른에게 다가가거나 손을 내미는 경향이 있었으며, 자신의 미소에 상대방도 마주 웃게 만들었다(Oliver 외, 2007). 엥겔만 증후군 환아가 웃음을 터뜨리거나 미소를 짓는 빈도는 자랄수록 점점 줄어든다(Adams, Horsler, and Oliver, 2011). 즉 모든 어린아이들이 양육자의 보살핌과 관심, 유대감을 원할 때 정상적으로 하는 행동, 그러니까 소리 내 웃거나 미소 짓는 것을 엥겔만 증후군 환아는 과장되게 한다고 보면 된다(Brown and Consedine, 2004; Isles, Davies, and Wilkinson, 2006). 과거의 사교적 환경이 진화적으로 미소에 대한 반응 패턴을 만들었고 그에 따라 세포 내에도 일정한 소통 방식이 생긴 것이다.

엥겔만 증후군 아이들의 외향적인 성격에는 늘 심각한 소통장애라는 또 다른 특징이 따라다닌다. 이런 아이들은 언어 능력과 비언어적 소통 능력 모두 크게 떨어진다. 엥겔만 증후군을 갖고 태어난 아기는 귀청이 째지는 고음으로 울지만(Claayton Smith, 1993) 옹알이는 느리거나 아예 없다(Yamada and Volpe, 1990; Penner 외, 1993). 본래 비언어적 소통은 요구사항이 있거나 상대의 요구를 거절할 때 사용하는 도구다(Didden 외, 2004). 엥겔만 증후군을 앓는 아이는 비언어적 소통 과정에서 어떤 동작을 취하거나 무언가를 가리키는 것보다는 손을 밀어내고, 손가락을 잡아 끌고, 몸에 손을 대 시선을 이쪽으로 돌리는 것 같은 직접적인 행동을 상대방에게 하기 쉽다(Jolleff and Ryan, 1993). 공동 집중, 공동 활동, 차례 기다리기 같은 기능의 학습은 몹시 더디다(Penner 외, 1993). 제대로 된 구음언어 능력은 평생 기대하기 어렵다(Clarke and Marston, 2000; C. A. Williams 외, 1995). 말을 못 하니 인지장애가 실제 수준보다 부풀려져 보인다(Alvares and Downing, 1998; Pembrey, 1996; Penner 외, 1993). 그뿐만 아니다. 엥겔만 증후군 환아는 운동모방 능력이 현저히 떨어져 남들이 말할 때 입이 움직이는 모양을 흉내내지 못한다(Didden 외, 2004; Duker, van Driel, and van de Bercken, 2002; Jolleff and Ryan, 1993; Penner 외, 1993). 인간 언어 학습의 운동 이론은 인간의 언어가 성대의 동작을 인식하고 모방함으로써 학습된다는 이론이다(Galantucci, Fowler, and Turvey, 2006; Gentilucci and Corballis, 2006). 어느 흥미로운 가설에 의하면, 엥겔만 증후군의 운동실조와 구음언어 결핍 증상이 운동 기능을 담당하는 신경망의 이상이라는 드물지 않은 병인 때문일지 모른다고 한다.

모계 출신 유전자가 발현되지 않을 때 말을 못 하게 된다니 참으로 흥미롭다. 배드콕Christopher Badcock과 크레스피Bernard Crespi는 모계 유전자가 아이의 뇌 언어중추에 작용해 엄마를 본보기 삼아 엄마의 가르침에 순종하게 함으로써 엄마와 아이 모두 모계에 유익한 니즈를 갖도록 이끈다고 제시한 바 있다(Badcock and Crespi, 2006). 그런데 이 모계 유전자가 침묵하면 아이의 구음언어 소통 기능이 발달 단계의 극초기에 멈추는 듯하다(Grieco 외, 2018). 짐작하기로 엥겔만 증후군에서 침묵하는 모계 유전자에 원래는 언어발달이 시작되게 하는 기능이 있고, 정상적으로는 아기의 말이 일찍 트일수록 엄마가 볼 손해가 줄어드는 게 아닐까 한다.

이 플루리부스 우눔*

잠시 발생계 이론으로 돌아가 유기체 자동기계를 통제하는 것이 과연 유전자인가라는 문제를 다시 생각해 보자. 개체발생은 발생 중인 유기체의 물질 요소들과 주변 환경 간 필수불가결한 상호작용을 통해 일어난다. 유전자는 이 과정에서 중요한 역할을 담당하지만 홀로 뭔가를 해내지는 못한다. 유전자의 물질 요소인 핵산nucleic acid은 유기체에게는 수많은 분자 중 하나일 뿐이고 단백질, 지방, 탄수화물, 무기질과 다를 게 하나 없다. 이 분자들은 유기적으로 조합되어 근육, 신경, 뼈, 분비샘 같은 더 상위의 구성요소를 형성한다. 그렇게 만들어진 상위 구성요소들은 또 서로 힘을 합쳐 정해진 목적을 위해 환경에 일정한 작용을 한다. 이와 같이 유기체의 행동을 관리하고 통제하는 모든 순간에 유전자 발현의 변화가 끼어들 틈은 거의 없다. 장기적 안목으로 보자면 유전자는 환경 자극에 대응해 유기체를 리모델링할 때 쓰이는 도구다. 유기체의 기능에 무게를 둔 이 해설에서 유전자가 갖는 의미는 유전자 토큰 내지는 물질 유전자에 가

---

* E pluribus unum. 여럿이 모인 하나. 1955년까지 사용된 미국의 국가표어—옮긴이.

깝다. 물질 유전자는 유기체의 행동을 통제하지 못한다. 유기체는 그 복잡한 구조에 걸맞게 스스로를 통제한다. 이것이야말로 자율적 로봇의 모습이다.

내분이 일어날 수 있는 곳에서 유지되는 통제는 어떻게 이해하는 게 옳을까? 주체성을 생각할 때는 사회의 은유를 활용하는 것이 유연하게 사고하기에 더 편하다. 국가의 주권과 국민의 주권을 따져 보자. 국가는 밖으로는 전쟁을 선포하거나 타국과 조약을 체결하며 국제적으로 작용하고, 안으로는 인프라에 투자하고 국민들 사이에 불거지는 갈등을 중재하는 동시에 그들을 계도함으로써 대내적으로 작용한다. 이와 같은 국가 작용은 부분적으로 국민들의 작용에 의해 결정되는 것이지만, 국민 개개인의 선택과 선호도는 다시 국가 작용의 영향을 받아 생겨나고 조정된다. 혹자는 국가가 주권들의 총합이면서 국민 하나하나가 독립적 주권을 보유하는 게 당연하지 않느냐고 말할지 모른다. 그러나 사회와 사회 구성원들 간의 인과관계를 이해하는 것은 단순하게 해석학적 순환hermeneutic circle만으로 해결될 문제가 아니다. 부분들을 가지고 전체를 설명하고 전체 안에서 차지하는 위치로 부분을 이해하면서 돌고 도는 게 다가 아니라는 소리다. 인간은 사회집단을 이루는 부속품 이상의 존재다. 국적이 여럿인 사람들이 있는 것처럼 집단끼리 구성원이 겹치기도 한다. 이때 이중국적은 국내에서는 내부갈등의 씨앗이면서 두 국가 사이에서는 협력의 조력자가 된다.

나는 유기체 행동의 시간척도상에 작용하는 실행자를 두 종류로 구분한다. 바로 우리가 유기체라 인식하는 역사적인 개체와 내가 전략적 유전자라 부르는 역사적인 개체다. 둘의 관계는 어떤 면에서 국가와 국민의 관계를 닮았다. 유기체는 전략적 유전자들의 집합 작용에 의해 결정된 방식으로 세상에 작용하지만, 유전자는 다시 각각의 작용이 유기체 수준에서 처리되는 정보에 의해 결정된다. 전략적 유전자는 그저 유기체 기계에 포함된 부품이 아니다. 유전자 당파가 다수 유기체 개체에 퍼져 있을 때와 같이, 한 유기체 안에서도 전략적 유전자 무리들은 당파의 이익을 위해 얼마든지 공익을 저버릴 수 있다. 전략적 유전자와 유기체는 서로 다른 주체성을 가진 별개의 존재다. 둘은 자연을 관절에서 조각하는 방식이 서로 다르다.

발생이라는 공시적 축은 실컷 둘러봤으니 이제는 진화라는 통시적 축을 얘기할 차례다. 진화의 시간 척도에서는 *정보 유전자*가 텍스트가 된다. 정보 유전자에는 무엇이 과거 환경에서 잘 통했고 어떤 게 미래 환경에서 먹힐 것 같은지에 관한 정보가 담겨 있다. 이 텍스트는 과거 환경이 쓰고 다듬어 핵산 가닥이라는 매체에 새긴 것이다. 안에는 유기체를 이렇게 건설하라는 구체적인 지침이 들어 있다. 지침에 따라 만들어진 유기체는 주변 환경을 실시간으로 해석하고 유전자 텍스트를 읽어 낼 것이다. 이때 현재의 환경은 지금 일어나는 발생 과정 동안 물질 텍스트를 해석할 맥락을 제공한다.

6

인간의 내적 갈등

From Darwin to Derrida

INTRAPERSONAL
CONFLICT

내가 원하는 바 선은 행하지 아니하고 도리어 원하지 아니하는 바 악을 행하는도다.

- 로마서 7장 19절

《심리학의 원리》 중 의지에 관한 챕터에서 윌리엄 제임스William James는 결심의 유형을 다섯 가지로 나눴다. 그중 대부분은 특별한 노력이 필요 없는 결심이었지만, 하나만은 달랐다.

마지막 유형의 결심에는 증거가 확실하다거나 논리적으로 이치에 맞는다는 느낌이 있을 수도 있고 없을 수도 있다. 하지만 어느 쪽이든 결정을 내림에 있어 전적으로 내 스스로의 의지로 행동한다는 생각을 하게 된다. (……) 더 자세히 뜯어보면, 가장 큰 차이점은 앞선 결심 유형들의 경우 최종적으로 하나를 정하는 순간 버려진 다른 선택지는 마음의 시야에서 완전히 혹은 거의 완전히 사라지지만 다섯 번째 결심 유형의 경우 두 선택지 모두 계속 시야 안에 머무른다는 것이다. 선택의 주체는 이미 진 가능성을 아예 말살하는 게 스스로를 패배로 몰고 가는 꼴임을 깨닫는다. 이는 제 살에 가시를 박는 짓이다. 행위에 내적 노력이 동반한다는 감각은 마지막 결심 유형을 앞의 네 가지와 극명하게 대비시키는 결정적인 요소이며 이 결심 유형이 어느 모로나 특이한 정신적 현상임을 부각시킨다. (James, 1890/1983, p. 1141)

노력 없이 혹은 노력을 통해 내리는 결심 유형들을 모두 숙고한 뒤 제임스는 "더 본능적이고 습관적인 충동을 억누르고자 평소에는 보기 드문 이상적인 충동이 발동할 때마다 (……) 노력이 수행의지 volition를 복잡하게 만든다"고 결론 지었다.

종교, 문학, 심리분석의 텍스트는 고상한 성정과 저급한 본능, 열정과 이성, 이기심과 이타심, 당장의 만족과 장기적 목표 추구 사이의 갈등을 다루는 내용으로 넘쳐난다. 우리 모두는 하루에도 몇 번씩 이러지도 저러지도 못할 딜레마에 빠진다. 전화를 걸어 볼까 했다가 금세 그러기 싫어지고, 유혹과 양심 사이에서 괴로워한다. 그런데도 진화생물학은 우리의 주관적 경험이 어째서 이런 식으로 형성될 수밖에 없는지 일언반구 설명이 없다. 언뜻 생각하기엔 나 자신과 싸운다는 게 말도 안 되는 얘기 같다. 만약 인간이 포괄적합도를 극대화시킨 최고의 설계도에 따라 자연선택이 만들어 낸 작품이라면, 도대체 왜 우리는 어떤 결정을 내리고 그 결심을 진득하게 실천하는 게 이다지도 힘든 걸까? 적합도 향상을 주 임무로 하는 컴퓨터라면 여러 가지 대안들의 예상 효용도를 단순계산한 다음에 동기부여성 점수가 가장 높은 보기 하나를 선택하기만 하면 끝이다. 이와 달리 우리에겐 어떤 결심 유형이 다른 유형들보다 실행하기 어려운 이유가 뭘까? 노력이라는 주관적 경험은 문제의 연산 난이도를 가늠하는 지표일 뿐일까, 아니면 뭔가 심오한 의미가 더 있는 걸까?

윌리엄 제임스는 "우리 의식 속에 현상적 사실로서 노력이 존재하는 것은 의심할 수도 부정할 수도 없다"면서도 이렇게 덧붙였다. "그러나 노력이 중요한가 아닌가는 그 어떤 주제보다도 이견이 분분한 사안이다. 영적 인과의 존재만큼이나 중차대하고 우주적 숙명 혹은 자유의지만큼이나 방대한 논제들이 중요한지 아닌지는 전부 그 해석에 달려 있다"(James, 1890/1983, p. 535). 내가 이 챕터를 시작한 목적은 이런 묵직한 물음들의 답을 찾는 것도, 인간의 주관적 경험이 어떻게 그리고 왜 발생하는가 같은 심오한 주제를 한 꺼풀이나마 벗겨 보려는 것이 아니다. 사실 나는 생물학자가 아닌 사람들이 인식하는 내부갈등의 무소부재無所不在성(어디에나 있음—옮긴이)을 정신이 자연선택의 적응 산물이라는 생물학자의 견해와 어떻게 연결할 수 있는지가 궁금하다. 종종 내부갈등은 부적응의 증거로 *비치곤* 한다. 하는 일 없이 시간과 에너지만 낭비하는 짓이라는 것이다. 그게 진짜라면, 그럼에도 갈등이 계속 일어나는 이유는 뭘까?

적응을 잘하는 정신 안에서 일어나는 갈등이라는 수수께끼는 세

가지 가설을 가지고 풀어 볼 수 있다. 첫째, 내부갈등이 미숙한 적응 때문에 발생하며 나름 진화된 메커니즘이 평균적으로는 잘 작동하다가 가끔씩 실수를 저지른다는 시각이 있다. 그런 까닭에 우리의 현실은 늘 내부갈등투성이라는 것이다. 갈등이 전혀 없으면 더할 나위 없이 편하겠지만 말이다. 둘째, 일각에서는 내부갈등이 적응을 통해 변화하며, 대립하는 갈등 당사자들의 궁극적 목표는 같기에 이들 사이의 갈등은 어떤 면에서 허상에 불과하다고 제안한다. 즉 때로 자연선택은 단순히 유용한 진실에 이르기에 가장 좋은 수단이라는 이유로 반대편의 시스템을 흔쾌히 채택한다. 셋째, 내부갈등이 '진짜로' 있으며 정신활동에 기여하는 다자 행위자들 간에 서로 다른 궁극적 목표 탓에 불거진 불화를 반영한다고 해석할 수도 있다. 일찌감치 내 입장을 밝히자면, 나는 세 가지 설명 모두 서로 복잡다단하게 상호작용하면서 내부갈등의 경험에 한몫씩 한다고 생각한다.

우선 내부갈등이 적응의 한계 탓이라는 해석부터 간단하게 살펴보자. 본래 적응에는 높은 정밀도를 기대하기가 어렵다. 여기에는 몇 가지 이유가 있다. 일단 자연선택은 우리 인간을 현재보다는 과거의 환경에 맞추는 소급적 과정이다. 또한 지금 존재하는 차이들 풀과 적절한 신종 돌연변이가 출현할 때까지의 지체 기간이 환경 변화에 대한 적응 반응의 범위를 제약한다. 마지막 이유는 자연선택이 극도로 약한 선택압에는 둔하다는 것이다(다시 말해, 적응성 차이가 미미할 땐 누가 생존해 번식할지 결정되는 과정에 우연이 개입할 소지가 커진다). 심지어 어떤 내부갈등은 단순히 적응이 정밀하지 않다는 증거에 지나지 않을 수도 있다. 인간 유전체는 옛날 텍스트를 소소하게 고쳐 가면서 진화한다. 컴퓨터 운영시스템이 기존 코드에 새 기능을 입혀 업데이트되는 것과 같은 이치다. 프로그래머도 자연선택도 모든 오작동을 싹수부터 완벽하게 잘라 내지는 못한다. 그런 점에서 어떤 내부갈등은 가끔 내 컴퓨터에 충돌을 일으키는 '운영시스템 내 갈등'과 흡사한 것 같다. 프로그램 여러 개가 동시에 돌아가고 있을 때 종종 프로그램들이 컴퓨터 운영시스템에 서로 모순되거나 모호한 요구를 하는 것이다. 말이 그렇다는 것이고 이게 완벽한 비유는 아니다. 사실 컴퓨터는 여러 프로그램을 동시에 가동하지 않는다. 엄밀히는 중앙처리장치가 한 번에 프로그램을 하나씩 순서대로 작동시키는 것이지만 작업전환 속도가 워낙 빨라 동시에 일어나는 일처럼 보일 뿐이다. 이와 대조적으로, 인간의 뇌는 수많은 중앙처리장치가 병렬 연결된 식이라 여러 데이터를 동시다발적으로 처리할 수 있다. 마지막 순간에 하나의 결정으로 압축되려면 분산된 신경계 활동은 어떻게든 반드시 통합되어야 한다. 아마도 이 통합 과정의 불완전함에서 '갈등'이 비롯되는 게 아닐까 싶다.

현재 우리를 둘러싼 환경은 생소해 우리가 아직 적응하지 못한 도전과제들을 우리에게 던진다. 재산을 맡겨 놨다가 10~20년 뒤 두둑한 이자와 함께 거둬들이는 호시절은 인간의 진화적 과거사를 통틀어 지금껏 단 한 번도 없었다. 은퇴계획을 미리 세우는 것은 현대에 나온 요즘 문화이니, 인간에게 그쪽으로 특별히 진화한 메커니즘이 있을 리 만무하다. 아쉬운 대로 계획을 세울 때 인간이 활용하는 것은 무난한 범용 문제해결 기구general-purpose problem-solving machinery다. 그럼에도 옛날옛적에 시스템에 내장된 반응들과의 마찰을 피할 수는 없다. 그리하여 저축하자는 이성적 다짐은 예쁜 쓰레기들에 월급 봉투를 탈탈 털게 하는 순간의 충동 앞에서 와르르 무너진다. (이 시나리오에서 안락한 노후가 적합도 향상과 무슨 상관인지는 정확히 알려진 바가 없다. 다만 유전학의 관점에서는 아마도 충동에 따르는 것이 순리일 것이다.) 미처 적응할 준비가 안 됐을 때 인간에게 찾아온 또 다른 시련은 바로 마약이다. 대부분의 중독자는 마약에 대한 집착에서 벗어나기를 스스로 간절히 원한다. 그러나 아직 적응은 안 됐어도 진화적으로 프로그래밍된 갈망 욕구를 의지로 완전히 누르는 사람은 드물다.

내부갈등을 적응 안에서 풀이하는 두 번째 해석은 최선의 행동 방침을 결정하는 가장 효율적인 메커니즘이 여러 선택지들 간의 경쟁인 것처럼 생각되도록 하기 쉽다. 질주하는 가젤을 떠올려 보자. 가젤은 곧 오른쪽이나 왼쪽으로 방향을 틀어 저 앞의 나무 그루터기를 피해야 한다. 결정의 순간이 다가오는 동안 가젤의 머릿속은 시시각각 얻는 새로운 지형 정보와 점점 커지는 두려움을 토대로 이런저런 방향으로 우회할 때 나올 수 있는 결과들을 계산하느라 바쁘다. 그렇게 나온 대응 계획들은 가젤이 불시에 어느 하나를 고를 때까지 저희끼리 치열하게 경쟁한다. 사전 계획이 필요한 건 가젤을 바짝 추격 중인 치타 역시 마찬가지다. 치타는 가젤이 행동을 개시하면 신속하게 대처하되 거짓 동작에 속지 않으려고 만반의 준비를 한다. 관건은 반응 시간을 최소로 단축하는 것이다. 가젤은 준비한 여러 계획 중 하나를 실행에 옮기고 여기에 치타는 또 자신이 마련해 둔 방안들 중 하나로 대처한다. 왼쪽으로 갈 것이냐 오른쪽으로 갈 것이냐라는 가젤의 두 선택지는 마침내 어느 하나가 실행되는 순간까지 내내 '갈등'을 빚지만, 가젤이 '결정을 내리는 순간' 탈락된 선택지는 순식간에 시야에서 사라진다. 사실 이 예시는 '제 살에 가시를 박는 선택'을 설명하기엔 불충분한 모델이다.

《심리학의 원리》를 보면 목차상 의지보다 앞인 본능에 관한 챕터에서 제임스는 충동들 간의 갈등이 두 가지 방식으로 일어날 수 있다고 설명한다. 두 방식 중 첫 번째는 어떤 사람에게 O에는 A로 그리고 P에는 B로 반응하려는 본능적 충동이 있는 경우다. 여기서 제임스는 *경험이 쌓이면* O가 P의 *징조*가 될 수 있다고 말한다. "그래서 O에 맞닥뜨릴 때 직관적인 충동 A와 한 다리 건넌 충동 B가 가슴속에서 패권을 다툰다"는 것이다(James, 1890/1983, p. 1011). 이어서 두 번째 방식은 "*자연이 온갖 것들을 세세하게 분류해 상반된 행동 충동을 심어 놓고* 그때그때 미묘한 조건 차이가 주도권을 쥘 충동을 결정하게 만드는" 것이다(James, 1890/1983, p. 1013). 두 모델에는 모순되는 충동들 가운데서 결정하는 것을 *경험*으로 간주한다는 공통점이 있다. 최종 판단까지 가는 과정에서 잠깐이지만 이성이 개입할 수도 있다. "이성 혼자서는 어떤 충동도 막지 못한다. 유일하게 충동을 잠재울 수 있는 것은 다른 충동뿐이다. 하지만 이성은 *추론을 통해 상상력을 자극함으로써 다른 통로로 충동을 발산시킬 수 있다*"(James, 1890/1983, p. 1013). 충동들 간의 갈등이 경험을 거쳐 해소된다는 이 모델은 어떤 면에서 공정한 판사가 주재하는 재판과 흡사하다. 다만 제임스는 충동들 간의 주도권 쟁탈전을 얘기하면서 어째서 그 과정에 꼭 노력이 따르는지를 분명하게 해설하지는 않았다.

인간은 뿌리 깊은 본능의 단점을 상쇄하고자 범용 문제해결 기구

(이성)와 지피지기의 학습 능력을 발달시켜 왔다. 우리는 이성과 문화와 본능을 두루 갖춘 존재다. 앞서거니 뒤서거니 하는 이 행동 지침들은 그때그때 다른 선택지를 권한다. 본능은 자연선택의 지난 역사를 통해 농축된 지혜를 토대로 비슷한 환경조건에서 잘 통했던 대응 방법을 추천한다. 문화도 오랜 세월 쌓인 지혜의 정수라는 건 똑같다. 하지만 유전자와 비교할 때 환경 변화에 반응하는 속도가 훨씬 빠르고, 문화가 유전자 적합도 향상을 꼭 필요로 하지는 않는 규칙에 따라 진화한다는 점이 유전자에게는 불리하게 작용한다. 마지막으로 이성은 현재 상황의 독자적인 특징과 약한 선택압에도 적절하게 반응할 줄 아는 반면, 역사적인 판단력은 본능이나 문화에 비해 떨어질 수 있다. 긍정적인 것이든 부정적인 것이든 우리의 열정은 유전자가 인간을 움직여 자신의 목적을 실현하기 위해 휘두르는 당근과 채찍이다. 이성은 종종 열정의 노예가 되지만, 이성이 쾌락을 추구할 땐 쾌락이 목적을 이루기 위한 수단이라서가 아니라 쾌락 자체가 최종 목적이기에 그러는 것이다. (관계할 때마다 콘돔으로 피임하는 게 바로 이성이 유전자의 목적을 회피한다는 대표적인 실례다.)

인간의 이성적 사유 능력은 본능의 불완전함에 적응해 나온 반응이다. 하지만 이 적응 역시 완벽하지는 않은 게 분명하다. 완벽하다면 본능과 이성이 상반되는 제안을 할 때 충돌이 일어날 이유가 없을 테니 말이다. 만약 이런 충돌이 불가피한 데다가 자꾸 반복된다면, 인간은 직면한 갈등을 해결하기 위해 (역시나 아직 불완전한) 메커니즘을 또 발전시킬 것이다. 본능과 이성이 충돌할 때 고등생물은 갈등을 어떻게 해결할까? 그런 고등생물이라면 본능에 따른 반응 편에 섰던 지난 선택들의 위세에 밀리지 않을 만큼 충분히 탄탄해진 이성을 갖고 있을 테지만 그럼에도 이성이 본능을 압도하기엔 여전히 역부족일 것이다. 적합도와 밀접하게 연관된 결정을 내려야 하는 상황에 놓였다고 치자. 이때 본능의 통솔력이 클 경우 그럼에도 이성이 주도권을 잡기 위해서는 매우 강력한 동기가 필요하다. 그런데 본능의 지배력이 약할 땐 동기 최소요구 기준이 내려갈 것이다. 여기까지가 노력이 필요한 결정 유형을 적응 기전을 곁들여 헤아려 본 내용이다. 어떤 일은 결정을 내리기가 유독 어렵다. 비슷한 결정을 훨씬 쉽게 했던 과거의 개체들이 후손을 적게 남긴 탓이다. 근력만큼이나 인간의 의지력도 자연선택에 의해 단련되고 강해진다. 그렇게 생각하면 운동으로 변해 가는 근육의 모습이 윤리학자에게 조금이나마 대리 위안을 줄지도 모르겠다.

현실은 지금까지 소개했던 이론 모델보다 훨씬 복잡하다. 본능은 단조롭지 않고 이성도 마찬가지다. (어떤 면에선 이성을 특별한 유형의 본능이라고도 할 수 있다). 뇌의 각 부분은 서로 다른 업무를 전담해 수행하며 어느 부분도 전체 그림을 보지는 못한다. 인간정신 구성의 일반원리를 간단하게 요약하면 정신작용 모듈들이 이목 집중과 영향력 확보를 두고 서로 경쟁하는 구조라 정리할 수 있을 것 같다. 각 모듈은 서로 다른 유형의 데이터를 처리해 대응책을 추천한다. 어떤 모듈이 결정 총괄본부에 올리는 메시지는 아마도 진지한 객관적인 자료분석이라기보다는 단순한 선호도 공개에 더 가까울 것이다. 그렇다면 결국은 모두의 선호도가 모여 선택을 만드는 게 틀림없다. 케네스 애로Kenneth Arrow는 사회적 선택 상황에서 선호도를 종합하는 어떤 절차든 합리성이라는 근본 이치에 절대로 위배되지 않을 거라 보장하지는 못함을 증명했다(Arrow, 1963). 이때 그는 정보가 선호도의 우선순위에 국한된다고 가정하고, 특히 선호의 강도를 개인 간에 비교하는 것이 불가능하다는 조건을 달았다. 그렇다면 개개인의 내면에서 선호도가 집계되는 절차의 합리성에도 비슷한 제한이 있을까?

동기가 공통화폐 형식으로 표출되지 못할 경우, 각자의 주관적인 경험에서 선택은 훨씬 어려운 일이 된다. 불륜의 유혹에 굴복할 때와 거기에 저항할 때 기대되는 즐거움의 크기를 단순 비교할 수 있다면 인생은 훨씬 단순했을 것이다. 하지만 두 가지 선택은 각각 서로 다른 종류의 보상을 약속한다. 한쪽은 즉각적인 만족감을 선사하는 보상이고 다른 한쪽은 장기 프로젝트를 오래 이어지게 하기에 적합한 보상이다. 이처럼 보상이 여러 가지 화폐 단위로 제시되는 데에는 그럴 만한 기능적 이유가 있을 터다. 그러나 여러 화폐의 혼용은 개인의 내적 비교 문제를 배배 꼬아 버린다. 다행히 환율이 잘 자리 잡혀 있다면 화폐 단위가 여럿이어도 보상안들 간의 명료한 비교가 여전히 가능하겠지만, 사실상 이런 경우는 없다. 어째서 그럴까? 내 마음 한구석은 이렇게 하고 싶어 하고 또 한 구석은 다르게 대응하려 하는데 비교 기준으로 쓸 공통단위가 없다면 이 갈등을 어떻게 해결해야 할까?

어쩌면 비용도 그렇고 이익도 그렇고 모든 값이 한 척도에 다 표시되지 않는 상황이 종종 생기는 게 아닐까 싶다. 복수複數의 화폐는 환율의 변동성을 높인다. 만약 호소하는 내면의 목소리들마다 붙는 최적의 가중치가 시간과 장소에 따라 매번 달라진다면 이것도 어떤 면에서 적응이라고 할 수 있을지 모른다. 여성이 불륜에 빠질 때 맞게 되는 결말은 장소가 미국 뉴욕일 때와 사우디아라비아 리야드일 때가 극과 극으로 다르다. 복수의 화폐는 여성이 속한 사회의 문화에 맞는 환율을 여성에게 제시할 수 있다. 여성은 철 없던 지난날 어떤 선택에는 보상을 받고 어떤 선택에는 벌을 받으면서 쌓아 온 경험을 토대로 자신에게 적당한 환율이 얼마인지 학습할 것이다. 만약 정말 이런 식이라면 인간이 점점 나이를 먹고 문화규범을 익힐수록 선택이 점점 쉬워질 거라 기대할 만하다. (단 규범이 너무 빨리 변하지 않는다는 가정을 둔다.)

여기까지가 내부갈등의 적응과 제약에 대한 문답 내용이다. 요약하자면, 내면의 목소리들이 주목 받으려고 경쟁하는 데에는 적응 맥락의 타당한 이유가 있는 걸로 짐작되지만 어떤 경쟁은 여전히 적응력이 크게 달리는 모습을 보인다. 어느 메커니즘도 완벽하지는 않다. 병적인 우유부단함은 진짜 그냥 병일지도 모른다. 인간 정신을 설명하는 이론 모델은 정신작용 모듈들이 저마다 다른 능력치를 가지며 입력되는 정보가 다른 까닭에 서로 다른 선호도를 보인다고 말한다. 이 모델에 따르면, 선호도 집계의 문제는 모듈들의 선호도에 할당할 가장 적절한 가중치를 결정하는 것의 문제로 축소된다. 그러나 반드시 고려해야 할 또 다른 가능성이 하나 있다. 바로 내부 파벌들이 궁극적 목표를 두고 서로 다른 목소리를 낼 수 있다는 것이다. 그렇다면 각 파벌은 자신의 주장에 유리한 사례를 의도적으로 뻥튀기하려 할 것이다. 설령 그것이 그릇된 정보로 세상을 오도하는 행위라 할지라도 말이다.

서로 다른 이익을 추구하는 행위자들은 같은 정보를 접해도 제각각의 선호도를 보일 수 있다. 한 자아를 각자 뚜렷한 관심사를 가진 행위자들의 모임이라고 한다면, 내부갈등은 궁극적 목적을 두고 행위자들 간에 실제로 벌어지는 이견을 반영한다고 말할 수 있다. 한쪽에 이익인 것이 모두에게 이익일 수는 없다. 여러 분과의 추천을 받아 의회가 최종적으로 내놓은 적정 가중치 제안이 일부 파벌들에게는 성에 차지 않을 수 있다. 문화규범이 이미 깊이 뿌리내린 사회에서 합리적으로 책정된 환율을 꼭 모두가 인정해야 하는 것도 아니다. 그런 점에서 결정을 내린다는 것은 집합의 숙고 행위를 닮은 것 같다. 언제는 만장일치가 나오다가 어떨 땐 한 무리의 이해가 나머지를 압도하고 또 가끔은 아무 결정도 못 내리고 회의가 끝나기도 하는 것이다.

내 생각에 자아의 숙고에는 두 종류의 행위자가 기여한다. 하나는 유전자다. 유전자의 궁극적 목적은 자신의 복사본을 전파하는 것이다. 달리 표현하면, 오늘 우리가 보는 유전자는 지난날 증식에 성공한 유전자다. 유전자는 오직 자신의 생존과 자기복제에 도움 되는 성질을 유지하는 범위 안의 목적만 추구하는 셈이다. 두 번째 행위자는 아이디어다(아니면 도킨스 식으로 밈이라 불러도 좋다). 아이디어는 여러 사람들에게 퍼지기도 하고 한 개인의 마음속에서 재탄생하기도 한다. (사실 우리가 가진 아이디어 대부분은 다른 사람들의 생각에 나만의 독창적 요소를 덧대 재조합한 혼합 콘텐츠다.) 어떤 아이디어가 인간의 의식 위로 부상했다면 그것은 다른 아이디어들과의 경쟁에서 최종 승자가 되어 의식 주체의 주목을 받는 데에 성공했다는 뜻이다. 또, 사람들의 마음을 모으는 아이디어는 다른 아이디어들을 제치고 전달자의 입으로 주창되고 그 어느 아이디어보다 먼저 수신자의 눈과 귀에 포착되기에 그럴 수 있는 것이다. 아이디어는 오직 정신에서 정신으로의 전파에 도움 되는 성질을 유지하는 범위 안의 목적만 추구하는 셈이다. 그런 성질이 아이디어의 '적응'이다.

아이디어는 지면 공간을 두고 서로 경쟁한다. 이 책을 쓰면서 내 마음속에도 수많은 갈등이 있었다. 무슨 내용을 쓸지 확정하지 못한 때가 자주 있었는데, 그렇게 우유부단하게 굴수록 잡다한 걱정들로 속이 점점 시끄러워졌다. 여러 아이디어와 다양한 표현들이 지면 한 자리를 차지하겠다고 팽팽히 맞섰다. 문장을 썼다가 지우고, 그 자리에 다른 문장을 채워 넣었다가 또 고민하길 몇 번이나 반복했는지. 그러다 보면 어느새 챕터의 마지막 문단이 거의 완성되어 있곤 했다. 이 경쟁에서 특정 아이디어를 살아남게 한 성질은 무엇일까? 하나는 원고 전체와의 일관성이다. 또 하나는 아이디어가 내 관심을 얼마나 잘 끌었느냐다. 덤으로 나는 늘어지는 해설보다는 짧고 굵은 문체를 선호한다. 그리고 마지막 기준은—진심으로 바라는 점이기도 한데—혹자는 '진실'이라 부르는 현실과 얼마나 잘 부합하느냐다. 이 기준들을 통과해 선발된 아이디어들이 내 의식에 자리매김했고 이제는 다시 독자들의 마음에 스며들려 하고 있다. 부디 씩씩하게 나아가 번창하기를.

사람들이 내 책을 읽을지 말지에 나는 왜 신경 쓸까? 사람들은 무슨 까닭으로 자신의 아이디어를 널리 공유하고 싶어 할까? 우리가 신경 쓴다는 사실은 아이디어 전파와 유전자 전파 사이에 진화적 상관관계가 있음을 암시한다. 다시 말해, 성공적인 아이디어 전파자는 일반적으로 성공적인 유전자 전파자이기도 하다는 얘기다. 아이디어는 자기 자신과 자신의 혈연자를 도와 물리적으로 녹록치 않은 환경에서 살아남게 함으로써 쓸모를 발휘할 수 있다. 더불어 아이디어에는 전시될수록 효과가 커지는 기능이 있다. 가령 나는 내가 똑똑한 사람이라는 좋은 인상을 사람들에게 남기고 싶다. 남 앞에서 멍청한 얘기는 하기 싫다. 나는 내 아이디어가 널리 퍼져서 그 후광을 누려 봤으면 좋겠다. 성공한 아이디어의 전파자가 된다는 건 그만큼의 영향력과 자원통제권을 뜻하는 것이기도 하다. 우리 모두는 아이디어를 창조하고 퍼뜨리고자 하는 본능을 타고난다. 이런 본능은 아이디어들이 저희끼리 경쟁해 각자의 목적을 발전시키는 환경을 창출한다.

'좋은' 아이디어에는 설득력이 있다. 좋은 아이디어는 유전자의 적합도를 높여 주지 못하는 조건에서도 유전자가 편견을 접고 양보하도록 만든다. 유전자 전파와 밈 전파 간의 상관관계가 완벽하게 설명되진 않지만 가끔은 유전자의 희생으로 아이디어가 전파되거나 아이디어의 희생으로 유전자가 전파된다. 누군가 정치 신념이나 종교적 이상을 지키고자 사력을 다할 땐 아이디어의 선동이 유전자의 설득을 이긴 것이다. 반면에 카리스마 넘치는 목회자가 순간의 성추문으로 평생 쌓은 신망을 잃는다면 그것은 유전자의 애원이 아이디어의 호소를 꺾은 결과다. 자연선택은 유전자 적합도를 줄이는 아이디어가 채택되지 않게 하는 편향적인 유전자의 진화를 선호한다. 하지만 아이디어의 진화 속도는 유전자보다 훨씬 빠르기에, 아주 조금 커진 유전자의 고집에 금세 적응한다. 그리고 인간의 선택은 유전자의 타협을 모르는 완강함과 아이디어의 민첩한 유연성이 합작해 나오는 작품이다.

그러나, 아니라는 사람도 있을지 모르겠지만, 유전자의 편향성도 일관성을 갖춰 진화한다. 항상 그렇다는 건 아니고 만약 우리가 유전자 간 갈등에 휘말린다면 말이다. 생물학에서는 흔히 개체 안의 유전자들은 그 개체의 자손에게 전달될 확률이 똑같기 때문에 다들 같은 이해를 공유한다고 여긴다. 대부분의 선택 상황에서는 이렇게 가정하는 게 논리적으로 타당하다. 문제는 때때로 유전자들이 은밀하게 각자 딴마음을 품기도 한다는 것이다. 그러면 유전체 안에서 유전자들이 서로 모순되는 방향으로 적응을 유도하는 사태가 벌어질 수 있다. 같은 유전체 안에서도 전위인자의 복제 속도는 나머지 유전자들보다 훨씬 빠르다. 또한 핵 유전자는 난자와 정자를 통해 전달되지만 미토콘드리아 유전자는 전달 통로가 오직 난자뿐이다. 만약 서로 다른 유전자가 서로 다른 전달 규칙을 따른다면, 장기적으로 한 유전자의 전파를 돕는 적응이 공교롭게 시기가 겹치는 다른 유전자의 전달에는 비협조적일 수도 있다. 지금부터는 부계에서 온 핵 유전자와 모계에서 온 핵 유전자 사이에 벌어지는 갈등의 구체적 사례들을 자세히 살펴보려 한다. 단 그전에 친족들끼리의 상호작용에 자연선택이 어떤 작용을 하는지부터 잠깐 짚고 넘어가자.

인간은 모두 죽는다. 인간이 죽을 때 뉴런 안의 유전자는 *직접적으로* 후손을 남기지 않는다. 인간이 죽어도 살아남아 복사본을 생산할 기회를 갖는 건 오직 정자나 난자에 들어 있는 유전자뿐이다. 그런데도 뉴런에 존재하는 모든 유전자는 수정란에 들어 있던 유전자와 똑같이 생긴 복사본이다. 수정란은 분화해 뇌도 되고 생식샘도 되는데 수정란에 있던 모든 유전자가 두 장기 모두에 자신의 복사본을 남기는 것이다. 그런 까닭에 뇌에 있는 유전자는 생식샘에 존재하는 *간접적* 복사본의 전파를 돕도록 적응하게 되었다.

인간의 몸에는 다양한 종류의 세포가 존재하는데, 모든 세포에 동일한 유전자 세트가 들어 있지만 생식샘을 통한 유전자 복사본 전달을 돕는 과정에서 각자 맡는 역할이 조금씩 다르다. 만약 간의 어떤 유전자가 생식샘에 있는 간접적 복사본의 전달을 촉진한다면, 이 유전자가 내 친족의 생식샘에 있는 자신의 간접적 복사본도 더 잘 전달되게 하지 말란 법은 없다. 엄마가 아기에게 젖을 먹일 때 유방의 유전자는 엄마의 생식샘이 아니라 아기의 생식샘에 있는 유전자 복사본의 전파를 재촉한다. 모유수유는 여성을 일시적으로 불임으로 만들어 동생의 탄생을 늦추는 효과를 낸다. 즉, 모유수유가 엄마 생식샘에 있는 유전자 복사본을 희생시켜 아기 생식샘에 존재하는 유전자 복사본의 전파를 돕는 셈이다. 여성 유방의 유전자가 이 아기에게 자신의 간접적 복사본을 확실히 남겼다는 보장은 없다. 솔직히 유방 유전자의 간접적 복사본이 아기에게 전달됐을 확률은 반반이다. (여성은 자신의 양친으로부터 유전자를 반씩 받았을 것이다. 이번에는 그녀가 자신의 유전자 절반을 아기에게 전달할 차례지만 이 절반은 엄밀하게는 아기 외조부모의 유전자들이 적당히 섞인 것이다.)

집단양육을 하는 미어캣(몽구스과의 포유류) 사회에서는 딸이 어머니를 도와 갓난 동생을 돌보는 일이 흔하다. 이 과정에서 딸 유방의 유전자가 엄마와 동생 모두의 생식샘에 있는 간접적 복사본의 전파를 독려하는 효과가 나타날 수 있다. 엄마 입장에서는 모유수유로 생기는 손해를 벌충할 수 있고 동생은 젖을 덤으로 얻어먹는 직접적인 혜택을 받기 때문이다. 이때 딸 유방 유전자의 간접적 복사본이 동생의 생식샘에 존재할 확률은 딸이 낳은 친자식의 경우와 똑같이 반반이다. 그런데 만약 자식이나 동생에게 젖을 물리는 대가로 유방의 유전자가 그만큼의 이익을 얻는다면 포유동물 사이에서 이와 같은 자매육아가 그리 흔하지 않은 이유는 뭘까?

공여자와 수혜자가 서로 완벽한 형제자매 관계라고 가정하면, 그러니까 미어캣 집단처럼 모든 형제자매가 같은 *양친*을 두고 있다면 유전자의 적합도를 높이는 이 두 경로는 서로 대등하다고 예측할 수 있다. 그런데 어린 동생이 엄마만 같고 아빠는 다르다고 상상해 보자. 이 경우, 딸이 모친으로부터 물려받은 유전자의 간접적 복사본을 이부동생도 가지고 있을 확률은 50퍼센트이고 딸의 친자식이 같은 간접적 복사본을 갖게 될 확률 역시 50퍼센트다. 즉 모계 출신 유전자에게는 적합도를 올릴 두 경로가 여전히 대등하다. 반면에 딸이 부친으로부터 물려받은 유전자의 간접적 복사본은 동생은 절대 가질 수 없는 데 비해 딸의 친자식에게는 이 복사본이 반반의 확률로 전달될 것이다. 부계 출신 유전자 입장에서는 두 경로가 대등하지 않다는 얘기다. 이처럼 딸에게 대물림된 모계 유전자는 자식과 이부동생 중 누가 이익을 가져갈지에 '무관심'한 반면 부계 유전자는 이부동생보다는 자기 자식이 이익을 얻기를 원하게 된다. 그런 까닭에 상황에 따라서 동생에게 젖을 물릴지 말지를 두고 딸 유방에 있는 모계 유전자와 부계 유전자 간에 이견이 생길 수 있다.

상술된 예시는 내 직계후손과 양친 모두 같은 형제는 빼고 대부분의 친족들이 모계 유전자나 부계 유전자 쪽으로 나와 혈연관계이지만 둘 다는 아니라는 보편적인 특징을 잘 드러낸다. 부계 출신 유전자는 외가에는 무신경하면서 친가 식구들의 형편에 신경쓰기 마련이고, 모계 출신 유전자는 그 정반대다. 즉 모계 유전자와 부계 유전자는 서로 다른 '사회적 환경'에 놓이는 셈이므로 아마도 각자 처한 환경에 알맞는 행동을 하도록 진화해 갈 것이다. 성서에도 모계 혈연과 부계 혈연 간 비대칭성을 보여 주는 일화가 있다. 이스마엘은 아브라함이 애굽인 여종 하갈에게서 얻은 아들이다. 이스마엘은 아브라함이 거느리는 대가족 안에서 자신 말고도 그가 아버지로부터 받은 유전자의 간접적 복사본을 공유한 수많은 혈연자들에게 둘러싸여 자라났다. 하지만 어머니 하갈로부터 받은 유전자의 간접적 복사본을 가진 다른 식구는 하갈 말고는 한 명도 없었다. 이스마엘이 다른 식구들에게는 배신이 되지만 본인에게는 이익을 가져다주는 어떤 행동을 해야 했다고 치자. 이때 그 행동은 이 부계사회의 구성원들이 내야 할 비용 때문에 아브라함으로부터 물려받은 유전자에게는 불리하고 이스마엘 본인이 얻을 이익 때문에 하갈로부터 물려받은 유전자에게는 유리한 결과로 이어졌을 가능성이 다분하다. 만약 비슷한 상황이 인류 역사에서 수없이 반복됐고 이번에 이스마엘이 또 그런 선택의 기로에 선 것이라면, 그의 모계 유전자는 부계 대가족을 배신하는 쪽에 가중치를 더하고 부계 유전자는 집안을 지키는 쪽에 가중치를 더할 것이라는 예측이 가능하다.

관계의 비대칭성이 가장 커지는 것은 부모와 자식 사이의 관계에서다. 부모 자식 관계는 유전자 간의 내부갈등이 극대화될 수 있는 지점이기도 하다. 딸의 모계 유전자는 확실하게 모친에게도 존재하며 딸의 부계 유전자는 모친에게는 절대로 존재할 수 없다. 따라서 딸의 모계 유전자는 모친에게 이익인 것을 본인의 이익처럼 매우 가치 있다고 여기지만 딸의 부계 유전자에게는 모친에게 이익인 것이 아무 쓸모 없다. (여기서 짝짓기 시스템의 차이 탓에 생기는 어느 정도의 복잡성은 무시하기로 한다.) 요점은 딸이 엄마를 보는 모녀 관계상으로는 딸의 유전자들 간에 내부갈등이 일어나는 반면에 엄마가 딸을 보는 모녀 관계에서는 그렇지 않다는 것이다. 엄마의 모계 유전자와 부계 유전자가 딸에게 전달될 확률은 똑같이 반반이기 때문이다. 그런 면에서 자식이 부모에게 갖는 감정은 자식을 향한 부모의 감정보다 내적으로 훨씬 복잡하다고 말할 수 있다.

모계 유전자와 부계 유전자 간 갈등에 관한 논의는 자칫 허울뿐인 궤변으로 변하기 쉽다. 어떤 유전자는 가장 최근 출처의 성별에 따라 다르게 행동한다는 사실을 고려하지 않는다면 말이다. 유전자가 이런 행동 특성을 갖는 것을 *유전체 각인*이라 부르는데, 부모 생식샘 안의 유전자와 연결시키는 어떤 표식, 즉 각인이 남는다는 뜻이다. 각인은 바로 다음 세대 유전자의 직접적 복사본에 고스란히 전달되어 유전자가 모계와 부계 중 어느 쪽에서 왔는지를 드러내야 한다. 그런데 또 자식의 생식샘에서는 삭제가 가능하기도 해야 한다. 자식의 유전자 복사본이 다시 그 상황에 적절한 새 각인을 손주 세대로 전달할 수 있도록 말이다. 각인은 고정된 것이 아니라 조건부적인 유전자의 특징이다. 딸이 가진 부계 유전자가 그 아들에게는 모계 유전자가 된다는 점에서다. 그러므로 부계 각인을 지우고 모계 각인으로 다시 새기는 보정 작업이 반드시 필요하다. 각인된 유전자는 특정 성별로부터 대물림될 땐 확실히 발현되고 반대 성별에서 내려왔을 땐 침묵한다. 다시 말해, 유전자가 선대에 부친과 모친 중 어느 몸에 들어 있었냐라는 과거의 환경이 지금 세대의 유전자 발현에 영향을 미칠 수 있다.

각인된 유전자는 뇌의 발달과 기능에 영향력을 발휘한다. 배리 케번Barry Keverne 등은 체내에 서로 다른 두 종류의 세포를 동시에 가진 생쥐 모델을 만드는 데 성공했다(Keverne 외, 1996). 그 결과, 실험쥐의 어떤 세포에는 어미와 아비에게서 물려받은 유전자가 모두 존재하고 나머지 세포에는 오직 한쪽 부모로부터 온 유전자만 존재하게 됐다. 그런데 모계 유전자가 결핍된 세포는 생쥐 뇌의 시상하부에 다량 분포하는 반면 신피질neocortex에는 하나도 없었고, 반대로 부계 유전자가 결핍된 세포는 신피질에 흔한 대신 시상하부에서는 찾기 어려웠다. 이와 같은 차이로 미루어 알 수 있는 것은 모계 유전자와 부계 유전자가 생쥐 뇌의 정상적인 발달 과정에서 서로 다른 역할을 수행한다는 사실이다. 나아가 부계 유전자는 결정을 내릴 때 시상하부의 선호도에 상대적으로 더 큰 가중치를 주려 하지만 모계 유전자는 신피질의 선호도에 더 큰 가중치를 주려 할 거라는 추측도 가능하다.

아주 단순하게 요약하자면, 시상하부는 '배 속'의 동기를 통제하고 신피질은 '뇌 속'의 동기를 통제하는 셈이다. 또 영장류의 경우는 신피질과 시상하부의 상대적 크기가 사회집단의 구성과 무관하지 않다고 한다. 특히 전형적 집단 안의 암컷 성체 수가 많을수록 신피질 크기가 커진다는 분석이다(Keverne 외, 1996). 모계 유전자에는 '타인을 우선시하는' 신피질성 행동을 독려하는 편파적 경향이 있고 부계 유전자에는 '본인을 우선시하는' 시상하부성 행동을 독려하는 편파적 경향이 있는데, 어쩌면 이런 유전자 편향성을 포유류 사회집단의 두 가지 비대칭성이 설명할 수 있을지 모른다. 첫째, 양육에 수컷들의 참여가 약하고 어미가 거의 전담하는 습성은 일반적으로 사회적 유대가 이복형제들보다는 이부형제들 사이에 훨씬 끈끈해지는 결과를 낳는다. 둘째, 성적으로 완숙한 나이가 됐을 때 무리를 떠나는 것은 거의 수컷이라는 점은 대부분의 포유류 사회집단이 모계 혈연관계에 기반해 형성됨을 보여 준다(Haig, 2000a). 단 인간사회에는 일부 예외가 있을 수 있다(Haig, 2010b, 2011b).

지금은 독자 여러분이 모계 유전자와 부계 유전자가 서로 상충되는 관심사를 가질 수 있다는 가능성을 그저 재미있게만 받아들이면 좋겠다. 그런 갈등이 마음속에서 어떻게 표출되는가를 놓고 뒤에서 새로운 이야기를 시작할 것이기 때문이다. 각인된 유전자는 자잘한 것까지 모든 사안에 간섭하기보다는 전반적인 행동 성향과 성격 특성을 이끌어 간다. 이스마엘이 아버지 아브라함을 배신하고 싶은 유혹을 느꼈을 때 아들의 유전자는 자신이 마주한 딜레마 상황을 구체적으로는 알 수 없었다. 당시 유전자가 가진 정보는 지난날 비슷한 선택의 순간에 유혹과 양심 중 어느 쪽에 더 가중치를 두느냐에 따라 얻었던 결과를 참고한 본능적 촉뿐이었을 터다. 예를 들어, 유혹

쪽에 상대적으로 더 큰 가중치를 뒀을 때 모계 유전자가 평균적으로 이익을 얻었다면 모계 유전자는 유혹에 쉽게 굴복하는 성격으로 적응해 진화할 것이다. 하지만 이런 모계 유전자의 적응은 양심의 설득력을 높이려는 부계 유전자의 적응과 정반대되는 것이다. 이로 인해 조성되는 내적 긴장은 모계 유전자와 부계 유전자가 서로 다른 뇌 구조를 성장시키려고 다투는 아동발달 초기에 특히 고조될 수 있다. 특정 뇌신경 신호를 키우는 한 유전자 세트와 반대로 억누르는 또 다른 유전자 세트가 있을 때 두 유전자 세트와 연관된 뇌 기능을 한창 쓰는 동안에도 마찬가지다.

우리의 선택을 결정 짓는 우리 내면의 인자는 무엇일까? 분명 인간의 본성은 양친으로부터 물려받는 고유 유전자 세트의 영향을 크게 받는다. 하지만 우리가 사는 동안 쌓아 가는 신념과 기억 역시 나를 나이게 만든다. 우리의 선택은 유전자만큼이나 아이디어에 의해서도 결정적으로 좌우된다. 대부분의 선택은 간단하지만 때로는 유전자와 아이디어가 확실한 지침을 알려주지 않거나 여러 목소리가 서로 다른 조언을 내놓는 와중에 결단을 내려야 하는 상황도 발생한다. 자아란 선택의 책임을 지는 주체라 할 수 있다. 우리는 선택을 앞두고 어느 일방적 이익 하나에 이리저리 끌려다니지 않는다는 점에서는 어쨌든 자유로운 실행자다. 아무도—심지어 나 자신도—각 상황마다 내가 어떤 선택을 할지 늘 정확히 예측하지 못한다는 맥락에서도 우리는 자유다.

7

가려운 사람이 스스로 등을 긁는 방법

From Darwin to Derrida

SCRATCHING
YOUR OWN BACK

앞 챕터에서는 개인을 다양한 이해가 충돌하는 하나의 사회로 간주하고 자아의 내면에서 벌어지는 정치의 결정체로 조명했다. 인류 역사상 등장했던 모든 정치체제는 평화기와 갈등기를 공통적으로 겪는다. 상대적 평화기에는 효율적인 사회장치들을 통해 공익이 실현되며, 갈등기는 띄엄띄엄 등장하긴 해도 내전으로 불거지면 공익이라는 목표가 깡그리 묵살되기 쉽다. 시절이 좋을 때 사회 안의 여러 파벌이 각자 딴마음을 품고도 힘을 모아 평화를 유지하는 동력은 뭘까? 사회 불화의 골이 깊어지면 어떻게 어제의 동지들이 내일 서로를 공격하게 되는 걸까? 개인을 하나의 사회라 할 때 토머스 홉스Thomas Hobbes가 말한 만인의 만인을 위한 투쟁은 권력을 독점한 거대 지배조직에 항복한다고 해서 간단하게 해결되지 않는다. 개인은 절대군주제나 독재정권이 지배하는 사회가 아니라 권력이 여러 곳에 분산된 공화국이다. 그렇다면 우리는 어떻게 협동으로 이익을 이끌어 내고 내분의 위험을 피할까? 우리 안의 모든 파벌이 만장일치로 찬성하는 타협안은 어떻게 나오는 걸까? 어떤 안건에 모두가 반대표를 던지기로 작당할 수도 있을까? 이번 챕터에서는 인간의 복잡한 자아를 이루는 당파들이 전략적 협상을 벌이는지, 개인의 내면에서도 호혜주의가 작동할 수 있는지 차근차근 살펴볼 것이다(Trivers, 2011).

반성하자면, 나는 나를 회유하거나 매수하거나 위협하는 내면의 목소리들에 휘둘려 이랬다 저랬다 하는 편이다. 그나마 이런 속삭임의 효과가 그리 크지는 않다. 무엇보다 스스로에게 하는 위협과 약속은 믿음직하지가 않기 때문이다. 내가 나 자신과의 계약을 어기더라도 누가 쫓아다니면서 약속을 지키라고 강제하는 건 아니니까. 또한 내가 나중에 할 일에 대한 보상을 지금 받아내면 남은 반쪽짜리 거래를 굳이 완수할 필요도 없지 않은가. 지난날의 내 죄악이 벌 받아 마땅하니 스스로 망가지겠다고 나 자신에게 선언한다면 과연 그 말을 믿을 수 있을까? 이처럼 스스로를 설득하려는 내면의 목소리들은 우리를 철학적 고민에 빠뜨린다. 나는 내가 뭘 알고 있는지 잘 알고 뭘 원하는지도 이미 안다. 그렇다면 내가 날 설득해야 하는 이유는 도대체 뭘까? 이 물음에 누군가는 내적 협상이란 그저 타인의 행동을 통제하는 데 효과적이었던 도구들을 재활용 내지는 오용하는 정신행위일 뿐이라고 대답할 것이다. 나는 상대방의 위협에 굴복하거나 회유에 넘어가 내 행동을 수정하고 다시 위협과 회유를 동원해 다른 이의 행동을 바꾸려 한다. 그렇다면 같은 기술을 나 자신에게 쓰면 안 될 이유가 어디 있단 말인가. 이때 또 누군가 주장할 것이다. 한 자아 안에는 상이하면서 때로는 상충하기도 하는 의제를 가진 행위자가 다수 존재하므로 개인 내면의 협상은 여러 사람들 간의 협상과 비슷하다고 말이다(Ainslie, 2001).

생물체 안에서 여러 자기복제자가 서로 다른 전달 규칙을 따를 때는 진화적 갈등이 생긴다. 혹시 이 갈등이 자기통제 문제의 씨앗은 아닐까? 자아 안에서 대립의 소지가 있는 의제들은, 유전자와 관련 있든 밈과 관련 있든 항상, 복잡한 성격을 띠기 마련이다. 그러므로 지금은 유전자 간의 내부갈등이라는 단순한 사례에 집중하는 게 전체 맥락을 이해하기에 나을 것 같다. 그런 의미에서 앞 챕터에서 다뤘던 양친으로부터 물려받은 유전자들 간 내부갈등의 예시를 다시 꺼내 보자. 단 이번엔 로버트 트리버스의 공을 기려 그의 애칭을 써 우리의 주인공을 '밥'이라 부른다.

밥의 부모님이 이혼한 뒤 각자 재혼해서 새 배우자와 따로따로 자식을 하나씩 더 낳았다고 상상해 보자. 그러면 밥에게는 엄마가 같은 이부형제(매디라 한다)와 아빠가 같은 이복형제(패디라 한다)가 생긴 셈이다. 이때 매디에게 이익(B)이 돌아가게 하기 위해 밥의 유전자가 기꺼이 감당할 비용(C)은 얼마까지일까? 밥의 모계 유전자가 매디에게 전달될 확률은 딱 50퍼센트다. 그렇다면 밥의 모계 유전자는 매디가 얻을 이익이 밥이 낼 비용의 2배를 상회하는 한($B>2C$) 매디가 이익을 얻는 쪽을 응원할 것이다. 한편 밥의 부계 유전자를 매디도 갖고 있을 가능성은 제로(0)다. 둘의 생부가 다르기 때문이다.

그래서 밥의 부계 유전자 입장에서는 크든 작든 매디의 이익이 밥의 아무리 작은 희생도 정당화하지 못한다. 즉 $B>2C>0$이라는 부등식이 성립할 땐 밥의 모계 유전자와 부계 유전자 사이에 반드시 갈등이 생긴다. 밥이 패디에게 허락하는 이익에 대해서도 비슷한 갈등이 존재하며, 다만 이 경우에는 모계 유전자와 부계 유전자의 역할이 뒤바뀐다.

그렇다면 밥의 내부갈등을 어떻게 해결할 수 있을까? 고전적인 해결책은 '무지의 베일'이 제시하고 있다(Rawls, 1971). 만약 유전자에 자신이 어느 부모로부터 왔는지에 관한 정보가 없다면 유전자는 모계이든 부계이든 항상 똑같이 행동할 수밖에 없을 것이다. 밥의 유전자 하나가 매디를 도울지 말지 선택의 기로에 선다고 치자. 이때 유전자는 매디에게는 확실하게 없는 부계 출신 유전자일 가능성이 반, 매디도 50퍼센트의 확률로 가지고 있을 모계 출신 유전자일 가능성이 또 반이다. 결국 자기 출신을 모르는 상황에서 유전자는 자신의 사본이 매디에게 4분의 1의 확률로 존재할 것이라 기대할 수 있을 테고 따라서 $B>4C$인 조건에서만 매디가 이익을 얻도록 돕는다는 예측이 가능하다.

반면에 유전자가 각인되어 있어서 출신 부모의 성별 정보를 알고 있을 때는 내부갈등의 해결 시나리오가 어떻게 달라질까? 이 경우 만약 $B<2C$라면 모계 유전자와 부계 유전자 모두 이익 제공을 보류하는 쪽을 선호하겠고, 만약 매디의 이익이 밥에게도 직접적인 이익이 된다면($C<0$) 모계 유전자와 부계 유전자 모두 매디에게 이익을 주려고 할 것이다. 그리고 이 양극단 사이에 $B>2C>0$으로 경계지어지는 갈등 구간 안에서는 결과를 구체적으로 예측할 수 있으려면 유전자의 행동 규칙과 각 갈등 당사자들이 결정에 미치는 영향력의 상대적 크기와 관련해 가정이 추가로 붙는다.

일단 바로 떠오르는 갈등 해결 방식 중 하나는 단순하게 한쪽이 결정의 전권을 갖는 것이다. 이 경우 만약 독재자 역할을 맡는 게 밥의 부계 유전체라면 오직 밥의 지출이 전혀 없어야만($C<0$) 매디에게 이익이 발생하고, 반대로 밥의 모계 유전체가 독재자라면 매디가 얻을 이익이 밥이 낼 비용의 2배를 넘어야($B>2C$) 매디가 실제로 득을 보게 된다. 이때 전자의 상황에서는 밥의 부계 유전체가 매디에게 이익을 줄 것인가라는 안건에 거부권을 행사하고, 후자의 상황에서는 밥의 모계 유전체가 부계 유전체에게 결과는 이미 정해졌다고 기정사실 선포를 하는 격이라고 볼 수 있다(Haig, 1992b). 어쩌면 한 독단적 결정을 거부권과 기정사실 선포 중 무엇으로 해석할지 여부는 그저 문제를 어떤 틀에서 읽느냐에 좌우되는지도 모른다. 각인된 유전자의 발현에 관한 이론 모델에 따르면, 이 유전좌위의 모계 유전자와 부계 유전자가 유전자 발현 수준에서 서로 상충되는 이해관계에 있을 때는 독단적 결과로 이어진다. 그러다 진화적 평형 상태에서는 모계든 부계든 생산량 목표를 더 높게 잡은 유전자가 그만큼의 유전자 산물을 생산하게 된다('목소리 큰 놈이 이긴다' 원리).

한편 만약 여러 유전자가 결정 과정의 서로 다른 측면에 각자 독점적 지배력을 갖는다면 무승부가 갈등 해결의 열쇠가 될 수 있다. 윌킨스와 나의 공동연구에 그런 사례가 등장하는데(Wilkins and Haig, 2001), 부계로 발현되는 한 유전좌위의 수요증진 유전자와 모계로 발현되는 다른 유전좌위의 수요억제 유전자가 공동진화한다는 두 유전좌위 모델이다. 부계 수요증진 유전자 산물의 증가는 모계 수요억제 유전자 산물의 증가를 반긴다. 그런데 양이 늘어난 모계 수요억제 유전자 산물은 다시 부계 수요증진 유전자 산물의 생산을 돕는다. 이와 같은 진화의 소용돌이는 양쪽 모두 더 이상의 증량이 감당 안 되게 버거워질 때까지 지속되면서 부풀어오른다. 만약 이 모델이 진화적 평형에 도달한다면 그땐 두 유전좌위 모두 목소리 큰 놈이 득세하고 상당한 갈등 비용을 치러야 할 것이다.

또 하나의 방법이지만 상대적으로 주목을 못 받아 온 갈등 해결 방식도 있다. 바로, 모계 유전자와 부계 유전자가 조금씩 양보해 타협하고 진화에 드는 비용을 조금이라도 줄이는 것이다. 매디와 패디가 이익을 얻게 할 기회가 따로따로 밥에게 주어진다고 치자. 만약 두 기회가 각각 별개의 사건이라면, 매디에게 이익이 돌아갈 땐 밥이 가진 모계 유전자의 포괄적합도가 깎일 것이고 패디가 이익을 얻을 땐 밥이 가진 부계 유전자의 포괄적합도가 줄어들 것이다. 즉 반쪽짜리 동생에게 값비싼 이익을 내어 줄 것인가라는 안건에 밥의 모계 유전자와 부계 유전자가 각각 거부권을 행사한다면 어느 쪽으로도 이익은 발생하지 않을 것이다. 그런데 만약 모계 유전자와 부계 유전자의 결정이 서로 얽혀 있다면, 협상을 통해 두 유전좌위 세트 모두 적합도를 높이는 것이 가능하다. 가령 밥의 모계 유전자가 부계 유전자에게 "패디를 돕게 해 주면 우리도 네가 매디를 도울 수 있도록 협조할게"라며 거래를 제안한다. 이 협상의 값어치는 양측 모두에게 $B/2-2C$쯤 될 것이다. 다시 말해, 밥의 모계 (혹은 부계) 유전자는 매디와 패디 모두 이익을 얻게 하는 데 드는 비용을 부담하는 대신 매디(혹은 패디)가 얻는 이익의 절반을 보상으로 기대할 수 있지만 패디(혹은 매디)가 얻는 이익에는 아무 지분도 갖지 못하는 셈이다. 이때 만약 $B>4C$라면, 각각 거부권을 행사하는 것보다 적당히 협상할 때 포괄적합도 총계 면에서 두 유전좌위 세트 모두에게 남는 장사가 된다. 상대방을 믿을 수 있다면 이것은 반드시 수락해야 하는 거래다.

이 예시는 출생 정보를 아는 유전자가 자신이 모계인지 부계인지 모르는 유전자와 똑같은 결정 규칙($B>4C$)을 따른다는 결론을 내놓고 있다. 이것은 모델에 인위적 대칭성을 입히고 '싫으면 관두고 다음은 없다'는 것으로만 거래 유형을 한정했기에 나온 결과다. 그렇다면 이런 상황은 어떨까? 매디와 밥은 호주 멜번에서 엄마와 함께 살고 있다. 패디는 아빠와 아일랜드 더블린에 있는데 밥과 왕래하지는 않는다. 이 경우 밥이 이익을 줄 수 있는 반쪽 동생은 오직 매디뿐이다. 밥의 모계 유전자는 패디에게 돌아갈 이익에 거부권을 행사하고 싶어도 애초에 그럴 기회가 없다. 즉 밥의 부계 유전자에게 매디의 이익에 대한 거부권을 철회해 달라고 내밀 담보가 없어지는 셈이다. 이 시나리오에서 자신의 출생 정보를 모르는 유전자라면 여전히 $B>4C$라는 결정 규칙을 따를 것이다. 하지만 자신이 어느 부모로부터 내려왔는지 아는 밥의 부계 유전자는 절대권력을 거머쥐고 $C>0$인 모든 상황에서 거부권을 휘두르게 된다.

이번엔 더 어중간한 케이스를 살펴보자. 패디에게 이익 기회가 있을 때(패디가 얻는 이익=B, 밥이 내는 비용=C)마다 매디에게는 그 2배의 이익 기회가 생기는 식(매디가 얻는 총 이익=$2B$, 밥이 내는 총 비용=$2C$)으로 말이다. 이 상황에서 성립가능한 협상 조건 중 첫 번째는 일명 '2 대 1' 거래다. 밥의 모계 유전자가 패디의 이익 1에 대한 거부권을 거두는 대가로 밥의 부계 유전자가 자신도 매디의 이익 2에 거부권을 행사하지 않겠노라 선언하는 것이다. 이때 밥의 모계 유전자에게 이 거래의 값어치는 $B-3C$가 되고, 밥의 부계 유전자에게는 $B/2-3C$가 된다. 즉 모계 유전자는 $B>3C$라면 거래를 수락할 것이고, 부계 유전자는 $B>6C$라면 거래를 받아들이겠지만 $B<6C$일 땐 거절할 것이다. 아니면 매디의 이익 1과 패디의 이익 1을 맞바꾸는 조건('1 대 1' 거래)으로 협상을 제안하는 것도 가능하다. 앞서 확인한 것처럼, $B>4C$인 환경에서는 거래가 (양측이 따로 노는 것보다는) 양 당사자 모두에게 이득이 된다. 그런데 $B<4C$로 상황이 역전되면 밥의 부계 유전자 입장에서는 거래를 수락하는 것이 불리해지므로 거부권을 행사할 수밖에 없다. 한편 만약 $6C>B>4C$라면, '1 대 1'은 양측 모두에게 괜찮은 거래 조건이지만 '2 대 1' 거래는 밥의 부계 유전자가 받아들이지 않을 것이다. 이런 상황에서는 양측 모두 '1 대 1' 거래에 동의하는 것이 합리적인 결말이다. 마지막으로 상황이 $B>6C$라면 양측에게 두 조건의 거래 모두 아예 하지 않는 것보다는 나은 선택이 되지만, 밥의 부계 유전자는 '1 대 1' 조건을 선호하고 모계 유전자는 '2 대 1' 조건을 더 원할 것이다. 최종적으로 어느 거래가 선택될지를 이론만으로 간단하게 예측하기는 어렵다. 특히 비용과 이익이 딱딱 떨어지지 않고 연속적인 값일 경우는 나올 수 있는 계약 형태가 더더욱 복잡해진다.

물론 유전자가 진짜로 계약에 구속되거나 하지는 않는다. 계약의 강제성이 없을 때 매디와 패디의 이익을 맞교환하자는 거래 제안은 죄수의 딜레마의 성격을 띤다. 유전자의 효과가 고정되어 있고 시간 순서상 연결되는 다른 유전자의 행동에 좌우되지 않는다고 가정해 보겠다. 이 경우 거래는 일회성인 죄수의 딜레마가 되고 진화적으로 강제력을 갖지 않는다. 만약 죄수의 딜레마 게임을 딱 한 번에 끝낼 수 있다면 진화적으로 안정한 전략ESS, evolutionary stable strategy은 쌍방배신("내가 네 등을 찌르면, 너도 내 등을 찔러")일 것이다. 하지만 같은 특정인 하고만 게임이 반복되고 둘의 관계가 언제 끝날지 알 수 없을 땐 둘 사이의 협약이 성공적으로 체결되기 쉽다(Axelrod and Hamilton, 1981). 만약 이 기준이—즉 불특정 기간 동안 동맹을 유지하는 것이—유일한 고려사항이라면, 개체 내 유전자들의 전략적 협력은 반드시 가능할 것이다.

반복적 죄수의 딜레마IPD, iterated prisoner's dilemma 상황에서 협력을 성공적으로 성사시킬 전략 대부분은 지난 상호작용 경험의 기억을 요구한다. 그래야 플레이어가 파트너의 과거 행동에 조건적으로 대응하게 되기 때문이다. 가령 유전자가 '이에는 이, 눈에는 눈tit for tat' 같은 단순한 전략('상대가 지난 차례에 냈던 수를 똑같이 내기')을 쓸 작정이라면, 유전자는 게임 파트너가 무슨 수를 내는지 잘 보고 기억해 뒀다가 바로 다음 행동을 결정할 참고자료로 활용해야 한다. 그러려면 고난도의 수고가 적잖이 필요한데, 유전자가 나름 기억저장 능력을 갖췄고 복잡한 조건부 발현이 가능하다고 해도 유전자에게만 맡기기엔 여전히 조심스럽다. 이쯤에서 누군가 물을지 모르겠다. 유전자들이 서로 협력하도록 진화하는 것이 어째서 여러 개체 사이보다 한 개체 안에서 더 어렵냐고 말이다.

컴퓨터로 시뮬레이션하고 분석한 연구에 의하면, IPD 상황에서 나올 수 있는 복잡한 행동의 선택지가 어마어마하게 많다고 한다. 이때는 일반적으로 확실한 ESS인 전략이 딱히 없고 한 집단 안에 여러 전략이 공존하기 쉽다. 다형polymorphism은 그런 식으로 공존하는 두 전략이 서로의 실적을 지우는 바람에 결과적으로 둘이 구분되지 않을 때 생기는 특징이다. 이런 상황에서는 두 전략 각각 성과가 제3의 전략과—돌연변이로 지금보다 퇴화된 버전으로 돌아가는 것을 포함해—어떻게 상호작용하느냐에 따라 상대적으로 결정된다(Bendor and Swistak, 1997). 개체 내 호혜의 맥락에서 본 유전자 다형은 내부적 IPD 상황에 대처하는 전략들의 다양한 조합이 개인 성격 차이에 기여할지 모른다는 흥미로운 가능성을 떠올리게 한다. 때로는 어느 한 쪽이 기대한 이익을 다 가져가고, 때로는 모두가 화목하게 이익을 나누고, 또 때로는 모두가 사사건건 서로에게 날을 세우는 식으로 말이다.

IPD 이론에서 나온 결론을 유전체 내 호혜작용 해석에 그대로 적용할 수 있다면 얼마나 좋을까? 그러나 나는 이 유혹에 넘어가지 않는다. 대부분의 IPD 시뮬레이션은 전형적 토너먼트 방식으로 전략들을 경쟁시킨다는 점 때문이다(Bendor and Swistak, 1997). 토너먼트 방식에서는 각 라운드에 두 전략이 맞붙어 죄수의 딜레마 시나리오를 여러 차례 재생하고, 그때마다 얻는 보상들의 합으로 각 전략의 적합도가 결정된다. 다음 라운드로 가면 집단의 평균 적합도와 비교한 성과 상대평가를 바탕으로 전략의 출현 빈도가 늘거나 줄어 있다.

주의할 점은 전략은 통째로 유전될 뿐 재조합되어 섞이지 않는다는 것이다. 이런 토너먼트 모델은 무성유전asexual inheritance이나 단일 유전좌위 유전single-locus inheritance 규칙을 따르는 전략을 분석하기에 적합하다.

그런데 이런 걸 생각해 보자. 여전히 토너먼트이긴 한데 팀 단위로 맞붙고 각 팀 구성원들이 저마다 다른 임무를 맡아 모두가 한 몸처럼 팀의 전략을 실행한다고 말이다. 이 경우는 한 라운드에서 팀이 내는 상대적 성과가 팀원들의 다음 라운드 참여 확률을 좌우하지만 팀 자체는 이번 라운드를 끝으로 해체된다. 각 라운드가 끝날 때 이긴 팀의 구성원들(혹은 그 자손세대 클론들)은 해산했다가 새 팀으로 재조직되고, 새로 생긴 팀은 토너먼트 내의 다른 라운드에 진입해 또 다른 신생팀과 대결한다. 이 토너먼트 모델은 유성유전sexual inheritance이나 복수 유전좌위 유전multi-locus inheritance 규칙을 따르는 전략을 분석하기에 딱이다. 이때 유전되는 단위는 전략 전체가 아니라 전략 안의 구성요소들이다. 성공적인 구성요소는 시험대에 오르는 모든 조합에서 평균적으로 좋은 성적을 내야 한다. 유성유전 토너먼트에서는 한 우승팀보다는 우승자들이 모인 팀이 최종 승자로 선택될 것이다. 복잡한 유성유전 토너먼트가 균형을 잡는 데 단순한 무성유전 토너먼트가 훌륭한 본보기가 된다는 것도 있을 법한 얘기지만, 주장에 앞서 일단은 검증이 필요하다.

개체 내 호혜작용을 머릿속으로 헤아리는 게 재미있긴 하지만 문득 떠오르는 궁금증이 있다. 호혜성이 발생했다는 걸 어떻게 아느냐는 것이다. 어떤 전략적 협동이 '무지의 베일'에서 비롯된 것인지 아니면 고조된 비협조적 대치 상태의 타개책인지 어떻게 구분할 수 있을까? 검증 가능성의 문제는 내부갈등 연구의 발전에 오랜 걸림돌이 되어 왔다. 겉으로 드러나는 행동에서 목격되는 것만으로는 내부갈등에 관한 가설들을 시험하는 게 사실상 불가능하기 때문이다. 다만 부계 유전자와 모계 유전자 간 내부갈등의 이해가 각인된 유전자의 기능에 관한 분자학적 지식에 거의 비례해 깊어졌듯, 앞으로는 이 분야도 유전자 메커니즘의 이해를 밑거름으로 발전에 가속도가 붙을 걸로 기대한다(Wilkins and Haig, 2003). 단 이를 위해서는 유전자 발현의 조건성을 입증해 보일 필요가 있다. 기원이 어느 쪽 부모인지를 따지는 조건부 발현뿐만 아니라 다른 유전자의 행동에 눈치를 보는 조건부 발현까지 말이다. 쉽지 않겠지만 그렇다고 불가능한 일도 아니다.

덧붙이는 생각

육체의 소욕은 성령을 거스르고 성령은 육체를 거스르나니 이 둘이 서로 대적함으로 너희가 원하는 것을 하지 못하게 하려 함이니라.

- 갈라디아서 5장 17절

우리는 나 자신과의 싸움이라는 주관적 경험을 자주 한다. 속에서 여러 목소리가 동시에 외쳐대는데, 어느 하나 물러설 생각 없고 하는 짓이 정당하지도 않다. 다른 곳에서 언젠가 내가 했던 주장인

데, 유전체 안에서는 여러 파벌들이 크게 두 무리로 연합해 '양당 대립구조'를 형성하고 양측의 강경파가 중대 사안들에 관한 토론을 주도하는 경향이 있다(Haig, 2006). 인간이 경험하는 내부갈등의 원인을 두고 나오는 진단명들은 대개 이처럼 대립하는 두 힘을 연상시킨다. 표현도 다양해서 마찰하는 두 주체가 충동과 자제력일 수도 있고, 열정과 이성일 수도 있고, 유혹과 양심일 수도 있으며, 악과 선으로 묘사되기도 한다. 이 용어들을 소재로 벌어지는 모든 논쟁에는 중심을 관통하는 한 가지 유사성이 있다. 어떤 면에선 여러 힘이 충돌하는 다차원 공간에서 분석의 으뜸 기준점이 되는 첫째 주성분이 이것과 같다 할 것이다(다차원 공간의 데이터를 분석해 예측 모델을 세운 뒤에, 분산을 최대한 보존하면서 소수 주성분만 고려해 고차원을 저차원으로 환원시키는 기법을 주성분 분석principal component analysis이라 한다. 이때 첫째 주성분이 가장 큰 데이터 분산을 가진다고 본다—옮긴이). 또, 때로 이런 힘들의 갈등은 총감독이나 심판의 통제를 받는다. 인간의 세 가지 영혼을 흑마와 백마 사이에서 쩔쩔매는 마부에 빗댄 소크라테스의 비유나 *원초아Es*와 *초자아Über-Ich* 간의 갈등을 중재하는 프로이트의 *자아Ich* 개념이—영어로는 각각 *id*, *superego*, *ego*로 번역된다—그런 예다.

왜 어떤 정신기능은 조화롭게 작동하는데 어떤 정신기능은 비방과 내분 조장에 에너지를 낭비할까? 생물학이 정신질환에 접근하는 표준 전략은 고장 난 기계부품을 찾는 것이다. 그런데 혹시 자아의 불만이 기계 오작동 문제가 아니라 사회가 기능을 제대로 수행하지 못한다는 신호는 아닐까? 그렇게 관점을 전환하면 마음이 아픈 사람들을 치유하는 데 도움이 될까? 안타깝지만 나는 인간의 정신병리학에 내부갈등이 어떤 의미를 갖는지 깊게 생각해 보지 않았다. 왜냐하면 자칫 섣부른 유전자 결정론을 지지한다는 오해를 사기 쉬워서다. 게다가 사람이 둔해서 뉘앙스를 몰라본다거나 메커니즘과 주관적 경험 사이의 좁힐 수 없는 간극을 이해하지 못한다며 욕 먹기도 십상인 것이다.

이 챕터에서는 우리가 우리 행동을 강제하고자 스스로를 믿음직하게 협박할 수 있는가라는 새로운 논제가 부상했다. 자아 안의 한 '파벌'이 앞으로 하게 될 협박을 신빙성 있게 만들기 위해 이번 협박을 끝까지 마무리지을 수 있을까? 일단 바로 떠오르는 건 '자기파괴적' 행동이다. 자아 안의 사회적 계약이 흔들려 파벌들 사이의 호혜가 사라지면 이런 행동이 나오는 걸까? 미래를 바꿔야 한다는 절박함에 당장은 기꺼이 피 흘리는 희생을 감수하면서? 몸이나 마음에 스스로 상처 내는 사람을 주변에서 자주 본다고 해도 그들이 그런 행동을 하는 심리를 깊이 헤아리는 건 쉽지 않은 일이다. 나라고 아는 체할 자격이 있겠냐만 조심스레 거들자면, 외면으로 드러나는 신호는 자아 안의 한 파벌이 전체집합인 자아를 향해 발산하는 분노에 더해 그 파벌이 자신의 결심이 얼마나 굳센지를 자아에게 증명해 보이고자 하는 소망이 동시에 표출되는 게 아닐까 한다. 물론 이게 내 쪽에서 공감을 제대로 못 하고 오해한 해석일 가능성도 충분히 있다. 내 안에 존재하는 한 파벌의 '간섭'이 다른 파벌의 계획을 '훼방'할 때 내 내면에서 일어나는 분노를 부풀려 타자에게 투영하는 걸지도 모른다.

8

자아를 비춰 보다

From Darwin to Derrida

REFLEXIONS
ON SELF

이번 챕터는 애덤 스미스의 《도덕감정론》 250주년과 찰스 다윈의 《종의 기원》 150주년을 맞이해 동시에 헌사하는 뜻에서 예전에 썼던 에세이를 원전으로 삼아 썼다. 21세기의 한 다윈주의자가 18세기에 나온 스미스의 역작을 재독하고서 열정, 이성, 도덕성에 관해 새롭게 사색하는 내용이다. 스미스는 인간의 도덕 감정을 논하면서 동감sympathy이라는 개념에 큰 무게를 뒀다. 인간은 스스로를 타인의 입장에 대입해 그들을 이해하고, 공정한 관찰자의 눈으로 자신을 바라봄으로써 스스로의 행실을 평가한다. 인간의 동감력은 의지의 통제권역을 벗어난 자율적 반사인 동시에 타인을 그리고 그들과 나의 관계를 반추하는 이성적 사고이기도 하다. 스미스의 문체는 책의 주제와 완벽하게 어우러져서, 화자의 시점과 목소리를 적재적소에서 바꿔 가며 때로는 친밀하고 열정적으로 또 때로는 멀찌감치 물러서서 절제된 어조로 얘기를 풀어낸다. 그의 글에는 읽는 이의 마음과 공명하는 리듬이 있다. 마음속에 기분 좋은 진중함이 울려 퍼지니 똑같이 예를 갖춘 유희로 화답하지 않을 수 없다. 《도덕감정론》은 동감을 얘기만 하는 게 아니라 읽는 이에게서 동감 반응을 이끌어 내기까지 한다.

내가 이 에세이를 쓰려 한 목적은 다윈과 스미스의 통찰을 한데 섞어 도덕 감정을 풀이하는 것이었다. 그래서 여기서도 세 핵심 단원의 형식을 그대로 계승했다. 첫 단원에서는 본능, 이성, 문화라는 광범위한 카테고리별로 인간 행동의 다양한 준칙을 논하고 우리가 왜 이런 식으로 행동하는지에 관한 답을 여러 각도에서 찾는다. 다음으로는 우리의 내면에 투영되는 여러 유형의 자아상을 살펴본다. 마지막 단원에서는 앞의 두 단원에 소개했던 주장들을 바탕으로 인간 도덕성의 성질을 생각해 본다. 우리의 도덕적 선택은 여러 주체가 서로 다른 목적으로 지지하는 의제들의 상충하는 관계 안에서 비롯된다고 볼 수 있다. 나는 우리가 내 관점과 타인의 관점을 왔다 갔다 하면서 내적 행동의 여러 동기들 사이를 조율하고 판결을 내리려 노력할 때 도덕적 책임감이 움트고 자아의식이 생겨난다는 얘기를 할 것이다.

동감에 관해 생각할 때마다 내 머릿속에서는 거울을 비추는 거울이라는 은유가 자꾸 떠올랐다. 우리는 타인의 눈을 통해 나 자신을 보고 타인은 우리의 눈으로 그들 자신을 본다. 이런 투영과 투영된 투영이라는 개념에 푹 빠진 나는 글이 계속 스스로를 투영하면서 반복되는 구조로 이 에세이를 풀어 가기로 결심했다. 또, 애덤 스미스에게 공감하려는 노력의 일환으로 글에서도 그렇고 내 머릿속에서도 그렇고 내가 언제 스미스의 목소리로 말하고 언제 내 목소리를 내는지 애써 명확히 구분하려 하지 않았다. 개개인의 구분과 그들이 가진 엇비슷한 관점들 사이의 경계를 흐리는 주제를 논할 때는 이런 모호한 표현 방식이 잘 맞는 것 같다. 내 견해가 스미스의 동감론과 그나마 가장 멀어지는 부분은 내가 이기적 목적을 위해 타인을 조종하고 착취할 때 동감이 유용하게 쓰인다는 얘기를 할 때일 것이다. 아마도 스미스는 도구로서 공감의 쓰임이 *도덕 감정*의 영역 안에 든다고 여기지 않았던 듯하다. 아니면 창작의 자혜慈惠에 대한 믿음이 나보다 굳건했든지.

행동 준칙

우리는 우주 곳곳에서 어떤 목적을 성취하도록 의도된 수단이 그 목적에 부합하게 매우 정교한 기술로 조정되어 있음을 목격한다. 식물의 생체 메커니즘이나 동물의 신체 구조를 보면 모든 것이 자연의 위대한 양대 목표인 개체 생존과 종 번식을 돕기에 얼마나 딱 맞게 만들어져 있는지 감탄할 뿐이다. (……) 그러나 생체 기능을 설명함에는 우리가 동력인과 목적인을 확실히 구분하고 있음에도, 마음의 기능을 설명하는 경우에는 이 두 가지를 잘 헷갈려 한다. 우리가 자연의 원리에 따라 세련되고 현명한 이성이 인도하는 대로 그러한 목적을 향해 나아갈 때, 우리는 그러한 목적을 성취하기 위한 감정과 행위를 (자연의 원리라는) 동력인 대신에 인간 이성에 귀책하면서 실은 신의 지혜인 것을 인간의 지혜라 착각하기 쉽다.

- 애덤 스미스(1976)

이 단락에서 스미스는 두 겹의 인과를 동시에 설명하고 있다. 바로 이성과 그 이성을 위한 이성이다. 여기서 그는 도덕규칙을 어긴 자에게 내리는 벌을 승인할 근거가 무엇인가라는 물음을 은밀히 던진다. 스미스는 인간이 누군가를 벌하거나 처벌을 승인하는 것이 적절한 사회질서 유지에 필요하다는 이성적 판단 때문이 아니라 범법자에 대한 분노에서 나오는 행동이라고 생각했다. 하지만 이 분노라는 감정은 사회질서 유지라는 목적을 실현할 효과적 수단으로 오래도록 이용되어 왔다. 인간은 열정에 이끌려 행동하지만 애초에 인간이 그런 열정을 부여받은 까닭이 사회 보존을 위해서라는 얘기다.

목적인을 신의 지혜에 귀속시킨 스미스의 해석은 거의 자연신학(이성과 평범한 자연현상에 기초해 신의 존재를 논증하고자 하는 신학. 종교적 신학이나 초자연적 신학과 구분된다—옮긴이)의 정설로 보일 수 있다. 하지만 그는 존재론 면에서는 목적인의 성격을 그리 시원하게 설명하지 않는다. 내키는 곳에선 서술이 완벽한 걸로 보아 그가 목적론적 논제를 얼버무린 건 고의였다고 추측된다. 그로부터 100년 뒤, 다윈이 자연의 목적 출현에 관해 새로운 자연주의적 해석을 내놨다. 자연발생하는 변이들이 생물의 성질을 변화시키며 그런 변화들 중 일부는 개체가 생존 경쟁에서 우위를 점하게 하므로 대대손손 계승되어 영구 정착한다는 내용이다. 따라서 생물의 변화라는 *결과*는 후대에 출현하는 같은 변화의 *원인*이 된다.

다윈은 유전되는 물질을 막 이해하기 시작한 참이었다. 당시의 그로서는 누군가 적응의 '목적'이 개체라고 말하거나 심지어 무리라고 했더라도 기꺼이 받아들였을 것이다. 하지만 오늘날엔 개체나 무리보다는 유전물질 자체를 자연선택의 진짜 수혜자로 보는 시각이 대세다(Dawkins, 1982). 이것은 예나 지금이나 생물철학 분야의 논객들을 불러 모으는 인기 토론 주제다. 대개는 본질적 부분보다는 의미론적 논쟁의 열기가 훨씬 뜨겁지만 말이다. 유전자 중심 시각에서 볼 때 유전자의 기능(혹은 목적)은 유전자의 *표현형 효과*에 있다. 그리고 이 표현형 효과는 유전자를 보전하고 전파시키는 *원인 역할*을 한다.

서로 다른 층위의 설명들을 한 겹 한 겹 벗기는 것은 진화생물학자들에게 익숙한 사유 방식이다. 마이어Ernst Mayr는 '어떻게how'라는 근접인proximate cause과 '왜Why'라는 궁극인ultimate cause을 구분했다(Mayr, 1961). 또한 틴베르흔Nikolaas Tinbergen은 설명 유형을 물리적 인과관계, 생존 가치, 진화적 역사, 개체발생이라는 네 종류로 분류했다(Tinbergen, 1963). 그런데 나라면 여기다가 심리적 '동기'를 다섯 번째 유형으로 추가하겠다. 특별한 종류의 근접인이나 물리적 원인으로 떼어 놓는 게 아니라 나머지 네 가지를 보강하는 요소로 말이다. 상대방이 어떤 행동을 했을 때 그가 *왜* 그랬는지 내가 이해하고자 할 경우, 보통 나는 그에게 동기의 텔로스에 대해 물을 것이다. 반면에 내게서 그런 말을 듣지 않았다면 하지 않을 어떤 행동을 하도록 내가 상대방을 설득하려 할 경우에는 그 사람의 동기가 내 동기의 목적을 위한 수단으로 *어떻게* 사용될 수 있을지에 내 관심이 쏠릴 것이다.

거짓으로 미래를 약속하면서 여러 여자를 가지고 노는 바람둥이가 있다고 치자. 사내가 여자들과 관계를 맺는 건 자신의 유전자를 퍼뜨리려는 게 아니고 최소한의 비용으로 성적 쾌감을 얻기 위해서다. 유혹에 성공한 뒤 그가 느끼는 성적 만족감은 그의 유혹 습성을 강화하는 작용을 한다(개인적 반복). 하지만 성욕, 유혹하기, 만족, 강화라는 시스템이 존재하는 것은 앞서 그의 조상들이 그들의 욕망을 유혹을 통해 완성했기에 그들의 유전자가 이 후손에게 대물림된 탓이기도 하다(진화적 반복). 바람둥이는 번식이 아니라 쾌락을 목적으로 관계를 맺지만, 보장된 쾌락이 우리 조상들로 하여금 짝짓기를 하도록 유도하는 수단으로 오래도록 쓰여 왔기에 관계가 항상 즐거운 것이다.

이 예시에서 우리는 두 겹의 *목적론*을 발견할 수 있다. 하나는 성욕과 그것이 부추기는 행동이 바람둥이가 성적 쾌락이라는 최종 목적을 이룰 수단이 된다는 것이고, 다른 하나는 성욕과 유혹 행동이 사내의 유전자가 무한복제라는 최종 목적을 실현할 수단으로 쓰인다는 것이다. 바람둥이는 아기 말고 관계만 원하는 반면 그의 유전자는 아기가 생기는 쪽을 '선호'한다. 이 현상은 심리적 동기와 진화적 기능이 별개임을 분명히 드러낸다. 바람둥이는 콘돔으로 피임을 해서 유전자의 목적을 무산시키려 할 수 있다. 이때 한편에선 그의 유전자가 '무책임한' 행동을 부추겨 원치 않는 임신을 유도할지 모른다.

진화적 기능과 심리적 동기를 구분하지 못하면 인간의 도덕 본성에 관한 소모적인 논쟁을 자초하기 쉽다. 인간은 본질적으로 이기적인 생물일까, 아니면 진심으로 남을 아낄 줄 알까? 둘 다 정답일 수 있다. 만약 자혜적 동기도 이기적 유전자가 적응한 결과임이 증명됐다면 그 동기가 계속 자혜를 베풀 수 있었을 것이다.

본능

그 독특한 중요성 면에서 자연이 가장 애호하는 목적이라고—이렇게 표현해도 된다면 말이다—할 만한 모든 목적들과 관련해, 자연은 자연이 제시하는 목적을 인간도 추구하려는 욕구를 인류에게 이런 식으로 꾸준히 부여했을 뿐만 아니라 그 목적을 이룰 수단에 대한 욕구도, 수단이 목적을 얼마나 잘 실현시키는가와 상관 없이 수단 자체를 위해 마찬가지로 부여했다.

- 애덤 스미스(1976)

적합도는 인간 유전자 적응의 텔로스다. 하지만 인간의 열정 역시 인간을 행동하게끔 유도하는 근접인으로서의 텔로스를 갖고 있다. 허기는 음식이라는 목적을, 갈증은 마실 물이라는 목적을, 성욕은 성적 만족감이라는 목적을 갖는다. 익사 직전의 순간에 숨 쉬고 싶다는 간절함의 목적은 목숨을 살릴 맑은 공기 한 줌이다. 인간의 사회적 욕구에도 사회적 목적이 있다. 인정받고, 선망의 대상이 되거나 사랑 받고, 모두가 두려워하는 존재가 되고, 복수해야 한다는 목적이다. 나는 이처럼 다양한 인간 열정의 근접인 텔로스를 각 열정의 효용이라 칭하고자 한다. 어떤 열정에든 항상 효용은 적은 것보다 큰 게 낫다. 하지만 종류가 다른 열정들의 효용을 단순 합산할 수 있다거나 하나의 잣대로 전부 표현할 수 있다고 섣불리 상정하는 건 내키지 않는다.

효용과 적합도는 밀접하게 연관되어 있지만 둘이 같은 개념은 아니다. 입양이나 난자 기증으로라도 아이를 갖고 싶어 하는 욕구가 추구하는 근접인 텔로스는 어린아이지 유전자가 아니다. 열정은 종종 불발해 적합도 향상에 실패한다. 하지만 당사자 개인적으로 행복은 행복일 뿐 유전자가 이익을 얻는지 못 얻는지는 아무 상관없다. 유전자는 인간의 행불행과 애증 중 무엇을 통해 적합도를 올릴지에 딱히 호불호를 보이지 않는다. 반면에 열정이 제시하는 여러 갈래 갈림길 중에 어느 경로를 택할지를 두고는 우리의 취향이 확실하게 서기 쉽다.

우리의 본능은 다른 이의 목적을 위한 수단으로 이용될 수 있다. 이는 광고주가 본인 및 익명의 주주들의 풍요를 위해 우리의 희망과 두려움을 이용할 때 특히 두드러지지만, 실은 모든 유형의 설득이 다 이런 식이다. 가톨릭교회가 성직자가 되어 종교적 사명을 위해 유전자 전파를 포기하도록 청년을 설득할 땐 청년의 동기가 문화 전통의 목적을 실현시키는 데 이용된다. 그럼에도 성직자가 즐겁고 충만한 인생을 능동적으로 살아간다면 아마도 그는 열정이라는 근접인 텔로스를 일부나마 여전히 간직하고 있을 것이다. 심지어 만약 교구 사람들에게 자식을 많이 낳으라고 권한다면 그는 도덕규범에 순종한다는 자신의 목적에다가 신자들의 유전자의 목적까지 동시에 성취하는 셈이다.

유전자는 부적자가 선택적으로 제거되는 혹독한 방식을 통해 '학습'한다. 이때 유전자가 습득하는 가장 유용한 지식 중 하나가 바로 경험에서 배우고 그 지식으로 타고난 메커니즘의 한계점을 보완할 줄 아는 생명체를 구축하는 방법이다. 우리는 계획과 실제 사이의 괴리에서, 우리가 연습이라 부르는 반복적 행동에서, 흔히 놀이라 일컫는 거짓 행위에서, 그리고 머릿속에서 상상으로 행동해 결과를 짐작하는 이른바 추리에서 깨달음을 얻는다. 우리는 타인의 행동으로부터도 배움을 얻는다. 모방 능력 덕분에 인간은 학습 비용을 분담하고 전문지식을 세대를 거듭해 축적할 수 있다. 이를 통해 우리는 우리 유전체에 들어 있는 것보다 훨씬 세상에 잘 적응된 정보를 체현한다. 본능적으로 우리는 이성적이면서 문화적인 존재다. 다만 때때로 이성과 문화가 적합도 말고 다른 목적을 위해 우리의 열정을 이용하기도 한다.

이성

이성이란 인간의 타고난 모든 문제해결 메커니즘을 총칭한다. 그런 메커니즘에는 의식적인 것도, 무의식적인 것도 있으며 여러 목적에 널리 이용될 수 있다. 이성은 현재 환경이 아직 자연선택의 손을 타지 않은 새로운 면모를 띠게 되면 기민하게 반응한다. 또, 기대수익이 진화의 선택압으로 작용하기에는 너무 근소해 유전자에 내장된 적응 기전이 발동하지 않을 때도 이성은 이것을 십분 이용할 줄 안다.

이성은 열정의 노예이자 주인이다. 노예일 때 이성은 열정의 목적을 최대한 달성할 효과적인 방법을 찾는 용도로 쓰인다. 그런데 이 과정에서 이성이 욕망을 만족시키려다 부수적 목적을 덤으로 발견하기도 한다. 누군가 갈증이 심하다면 개울가로 가는 안전한 길을 찾거나 어떻게든 물그릇을 급조해야 할 것이다. 이런 식으로 이성은 열정의 목적을 조정하고 구체화한다. 인간에게는 다양한 열정이 있다. 적합도를 높일 방법이 맥락에 따라 달라지기 때문이다. 한 맥락에서 적합도를 향상하는 행동은 때로 다른 맥락의 적합도에 재앙이 되기도 한다. 그런 까닭에 특정 개인의 인생, 특정 환경, 특정 문화의 맥락 안에서 다양한 열정들을 조화시키고 판결하도록 주인으로서의 이성이 발달하게 되었다.

내게는 이성의 텔로스—여러 열정들에 대한 선호도를 비교하고 종합하는 '효용 함수'—가 여전히 와닿지 않고 흐릿하기만 하다. 만약 한 자아 안에 존재하는 여러 행위자들의 선호도를 종합했는데 이성을 잣대로 효용 비교를 할 수 없다면, 그 사람의 마음속에서 일어나는 일을 설명하기엔 합리적 선택 이론theory of rational choice보다는 사회적 선택 이론theory of social choice이 더 나은 모델일지 모른다. 이때 사회적 선택 이론은 기수적基數的 효용 비교가 불가능할 경우 규범적 합리성이라는 기본 계율에 어긋난다고 말할 것이다. 이런 상황에서 자기성찰은 내 안의 딜레마를 해결할 확실한 기준으로 우리를 인도하지 못한다. 내 결심은 위태로우며, *합리적으로* 행복한 인생을 추구하는 듯 보여도 한편에선 끊임없이 타인에 대한 의무나 도리와 견준다. 이 모든 곡예는 (그게 어떤 삶이든) '잘 살고' 싶어 생겨난 열정들을 최대한 잘 조화시킬 방법에 관해 문화적 맥락에서 다양한 선택지가 내 앞에 놓였을 때 벌어진다.

이런 근본적 문제는 옆으로 제쳐 두고 이성이 몇몇 열정의 감언이설에 반대되는 행동을 권한다고 가정한다면, 나는 이와 같은 내부 갈등을 어떤 원칙으로 해결할 수 있는지가 궁금하다. 열정과 이성 사이의 갈등은 종종 자기통제나 의지력의 문제로 묘사되곤 한다. 그런데 유전자의 시선으로 보면 이것은 두 적응 사이의 갈등이다. 열정은 자연선택의 역사를 통해 쌓인 지혜를 압축해 보여 주면서 지난날 비슷한 상황에서 적합도를 잘 높였던 행동을 다시 추천한다. 한편 이성은 현재만의 고유한 특징에 예리하게 반응하며 경우에 따라서는 지금 상황에 부적절하면서 승산 없는 행동을 감정이 권하지 않는지 감시하기도 한다. 하지만 이성 역시 미덥지 못하기는 마찬가지고, 이성의 선택은 내 유전자의 이익에 아무 관심 없는 다른 실행자의 설득에 홀랑 뒤집히기 일쑤다. 결국 이성도 열정도 최고의 조언자는 아니다. 의지력을 말하자면 선택의 안정화와 더 관계 있는 듯하다. 의지력이 너무 약하면 이성이 더 현명한 판단을 내릴 상황에 열정이 활개를 칠 것이고 의지력이 너무 강하면 열정에 함축된 유서 깊은 지혜를 이성이 무시할 것이다.

이성은 자기 자신을 위한 열정이기도 하다. 퍼즐을 다 풀었다는 사실 자체로 성취감을 느끼는 것처럼 말이다. 세상을 이해하고자 하는 욕망은 심리적 동기로 작용해 이해라는 기쁨과 발견이라는 스릴 속에서 완성을 이룬다. 우리는 어떤 지식이 앞으로의 목적 달성에 유용하게 쓰일지 미리 알지 못한다. 삶의 수수께끼를 풀어 가면서 우리가 발견하는 실마리들은 내 이익을 위해 남들과 공유하거나 교환할 수 있는 나만의 지적 재산이다.

문화

우리는 타인을 경험하고 사유함으로써 학습하고 이를 통해 홀로 시행착오를 겪으며 배울 경우에 들 비용을 절감한다. 우리는 우리가 살면서 이루고자 소망하는 것들을 이미 성취했거나 성취한 듯 보이는 사람들의 행동과 의견을 배우고 모방하는 과정에서 분별력을 길러 간다. 우리의 스승은 그들의 스승으로부터 배웠고 더 먼저는 그 윗대 스승이 또 있었다. 세대에서 세대로 전승되는 배움의 연결고리마다는 지식의 분별과 재조합이 일어났다. 문화 안에서 전파되는 아이디어는 차곡차곡 적립되는 이와 같은 과정을 통해 갈수록 매력적인 배울거리로 진화해 간다. 문화 전통은 스스로의 전파를 독려해 세상에 적응하고 그럼으로써 독자적인 목적론을 창조한다. 문화에는 문화 운반자의 효용과 적합도를 향상하려는 성질이 있다. 인간은 자연선택에 의해 빚어진 우리의 심리적 동기에 호소하는 문화적 소재들을 선택하기 때문이다. 그러나 문화의 진화는 인간 열정의 진화보다 훨씬 빠르고 적합도나 효용을 높이는 방식으로 일어나지도 않는다(Richerson and Boyd, 2005). 그리하여 우리의 심리적 동기를 유전자 기능에 고정하는 닻줄은 몇 가닥이 끊겨나와 흐늘거리게 되었다.

동감과 자아의 확장

우리는 타인이 어떤 감정을 느끼는지 직접적으로 경험하지 못하기에, 그런 상황에서 나 자신이 어떻게 느낄 것인지 상상하는 것 말고는 달리 타인의 심정을 헤아릴 방법이 없다.

- 애덤 스미스(1976)

도덕 감정을 논함에 있어 애덤 스미스는 동감—다른 사람의 행동, 감정, 취향, 생각을 간접경험하는 것—을 큰 비중으로 다루고 있다. 이 에세이를 시작하고서 나는 스미스의 생각과 화법에 점점 이입했고 동감이 깊어질수록 내 생각과 내 글에서 그 말투 그대로 그의 목소리가 들리는 것 같았다. 내 안에서 그의 흔적을 자꾸 발견하다 보니 고인이 된 지 오래인 이 철학자에게 점점 더 정이 가고, 내가 내린 동감의 정의에서는 자혜가 필수요소가 아님에도 나는 자혜의 마음으로 그의 평안을 바라게 됐다. 우리는 타인이 내 목적을 이룰 수단으로 쓸모가 많을 때나 내가 그들의 목적을 위한 수단으로 이용당하지 않게 조심할 때도 그들에게 더욱 깊이 동감한다. 알아챘는지 모르지만, 방금 전에 나는 '내' 자혜를 언급할 땐 화자를 일인칭 단수로 썼다가 덜 관심 있는 '우리'의 다른 동기를 말할 땐 일인칭 복수로 슬쩍 바꿨다. 이것은 내 잘못을 판결할 여러분에게서 미리 동감을 이끌고자 한 나의 소심한 시도다.

흔히 거울 뉴런이 인간의 동감력을 이해할 신경학적 기초라고들 하지만(Fogassi, 2010; Gallese, 2007; Molnar-Szakacs, 2010), 나는 신경학자가 아니다. 게다가 지금은 한창 애덤 스미스를 흉내내려는 참이기에 나는 이 에세이를 보편적이고 추상적인 언어로 쓸 것이다. 여기서 내가 나누는 동감의 단계는 세 가지다. 첫째, 일인칭 동감은 일단 나 자신의 자아상을 세우고 이것을 기틀로 삼아 타인의 이미지를 구축하는 것을 말한다. 둘째, 이인칭 동감은 바로 옆에서 그 사람과 어울리면서 쌓는 경험이 반영된다. 이 동감 유형은 직접적 호혜를 통한 협력을 독려한다. "*너도 내게 정중하게 행동하라고 내가 널 정중하게 대하는 거야*"라는 식이다. 마지막으로 삼인칭 동감은 공정한 관찰자의 시선으로 내 행위를 봄으로써 형성된다. 삼인칭 동감은 "*다른 사람들도 내게 정중하게 행동하라고 내가 널 정중하게 대하는 거야*"라는 간접적 호혜를 통해 협력을 도모한다.

일인칭 동감

우리는 몸동작 계획을 짜는 데 중요한 신체 부위들의 현재 자세에 대한 일인칭 심상을 갖고 있다. 이 자아상의 핵심은 인식된 피드백이다. 피드백은 과거의 경험을 토대로 더 나은 미래 계획을 세우게 한다. 날아간 공이 표적을 맞히지 못했을 때 우리는 던지는 자세와 손을 놓는 시점을 조정해 다음 시도를 노린다. 행동 계획과 인식된 행동이 겹쳐 제시되므로 우리는 경험을 통해 배우고 행동인식 예측을 지금까지 실제로 인식된 행동의 누적 데이터에 근접시키는 방식으로 조준의 정확도를 높여 갈 수 있다.

우리의 마음속 자아상은 팔다리의 자세 말고도 다양한 측면에서 우리 몸과 감정의 상태를 계속 추적해 우리가 스스로의 행동을 조정하고 이해하고 예측하도록 돕는다. 우리는 자기 자신에게 동감하고(1단계 반복) 스스로의 희망과 두려움을 '공유'한다. 누구든 자발적 연습을 통해 점프슛 성공률을 100퍼센트까진 아니더라도 지금보다 개선할 수 있듯이, 우리 모두는 각자 스스로 도덕적 목표를 정하고 동경하는 인간상에 최대한 가까워질 능력을 조금이라도 갖고 있다.

이인칭 동감과 직접적 호혜

> 둔기가 누군가의 다리나 팔을 겨냥해 막 타격하려는 장면을 목격할 때 우리는 자연스럽게 몸을 움츠리면서 자신의 팔다리를 뒤로 끌어당긴다. (……) 댄서가 느슨한 밧줄 위에서 춤을 출 때 구경하는 사람들은 저도 모르게 온몸을 비틀면서 균형을 잡으려 한다. 댄서의 움직임을 보면서 자신도 같은 상황에 처한다면 그럴 수밖에 없다는 걸 그들 역시 느끼기 때문이다.
>
> - 애덤 스미스(1976)

우리는 우리 자신의 이미지를 견본 삼아 타인의 이미지를 구축한다. 그럼으로써 우리는 그들의 행동을 더 잘 이해 및 예측하고 그들의 경험에서 배운다. TV에서 요리사가 달걀을 휘젓는 장면이 나올 때 우리는 화면 속 인물의 동작을 똑같이 따라 한다. 그렇게 다음에 우리가 집에서 쿠키를 더 잘 만드는 데 이 요리사의 경험과 요리사가 배웠던 스승의 경험을 이용한다. 이처럼 신체적 동감은 문화 능력의 필요불가결한 요소다. 타인에 대한 이인칭 이미지는 우리로 하여금 상대방의 경험에서 무언가를 배우게 할 뿐만 아니라, 그 사람의 감정을 해석하고 행동을 예측해 그 사람에게야 유리하든 불리하든 이 지식을 내 이익을 위해 사용할 수 있게도 한다. 이인칭 동감은 반향적reflexive일 수도, 투영적reflective일 수도 있다. 느슨한 밧줄 위에서 춤 추는 댄서를 볼 때 나는 같은 상황이라면 나도 *그럴 수밖에 없다*는 걸 느끼기 때문에 *나도 모르게* 온몸을 배배 꼰다. 하지만 체스를 둘 땐 상대편의 마음속에 들어가 내 이성과 자기통제를 그의 것과 일치시키려 한다.

내가 그려 낸 당신의 이인칭 이미지에는 내 기억 속 당신의 과거 행동들을 토대로 내가 인식한 당신의 현재 상태가 반영되어 있다. 이 표상은 현재 우리의 관계를 고려해 당신의 미래 행동을 예측하는데 내게 도움을 준다. 내가 *느끼기에* 당신은 믿을 만한 사람인가, 아니면 바보가 아니고서야 믿어서는 안 되는 사람인가? 내가 *느끼기에* 당신은 앙갚음을 걱정하지 않고 이용할 수 있는 상대인가, 아니면 등쳐 먹기 위험한 상대인가?

이인칭 동감은 실제로 일어난 것이 아니라 시뮬레이션된 경험이다. 우리 외면의 눈을 통과한 사물의 이미지가 꼭 완전하지는 않은 것과 마찬가지로, 동감의 눈으로 구축된 이미지 역시 왜곡될 수도 있고 초점이 안 맞을 수도 있다. 자연선택은 내적 시력과 외적 시력 모두 높이는 쪽을 좋아하지만 그렇더라도 동감력에 근시나 측은지심에 녹내장이 전혀 안 생기는 건 아니다. 앞서 언급한 일인칭 자아상은 상대방에 대한 이인칭 이미지를 세울 원형 모델로 삼기에 썩 훌륭하다고 말할 수 없을지 모른다. 당신과 나는 서로 성격이 완전히 다르거나, 내가 상상을 잘못하거나, 내 자아상부터 이미 뒤틀렸을 수 있기 때문이다.

일인칭 자아상이 타인에 대한 이인칭 이미지의 표본으로 사용되긴 해도, 자아를 대할 때와 동일한 기준을 타인에게 고집할 수는 없다. 대신 그들의 별난 성격을 익히고 그들의 행동이 우리의 행동과 좀 다르다고 머릿속에 입력하면 된다. 가령 실력 있는 복싱선수라면 상대가 왼손잡이든 오른손잡이든 공격 방식을 미리 예측하고 상대 선수의 주먹을 거뜬히 피할 것이다. 노련한 바람둥이가 여성의 본질과 유형별 여자들에 관한 지식을 현실에 구현해 그들의 정절을 손쉽게 꺾는 것도 마찬가지다.

동감을 발휘해 타인의 입장에서 그들을 이해하고자 할 때 좀 모자라는 동감 능력을 보완하는 것은 비교적 간단하지만, 아예 내게 없는 능력을 시뮬레이션하는 것은 불가능하지는 않아도 몹시 어려운 일이다. 체스 고수는 상대방의 눈으로 체스판을 읽음으로써 사람들을 낚아 덫에 빠뜨린다. 반면에 평범한 사람은 고수의 다음 수를 예측하고 막고 싶어도 어쩔 줄 몰라 허둥댈 뿐이다. 자연선택은 동감력을 비롯한 인간 능력을 함양하는 쪽을 응원해, 타인을 더 잘 이용하면서 남들에게 휘둘리지는 않게 만든다. 하지만 인간은 동감할 수 없는 상대는 덜 신뢰하는 경향이 있고 그런 상대에 대해서는 예측력이 그만큼 떨어진다. 또한 인간은 사회 안에서 사회의 인정을 받으며 살아가는 존재인 탓에 두드러지는 능력의 발달을 자연선택이 억누르기도 한다.

투영된 일인칭 동감

이인칭 동감은 되풀이에 의한 복잡성을 창조한다. 내가 그린 당신의 이인칭 이미지에는 당신이 만든 나의 이인칭 이미지를 내가 시뮬레이션한 결과가 스며 있으며, 나는 이 *투영된 이미지*를 나 자신에 대한 내 일인칭 이미지에 다시 덮어 씌운다(2단계 반복). 만약 당신이 나를 따뜻하게 느낀다고 내가 느낀다면, 나는 나 자신이 전보다 더욱 따뜻하게 느껴질 것이다. 만약 당신이 날 매력 없어 한다고 내가 느낀다면, 나는 나 자신을 전보다 덜 매력적으로 느낄 것이다. 나는 당신을 의식함으로써 스스로에게 더 신경 쓰고 이를 통해 내 일인칭 동감을 보강해 간다. 그런데 만약 내가 왜곡된 자아상을 갖고 있다면 당신이 만든 내 이미지에 대한 나의 이미지는 처음의 왜곡된 이미지를 다시 투영한 것이므로 형상이 처음보다 더 뒤틀려 있을 게 분명하다. 또, 만약 내가 자기기만적 자아상을 남들에게 내비친다면, 나는 투영되어 돌아오는 나 자신의 이미지에 숨어 있는 같은 속임수에 스스로 걸려드는 셈이다. 자아상이 심하게 왜곡되거나 널뛰듯 요동치지 않으려면 투영된 자아상이 주는 피드백을 적당히 완충시킬 필요가 있다. 혹자는 이런 기복을 *동감론*sympathology이라 부르겠지만 말이다.

당신이 내가 믿을 만한 사람이라고 느낀다고 내가 *느끼는가*? 당신이 내가 이용하기 좋은 상대라고 느낀다고 내가 *느끼는가*? 투영된 나 자신의 이미지는 이런 물음에 답을 준다. 또, 원칙적으로는 내가 그린 당신의 이인칭 이미지에는 내가 만든 당신의 이인칭 이미지를 당신이 시뮬레이션한 것을 내가 다시 시뮬레이션한 결과도 들어가 있다(3단계 반복). 그렇다면 투영된 내 이미지 속 당신의 이미지는 '내가 당신이 믿을 만한 사람이라고 느낀다고 당신이 느낀다고 내가 *느끼는가?*'라는 물음에 답을 내놓을 것이다. 줄줄이 등장하는 고급 개념들을 문장 안에서 문법적으로 분석하려니 정신적으로 점점 버겁다. 깊이 있는 반복은 따라가지 못하는 내 인지능력의 한계 탓이다. 나아가 이는 곧 내 깊숙한 자성自省적 자기인식의 적응력이 부족함을 반영하는 걸지도 모른다. 어쩌면 여러분에겐 금방 이해가 될 수도 있다. 그렇다면 그건 당신이 그렇다고 내게 따로 일러준 내용 말고 내가 이해하지 못하는 당신의 일면인 게 틀림없다.

당신이 우리의 상호작용 방식에 영향을 줄 나에 대한 이인칭 이미지를 그린다는 사실은 내게 그 이미지를 관리하게끔 하는 장려책이 된다. 그 결과로 나 자신에 대한 내 일인칭 이미지는 당신의 감각에 포착되도록 내가 내보이는 것들과—나에 대한 당신의 이인칭 이미지에 주형으로 삼게 하고 싶은 나의 *투사된 자아*projected self—당신이 인식하지 못하도록 내가 숨기고 싶은 것들을—당신이 그리는 내 이미지에 반영되는 것을 내가 원하지 않는 나의 *사적인 자아*private self—계속 추적 관리할 필요가 있다. 그러면 다시, 내가 만든 당신의 이인칭 이미지에는 내가 짐작한 당신의 사적인 자아상이 포함될 것이다. 당신이 의도하지 않게 노출한 것들과 당신이 내게서 어떤 것들을 숨겼는지 내가 짐작한 내용에다가 내가 당신에게 숨긴 것들을 토대로 추론한 결과를 더해 만들어진 작품으로서 말이다. 어쩌면 내게는 심지어 나 자신에게도 감추는 어떤 느낌이나 생각이 있을지 모른다. 내 사적인 자아상에서조차 드러나지 않아 당신에게는 더욱 철저히 숨기려는 것이다(Trivers, 2002, 2011). 게다가 상황에 따라서는 투영된 자아상의 일부를 제대로 드러내 보이지 않으려는 동기가 당신과 나 모두에게 이익이 되기도 한다.

원칙적으로 우리는 상대에 따라 투사된 자아와 사적인 자아를 따로 구축한다. 엄마를 위한 것 따로, 배우자를 위한 것 따로, 그 밖에 내가 교류하는 이들 각각을 위한 것을 다 하나씩 만드는 것이다. 그러나 실제로는 우리 모두 절대다수 타인에게 내보일 만한 다목적의 투사된 자아, 그러니까 *공적 자아*public self를 생성한다. 한결같은 이 자아상은 끝없이 확장하는 자아 이미지의 추적 관리라는 인지 작업량을 확 낮추는 동시에 제3의 관찰자가 내 이미지를 중복 인식할 위험성을 최소화한다. 사적인 자아와 공적인 자아 사이의 괴리가 클 경우, 중복 인식의 가능성은 높아지고 우리의 투영된 자아상에서 나오는 피드백의 쓸모는 반감될 뿐이다. 완전무결성은 신중함에서 비롯되는 법이다.

삼인칭 동감과 간접적 호혜

상반되는 이해들을 적절하게 비교할 수 있으려면, 우리는 먼저 내 위치를 바꿀 줄 알아야 한다. 내 자리나 상대방의 자리에 서서 보는 게 아니고 나 자신의 눈이나 상대방의 눈으로 봐서도 안 된다. 우리는 양측과 아무 연관 없고 둘 사이에서 공정한 판단을 내릴 수 있는 제3자의 위치에서 그의 눈으로 지켜봐야 한다.

- 애덤 스미스(1976)

우리가 타인을 이인칭으로 보고 그린 이미지가 어째서 중요한지는 앞 문단 맺음말에서 눈치챘을 것이다. 당신과 나는 서로를 관찰하거나 각자 제3자들과 겪은 서로의 과거 경험 얘기를 전해 듣고 그 정보를 바탕으로 생성한 서로의 이인칭 이미지를 참고 삼아 우리의 현재 관계를 발전시킨다. 이때 어디선가 제3자의 관찰자가 현재의 우리 관계를 주시하고 있을지 모른다. 그는 나에 대한 이인칭 이미지를 생성할 텐데, 이 이미지는 나중에 나와 맺게 될 관계에서 내게 좋은 쪽으로든 나쁜 쪽으로든 이 관찰자가 할 행동을 결정할 것이고 또 다른 미지의 제3자들과 공유될 수도 있다. 그러므로 나는 당신과 교류하는 동안 관찰자가 가질 나에 대한 이인칭 이미지가 녹아 있는 임의 관찰자에 대한 이인칭 이미지를 생성하고 계속 모니터링할 필요가 있다. 나는 이 관찰자의 눈으로 나 자신을 보고 내 성품을 승인하거나 부인한 그의 결정에 동감해야 한다. 나는 그의 판단에 의지해 내 공적인 자아를 성형해야 한다. 이 이미지 모델은 앞에서 논한 이인칭 이미지들과 달리 특정 개인이 아닌 임의의 불특정 관찰자를 상정하고 있다. 다른 면에서는 주목할 게 없는 이 이미지의 가장 두드러지는 특징은 사람들 눈에 비치는 우리 모습일지 모른다는 점에서 이것이 우리 자신의 투영된 이미지라는 것이다.

우리는 다양한 유형의 관찰자를 상정해서 각기 다른 삼인칭 이미지를 빚어 낸다. 버락 오바마 전 대통령의 취임식을 보면서 눈물을 흘리는 흑인 할머니는 대통령이 온 국민에게 받아들여지는 광경에서 본인도 인정 받는 듯한 느낌을 받거나 과거에 겪었던 부당한 일을 다시 떠올린다. 그럼으로써 그녀는 밝은 피부색의 관찰자에 대해 그녀가 갖고 있던 이미지를 수정하면서 본인의 투영된 자아상을 함께 갱신한다. 아니면 그녀의 일인칭 반응을 내가 이인칭으로 구축한 이미지 속의 이 밝은 피부색 관찰자가 나 같은 관찰자에 대해 그녀가 갖고 있던 삼인칭 이미지가 그렇게 달라졌다고 판정하거나.

인간man은 사회 안에서 살아가도록 만들어졌다. 그는 동료들과 어울림으로써 최대의 이익을 얻고, 신망을 잃거나 무리에서 방출될 경우 어느 때보다도 혹독한 비용을 치르게 된다. 타인을 이용하면 당장은 득을 볼지 모르지만 그런 짓을 아무에게도 안 들킬 리 없다. 명예가 훼손됨으로써 발생할 비용과 줄어들 사회이익 향유의 기회는 현재의 악행으로 얻을 소소한 이익을 더욱 별볼 일 없게 만들 것이다. 이처럼 인간의 마음속에 존재하는 제3의 관찰자가 사리 판단을 한다고 가정할 때 우리는 애덤 스미스가 언급한 '마음 내면의 인간'에 가까운 존재, 즉 우리의 행위를 심판하는 공정한 관찰자를 만나게 된다. 직접적 호혜는—"너도 내게 정중하게 행동하라고 내가 널 정중하게 대하는 거야"—이제 간접적 호혜와—"다른 사람들도 내게 정중하게 행동하라고 내가 널 정중하게 대하는 거야"—한 무대에 등장하는 것이다(Alexander, 1987; Nowak and Sigmund, 1998).

스미스는 이렇게 적고 있다. "사회에 적합한 형태로 인간을 만들었을 때 자연은 자신의 형제들을 기쁘게 하고 싶다는 근원적 욕망과 형제들 기분을 상하게 하는 일을 꺼리는 근원적 혐오감을 인간에게 부여했다"(Smith, 1976, p. 116). 이 챕터에서 나는 남녀 모두를 가리키는 '인간'을 남성형 명사 'man'으로 표현했다. 이는 스미스 시대의 관습을 따른 것으로, 여성 독자들에 대한 동감이 부재했던 당대 사회상을 보여 준다. 나는 내가 스미스에게 동감하고 있음을 강조하고자 고의로 남성형 단어를 골라 썼지만, 이런 나의 선택이 독자 여러분이 나에 대해 갖게 될 이인칭 이미지에 악영향을 줄까 걱정이 되기도 한다. 마지막으로 덧붙이면, 스미스는 삼인칭 동감을 완벽하게 공명정대하다고는 여기지 않았다는 사실을 짚고 넘어가는 게 좋겠다. "관찰자가 가까이에 있거나 함께 있는 경우에도, 우리 자신의 이기적 열정은 때때로 맹렬하고 부당하게 몰아쳐 우리 마음 내면의 인간으로 하여금 사건의 실제 정황상 마땅히 인정될 법한 것과는 확연히 다른 내용으로 오보하도록 부추긴다"(Smith, 1976, p. 159).

이인칭 동감과 삼인칭 동감 사이의 긴장에 관하여

이인칭 동감은 특정 타인의 관점이 개입하는 반면, 삼인칭 동감은 보편적 타인의 관점이 개입한다. 이 두 가지 유형의 타인은 특정 상황에서 내가 어떻게 행동해야 하는지를 서로 다른 방향으로 보고 각 행동이 투영된 완전히 다른 이미지를 내게 제시할 수 있다. 버지니아 헬드Virginia Held는 도덕철학이 삼인칭 분리를 부풀려 주장한다고 비판하면서 특정 타인의 이인칭 개입에 기초한 '돌봄 윤리ethics of care'를 옹호한다(Held, 2006). 또, 바수데비 레디Vasudevi Reddy는 어린 아기가 타인의 마음을 이해하는 과정에 대한 이론들에 존재하는 삼인칭 추론과 이인칭 관찰 사이의 유사한 불균형 논란을 바로잡으려 시도한다(Reddy, 2008).

친구란 우리가 깊은 이인칭 동감을 형성하면서도 어떤 부분에서는 거리를 두고 삼인칭 시각을 유지하는 상대다. 만약 친구가 내 뜻을 묻지도 않고 공익에 반하는 음모에 나를 끌어들인다면, 우정에 대한 내 도덕적 의무와 사회에 대한 도덕적 의무를 어떻게 절충해야 할까? 친구와 계속 가깝게 지내고 싶은 욕망이 사회적 입지를 잃을까 하는 두려움에 백기를 드는 지점은 과연 어디일까? 이런 내 딜레마는 이 친구에 관해 내게 무엇을 말하고 있을까? 그가 날 연루시킨 건 나에 대한 그릇된 이인칭 이미지를 갖고 있기—그가 내 마음 내면의 인간에 동감하지 못했기—때문일까, 아니면 그가 내 이미지를 정확히 생성해서 내가 금세 굴복할 줄 알았기 때문일까? 어쩌면 친구는 내게 제안한 연합의 기회를 우리의 우정에 그가 부여한 가치의 표현이자 우리 우정을 강화할 수단으로 여기고 있을지 모른다. 또, 그는 내 도덕적 양심을 내가 추상적 원칙을 더 중시하며 이 친구를 아끼지 않고 남처럼 평가한다는 신호라 생각할 수도 있다. 늘 뒤를 힐끔거리면서 자신이 세상에 어떤 모습으로 비칠지 고민하는 사람은 냉정하고 무심해 보이는 법이니. 인간이 가장 친밀한 인간관계 안에서 원하는 것은 남들이 뭐라고 떠들든 온전히 내게만 귀 기울여 주는 상대 한 명이다. 언제든 날 사랑해 주고 다른 누구보다 내 이익을 더 소중히 여겨 주는 누군가를 원하는 것이다.

수사修辭와 미문美文에 관한 반성

이 에세이 최초 초고의 유일무이한 독자는 바로 저자였다. 그가 처음에 완성한 작문은 설득력이 떨어져 고쳐 써 오라고 반려됐다. 그의 글을 한 줄 한 줄 읽어 내며 그가 독자를 설득하고자 애쓰는 모습을 지켜보는 동안 내 아이디어가 형태를 갖춰 갔다. 나는 독자와 저자 사이에서 공명함으로써 비로소 내 마음속 생각을 진정으로 이해하게 됐다. 저자인 나의 마음속에서는 또 다른 한 사람이 존재했다. 그는 당신, 친애하는 독자였다. 만약 내가 당신의 눈으로 이 에세이를 읽는 데 성공한다면, 당신 역시 내 눈을 통해 이 글을 읽을 수 있을 것이다. 그렇게 당신은 마치 내가 스미스의 생각에 동감했던 것처럼 내 생각에 동감하게 될 것이다. 현대 학술 저술가들은 반드시 삼인칭 인물을 염두에 두어야 한다. 저자와 독자 사이의 이인칭 상호작용을 먼 발치에서 지켜보면서 저자가 글에서 의도한 의미에 직접적으로 참견하지는 않지만, 의도된 효과를 발휘하고자 텍스트가 사용하는 도구와 책략에는 개입하는 제2의 독자 말이다. 어떤 요소가 이인칭 독자로 하여금 저자에게 열렬히 호응하게 만들더라도 그것이 삼인칭 독자가 같은 텍스트를 읽고 내린 이성적 판단을 반드시 만족시키는 건 아니다(Brown, 1994).

도덕성

그러므로 설사 모든 개인이 속으로는 다른 모든 세상 사람보다 자기 자신을 우선시하는 게 당연하다 하더라도, 누구도 감히 사람들 눈을 똑바로 쳐다보면서 자신이 그러한 원리에 따라 행동한다고 천명하지는 못한다.

- 애덤 스미스(1976)

도덕성은 하나의 성질이 아니라 본능, 이성, 문화라는 세 가지 요소가 불완전하게 뒤섞인 혼합물이다. 진화하는 모든 것들이 그렇듯, 이 요소들 사이의 관계는 재귀적이다. 문화는 본능에 의해 형성되고, 본능은 문화를 통해 형성된다. 이성에 따른 선택은 이성이 작용하지 않았더라도 같은 목적을 이루도록 정해진 선천적 인간 행동의 진화를 가속화한다(Baldwin, 1896). 이성이 우리의 목적을 가장 잘 구현할 문화 항목을 선택하면 문화가 그에 따라 변모하지만, 동시에 이성의 선택은 문화 규범의 구속을 받는다. 도덕성은 몹시도 개인적인 동시에 몹시도 사회적이며, 내면에서 우러나오기도 하고 바깥에서 주입되기도 하는 무언가다.

본능적 요소

도덕성은 다양한 면에서 본능적 성격을 띠고 각각은 개인의 경험, 이성, 문화에 의해 조정된다. 인간은 감정 반응의 기본 레퍼토리를 장착하고 태어난다. 타인의 이기적 행동을 보고 느끼는 억울함과 분노, 누군가의 아량에 우러나는 감사, 본인이 저지른 잘못에 밀려드는 죄책감이나 수치심 등이 그런 감정 반응이다. 이 레퍼토리에는 별로 아름답지 않은 여타 감정들도 포함되어 있다. 가령 내가 갈망하는 것을 이미 가진 이를 향한 시기와 질투와 증오 그리고 내 목적을 좌절시킨 사람들에게 기필코 복수하고 응징하겠다는 욕망 같은 것들 말이다. 다른 이의 관점으로 세상을 보는 동감력은 도덕성 형성에 없어서는 안 될 필수 자질이다. 하지만 동감이 있는 곳엔 언제나 타인, 특히 내게 해를 끼친 자의 고통을 보면서 느끼는 쾌감 '*샤덴프로이데*Schadenfreude'가 공존한다.

우리의 도덕 본능은 다른 본능이 우세하면서 생존하고 번식하는 실력은 뒤떨어졌던 나머지 인간들에 비해 우리 조상들의 생존과 번식을 선별적으로 장려했기에 지금까지 진화해 왔다. 우리 조상 대부분에게는 자신의 유전자를 후세에 전하는 일이 공동체가 개개인의 소속 여탈권을 거머쥔 사회집단에서 자신이 하나의 구성원으로 받아들여지느냐 여부에 달려 있었다. 사회가 '용납하지 않는' 행동을 하는 개인은 공익을 누릴 자격을 박탈당해 소외되고 무리에서 추방되거나 심지어 목숨을 잃었다. 이처럼 인정에 대한 욕망과 부정을 향한 두려움은 인간에게 가장 강력한 동기 중 하나다.

삼인칭 동감이 진화하는 것은 아마도 조직 내 협력을 통해 상당한 이익이 창출되고 그런 이익에서 배제될 경우 개인이 감당해야 할 비용이 엄청나기 때문일 것이다. 만약 번식의 성패가 사회의 인정 여부에 달려 있고 사회의 인정은 다시 이 개인이 얼마나 잘 '도덕적' 행동을 실천하고 '비도덕적' 행동을 억제하는지에 따라 결정된다면, 인간은 반사회적 행동 유전자를 가진 개체들을 무리에서 퇴출시킴으로써 스스로를 사회화했을 것이다.

만약 신중한 길이 타자를 우선시하는 경향을 보여야 한다면, 아마도 그런 선호도를 실제로 갖는 게 그렇게 보일 가장 효과적인 방법일 것이다. 처음에는 신중함이 자혜의 실천을 그저 권하는 정도였겠지만, 곧 자연선택이 유전자 변화를 정말로 선호하게 됨에 따라 자혜가 심리적 동기로 격상됐을지 모른다. 이론적으로 자혜 자체는 이기심의 때가 묻지 않은 순수한 심리적 동기로 남아 있는 상태에서 자혜를 독려하는 신중한 사유들만 효용과 이성의 영역에서 적합도와 본능의 영역으로 완전히 넘어가는 게 가능하다. 그렇다면 우리는 친구들의 눈을 똑바로 쳐다보면서 우리가 그들의 행복을 나 자신의 행복처럼 소중히 여긴다고 진정으로 천명할 수 있을 것이다. 그러나 현실적으로는 우리 마음속에 자기애와 자혜가 완벽히 화해하지는 못하는 두 가지 본능적 동기로서 공존하는 가운데 이기심이 여전히 강력한 심리적 동기로 작용한다.

협력의 진화는 종종 집단들 간 선택과 집단 내 선택 사이에 조성되는 긴장의 결과로 해석된다(Sober and Wilson, 1998). 이 시각에 따르면 집단들 간의 경쟁 상황은 집단 내에서 서로 협력하는 것을 바람에도, 집단 내 협력은 줄곧 과소평가되어 왔다. 이 협력을 통해 생성되는 이익에는 숟가락을 얹으면서 비용은 부담하지 않는 무임승객이 생식의 이점을 어부지리로 가져가기 때문이다. 집단들 간 선택과 집단 내 선택이 조화롭게 작용해 협력을 독려할 수도 있지만, 여기에는 집단이 '반사회적' 멤버를 쫓아내거나 이익 창출에 기여도가 없는 구성원은 이익 분배에서 배제시킨다는 전제조건이 붙는다. 그러므로 만약 저희끼리는 잘 돕는 개인들로 이뤄진 사회가 때때로 이웃 부족을 몰살까지 하면서 잔인해져야만 영토를 더 잘 지키고 넓힐 수 있었다면, 일촉즉발의 집단 간 갈등 상황은 집단 내 결속과 도덕 감시를 강화하는 막강한 원동력이 되었을 것이다(Wrangham, 1999).

자연선택은 갈등이 고조되는 상황에서 휴전 협상을 성사시키고 공멸을 막는 심리적 능력을 선호해 왔을 수도 있는데, 이는 오직 쌍방을 화해시킬 능력이 없는 개체는 일정 수준의 집단 간 혹은 집단 내 경쟁이 있을 때 자신의 유전자를 잘 전파하지 못했던 경우에 한해서다. 또, 본능적 평화주의자들이 처음부터 지구의 지배 집단이었다고 상상해 볼 수도 있으나, 이 역시 그들이 본능적 싸움꾼보다 많은 후손을 남겼을 때의 얘기다. 휴전은 양측 모두에게 유익하지만 각 당사자는 상대편이 기습을 도모할 정도로 힘의 균형이 이동하는 것을 늘 경계해야 하며, 필연적으로 뒤따르지만 잘 알려지지 않은 결과로 위험 부담 적은 공격의 기회가 찾아왔을 때 그것을 놓치지 않을 줄 알아야 한다.

이성적 요소

비록 이성이 의심의 여지 없이 인간 도덕성에 관한 일반적 규칙의 원천이고 우리가 내리는 모든 도덕 판단의 기준이자 근본이라 하더라도, 옳고 그름에 대한 첫 인식이 바로 이성으로부터 나온다고 단정하는 것은 일반적 규칙이 직접적으로 세워지는 구체적 사례에서조차 얼토당토않고 이해하기 힘든 일이다. (……) 직접적 감각과 감정에 의해 그렇게 느끼지 않고는 그 무엇도 그 자체로 호감이거나 비호감인 존재가 될 수 없다.

- 애덤 스미스(1976)

일반적 행위 규칙이 습관적 숙려를 통해 우리 마음에 고정되고 나면, 특정 상황에서 무엇이 적절하고 타당한가에 대해, 자기애 탓에 비뚤린 판단을 바로잡는 데 이러한 규칙이 매우 유용해진다.

- 애덤 스미스(1976)

스미스는 인간의 도덕감각은 열정에서 나오지만 도덕규칙은 이성에서 비롯된다고 생각했다. 우리가 도덕규칙의 토대로 삼는 것은 얼마든지 타락할 수 있어서 항상 객관적이고 공정하게만 바라보지는 않는 관찰자인 마음 내면의 인간이 내린 판단이 아니다. 우리는 타인의 행동과 그런 행동에 대한 타인의 판결을 관찰할 때 느끼는 자연스런 감정으로부터 일반적인 도덕규칙을 끌어낸다. 특히 우리는 우리 행위가 널리 승인될 때 쏟아지는 찬사를 갈망하고 널리 부인당할 때 뒤따르는 질책을 두려워한다. 그렇기에 우리는 우리 자신을 제3자의 눈으로 관찰해 시뮬레이션으로 만든 덜 미더운 자아상이 아니라 타인들을 제3자의 시선으로 관찰하며 경험하는 감정을 바탕으로 우리의 도덕규칙을 정립하는 것이다(Smith, 1976, pp. 156~160).

이성은 우리가 일찌감치 정한 입장이 정당함을 스스로에게도 남들에게도 증명해 보이려 할 때 우리의 행동과 의견을 *합리화*하는 데 사용되기도 한다. 조너선 하이트Jonathan Haidt는 도덕판단에서 이성의 주된 용도가 도덕감각의 정당성을 후향적으로 찾는 것이라 주장했다(Haidt, 2001). 하이트의 견해에 따르면, 도덕적 사유에는 문제의 사안을 다른 각도에서 재조명하고 새로운 도덕감각을 발동시킴으로써 타인의 행동을 변하게 하는 힘이 어느 정도 있지만 대개 효과적이지는 않다고 한다. 그래도 이성은 우리의 사유를 *성찰하고*, 그것들을 서로 일치시키며, 지난 경험에 미루어 보완하는 데 사용될 수 있다. 애덤 스미스 역시 자기성찰적 규칙이 인간 도덕감각의 분방한 표현을 심의하는 가늠자 역할을 한다고 여겼다. 도덕규칙을 철저히 준수한 행동은 우리로 하여금 자기기만에 빠지지 않고 나중에 후회가 될 충동에 제동을 거는 데 도움을 준다.

이성은 공정한 행동에 늘 논리적 일관성을 가지라고 명령할지 모른다. 동감은 인간이 서로를 더욱 잘 이해하도록 진화해 왔고 이성은 여러 선택지의 비용과 이익을 더욱 잘 계산하도록 진화했다. 당신의 희생으로 내가 이익을 얻는 상황에서 나는 내가 할 수 있는 선택마다 예상되는 각각의 효용을 계산하고 동감을 발휘해 당신이 고를 선택지마다 예상되는 효용을 계산한다. 그럼으로써 나는 당신이 내놓을 법한 대답을 보다 정확하게 예측하고 그에 맞서 더 잘 대응한다. 이런 내 계산의 정확성은 당신의 선택에 대한 내 시뮬레이션의 품질과 내 이성적 사유의 질에 따라 달라진다. 더불어 내가 관찰자의 반응을 제3자의 시각에서 예측하기로 했다면 나는 당신과 나 사이의 경계를 스스로 흐리는 셈이다. 그렇다면 감정은 티끌만큼도 섞지 않고 순수하게 이성적으로 묻건대, 내가 나의 실행 방침을 결정함에 있어 대체 나는 왜 당신의 효용보다 내 효용에 더 높은 값을 매기게 될까?

내가 우리들 각각의 효용을 매기는 동안에는 내 감정이 계산에 개입한다. 그 결과로 감정은 내 효용이 당신의 효용을 능가한다는 결론을 강력하게 옹호할 수 있다. 반면에 이성은 양측 모두의 입장에서 사안을 고려하고 *내* 효용과 *당신의* 효용 사이의 차이가 우리 상황의 근본적 대칭성을 깨뜨리는 임의적 기준이라 인식한다. 사람들이 얼마나 자주 이 같은 추상적 고민 끝에 자신의 행동을 선택하는지에는 정답이 없지만, 어떤 일을 반드시 해야 한다고 타인을 설득하고자 할 때 이런 유의 이성적 주장이 빈번하게 활용된다.

스미스는 만약 목적인의 관점에서 본다면 우리가 우리 자신의 이해를 특출하다고 여기는 것이 임의적 태도가 아니라고 해석했다. "모든 인간은 자기 자신을 가장 먼저 생각하고 누구보다 더 아끼도록 권유된다. 모든 인간은 남보다는 자기 자신을 돌보는 데에 모든 면에서 훨씬 적합하고 능란하다"(Smith, 1976, p. 219). 인간은 누구나 자기 자신을 아낀다. 그러지 않는다면 인간은 "자기 자신과 사회 모두의 효용을 깎아 먹을 게 분명한 사고에 직면하더라도 그것을 피해야겠다는 동기가 조금도 생기지 않을 것이기 때문이다. 그러므로 개인과 사회 모두를 돌보는 어버이의 입장에 선 자연은 그러한 모든 사고를 늘 염려하며 피할 수밖에 없다"(Smith, 1976, p. 148).

문화적 요소

모든 유형의 아름다움을 향한 우리의 감정이 이처럼 관습과 유형에 큰 영향을 받으므로, 행위의 아름다움에 관한 한 우리의 감정이 이런 원리의 지배를 전혀 받지 않는다고 확신할 수는 없다.

- 애덤 스미스(1976)

우리가 타인에게 신체적으로 동감하고 그들을 직접적으로 관찰하는 것, 우리가 타인의 행동을 모방하고 그들의 생각에 동감하는 것, 우리가 설득하려 하고 생각을 바꾸려 하는 것, 우리가 인정을 갈망하고 부정을 두려워하는 것, 우리가 친구와 낯선 이의 얘기에 귀

기울이고 부모, 스승, 유대교 랍비, 이슬람 종교지도자, 가톨릭 성직자의 말씀을 경청하는 것, 우리가 책을 읽고 영화를 보는 모든 행위는 우리의 도덕감각이라는 점토가 개인 간 교류와 문화의 변천에 의해 일정 형태로 성형되게끔 한다. 우리의 도덕적 사고와 실천은 세대를 거듭해 무한히 이어져 온 도덕적 딜레마들에 관한 주장과 사유의 영향을 받아 형성되고 변모한다.

사회집단 안에서는 다양한 도덕 개념들이 퇴보, 설득, 전향, 이단 처형 등의 결과로 주거니 받거니 하며 성쇠한다. 전에 없던 개념이 창시되기도 하고 옛 개념이 변이하기도 한다. 이런 개념들은 보상할 감정과 처벌할 감정을 구분하고 권장하는 동감 유형과 지양하는 동감 유형을 나누는 조리 있는 도덕규범으로 체계화된다. 이 규범을 잘 지키는 이들과 이 규범의 그림자 아래에서 살아가는 이들은 각각 그에 맞게 자신의 공적인 자아를 수정하는 방법을 습득한다. 명시적 규칙과 암묵적 규칙 둘 다 잘 지켜지는 것은 도덕 전통이 처벌과 부인에 대한 두려움에 의해 성공적으로 강화된 사회의 대표적 특징이다. 다양한 사회집단 가운데 내부갈등을 최소화하고 구성원들에게 더 많은 공익이 돌아가도록 조직된 사회는 어김없이 다른 집단들이 기꺼이 모방하려 하는 도덕규범을 갖추고 있었다. 여기에 더해 만약 군사력까지 동원할 수 있었다면 그런 사회는 영토를 넓혀 갈 수 있었을 것이고, 점점 더 많은 인구가 이 사회의 도덕규범을 따를수록 이웃 부족들은 그들의 규범을 더욱 적극적으로 모방했을 것이다.

위반자에게 분개하는 태도는 도덕행동의 흔한 특징 중 하나다. 부도덕한 행동을 했다고 판결 난 사람은 우리가 타인과 상호작용하는 모든 관계에서 우리를 구속하는만큼 보호도 하는 도덕의 울타리 밖으로 내쳐진다. 이제 그는 벌을 받고 고통을 당해도 싼 인간이 된다. 역사적으로 인간이 인간에게 저지른 최악의 잔행 중 다수는 상대편이 먼저 비도덕적인 행동을 했으니 자신들의 행동은 도덕적으로 정당하다고 생각하는 무리가 일으킨 것이었다(Haig, 2007a).

도덕규범은 강압적이다. 도덕규범에 복종하는 사람들은 규범의 명령이 보편타당하고 절대적이므로 개인의 애호와 상관 없이 모두에게 구속력을 갖는다고 굳게 믿는다. 오늘날 미국의 현대판 '문화전쟁'은 상이한 도덕규범들 간의 갈등이 날로 고조되는 현상으로 해석할 수 있다. 어떤 정책을 도덕적이라 규정할 수 있다면 사람들은 온갖 수단을 동원해 정책을 실현하려 할 것이다. 한편 이 정책이 비도덕적이라 판정될 때는 도덕적으로 분노한 사람들이 정책 실행을 저지하는 데에 온 힘을 쏟을 터다. 그러한 이유로, 정치적 논쟁은 도덕의 틀 안에서 무엇이 옳은가에 관한 주장으로 해석되는 경우가 흔하다. 특히 이기적 목적을 추구하는 자들이 이 전략을 자주 구사한다.

도덕규범은 문화 진화의 산물이면서 자기보호 목적의 적응을 진화시키기도 한다. 이때 어떤 형태의 동감은 금지되거나 지양된다. 경쟁 상대인 도덕 원리의 편을 드는 동감이 특히 그렇다. 대다수 사람들에게 다른 관점의 도덕 원리에 동감해 그것을 실행하는 것은 죄악이며 그런 건 상상조차 해서는 안 될 일이다. 이와 같은 이탈금지 규칙은 '정치적으로 올바른' 규범과 '문화적으로 보수적인' 규범 모두에 적용된다. 만약 '절대적인' 도덕조항들이 팽팽하게 맞서는 전쟁터에서 휴전을 이끌어 낼 방법 하나를 감히 제안해야 한다면, 나는 그것이 동감에 대한 우리의 금지 요구가 편파적임을 인정하고 대항해 싸우는 것이라고 말하고 싶다. 그럼에도 양측 모두 혹시나 호혜 없이 내 동감만 이용당하는 것 아닐까 하는 두려움이 들 것이다. 그렇게 정치는 도덕적으로 타협하지 않는 것이 우세 전략이 되는 죄수의 딜레마에 갇힌다.

책임감

내가 나 자신의 행동을 조사하려 애쓰고 나의 행동에 승인이든 비난이든 판결을 내리고자 할 때, 이런 모든 상황에서 이를테면 나는 나 자신을 두 인물로 분할하는 것과 같다. 그럼으로써 조사관이자 재판관인 나는 조사와 재판을 받는 인물로서의 나와 완전히 다른 성격을 갖게 된다.

- 애덤 스미스(1976)

나의 외면에서도 내면에서도 수많은 목소리가 내게 할 일들을 지시한다. 외적으로 나는 이렇게 저렇게 하라는 온갖 훈계에, 처벌에 대한 두려움과 보상에 대한 기대로, 이성적 주장과 황홀한 환상에 겹겹으로 포위된다. 동시에 내적으로는 이성, 양심, 의무, 명예, 희망, 두려움, 이미 조금씩 내 일부가 됐지만 여전히 서로 모순되는 열정들, 모순적 규칙들, 상충하는 도덕전통들의 목소리에 현혹된다. 그리고 짐작하건대, 이 모든 장면 뒤에는 나의 무의식적 자아가 존재한다. 무의식적 자아는 늘 말 없이 침묵하지만 내게서 이해할 수 없는 온갖 충동을 일으키는 진짜 배후다. 심지어 유전체 안에서조차 유전자마다 내면의 도덕적 갈등 앞에서 서로 다른 편에 설 수도 있다. 그러나 최종 선택의 순간에 전적인 책임을 지는 것은 바로 '나'다. 한 자아 안에 존재하는 수많은 이해 당사자들 가운데 유일한 결정권자가 '나'이기 때문이다. 신이시여, 제 영혼에 자비를 베푸소서.

9

어째서?
무엇을 위해? 왜?

From Darwin to Derrida

HOW COME?
WHAT FOR?
WHY?

배움은 자연스러운 것을 이상해 보이도록 만들어 우리 마음을 뒤튼다. 그리하여 모든 본능적 인간 행동의 이유를 묻게 한다.

- 윌리엄 제임스William James(1887)

도덕감정에 관한 애덤 스미스의 해석은 현대 진화생물학이 주목하는 다양한 논제와 공명한다. 우리의 사유와 이 사유들에 대한 사유를 구분한 스미스의 방식은 흡사 메커니즘의 해설과 그런 메커니즘이 진화해 온 까닭의 해설을 구분하는 진화생물학자의 방식을 떠올리게 한다. 보통은 이런 구분의 시초가 근접인과 궁극인을 구별한 에른스트 마이어(Mayr, 1961)라 본다. 사실 나는 마이어의 글이 애초에 크게 곡해됐다고 생각하지만 말이다. 이번 챕터는 내가 근접인과 궁극인의 구분에 관한 질문을 받고 거기에 대한 답으로 학술지에 투고했던 에세이를 바탕으로 한다. 이 구분이 진화 과정의 이해를 도왔는지 아니면 흐렸는지는 생물철학 분야에서 열띤 토론이 벌어지는 단골 주제다. 여기 인용된 19세기 이전 문헌 중 일부에 등장하는 '근접인'과 '궁극인'은 적절하지 않은 것 같다는 편집자의 요청으로 기존에 삭제됐다가 이번에 내가 복원한 것이다. 내가 이 책에 이 에세이를 포함시킨 것은 원인 개념들이 대다수 생물학자가 생각하는 것만큼 직관적이지 않으며, 생물학자들이 목적론적 표현에 얼마나 큰 반감을 가지고 있고, 단어의 모호함 때문에 어떤 혼란이 초래되는가를 보여 주기 위해서다.

궁극인의 먼 기원에 관하여

에른스트 마이어는 궁극인이 "역사를 가진 원인"이라 말했을 만큼 생물학을 역사적으로 설명하는 방식을 누구보다 지지하는 사람이었다(Mayr, 1961). 그는 생물의 진화사를 이해하지 않고는 누구도 생물학적 과정들을 완벽하게 헤아릴 수 없다고 믿었다. 이와 흡사한 주장이 단어의 의미에 대해서도 나올 수 있다. 의미는 돌연변이, 함의하는 뜻의 변화, 여러 선택지들 간의 경쟁을 통해 진화한다. 어느 한 시점에 여러 사람이 서로 다른 정의를 채택하거나 한 사람이 맥락마다 서로 다른 정의를 사용할 수 있으며, 시간이 지나면서 그런 정의들의 출현 빈도가 변하기도 한다. 어떤 의미가 융성하는지는 과학 및 철학 토론의 방향과 결과를 좌우할 수 있다. 주동하는 무리는 사람들이 세상을 그들의 용어로 읽고 보기를 원한다. 의미가 진화해 가는 과정을 파헤치는 작업에는 단어의 '진짜' 혹은 '정확한' 혹은 '실제' 의미를 두고 벌어지는 논쟁으로부터 적당히 물러서 있게 된다는 장점이 있다.

진화생물학에서 근접인과 궁극인의 구분은 현재의 원인과 진화적 과거의 원인 사이의 구분으로서 혹은 메커니즘 설명과 기능 적응 설명 사이의 구분으로서 다양하게 해석되어 왔다. 일단 근접인이란 무엇인가에 관해서는 모두가 같은 의견인 듯하다. 즉 근접인이 아리스토텔레스가 말한 동력인이라는 것이다. 반면에 궁극인의 정의를 둘러싸고는 논객들의 입장이 갈린다. 궁극인의 의미가 모호한 것은 어제오늘 생긴 성질이 아니다. 궁극인은 일련의 동력인들 중에서 처음 등장하는 것을 일컬을 수도 있고 연속되는 사건들 중 보통은 가장 마지막에 일어나는 목적인을 일컬을 수도 있다. 말하자면, 오늘날 궁극인의 의미에 내재하는 모호함은—궁극인이 역사적 해설인지 아니면 기능적 해설인지는—이처럼 수 세기를 묵은 모호함의 자손인 셈이다. 오늘날 벌어지는 논쟁들은 궁극인의 이런 의미 차이들을 구분함으로써 종결 지을 수 있을 것이다.

이럴 때 출발점으로 삼기 좋은 것이 《옥스퍼드 영어사전》이다. 형용사 *proximate*(근접한)와 *ultimate*(궁극적인)는 각각 '가까이 끌어당기다'와 '맨끝에 위치하다'라는 뜻의 라틴어 동사에서 나왔다. 사전은 *proximate*의 1번 뜻을 "연쇄적 인과과정에서 바로 앞이나 바로 뒤에 오는 사건 (……) 예문: *proximate cause*(근접인). 반의어:

remote, ultimate"라 정의한다. 한편 *ultimate*의 사전상 1번 뜻은 "목적, 디자인 등에서 다른 모든 것들 너머에 있는; 최종 목적이나 동기를 이루는"으로 되어 있다. 두 형용사가 사용되기 시작한 역사는 17세기 중반으로 거슬러 올라간다. 특히 주목할 사실은 '궁극인'은 옛날부터 '최종 목적'을 함의하는 단어였지만 '근접인'은 '원격인'이나 '궁극인'의 반의어로 상황에 따라 다양하게 활용됐다는 것이다.

*프록시마 카우사*proxima causa와 *울티마 카우사*ultima causa는 마침내 영단어 근접인proximate cause과 궁극인ultimate cause으로 편입될 때까지 수백 년 동안 학계에서 라틴어 그대로 사용됐다. 《자연의 원리들*De principiis naturae*》에서 토마스 아퀴나스는 아리스토텔레스의 원인론을 전인前因, prior cause과 후인後因, posterior cause으로 나눠 제시한다.

> 근접인은 후인과 같은 뜻이고 원격인은 전인과 같은 뜻임을 이해해야 한다. 즉 전인과 후인, 원격인과 근접인이라는 두 가지 구분 방식이 실은 같은 것이라는 얘기다. 더불어 우리는 더 보편적인 원인은 늘 원격인이라 불리고 보다 구체적인 원인은 근접인이라 불린다는 사실을 주지해야 한다. 예를 들어, 인간의 근접 형상인은 인간의 정의, 그러니까 '필멸의 이성적 동물'이지만, 동물은 이 정의보다 멀리 있는 형상인이고 물질은 여기서도 더 멀어진다. 모든 우월한 것에는 자신보다 열등한 형상인이 존재한다. 비슷하게, 동상의 근접 질료인은 청동이지만 원격 질료인은 금속이고 여기서 더 나아가면 모델의 몸이 질료인이 된다(Aquinas, 1965, p. 23).

원격인으로는 근접인을 설명할 수 있지만 그 반대의 설명은 불가능하다. 위 인용문에서 토마스 아퀴나스는 우선순위를 보편성에 두어 보편적 원인이 원격인이고 구체적 원인이 근접인이라 간주하는 계층 구조를 활용해 형상인과 질료인 각각의 근접인과 원격인을 구분하고 있다. 이와 같은 근접인과 원격인 구분 방식은 먼저 일어난 사건이 나중에 일어난 사건의 원인이라는 식으로 시간적 순서에 우선순위를 두는 동력인의 인과사슬에도 적용 가능하다. 그뿐만 아니라 가까운 목적이 더 상위 목적의 수단이 되는 목적인들에도 마찬가지다.

어느 인과사슬 혹은 계층구조에서든 가장 멀리 있는 원격인, 즉 자기 앞에 전인이 없는 원인을 궁극인이라 할 수 있다. 《대이교도대전*Summa contra gentiles*》에서 토마스 아퀴나스는 무한한 인과사슬에 반박한 아리스토텔레스의 주장을 근거로 들어 궁극인의 필요성을 증명했다. 그는 동력인들이 이어지는 인과사슬에서는 첫 부동의 원동자가 반드시 있어야 하며 목적인들의 인과사슬에서도 스스로가 그 자신의 목적이 되는 최초의 원인이 반드시 존재해야 한다고 생각했다(Aquinas, 1975, chap. 13, pp 37~37). 그에게는 부동의 원동자와 궁극의 종점ultima finis이 같은 것을 뜻하는 한 단어였다. 그의 논리로는 태초에 끝이 있었던 셈이다.

스피노자 역시 근접인과 원격인을 비슷하게 구분했다. 그는 《신에 대한 소논문*Short Treatise on God*》에서 이렇게 단언한다.

신은 무한하고 불변하는 것들의 *근접인*이며, 신의 손으로 직접 창조

> 됐다고 우리가 주장하는 것은 어떤 면에서는 신이 세상 온갖 사물의 원격인이라 말하는 것과 같다. (Spinoza, 2002, p. 51)

또한《에티카*Ethica in Ordine Geometrico Demonstrata*》에서는 정리 28을 통해 (유한한) 사물들마다 동력인의 무한 사슬이 존재한다고 주장했다. 정리에 딸린 주석을 보면 이런 구절이 나온다.

> 첫째, 신은 그가 직접 빚어 만든 사물들의 틀림없는 근접인이다. (……) 둘째, 신이 사물들의 원격인이라고 얘기하는 건 적절하지 않다. (……) 우리가 이해한 바 '원격인'이란 절대 그 결과와 바로 맞닿을 수 없기 때문이다. 하지만 그러한 모든 것이 신 안에 있으며 신에게 의존하기에 신 없이는 존재할 수도, 잉태될 수도 없다. (Spinoza, 2002, p. 51)

중간에 스피노자는 신이 사물들의 원격인인지 아닌지에 대해 생각을 바꾼 듯하다. 정리 28에는 신은 영원히 존재하는 근접인이지만 원격인은 아니라고 되어 있다. 목적인에 대해서는 스피노자는 "모든 목적인은 인간이 만든 상상의 산물"이라며 범주를 통째로 부정했다(Spinoza, 2002, p. 59). 심지어 그는 신의 목적인조차 부정했는데, 모든 것이 신 안에 있으며 만약 신이 어떤 의도를 품고 행동했다면 그에게 없는 무언가를 찾는 것일 수밖에 없기 때문이었다.

근접인은 법 쪽으로도 역사가 깊은데, 특히 불법행위법 분야에서 자주 등장한다. 가령 프랜시스 베이컨이 남긴 최초의 법 관련 격언은 '*In Jure non remota causa sed proxima spectatur(법에서는 원격인이 아닌 근접인을 고려한다)*'였다(Bacon, 1596). 만약 모든 원인에 전인이 있다면 법은 원격인까지 파헤칠 필요없이 직근인直近因, immediate cause이나 근접인만 가지고도 충분히 실용적으로 사건을 해결할 것이다. 지금까지의 내용을 요약하면, 원인은 은유적 시간이나 실제 시간의 순서(전인과 후인)에 따라 혹은 은유적 거리(근접인과 원격인)에 따라 배열됐다. 이 기준축은 동력인, 질료인, 형상인, 목적인의 네 가지로 구분하는 방식과 직교했다. 궁극인은 아리스토텔레스의 네 가지 원인 분류 모두에서 지목될 수 있었다.

19세기의 근접인과 궁극인

내 목적은 19세기에 사용된 궁극인과 근접인의 다양한 의미와 뉘앙스를 전체적으로 훑는 게 아니다. 따라서 허버트 스펜서Herbert Spencer가 의학과 철학을 논하면서 언급한 몇 가지 예시만 살펴보려 한다. 19세기의 의학은 때때로 궁극인(혹은 일차적 원인)을 참고하면서, 질병의 근접인(혹은 직근인)을 원격인과 구분했다. 《동물생리학*Zoonomia*》 2권에서 이래즈머스 다윈Erasmus Darwin은 질병을 근접인에 따라 분류해 제시한다.

> 설사를 하면서 종아리에 쥐가 날 때 감각 연결의 항진은 근접인이 되고 그보다 앞서 일어난 장운동 증가는 원격인이 된다. 이때 근접

결과는 장딴지근이 격렬하게 수축하는 것이지만 이 근육에서 느껴지는 통증은 부수적 증상이거나 원격결과에 불과하다. (Darwin, 1818, p. 361)

존 채프먼John Chapman도 설사의 원인에 대해 비슷하게 접근했다.

설사는 이가 나면서 생긴 염증에 의해서도, 소화관 자극에 의해서도, 오염된 물을 마셔서도, 유독가스를 흡입해서도, (폐결핵 환자처럼) 장에 궤양이 생겨서도 발생하며 다양한 질병의 증상으로 나타난다. 하지만 "질병의 *일차적 원인*이 다양하더라도 *근접인*은 늘 같다. (……) 즉 척수와 교감신경중추의 충혈 때문이다. (Chapman, 1865, p. 14)

이 예문들에서 근접인은 여러 가지 일차적 원인의 작용으로 촉발되어 공통된 증상들을 발현시킨 가장 마지막 메커니즘을 가리킨다.

질병의 맥락에서 궁극인은 근접인 전에 발생한 물리인이다. 따라서 감자잎마름병을 논할 경우 "이 병의 근접인은 분명하게 노균 곰팡이*Peronospora*이지만, 궁극인에 대해서는 다양한 주변 상황을 살펴야 할 것이다. (……) 병균의 공격이 특정 기후나 기타 조건에서 더욱 활기를 띨 수 있기 때문"이다('The Potato Disease', 1872). 한편 "9월 5일 발생한 고인의 죽음에서 궁극인은 허벅지 골절로 이어진 지난 1월 초의 낙상 사고였다"는 부고 문구 역시 비슷하게 해석된다('Rudolf Ludwig Karl Virchow: Obituary', 1902). 대조적으로, 현대의학이 말하는 '사망의 궁극인'은 흔히 일련의 사건에서 사람이 죽기 직전에 *가장 마*

지막으로 일어난 원인을 가리킨다. 가장 멀리 떨어진 *시작점*의 원인이 아니다. 가령 "패혈증 환자가 사망하게 되는 궁극인은 다발장기부전이다. 보통 처음에는 환자의 장기 하나만 망가질 것이다. (……) 그러다 만약 병을 관리하지 않고 방치한다면 점점 악화돼 나머지 장기기관들도 부전에 빠지게 된다"는 식이다(J. Cohen, 2002).

허버트 스펜서는 "개체화와 번식의 불가무한 길항관계"가 "최상위 형태의 [인종] 유지에 최종적으로 도달"하도록 보장하고 "태생적인 잉여 생식능을 궁극적으로 소멸"시킨다고 기술했다(Spencer, 1852, p. 501). 그의 설명은 계속 이어진다. "집단압력은 처음부터 발전의 근접인으로 작용해 왔다. (……) 집단압력은 인간으로 하여금 포식 습성을 버리도록 강제하고 (……) 인간들을 사회구조 안으로 밀어넣었다. (……) 집단압력은 궁극적으로 의도한 바대로 전 세계에 사람들이 마땅하게 무리지어 살게 하고 인간집단이 정착한 모든 땅에 고등 문화를 번성시켰다. (……) 이 모든 것이 이뤄지고 난 뒤에야 우리는 집단압력이 임무를 차근차근 달성하면서 스스로 종말을 향해 한 걸음씩 나아가는 모습을 지켜본다." 이 문단에서 근접인은 일찍이 운명지어졌거나 더 상위에 있는 목적을 완수하게 하는 수단이다. 기차의 엔진을 "전국의 지형과 무역길과 사람들의 습관을 송두리째 바꾼 철도 시스템의 근접인"으로 꼽는 것과 비슷한 맥락이다(Spencer, 1857, p. 481).

조지 스토크스George Stokes에게 "물리과학의 최상위 목적은, 가능한 최대한으로, 현상을 근접인으로 해설하는 것"이었다(Stokes, 1887). 하지만 그는 특정 지점을 넘어서면 "과학이 스스로 채우지 못하는 빈

공간으로 우리를 인도한다"고 덧붙였다. 이 빈 공간은 일찍이 스펜서도 언급했던 개념이다. 《제1원리*First Principles*》에서 그는 궁극인(대문자로 강조한 Ultimate Cause)을 "자신을 통해 모든 것을 존재하게 하는 불가지물不可知物, the Unknowable"과 동일시했다(Spencer, 1867, pp. 108~114). 그러나 대상이 인식가능한 사물the knowable로 바뀌고 균질체homogenous body가 불안정하다는 얘기로 가면, 구성단위들 사이에 벌어지는 미묘한 차이가 의심의 여지 없이 이질성의 "근접인"이고 부수적인 힘의 일부분에 불균등하게 노출되는 것이 "궁극인(대문자로 강조하지 않음)"이라 주장했다(Spencer, 1867, p. 424).

정리하면 당시 근접인은 물리인과 같은 뜻이었다. 궁극인은 근접인 전에 일어난 물리인을 가리킬 수도 있고 목적인을 가리킬 수도 있었다. 이어서 근접인과 궁극인을 구분한 마이어의 사상을 논할 텐데, 그전에 마지막으로 동력인은 '어떻게' 질문과 자주 연결되고 목적인은 '왜' 질문과 흔히 연결됐다는 사실을 기억해 두는 게 좋을 것 같다. 19세기 기록 중에 이 둘을 비교한 예문 둘을 소개할까 한다. 첫째는 요한 페터 에커만Johann Peter Eckermann의 괴테 보고서에 나오는 내용이다. "Die Frage nach dem Zweck, die Frage Warum? ist durchaus nicht wissenschaftlich. Etwas weiter aber kommt man mit der Frage Wie?"(Eckermann, 1936, p. 283). 내 부족한 실력으로 번역하자면 그 뜻은 이렇다. "목적을 묻는, '왜?'로 시작하는 질문은 전혀 과학적이지 않다. 하지만 '어떻게?'로 질문을 시작하면 조금 더 많은 것을 알아낼 수 있다." 다음은 찰스 킹즐리Charles Kingsley가 쓴 《어린이를 위한 첫 번째 지구과학 수업*First Course of Earth Lore for Children*》의

한 구절이다. "그러나 한 가지 주의할 점이 있는데, 절대로 '어떻게' 부인과 '왜' 아가씨를 헷갈려서는 안 됩니다. 많은 사람이 그러는 바람에 엄청난 실수를 저지르곤 합니다"(Kingsley, 1873, p. 4). 그는 '어떻게' 부인의 정체는 자연이고, 부인의 행동은 사실이라 밝히고 있다(Kingsley, 1873, p. 348). 반면에 부인의 아름다운 가정교사 '왜' 아가씨에 대해서는 "그녀가 섬기는 주인이 부인 위에 또 있고 주인의 이름은 독자의 상상에 맡긴다"면서 구체적인 설명을 생략했다(Kingsley, 1873, p. 3).

에른스트 마이어와 목적론

'왜' 질문과 '어떻게' 질문에—즉 '무슨 목적으로'와 '어떤 방법으로'—답하려는 시도는 결코 서로를 방해하지 않는다. (……) 모든 자연현상에는 늘 이 두 질문이 따라오기 마련이며 사실을 완전히 이해하려면 두 질문 모두의 답을 찾아야 한다.

- 에드워드 폴턴Edward Poulton(1908)

에른스트 마이어는 1960년 가을에 시작하는 학사년도의 미국 메사추세츠 공과대학MIT에서 열린 과학연구 방법과 개념에 관한 헤이든 세미나Hayden Colloquium on Scientific Method and Concept에서 연구논문 〈생물학에서의 인과 과Cause and Effect in Biology〉를 처음 발표했다(Beatty, 1994; Lerner 1965). 이 논문은 약간의 편집 후 곧바로 〈사이언스*Science*〉에 게재됐고(Mayr, 1961), 몇 해 뒤에는 헤이든 세미나 기록에도 수록됐다(Mayr, 1965). 논문의 두 버전은 매우 흡사하지만 완전히 같지는 않다. 1961년 버전은(내가 지금부터 하려는 얘기는 이 논문을 기준으로 한다) 흔히 '어떻게' 질문(근접인)과 '왜' 질문(궁극인)이 어떤 식으로 구분되고 어떻게 '왜'가 적응력 있는 목적의 질문으로 해석되는지 학생들에게 보여 줄 때 교재로 애용된다. 그런데 그렇게 가르치는 건 마이어의 문장을 잘못 해석하는 것이다.

마이어가 '어떻게'를 근접인과 그리고 '왜'를 궁극인과 엮은 최초의 생물학자는 아니었다(Mayr, 1961). 그보다 10년 전, 존 H. 멀러히 John H. Mullahy는 이런 글을 남겼다.

> 그처럼 과학자는 '왜' 우주가 거기에 존재하며, '왜' 우주가 진화하는지를 묻는 궁극적 질문에 답할 준비가 되어 있지 않다. 과학자는 오직 과정을 설명하기만 하면 된다. 과학자의 소명은 우주가 '어떻게' 진화하는지 사람들에게 말해 주는 것뿐이다. 과학자가 사물의 근접인들에 대한 탐구를 소홀히 하고 철학적 고민에 몰두함으로써 본인의 일을 함부로 뒤섞으려 하면, 과학자들의 무소용한 노력은 사람들로 하여금 철학색이 더 진한 다른 잡종들만 연상시킬 것이다. (Mullahy, 1951, p. 20)

비슷하게 클로드 워들로Claude Wardlaw는 생물학은 "진화의 궁극인과 근접인 및 생명 메커니즘과 형태발생의 궁극인과 근접인"을 이해하기를 갈망할 수 있지만 "진화의 이유, 즉 진화에 대해 '왜'를 묻는 질문은 일반적으로 생물학이 아닌 다른 학문에 속한다고 여겨진다"

고 기록했다(Wardlaw, 1952, p. 463). 여기서 워들로는 물리적인 원격인을 '궁극인'이라 칭하고 있다. 그는 멀러히와 마찬가지로(그리고 더 거슬러 올라가 괴테나 킹즐리와도 유사하게) '왜'에 관한 사유가 과학의 영역을 벗어난다고 생각했다. 단, 워들로와 멀러히의 '왜'는 적응을 통한 진화의 산물에 '무엇을 위해'를 묻는 게 아니라 진화 과정 자체에 대한 '무엇을 위해'를 묻는 것임을 주의해야 한다.

논문 〈생물학에서의 인과 과〉의 목적을 이해하려는 사람은 먼저 마이어의 '정치적' 동기를 알아야 한다. 그가 이 글을 쓴 중요한 동기는 우위를 점해 위풍당당해진 분자생물학에 맞서 계통분류학과 진화생물학의 자리를 지키는 것이었다(Beatty, 1994; Dietrich, 1998). 마이어와 대립각을 세운 비평을 짚어 내기는 그리 어렵지 않다. 마이어의 글에 언급되어 있기도 하고 작금의 진화생물학계에도 똑같은 비평이 쏟아지기 때문이다. 항간에 들리는 그런 얘기들은, 진화생물학이 비과학적인 목적론 개념을 몰래 들여와 쓰기 때문에 '단단한' 과학보다 덜 견고하고 예측력이 떨어진다고 주장한다.

그뿐만 아니라 마이어는 진화생물학의 경계선을 바르게 고쳐 긋고 진화생물학과 당대에 한창이던 다양한 생기론 해설들 사이의 모든 관계를 끊어 내고 싶어 했다. 그는 논문 도입부에서 한스 드리슈Driesch, 앙리 베르그송Bergson, 피에르 르콩트 뒤 노이Lecomte du Noüy의 이론을 하나하나 언급한 다음에 마지막 문단을 이렇게 끝맺고 있다. "생물학적 인과율의 복잡성이 생기론이나 목적인론과 같은 비과학적 이데올로기들을 포용하는 것을 정당화하지는 않는다"(Mayr, 1961, p. 1506). 이 점을 감안하면, 실은 근접인과 궁극인보다는 생기론이 마이어의 진짜 표적이었고 그가 논문 집필 당시 이미 스러져 가던 이론들의 심장에 말뚝을 박을 작정이었다는 생각이 들지 모른다. 마이어가 알면서도 한참 철 지난 생기론 논쟁에 수선을 떤 것은 다 그의 전략이다. 생기론은 "생명에 대한 데카르트의 번드드르한 기계론적 해석"에 불가결하게 나온 반응이었다(Mayr, 1961, p. 1501). 그가 진짜 주장하고 싶었던 바는 기능생물학이 물리과학을 바탕으로 도출해 사용하는 인과관계의 개념은 생물계를 이해하기에 궁색하고 부적절하지만, 진화생물학은 더 넓은 시야를 갖고 있다는 것이었다. 그러나 마이어는 그가 물리적 인과에 더해 생기론이 말하는 *활력*entelechy이나 *생기력*elán vital까지 들먹인다는 비난에 맞서 스스로를 변호해야 했던 것이다.

'생물학에서의 인과 과'의 개요는 인과율의 세 가지 측면을 중심으로 짜여 있다. 바로 과거 사건의 설명, 미래 사건의 예측, 목적론이다. 마이어는 우선 생물학을 크게 기능생물학과 진화생물학으로 양분하고, 두 갈래가 서로 다른 해설적 목적과 인과 개념을 갖는다고 간주했다. 그는 기능생물학이 묻는 것은 '어떻게'이고 진화생물학이 묻는 것은 '왜'라고 규정했다. 기능생물학은 직근인에 관심을 갖지만 진화생물학은 '역사를 가진 원인'에 주목했다. 그렇기에 "근접인은 환경의 직근인자들에 대한 개인(과 그 몸속 장기들)의 반응을 좌우하고 궁극인은 생물종마다 각각의 개체가 부여받은 특정 DNA 정보코드의 진화를 불러온다"는 것이었다(Mayr, 1961, p. 1503).

마이어의 '궁극인'은 흔히 선택 가치나 목적을 설명하는 것으로 해석된다. 그런 까닭에 그런 해석을 명시적으로 부정하는 그의 글을 읽고 넘어가는 게 좋을 것 같다.

> 우리가 '왜'라고 말할 때 반드시 우리는 이 단어의 모호한 성격을 주의해야 한다. 이 단어는 '어째서?'를 뜻할 수도 있고 목적인론적인 '무엇을 위해?'를 뜻할 수도 있다. 또, 진화생물학자가 '왜?'라고 묻는다면 그의 심중은 역사를 가진 '어째서?'를 떠올리는 게 분명하다(Mayr, 1961, p. 1502).

마이어가 '근접인'과 '궁극인'을 통해 암시한 바는 무엇이고 그가 이 표현을 선택한 이유는 무엇이었을까? 그는 근접인은 당면한 일들이지만 궁극인은 역사적 일들이라고 몇 번이나 반복해서 강조한다. 한마디로 궁극인은 근접인보다 시간적으로 앞에 놓인다는 소리다. 마이어는 진화인evolutionary cause에는 전인이 없다는 견해에 동의하지 않았던 게 분명했다. 그렇다면 왜 '원격인'이라 말하지 않고 '궁극인'이라는 표현을 선택했을까? 그것은 정치 때문이었다. 원격인과 비교하면 근접인이 훨씬 두드러져 보이지만, '궁극인'은 평범한 '근접인'과 달리 진화적 의미가 담겨 무게감이 생기는 것이다.

목적론을 다루는 마이어의 방식은 노골적이었다(Mayr, 1961). 그는 목적론을 함축한다는 이유로 '무엇을 위해?'로 시작하는 의문문을 대놓고 부정했다. 진화에 목표나 목적이 있다는 주장에는 마이어가 가장 펄쩍 뛰며 반대한 생기론의 요소가 있었다. 생물계에서 목표지향적 행동이 목격되긴 해도 그것은 진화한 유전자 프로그램의 작동으로 일어나는 현상이다. 암묵적 정의상, 이런 프로그램이 어떻게 발현되는지는 기능생물학의 영역이고 프로그램의 기원이 무엇인지는 진화생물학이 다루는 주제다. "개체의 발달이나 행동에는 어떤 목적이 있고, 자연선택은 확실히 그렇지 않다"(Mayr, 1961, p. 1504). 마이어는 진화생물학이 홀로 감당해 온 목적론적 사고의 낙인을 기능생물학 쪽으로 슬며시 전가한다. 진화가 목표지향적이지 않음에도 자연선택의 결과로 뚜렷한 목적을 가진 생물이 창조된다는 건 그도 인식하고 있었다. 하지만 그는 목표지향적 행동을 목적론으로 설명하기보다는 '목적률적'이라는 형용사를 써서 그런 행동의 의의를 "암호화된 정보코드가 담긴 프로그램에 따라 작동하는 시스템"으로 엄격하게 국한하려 했다(Mayr, 1961, p. 1504).

이 주제들은 마이어의 다음 논문 〈생물철학에 관한 주석Footnotes on the Philosophy of Biology〉에서 다시 등장한다(Mayr, 1969). 그의 주장에 따르면 "생물학에 관한 한 작금의 생기론은 죽었다. (……) 생물계가 엄청나게 복잡하다는 점, 모든 생물은 역사적 존재라는 점, 그리고 생물 안에는 오랜 세월 진화해 온 유전자 프로그램이 존재한다는 사실을 종합할 때 생물은 무생물과 완전히 달라서, 무생물로부터 일반화한 원리를 생물에 적용하면 대부분의 경우 생명현상이 무의미하거나 보잘것없어지고 만다. (……) 유전자 프로그래밍에 대한 반응의 적응력 덕분에 표출되는 목적 있는 과정과 행동은 아마도 *목적률적*이라 묘사할 수 있을 것이다. 아리스토텔레스 목적론의 이 부분은 우주 전체가 조화롭게 진화하도록 프로그래밍되어 마침내 조화로운 우주가 만들어진다는 논리에 부합하지 않는다. 이것은 좁은 의미의 목적론이며 그런 까닭으로 어느 과학 분과에서도 실증된 적이 없"었다(Mayr, 1969, pp. 197~202).

이 주제에 관한 마이어의 이해는 꾸준히 발전해 갔다. 마이어는 "목적률적 과정이나 행동은 그 목표지향성의 뿌리를 프로그램의 작동에 둔 것"이라 설명함으로써 목적론과 목적률 사이의 관계를 규정했다(Mayr, 1974, p. 98). 이 새 정의의 가장 큰 특징은 시스템이 역동적이지 않고 정적이라고 여기게 된 마이어가 기존 정의에서 '시스템'이라는 단어를 빼고 표현을 수정했다는 것이다. 이제 마이어는 아직 발사되지 않은 어뢰 같은 당장 눈에 보이는 그대로를 목적률적이라고 순순히 수긍하기를 주저했다. '목표지향적인'은 '목적 있는'과 같은 뜻이 아니었다. '목적률' 역시 '적응'과 동의어라 할 수 없었다. 그는 진화적 '왜' 질문의 근거도 예전과 좀 다르게 생각하고 있었다. 물리과학 탐구는 '무엇이'와 '어떻게'만으로도 충분했지만, 생물학은 '왜'를 묻지 않고는 도저히 시원하게 해설할 수 없었다. "인과 분석을 완성하기 위해서는 어떤 특징이든 그것이 왜 존재하는지, 다시 말해 이 생물체의 일생에서 그 특징의 기능과 역할이 무엇인지를 반드시 물어야 한다"(Mayr, 1974, p. 108). 마이어는 '왜'를 물으려면 "표현형의 모든 측면에 대해 선택적 중요성을 따져야 한다"고도 강조했다(Mayr, 1974, p. 109). 이것은 '어째서'보다는 '무엇을 위해' 질문에 더 가깝다. 그래서 그는 "적응성은 일이 일어나기 전의 목표 추구 과정이 아니라 일이 일어난 후의 결과다. 그런 까닭으로 목적론적 단어가 적응으로 생긴 현상에 쓰이면 꼭 의미왜곡이 생긴다"고 지적했다(Mayr, 1992, p. 131). 마이어는 궁극인과 자연신학 사이의 역사적 관계를 잘 인지하고 있었다. "역사적으로 '궁극'이라는 단어의 발목을 잡아 온

장해물을 치우기 위해 나는 요즘에 내는 논문들 대부분에서 궁극인 대신 '진화인'이라는 표현을 사용하고 있다"(Mayr, 1993, p. 94).

한마디 한마디에 권위가 넘쳤다고 말하는 사람도 있겠지만, 노년의 마이어는 독단적인 성격으로 명성이 자자했다. 진화생물사학자들에게 재미 있게 느껴질 만한 개인적인 일화가 하나 있다. 1999년 초, 마이어가 자신의 집무실로 나를 부르더니 난데없이 우리 둘이 논문 한 편을 같이 쓸 거라고 선언했다. "우리 영국인 친구 그……." 그가 머뭇거리기에 나는 좀 거들기로 했다. "존 메이너드 스미스요." 다시 그가 말을 이었다. "맞아. 그 친구는 틀렸어. 동물은 게임을 안 하거든." 때는 마이어, 존 메이너드 스미스, 조지 윌리엄스 이렇게 세 사람이 크라포르드상Crafoord Prize(스웨덴 기업가 홀게르 크라포르드가 사재를 턴 기부금으로 스웨덴 왕립과학원이 주관해 1980년부터 노벨상 바깥 영역의 기초과학에 혁혁한 공을 세운 연구자에게 수여하는 상—옮긴이)을 공동 수상한 지 얼마 안 된 시점이었다. 그래서 나는 그에게 두 분이 같이 상을 받은 소감이 어떻느냐고 여쭤 봤다. 그러자 마이어가 이렇게 대답했다. "스미스는 충분히 상 받을 만해. 하지만 윌리엄스는 아니야. 그는 지금까지 제대로 한 일이 하나도 없어!"

마이어 이후의 근접인과 궁극인

마이어의 근접인과 궁극인 구분 방식은 진화생물학계 전반에 무난하게 자리 잡았지만 기능생물학계에서는 박대를 당했다. 진화생물학자들의 마음을 사로잡은 건 아마도 '궁극'이라는 단어와 '근접'이라는 단어의 어감이었을 것이다. 흔히 궁극인은 근접인보다 중요한 것처럼 들리기 쉽다. 그러니 자신들이 중시하는 근접인이 괜히 비교당해 비위가 잔뜩 상한 기능생물학자의 눈에 '궁극인'이 좋게 보일 리는 없었다. 당연히 기능생물학자들은 궁극인을 "허세 가득"하고(Francis, 1990) "우월주의적"이라 혹평했다(Dewsbury, 1999). 한편 비티John Beatty는 마이어(Mayr, 1961)가 근접인과 궁극인의 관점에서 생물학적 해석을 대비시켜 처음 선보인 이후 30년의 시간이 흐른 뒤 낸 논문에서 "마이어의 고집스런 근접인/궁극인 구분 방식에 동의하지 않는 적잖은 이단적 견해가 있다"고 언급하기도 했다(Beatty, 1994, p. 352). 생물철학계의 최근 동향을 보면, 마치 지난날 교황의 절대권위가 한쪽에서는 루터파의 도전에 맞닥뜨리고(Laland 외, 2013b; Thierry, 2005) 또 한쪽에서는 십자가의 요한John of the Cross(스페인의 신학자. 본명은 후안 데 라 크루즈Juan de la Cruz. 루터파를 위시한 기독교의 종교개혁에 대항하는 가톨릭의 반종교개혁에 앞장섰다—옮긴이)의 비호를 받은 것처럼(Dickins and Barton, 2013; Gardner, 2013) 학설 분쟁이 다시 시작된 듯하다.

근접인과 궁극인의 구분이 유용한 사상인지, 이제 낡아 쓸모 없어졌는지, 아니면 아예 유해한지를 둘러싼 이와 같은 최근의 논쟁들은 깊은 오해에서 비롯된 다툼의 성격이 큰데, 무엇보다도 근접인과 궁극인의 구분에 두 가지 기준이 뒤섞인 탓이다. 두 기준이라 함은 직근인과 역사인historical cause 사이의 구분이 하나고, 메커니즘과 적응 기능 사이의 구분이 다른 하나다. 그런데 마이어는 둘 중에서 전자를 강조한 반면(Mayr, 1961), 마이어의 용어를 채택한 진화생물학자 대부분은 후자에 더 중점을 뒀다. 이 차이는 모두를 의미론의 수렁에 빠뜨려 일부 비평가들이 *대다수* 지지자들보다도 마이어의 의도에 더 가깝게 용어를 이해하는 기현상을 낳는다. 어떤 용어의 '올바른' 정의를 결정하고자 할 때는 보통 두 가지 기준이 동원된다. 첫째는 역사를 따라가는 것으로, 이 사례에서는 마이어가 '궁극인'을 통해 무엇을 뜻하려 했는지를 살핀다. 둘째는 다수결주의로, 사회구성원 대다수가 '궁극인'을 어떤 의미로 사용하는지를 따진다. 안타깝게도, 궁극인의 '올바른' 의미에 대해서는 이 두 기준이 서로 다른 답을 내놓는다.

'궁극인'의 모호한 성격은 '왜' 질문의 모호함에서 비롯되는데, 틴베르헌은 진화적 역사와 생존 가치를 따로 떼어 생각함으로써 이 문제를 회피했다(Tinbergen, 1968). 반면에 마이어는 역사적 '어째서?' 편에 서서 목적인론적 '무엇을 위해?'를 완강하게 부정했고, 대부분의 진화생물학자들은 또 기계론적 '어떻게?'보다 '무엇을 위해?'를 옹호하려 했다. '무엇을 위해?'는 오직 자연선택만 상관하지만 '어째서?'는 다른 역사적 요소들도 고려한다. 글에서 궁극인이 '무엇을 위해'와 '어째서' 중 어떤 의미로 사용되고 있는지 유심히 살펴보면 저자의 입장이 드러나 보이고 최근 이는 논쟁에서 오해가 빚어지는 까닭을 짐작할 수 있다. 혹자는 이런 유의 구분을 (직근인과 역사인처럼) 시간 순서 관점에서만 보려 한다.

이 이분법은 이미 깊게 뿌리내린 사고방식이며, 발달의 방향이 (a) 개체 발달 과정에서 더 앞서 일어난 사건, 혹은 (b) 개체의 조상들에게 작동했던 선대 개체발생학적 인자들에 의해 결정된다고 믿는다는 것이 특징이다. (Lickliter and Berry, 1990, p. 349)

근접적 해설은 현재 존재하는 원인들에 초점을 맞추고, 진화적 해설은 현재가 과거 사건들에 의해 어떻게 형성됐는지에 초점을 맞춘다. (Hochman, 2013, p. 593)

근접인은 특질에 즉각 기계적으로 주는 영향이다. (……) 궁극인은 역사적 설명이다. (Laland 외, 2013a, p. 720)

이 관점에서는 근접인과 진화인의 구분이 틀린 이분법처럼 보인다. '어떻게'와 '어째서'를 구분하는 규칙이 없다는 점에서다. 한편 근접인과 궁극인의 구분에 찬성하는 사람들은 '어떻게'와 '무엇을 위해'의 차이에 집중하면서 묵시적으로든 명시적으로든 '어째서'를 근접인 쪽에 놓는다.

행동을 이해하려면 (……) 그 행동의 '근접인'(생리적 기전)과 '궁극인'(진화적 목적)을 구분하는 것이 필수다. (Burnham and Johnson, 2005, p. 124)

궁극적 해설의 쓸모는 단지 어느 한 특질의 계보를 추적하고 시간 경과에 따른 표현형 변화를 자세히 조사하는 계통발생학에서만 있는 게 아니다. 궁극적 해설은 기능, 그러니까 한 특질이 그런 모습으로 만들어진 이유를 드러낸다. (……) 궁극적 해설에는 역사적 성격이 조금도 없으며 (……) 역사적 해설은 순전히 근접적 용어만으로 이해할 수 있다. (Dickins and Barton, 2013, p. 749)

이제 이 갈등은 두 가지 논제가 휘말린 문제가 되었다. 첫 번째 논제는 어떤 동력인이 진화적 변화에 중요한가에 관한 것이다. 발달 메커니즘이 큰 역할을 할까? 생물의 진화가 환경을 바꾸고 그로 인해 선택에도 영향을 미칠까? 둘 중 어느 물음에든 긍정하는 답에 이견을 품은 사람은 거의 없을 것이다. 다만 문제는 누군가는 이를 근접인의 질문이라 여기고 또 누군가는 궁극인의 질문이라 규정한다는 점이다.

두 번째 논제는 진화생물학에서 목적론적 사유와 용어가 어떤 역할을 하는가에 관한 것이다. 이 관점에서는 '어떻게'와 '왜'가 각각 메커니즘에 관한 질문과 기능에 관한 질문으로 갈라진다. 이것은 목적인을 엄격하게 다윈주의의 울타리 안에서 해석하면서 동력인과 목적인을 구분했던 유서 깊은 방식의 진화적 후손이다. 일부는 이런 다윈주의적 목적인을 금세 수긍한다. 하지만 그런 목적인은 과학에서 설 자리가 없다고 믿는 사람도 있다.

원인 담화와 기능 담화는 그저 어휘만 다른 게 아니라 아예 같은 단위로 측량되지 않는 사이다. 인과 해설과 기능 해설을 같이 환산할 수 있는 공통화폐 같은 건 하나도 없다. 근접인과 궁극인 사이에 공통화폐는 없다. 궁극인 자체가 존재하지 않는다. (Francis, 1990, p. 413)

새로운 것을 불러오는 진화과정의 뒤에 있는 메커니즘은 근접인(동력인)의 부재가 아니라 궁극인(목적인)의 부재 안에서 설명될 수 있다. (Guerrero-Bosagna, 2012, p. 285)

"왜 A인가?"라는 질문에는, 연관시키자면, 두 가지 의미가 있다. 의식 있는(혹은 프로그래밍된) 행위자를 상정하는 경우, 우리는 이 행위자가 A라는 행위를 한 이유를 설명하기 위해 그가 왜 그런 행위를 했는지 물을 수 있다. 그런데 행위자가 없는 상황이라면, "왜 A인가?"라는 질문은 "A가 어떻게 일어나게 됐나?"라는 뜻에서 '어떻게?'로 시작하는 질문으로 변형된다. (……) 즉 자연선택에 관한 '왜?' 질문은 사실상 '어떻게?' 질문인 셈이다. (Watt, 2013, p. 760)

모호하게 근접인과 궁극인이 아니라 메커니즘과 기능을 혹은 동력인과 목적인을 양쪽에 놓고 대조해 논의하면 논쟁은 보다 명료해진다. 문제가 불거지는 것은 원인을 구성하는 것이 무엇인가를 두고 견해가 갈리기 때문이다. 대개는 원인을 동력인에 한정하고 기능 맥락의 설명도 인과 해설이라는 사실을 부인한다. 틴베르헌 역시 이 무리에 속했다(Tinbergen, 1968). 그는 자신이 분류한 네 가지 주제(생존가치, 메커니즘, 발달, 진화)에 관해 다음과 같이 적고 있다.

생존 가치에 관한 첫 번째 질문은 행동의 *효과*와 관련 있고, 각각 서로 다른 시간 척도상에 놓이는 나머지 세 가지는 행동의 *원인*과 관련 있다. (Tinbergen, 1968, p. 1412. 이탤릭체는 저자 강조)

그러나 '어떻게('어째서'까지 포함)?'와 '무엇을 위해?'를 구분하는 것은 여전히 유용하다. 메커니즘을 묻는 질문과 적응 기능을 묻는 질문에는 서로 다른 성격의 답이 따라온다. 논제가 적응일 땐 보통 의도를 함의하고 풀이하는 게 가장 자연스런 화법이다. 그런 화법이 가당찮게 초자연적 존재나 의식 있는 행위자를 끌어들인다고 누군가 비난한다면 대개는 작정하고 곡해하거나 알량한 경쟁심에서 트집 잡는 것에 지나지 않는다.

돌이켜 생각하면, 마이어가 '어째서' 질문에 '궁극인'으로 답하기로 한 것은 불운을 자초한 선택이었다. 궁극인이 목적인론적 '무엇을 위해?' 질문과 잘 어울린다는 점 때문인데, 이 이유는 다소 어원학적인 성격을 띤다. 어원상 궁극인은 '맨 끝에 있는' 무언가를 가리키고 목적인은 '최종 목적'인 것을 가리킨다. 그런 까닭에 '궁극인'과 '목적인'은 동의어로 인식되기 십상인 것이다. 한편 마이어의 판단이 불운한 선택인 이유는 과거사와도 얽혀 있다. 옛날에는 자연에 출현하는 계획과 목적마다 그 목적인이나 궁극인으로 신을 내세우는 일이 허다했다. 그런데 목적의 출현을 (전지전능한 조물주가 아니라) 눈 먼 시계공의 책략으로 설명하면 '궁극인'은 적응 기전으로 쉽게 해석됐다. 동력인과 목적인을 각각 '어떻게'와 '왜'에 엮어 대비해 온 역사가 이미 오래인 상황에서 마이어는 근접인을 '어떻게'와 그리고 궁극인을 '왜'와 짝지음으로써 혼란과 모호함을 가중시키고 말았다.

근접인과 궁극인의 구분을 지지하는 현대 사상가들은 궁극인을 '무엇을 위해?'를 묻는 목적론적 질문의 답으로 해석한다. 그들은 '무엇에 쓰는 것인가?'와 '메커니즘이 무엇인가?'가 서로 다른 종류의 대답으로 이어지는 상이한 질문이지만 둘 다 과학의 영역 안에 존재한다는 걸 인정받고 싶어 한다. 그들은 해설에서 적응의 비중을 크게 두는 자신들의 관점이 존중되기를 원한다. 반면에 근접인과 궁극인의 구분을 반대하는 현대 비평가들은 궁극인을 '어째서?'를 묻는 역사적 질문의 답으로 해석한다. 그들은 '메커니즘이 무엇인가?'라는 물음의 답이 '그것이 어떻게 진화했는가?'를 이해하는 데 중요하다는 걸 널리 알리고 싶어 한다. 그들은 진화 과정에서 발달 메커니즘이 하는 역할에 주목하는 자신들의 관점이 존중되기를 원한다. 지지자들과 비평가들은 과거에 머물러 입씨름을 벌이고 있다. 만약 모두가 잠시 멈춰 숨을 크게 한 번 고른다면 쌍방이 서로의 제1순위 신념을 인정해 줄 수 있을 것이다.

'근접인'은 별다른 인기몰이 없이 꾸준히 유용하게 쓰이는 데 비해, '궁극인'의 경우는 호응이 열렬하긴 해도 보는 사람의 시각에 따라 의미 해석이 달라진다. 가령 마이어는 '무엇을 위해?'를 딱 잘라 부정하고 '어째서?'를 지지했다(Mayr, 1961). 근접인과 궁극인의 구분을 반대하는 측에서 지지자들보다도 자신들의 궁극인 해석이 마이어가 의도한 바(Mayr, 1961)에 오히려 더 가깝다는 주장을 자신 있게 펼치는 게 그래서다. 이 구분의 지지자들은 근접인과 궁극인 간의 차이를 마이어가 언급한 '왜'와 '어떻게' 대비(Mayr, 1974)처럼 해석했다. 나는 마이어의 1993년 안내에 따라 자연선택에 의한 적응뿐만 아니라 진화적 시간까지 아울러 작동하는 물리인을 '진화인'으로 이해하고 일컫는 것을 추천한다. 근접인은 과거의 각 세대마다 작용해 왔고 그런 까닭에 진화적 설명에서 한 자리를 차지하는 게 마땅하다. 반면에 이 대비의 대척점으로 시선을 돌리면, 기능적 '무엇을 위해?'와 기계론적 '어떻게?' 사이의 구분을 중요하게 생각하는 사람들은 '궁극인'을 포기하고 그냥 목적과 메커니즘을 얘기해야 할 것이다. 아니면 오랜 전통을 가진 목적인과 동력인의 구분 방식을 채택하되 목적인이 기능 혹은 예상되는 최종목적에 귀속한다고 간주하거나 말이다. 내 주변에는 생기론자도, 생물학 해설에 신의 개입이 꼭 필요하다고 믿는 동료도 없다. 진화생물학자가 목적론적 언어를 사용할 때는 그 속뜻이 자연선택에 의한 적응을 가리키는 거라고 생각해야 한다. 용어 가지고 말싸움하며 보태지 않아도 토론할 주제는 이미 차고 넘친다.

10

같음과 다름

From Darwin to Derrida

SAMENESS AND DIFFERENCE

쥐와 사람은 분명히 다름에도 쥐의 뇌와 사람의 뇌가 사실상 '똑같다'는 결론을 무조건 피할 수는 없다.

- 귄터 P. 바그너Günter P. Wagner(1989)

19세기 박물학자들과 생물학자들은 생물계에서 목격되는 같음과 다름의 패턴에 숨은 질서를 찾는 일에 매달렸다. 윌리엄 스웨인슨William Swainson은 자신의 저술에서 "아무리 평범한 관찰자라도 모든 피조물이 저마다 다른 정도로 서로 연관되어 있거나 닮아 있다는 걸 알아본다. 이 연관성이 가까운 시간대의 일이라면 이를 친화성affinity이라 부른다. 반면에 두 시점이 멀리 떨어져 있을 땐 그런 관계를 상사성相似性, analogy이라 부른다"고 말했다(Swainson, 1835, p. 23). 수많은 생물종을 분류하려는 시도는 구조와 기능사이의 관계를 놓고 뜨거운 논쟁을 불러일으켰다. 생물종들을 비교할 때 같은 기능을 가진 장기들의 구조적 유사성은 서로 다른 기능을 하는 장기들의 심오한 구조적 대응성에 비해 깊이가 없다고 여겨지곤 했다. 일부 과학자들이 보기에 기능적 유사성과 구조적 유사성 사이의 이와 같은 단절은 어떤 구조가 생기는 원인이 기능과 무관하게 존재한다는 증거였다. 1830년에 프랑스 과학아카데미에서 공론화되기 전, 조르주 퀴비에는 모든 생물은 존재할 곳의 환경조건에 적응하며 구조는 기능적 필요에 의해 모양새를 갖춘다고 주장했다. 이에, 에티엔 조프루아 생틸레르는 겉모습이 뚜렷하게 상이한 동물들에게서 목격되는 구조들의 상사성은 신체조직의 형성이 하나의 공통 계획에 따라 이뤄짐을 보이는 증거라는 반론을 펼쳤다. 생틸레르는 자신의 상사성 이론으로 "형태와 기능의 유혹"을 극복할 수 있다고 믿었다(Le Guyader, 2004, Marjorie Grene 영문 번역본, p. 111).

리처드 오언은 프랑스 파리의 몇몇 토론 모임에 참석하고 다니면서 퀴비에의 주장이 더 낫다는 생각을 갖게 됐다. 그래서 초반엔 퀴비에를 전적으로 두둔하는 경향이 강했다. 그러다 자신의 척추동물 골격 연구가 궤도에 오르면서 모든 척추동물 골격 구축의 근간이 되는 계획 혹은 개념이 있다는 원형archetype설 쪽으로 마음이 기운다(Owen, 1868, pp. 787~789). 오언은 상동적 유사성과 상사적 유사성을 분명하게 구분했다. 그의 기준에 따르면 상동적 유사성이란 "모든 동물종에 존재하는 같은 기관이 동물종마다 서로 다른 형태와 기능을 보이는 것"을 말하고 상사적 유사성이란 "한 동물의 신체 일부분이나 장기가 다른 동물의 다른 신체 일부분이나 장기와 같은 기능을 하는 것"을 말했다(Owen, 1848, p. 7). 이 정의는 상동성相同性, homology과 상사성의 개념을 명쾌하게 밝힌 최초의 진술로 오늘날까지 언급된다. 그럼에도, 오언 본인은 이런 글을 남겼다. "상동성이라는 용어를 설명할 때마다 나는 비교해부학에 도입된 지 이미 오래인 용어를 내가 그저 소문만 냈을 뿐이라는 말을 꼭 한다. 독일과 프랑스에서는 해부학자들이 철학적으로 해석한 저술을 쓸 때 습관처럼 쓰는 용어다"(Owen, 1846, p. 526). 그는 자신의 독자적인 공로는 상동성을 일반적인 것, 특수한 것, 연속적인 것 세 가지로 세분한 점에 있다고 여겼다. 그의 기준에 따르면, 일반상동성general homology은 부분이 "이상적이거나 기본적인 유형"을 그대로 따르는 관계를 뜻하고, 연속상동성serial homology은 한 신체 안에서 반복되는 부분들 간의 관계를 뜻하고, 특수상동성special homology은 여러 동물종에게 공통적으로 존재하는 부분의 "본질적 대응성"을 뜻했다.

오언의 원형 계획 가설은 겉으로 드러나는 형태와 기능을 단단하게 뒷받침했다. 그는 "목적인은 황폐하여 우리가 얻고자 애쓰는 결실을 맺지 못하므로 목적인에서는 지금 우리가 알고자 하는 동조 법칙을 이해할 단서를 찾을 수 없을 것"이라고 기록했다(Owen, 1849, p. 40).

> 동물 신체에서 어느 한 부분의 '의의bedeutung' 혹은 중요성은 그 부분의 본질, 다시 말해 크기나 형태가 어떻게 변하든 늘 보존되고 쓰임새와 상관없이 변화가 일어날 때마다 매번 채택되는 본질적인 요소라 설명될 수 있다. (……) [이는] 미리 정해진 패턴에 맞게 그곳에 속

하는 한 신체 부분의 본질적 특징을 부각시킨다. 그럼으로써 이 신체 부분을 가진 모든 동물로 하여금 특정 크기의 힘으로 특별한 행동을 하게 하는 그 부분의 모든 변화가 원형 혹은 원시적 패턴을 기반으로 한다는 플라톤 우주론 안 원형 세상Archetypal World '개념'에 긍정의 답을 한다. (Owen, 1849, p. 30)

오언의 원형들은 아리스토텔레스의 형상인과 질료인이 합쳐진 것이라기보다는 플라톤의 이데아를 계승한 것이었다. 그런 맥락을 따라 오언은 생물 형태의 세부구조를 이차적 원인들의 결과라 해석했다.

척추동물의 이상적 전형이 있다는 인식은 인류가 실제로 출현하기 전에 이미 그런 존재가 인간이라는 지식이 존재했을 게 분명하다는 증거다. 원형을 계획한 창조주는 앞으로 일어날 원형의 모든 변화까지 일찍이 예견하고 있었다. 이런 갖가지 보완을 거친 원형의 개념은, 그런 원형의 존재를 직접적으로 예증하는 동물종이 출현하기 한참 전에 이 행성에서 살과 피로 실체화됐다. 이와 같은 유기적 현상들의 질서정연한 계승과 진행이 어떤 자연법칙 혹은 이차적 원인 때문에 일어나는지 우리는 아직 알지 못한다. 그러나 만약, 신적 존재를 폄하하지 않는 선에서, 그런 원동력의 존재를 상정하고 그것을 '자연'이라 칭해 의인화할 수 있다면, 우리는 척추동물의 개념이 원시어류의 형상으로 처음 실체화된 순간부터 화려한 인간의 몸으로 변모하기까지 이 지구가 난장판 같은 원시 세상 한가운데서 원형이

발하는 빛줄기의 인도를 받아 느리지만 당당하게 걸어 온 지난 역사를 배울 수 있다. (Owen, 1849, pp. 85~86)

《창조의 전형과 특별한 목적*Typical Forms and Special Ends in Creation*》에서 제임스 매코시James McCosh와 조지 디키George Dickie는 상동성의 증거들을 목적인 학설과 통합해 개정된 자연신학 안에서 티포스typos(전형)와 텔로스를 조화시키려 시도했다(McCosh and Dickie, 1856). 두 사람은 특별한 적응 사례뿐만 아니라 질서 잡힌 세부사항들과 장식에서도 신의 존재를 의식했다.

식물계에서는 확실하게 그리고 동물계에서는 매우 유력하게, 기관의 순수한 기능만 생각하면 꼭 그럴 필요가 없는데도 대칭성을 유지하는 신체 부분들이 존재함을 우리는 인정하게 된다. 판단컨대, 이 사실을 인정하더라도 목적인의 대원리가 약해지지는 않는다. 우리가 더 상위의 목적인을 불러와서 이 신체 부분들이 어떨 때는 인류에게 안내서가 되고 또 어떨 때는 보다 원대한 취향을 만족시키기에 딱 적합하게 되어 있음을 확인하는 한 말이다. (McCosh and Dickie, 1856, p. 438)

질서의 목적인은 세상을 이해할 수 있는 곳으로 만들어 인간이 자연을 실용적으로 이용하게 하는 것이었다. 한편 장식의 목적인은 인류의 미적 감수성을 기껍게 하는 것이었다.

마일스 조지프 버클리Miles Joseph Berkeley의 《은화식물학 개론

Introduction to Cryptogamic Botany》(은화식물은 개화식물의 반대 개념으로, 꽃이 피지 않고 포자로 번식하는 식물을 말한다—옮긴이)을 보면 다윈의 자연선택론 논문이 나오기 전에는 상사성과 상동성이 어떻게 이해되고 있었는지를 잘 드러내는 부분이 있다. "상사성은 (……) 부주의하거나 무지한 관찰자가 언제나 존재들 사이의 관계에 관한 그릇된 관념을 갖도록 꾀어 낸다. 반면에 상동성에는 훨씬 중요한 가치가 있다. 상동성은 구조 깊은 곳에 자리한 지식을 기반으로 하고 가깝거나 먼 어떤 연관성을 시사한다는 점에서 그렇다." 버클리는 이 저술에서 상사성은 "*기능*이 닮은 것"이고 상동성은 "*구조*나 기원이 합치하는 것"이라 구분했다. 그러므로 상동구조는 "그 본질과 기원이 동일한 것"이었다(Berkeley, 1857, pp. 39~41. 이탤릭체는 저자 강조. 나는 여기서 언급되는 '기원'을 개체발생학적 기원으로 해석했다).

다윈은 플라톤의 이데아에 덜 의존하면서 목적인을 자연스럽게 융화시키려 했다(Darwin, 1859). 그는 특수상동성을 공통조상에서 내려온 계승을 가지고 설명해야 한다고 제안했다. "만약 원형이라고 불릴 만한 고대 조상들이, 그 용도가 무엇이었든, 원래 존재하던 보편적 패턴에 따라 구축된 팔다리를 갖고 있었다고 가정한다면, 우리는 이 동물강綱, class 전체에서 팔다리 구조가 상동하다는 명백한 함의를 단번에 알아챌 수 있다"(Darwin, 1859, p. 435). 더불어 원형을 조상으로 대체하면 일반상동성을 현재와 과거 사이의 특수상동성으로 이해할 수 있다는 게 다윈의 생각이었다. 연속상동성은 성장과 계승 사이의 상관관계를 통해 복합적으로 풀이됐다. "상동적이면서 초기 배아기에 비슷한 모습을 하고 있는 일부 신체 부위들은 서로 연관된 방식으로 달라지는 듯하다. 우리는 신체의 좌측과 우측이 같은 식으로 달라지고, 앞다리와 뒷다리가 그러하며, 심지어 턱과 팔다리가 함께 달라져 아래턱이 팔다리와 상동기관이라 여겨진다는 점에서도 이 특징을 발견한다"(Darwin, 1859, p. 143). 반복되는 부분들은 아주 먼 옛날에는 다 비슷했지만 다양한 기능을 수행하도록 자연선택에 의해 차차 서로 다른 형태로 변모했다. 다윈은, 그럼에도 "그런 부분들이나 기관들 사이에서 강력한 대물림 법칙에 따라 유지되어 온 근본적 유사성을 어느 정도 발견하더라도 놀랄 일은 아니"라고 여겼다(Darwin, 1859, p. 438).

《종의 기원》은 형태학자들로 하여금 종의 변환을 받아들이게 하는 데 기여했지만 다윈이 제시한 자연선택 기전으로까지 공감대를 넓히지는 못했다. 오언 역시 다윈의 은유를 규탄한 인사 중 한 사람이었다.

> 만약 팔래오테리움*Palæotherium*(한때 말의 조상으로 추측됐던 멸종한 고대 생물—옮긴이)이 최종적으로 에쿠스*Equus*(말속)가 됐다고 가정하면 나는 우주를 구성하는 존재들의 총집합을 '자연'으로 의인화해 자연이 어떤 유효힘을 발휘한다고 생각할 수도, 이 의인화에 지능이라는 조건을 부여해 "자연이 가운데발굽만 선택하고 나머지는 버렸다"고 얘기함으로써 모종의 법칙이 우주의 존재들을 지배한다고 생각할 수도 없다. (……) 말할 필요도 없이, 이런 비유적 표현은 아무것도 설명하지 못한다. (……) '아르케우스 파베르archeus faber(연금술에서 생명의 형성과 지속을 인도한다고 믿은 힘 또는 영의 요체—옮긴이)', '생성 경향nisus

formativus', 그 밖에 자기를 기만하고 세상을 속이는 과학의 모조품들과 더불어 지난 100년 동안 해설 도구로서의 '비유'와 '인격화된 존재의 작용'이 도태되지 않았다는 것이, 심지어 오늘날 소생에 성공한 듯하다는 것이 기이할 따름이다. (Owen, 1868, p. 794)

유전자로 들어간 상동성의 개념

많은 생물학자의 머릿속에는 개체발생과 계통발생의 논제가 뒤엉켜 혼재한다. 19세기에 '진화'는 한 세대 안에서 일어나는 발달의 변화나 여러 세대에 걸쳐 진행되는 형태의 변질을 뜻했다. 변화를 동반한 계승으로 구조적 유사성을 설명할 수 있다는 사실이 널리 인정된 뒤에, 에드윈 레이 랭케스터Edwin Ray Lankester는 '상동성'이라는 표현을 버리고 '역사적 상동homogeny'과 '진화적 상동homoplasy'이라는 새 용어를 사용하자고 제안했다. 한 논문에서 그는 "유전학적으로 연관된 구조들은 모두가 하나의 공통 조상을 대표하는 한 *역사적 상동성homogenous*을 띤다고 할 수 있을 것"이라 적고 있다(Lankester, 1870, p. 36). 반면에 "동일하거나 매우 흡사한 힘들 혹은 환경들이 완전히 혹은 거의 똑같이 생긴 신체 부위 둘 이상에 작용할 때는 그 결과로 생기는 신체 부위들의 변화 역시 완전히 혹은 거의 똑같을 것이다. (……) 나는 이런 일치 유형을 *진화적 상동(homóplasis 혹은 homóplasy)*이라 명명"하는 것을 제안했다(Lankester, 1870, p. 39). 진화적 상동에는 '형태가 매우 닮아 있지만 이 유사성이 역사적 상동으로 귀속되지 않고,

구체적으로 닮은 요소들이 전부 동질한 건 아니고 전반적 구조가 동질적이며, 구조들 사이에 유전적 친화성은 없는 모든 사례들'이 속했다(Lankester, 1870, p. 41). 랭케스터의 정의에 따르면 역사적 상동은 "단순히 공통 부분의 대물림성"에 의존하지만, 진화적 상동은 "역사적 상동의 부분들이나 다른 이유로 처음부터 유사성을 띠게 된 부분들에 촉발 원인 혹은 구축 환경이 하는 공통 작용"에 의존한다는 특징이 있었다(Lankester, 1870, p. 42).

연속상동성에 관한 다윈과 랭케스터의 해설은 흥미로운 차이를 보인다. 다윈의 경우, 연속상동성이 생기는 것은 한 개체 내 신체 부위들이 "서로 연관된 방식으로 달라지기 때문"이라고 해설했다(Darwin, 1859, p. 143). 반면에 랭케스터에게 연속상동성은 진화적 상동이었다(Lankester, 1870). 앞다리와 뒷다리는 같은 부위에서 계승됐을 수 없다. 그러므로 둘이 조화롭게 진화한 것은 유사하되 서로 독립적으로 재련되는 부분들에 비슷한 외압이 작용했기 때문이라고만 설명 가능하다. 당시 랭케스터는 형태가 직접적으로 대물림되며 그런 대물림이 기억과 흡사하다는 생각을 하고 있었다(1876년 논문에서 대물림되는 기억에 관한 에발트 헤링Ewald Hering과 에른스트 헤켈의 이론을 랭케스터가 우호적으로 논평한 부분을 참고). 조상의 앞다리 변화는 후손의 같은 앞다리 변화로 '기억될' 수 있다. 그런데 조상의 앞다리 변화를 뒷다리는 뒤늦게 어떻게 기억했을까? 이 대목에서 그가 놓친 것은 다윈이 호소한 바 있는 성장의 '내부적' 상관관계였다.

아우구스트 바이스만은 습득된 특성의 대물림성 주장이 당대에 큰 호응을 받은 것은 부모의 신체 부위 변화가 자식의 변화로 직접적으로 소통된다는 이론 모델이 근거가 되었기 때문이라고 지적했다(Weismann, 1890). 그러면서 그는 다른 모델 하나를 제안했는데, 곧 장 랭케스터의 마음을 사로잡은 이 모델은 결정인자가 핵 크로마틴 chromatin(진핵세포 염색체 구조의 단위. 우리말로 염색질이라고도 한다—옮긴이)을 통해 대물림되지만 개체발달 과정에서는 세포질에 발현된다고 설명한다. 덕분에 이제는 같은 결정인자가 한 신체 내 여러 지점에서 발현된다는 사실을 들어 연속상동성과 '성장의 상관관계'를 이해할 수 있었다. 이 결정인자들은 훗날 멘델의 실험이 재발견된 후 유전자라는 개념으로 재탄생했다.

유전자 상동성의 개념은 유전자가 염색체 안에 정확한 자기 자리를 가진 물리적 구조라는 이론에서 싹을 띄웠다. 똑같이 생겨서 감수분열 동안 둘이 결합해 쌍을 이루는 염색체들은 서로 '상동적'이라 간주됐다. 한편 상동염색체상 같은 위치에 자리하는 유전자들은 '대립유전자'라 불렸는데, 만약 대립유전자들의 계통을 역추적한 결과가 하나의 물질 유전자로 수렴된다면 유전자 상동성의 뿌리가 공통 조상에게 있다고 말할 수 있었다. 그러다 이중나선 구조의 발견을 계기로 유전자 상동성의 개념이 한층 예리해진다. 만약 두 DNA 가닥 모두 끊김 없는 일련의 복제 과정을 통해 공통 조상 주형이 온전히 재현된 것이라면 둘은 서로 상동적이다. 이처럼 유전자 상동성을 공통 주형의 계승으로 정의하자, 더 이상 상동적 DNA 가닥들은 반드시 같은 염색체 자리에 있지 않아도 됐고 한 가닥 내의 여러 부분들이 모두 같은 계보에 속할 필요도 없어졌다. 조상 DNA는 유전자 복제와 유전체 재배열을 통해 여러 염색체 자리에 후손을 남길 수 있었다(Fitch, 1970). 그뿐만 아니라 염색체를 자르고 이어 붙여 서로 다른 조상 주형이 부분부분 섞인 후손 DNA를 창조하는 것도 가능했다.

언뜻 유전자 상동성은 형태 면에서 상동인 둘을 찾는 기준을 제공하는 것처럼 보인다. 각각의 발생이 상동유전자에 의해 결정된다면 두 형태가 서로 상동적이라고 보는 식이다. 하지만 발생의 후생유전학적 성질 전체를 생각하면 유전자형 결정인자가 표현형 형태로 단순히 직결될 리는 절대 없다. 신체 부위들은 각 세대마다 수많은 유전자들이 환경의 맥락에서 상호작용함으로써 새로운 모습으로 탄생한다(Waddington, 1957). 두 DNA 가닥이 공통 주형에서 나왔는가라는 물음에 대해서는 모두의 견해가 하나의 큰 줄기로 거의 모여가는 추세다. 그럼에도 두 신체 부위가 조상의 같은 부위에서 진화했는가 하는 물음에는 여전히 이견이 분분하다. "어떤 특징을 갖게 되는 것은 다른 곳의 특징이 문자 그대로 옮겨져서가 아니다. 신체 장기는 다른 장기들로부터 계승되지도, 조상의 신체 장기가 바로 대물림되지도 않는다"(Cartmill, 1994).

여기서는 조리에 맞지 않는다는 점을 들어 형태 상동성을 DNA와 연결시켜 논의하지 말고 상동성에 대한 DNA 가닥의 기여도가 크지 않다고 간주하는 게 하나의 해결책이 될 수 있다. 그럼으로써 어떤 특징의 발생 배경에 있는 유전자의 구성을 조사하고 이런 네트워크와 관련 특징들이 진화적 시간 안에서 어떻게 여러 계통으로 변형됐는지 확인하는 것이다. 그런 면에서 아카시아의 가엽假葉, phyllode이 '진짜' 잎인가 아니면 잎자루인가라는 형태학적 논제(Boke, 1940)

는 애초에 방향을 잘못 잡은 질문이라 할 수 있다. 소거법의 관점에서는 아카시아의 '가엽'이 발달하게 된 발생 메커니즘을 파헤치고, 이 기제가 다른 관련 생물군에게도 '잎'과 '가엽'을 발생시킨 메커니즘과 어떤 면에서 비슷하고 어떤 면에서 다른지를 조사해야 옳을 것이다. 유사성과 상이성의 기전적 근거가 하나둘 드러날수록 두 부분이 과거에 같은 종류였는지 아니면 다른 종류였는지를 따지는 존재론적 고민은 가치를 잃는다. 다만 자연적인 것으로서 잎과 잎자루의 자격을 존재론에 묶지 않는 한 편의 목적으로 여전히 '잎'과 '잎자루'와 '가엽'을 구분해 언급할 수는 있겠다.

형태 상동성의 뿌리 논란과 달리, 두 DNA 가닥이 하나의 공통 조상 DNA에서 나온다는 주장은 주형을 본딴 핵산 복제 기전 덕분에 단순명쾌한 해석이 가능해진다. 유전자 접붙임 메커니즘은 여러 목적에서 완벽하게 적절한 상동성의 개념을 뒷받침한다. 그렇긴 해도 현실적으로 유전자 메커니즘 정보가 아직 나와 있지 않을 땐 그 형태 특징을 이끈 공통 조상의 존재를 대충 단정하고 싶은 마음이 굴뚝같아진다. 일단 그러고 나서 자연적인 것으로서 상동기관의 자격을 형이상학에 묶지 않고 형태 상동성의 개념을 체험적 도구로 활용하는 것이다.

특징과 상태

상동기관을 '같은 기관이 생물종마다 서로 다른 형태를 띠는 것'

이라 정의하는 것에는 서로 다른 형태를 갖는 기관들이 언제 '같은 기관'이고 언제 '다른 기관'인지 구분할 명확한 기준이 없다는 한계가 있었다. 이는 원형archetype을 조상으로 대체한다고 해결되는 문제가 아니었다. 형태가 직접 대물림된다는 가설을 형태의 결정인자가 대물림된다는 가설로 대체해도 소용 없었다. 특히 형태에 발휘되는 효과를 통해서만 결정인자의 존재가 드러날 때는 더더욱 거리가 멀었다. 그런 가운데 귄터 P. 바그너는 자신의 저서 《상동성, 유전자, 점진적 혁신*Homology, Genes, Evolutionary Innovation*》에서 형태 상동성을 자연적인 것으로 인정받게 하려는 대담한 시도를 한다(Wagner, 2014). 이 책의 증보판이 나올 즈음 내게 서평 의뢰가 들어왔는데, 그때 그 글이 바로 이 챕터의 뼈대가 된다. 당시 서평에서 나는 퀴비에를 잇는 기능주의파와 생틸레르를 따르는 구조주의파 사이에 의견이 통하는 접점을 논하는 데 주안점을 두었다. 한 장면을 보더라도 관점에 따라 같은 얘기가 어떻게 다른 언어로 서술되는지 보이기 위해서였다.

바그너는 기능주의파와 구조주의파 사이에 사고방식의 갈등이 있다는 진단을 내렸다. 기능주의파는 유기체의 특질을 적응 가치로 설명하는 데 비해 구조주의파는 어떤 생물이 지금의 모습을 하고 있는 이유가 구조의 제약과 수용력에 있다고 본다. 그는 "상동성을 둘러싼 양측의 갈등이 응축해 딱딱하게 굳기 쉬우니 이 특별한 생물학 현상의 문제를 해결해 갈등을 극복할 필요가 있다"고 제안하면서 "그 중심에는 상동기관은 과연 존재하는가라는 논제가 자리한다. 다시 말해, 상동기관이 '세상을 구성하는 자연스러운 살림살이' 중 하나인지 아니면 계통발생학적 과거가 잠시 남긴 자취일 뿐인지 알아야 한다. 후자라면 상동기관은 생물학적으로든 개념적으로든 인과 면에서든 아무 중요성도 갖지 않을 것이다. 반면에 전자라면 상동기관이 진화이론의 개념들 가운데 무엇보다 중추적인 역할을 맡을 것"이라고 적었다(Wagner, 2014, p. 8). 둘 중 그의 선택은 상동기관이 매우 중요하다는 쪽이었다.

바그너는 "복잡한 유기체와 시스템은 역사적으로 특유의 다양한 제약요소에 끌려다니며 이리저리 치우치는 성향이 있다는 사실을 깨달을 때 기능주의파의 주장과 구조주의파의 주장을 이음새 하나 없이 매끄럽게 통합할 길이 열린다"고 확신했다(Wagner, 2014, p. 19). 그의 논리에 따르면, 체내에 보존되는 구조적 성질이 진화적 시간의 흐름에 따라 구조가 어떻게 변하는지 혹은 변하지 못하는지를 결정하는 인과적 역할을 한다. 통합을 묘사하는 올리브 나무를 삽화로 넣긴 했어도, 바그너가 책을 쓴 건 그가 구조주의를 폄하하고 비딱하게 받아들여 오해한다고 여긴 적응주의자들의 근시안과 난시를 바로잡기 위해서임이 분명하다. 말하자면 화해가 구조주의의 편에 서서—약자의 형편에 맞춰—이뤄져야 한다는 소리다. 그런 한편, 비슷한 현상을 기능주의의 언어로 풀이하는 기능주의자는 십중팔구 자신을 향한 세상의 시선에 왜곡과 오해가 가득하다고 느낄 것이다. 그런 고로 화해가 기능주의의 편에서 일어나야 한다고 주장할 것이다. 이런 식으로 모두가 의미론적 논쟁에 묶여 있으면 기본적인 의견합일조차 멀어질 공산이 크다. 내가 남을 오해한다는 건 까맣게 몰라도 내가 오해받을 땐 금세 알아채는 게 인간의 본성이다.

바그너는 특징 발생의 기저에 깔린 유전자 네트워크가 어떻게 진화해 가는지 연구할 필요가 있다고 얘기하면서도 자신의 목적은 형태 상동성이라는 전통 개념을 유전자 상동성의 개념으로 대체하는 게 아니라고 못 박는다. 그보다는 어떤 특징 정체의 기전적 근간을 형성하는 유전자 조절 측면을 이해하고자 한다. 저서에서 그는 상동성이 "생물 발생의 조직화 과정을 반영한다"고 적었다(Wagner, 2014, p. 72). 신체를 상동기관들로 나누는 것은 생물을 관절에서—때로는 문자 그대로 진짜 관절 마디마디에—조각하는 것과 다름없다. 바그너는 생물 발생의 유전자 조절 면 대부분에서 일어난 변화를 계승하는 진화적 연속성이 신체 부위들에 고스란히 드러난다고 말한다.

또한 그는 특징의 *정체*와 특징의 *상태*를 구분한다. 각 특징 정체는 여러 가지 상태로 존재할 수 있다. 바그너는 형태학적 특징의 정체와 상태 사이의 관계가 "유전학에서 말하는 *유전자 정체*와 *대립 유전자* 간의 관계와 같다"고 평한다(Wagner, 2014, p. 54). 이것을 오언의 상동기관 정의에 갖다 대면 특징 정체는 '같은 기관'에 해당하고 특징 상태는 '갖가지 형태와 기능'에 해당한다. 다시 바그너는 *창조* *novelty*를 새로 생긴 특징의 기원이라, 그리고 *적응adaptation*을 특징 상태의 점진적 변화라 규정한다. 이와 같은 바그너의 특징 발생 모델은 유전자 조절을 세 단계 수위로 나눠 인식한다. 1단계의 역할은 위치에 관한 힌트를 주는 것이고, 3단계의 역할은 특징의 상태를 현실에 구현하는 것이다. 가장 중요한 중간 단계는 Character Identity Network, 일명 ChIN이라 부른다. ChIN은 상호배타적인 기능 단위들로 구성되는데, 유전자 조절의 다른 단계들보다 훨씬 엄격하게 보전되기에 특징의 정체가 연속성을 가질 수 있고 특징의 상태나 위치가 달라질지언정 다른 특징들로부터 여전히 그럴싸한 자율성을 누린다. 바그너는 새로움을 창조하는 유전자 변화와 새로운 ChIN은 기존 ChIN을 변화시켜 적응을 유도하는 것과는 그 결이 아예 다른 종류라고 제안한다. 그는 자연선택이 적응은 설명하지만 창조는 설명하지 못한다는 도발적인 주장을 내세우기 전에 바로 이 전제를 포석으로 깔고 있다.

상동화가 모든 동물종에 거쳐 일어날 수 있음을 가장 잘 예증하는 대표적 실례는 척추동물의 눈 수정체다. 바그너식 표현에 따르면 수정체는 동물종마다 서로 다른 상태로 진화한 하나의 특징이라 할 수 있다. 바그너는 도룡뇽의 수정체 재생을 예로 들어 상동기관들의 발생 기원이 꼭 일치할 필요는 없으며 같은 개체발생 경로를 거칠 필요도 없음을 증명한다. 도룡뇽의 눈 수정체는 일반적으로 배아기에 술잔처럼 생긴 안배眼杯의 외배엽세포로부터 발달하는데, 수정체를 일부러 잘라 내면 홍채 가장자리세포로부터 새 수정체가 돋아나는 현상이 목격된다(Wagner, 2014, p. 84). 이를 두고 혹자는 원래 수정체와 새로 돋은 수정체가 시간상 연속상동성을 띤다고 생각할 수도 있다.

성숙한 수정체 세포에는 핵이 존재하지 않으며 수용액 조건에서 30~50퍼센트의 단백질 함량을 갖는다. 수정체에 가장 많은 단백질은 크리스털린crystallin이라는 종류로, 담당하는 기능은 빛 굴절이다(Graw, 2009). 크리스털린 물질로 사용되는 효소는 생물 분류마다 다르다(Piatigorsky, 2007; Wistow, 1993). 예를 들어, 오리너구리의 υ(입실론)-

크리스털린으로는 락트산탈수소효소 A LDH-A, lactate dehydrogenase A가 동원되지만(van Rheede 외, 2003) 악어와 조류의 ε(엡실론)-크리스털린으로는 LDH-B가 동원된다(Brunekeef 외, 1996; Wistow, Mulders, and de Jong, 1987). LDH-A와 LDH-B를 인코딩하는 두 가지 유전자는 척추동물의 진화 초기에 일어난 전체 유전체 복제 이후 종류가 갈라져 나왔다(Stock 외, 1997). 크리스털린으로 사용될 효소가 갖춰야 하는 기본 자격 요건은 고농도 용액 안에서도 단백질이 응집되지 않아서 백내장을 일으키지 않고 수정체의 투명성을 유지해야 한다는 것이다. 이 성질은 특별히 안정적이어야 한다. 모든 동물은 태어날 때의 그 수정체를 가지고 죽는 날까지 단백질 교체 한 번 없이 버텨야 하기 때문이다. 단공류單孔類(오리너구리처럼 알을 낳는 포유동물—옮긴이)나 조룡祖龍(공룡의 조상인 멸종생물—옮긴이) 같은 동물종에서 크리스털린에 LDH-A와 LDH-B가 '독립적으로' 포섭된 것도 용해도나 집약적인 구조처럼 잘 보존된 LDH의 특징 덕분으로 짐작된다.

특징과 상태 사이의 원칙적 구분은 어디까지 유효할 수 있을까? ε-크리스털린과 υ-크리스털린의 존재는 수정체라는 특징의 상태들이다. 그렇다면 한 효소가 크리스털린으로 포섭된 결과로 새로운 특징이 창조될 수도 있을까? 통제 과정의 이 사소한 변화는 수정체 내의 발현 수준을 살짝 비틀기만 하는 걸까 아니면 구조 단백질로서 이중의 역할을 동시에 수행하는 새로운 효소의 창조를 의미할까? 수정체에는 겹치는 혹은 겹치지 않는 조상에 관해 우리가 의미 있게 고찰할 만한 여러 특징이 있다. 바그너는 특징들과 그 상태들을 명확히 구분하지 못하는 것이 전통적 상동성 개념의 약점이라고 지적한다. 전통적 상동성 개념은 '같음'을 '흔적으로 남은 유사함'으로 갈음하는데, 특징과 상태를 엄격히 구분하면 반듯하게 조각된 ChIN 안의 각 부분들로 상동성을 귀속시키는 울타리가 깨질 우려가 있기 때문이다(Wagner, 2014, p. 73).

자연적인 것과 명목인 것

바그너는 특징 상태의 차이들과 특징 정체의 차이들 사이에 연속성이 있다는 것은 인정한다. 하지만 그는 한쪽 끝으로 갈수록 특징 상태가 뚜렷해질 때 반대쪽 끝으로는 특징 정체가 뚜렷해진다는 점을 들어, 이 흐릿한 경계가 상태와 정체가 별개라는 바그너의 전제와 모순된다는 반론을 부정한다(Wagner, 2014, p. 198). 더 보편적으로 표현하면, 그는 상대적으로 불변하는 것부터 진화적 수명이 짧은 것에 이르기까지 이어지는 보존의 연속성을 수긍하면서도 매우 잘 보존된 속성들은 자연적인 것의 성질을 정의할 만큼 충분히 안정하다는 철학적 입장을 견지한다.

바그너가 생물들을 진화적 개체보다는 현대 생물분류체계에 따른 강class으로서 취급하는 가장 큰 이유는 상동기관과 생물분류가 불변하는 성질을 띨 수 있다는 점이다. 진핵생물이 진핵생물인 것의 '정수'는 그 안에서 세포들이 어떤 식으로 조직되고 유전물질이 어떻게 차곡차곡 접혀 핵 속에 들어가는지에 있다고 보는 것이다(Wagner, 2014, p. 236). 그런데 자연적인 것의 이 정수를 강조하다 보면 대부분의 와편모충dinoflagellate(식물과 비슷하게 생긴 해양미생물)류가 진핵생물 분류에서 배제되는 문제가 생긴다. 일반적으로 진핵생물의 DNA는 히스톤 단백질 복합체 주위를 이중나선이 돌돌 감싼 모양새의 뉴클레오솜nucleosome(진핵세포 염색체 구조의 기본 단위—옮긴이) 형태로 압축된다. 반면에 와편모충의 DNA는 지지할 히스톤 단백 없이 영구적인 고농축 액체결정 염색체로 존재한다. 하지만 그 밖의 형태 특징이나 분자 특징들은 와편모충이 진핵생물 내의 피하낭류alveolate 분기군clade(역계문강목과속종 순으로 내려가는 현대 생물분류체계보다는 진화 역사에 중점을 두어 공통조상을 가진 생물계통들을 묶은 분류—옮긴이) 안에서 진화해 나왔음을 확실하게 보여 주고 있다(Gornik 외, 2012). 와편모충이 포함되도록 '진핵생물을 정의하는 특징'을 손보는 방법도 물론 있다. 하지만 그렇게 새 정의를 만들면 규칙에서 이탈하는 다른 항목이 또 나올 게 뻔하다. 결국 진핵생물을 핵심 특징을 기준으로 한 하나의 강보다는 한 분기군 안에서 고유의 진화사를 가진 진화적 '개체'로 정의하는 것이 더 간단하지 않을까 싶다.

척추동물의 신장을 떠올려 보자. 신장은 중배엽의 신장발생끈nephrogenic cord에서 발생한다. *전신*前腎, pronephros이라고 하는 배아기 신장은 신장발생끈의 뇌쪽 끝에서 분화된다. 그러다 신장발생끈의 꼬리쪽 영역에서 *중신*中腎, metanephros이 발달해 전신을 대체한다. 어류와 양서류까지는 성체의 신장이 중신에서 끝나지만, 파충류와 포유류로 넘어오면 성체 신장이 중신이 아닌 먼 꼬리끈caudal cord에서 발생하는 *후신*後腎, metanephros으로 바뀌고 중신 일부만 수컷의 부고환으로 남는다. 후신은 어류나 양서류에게서는 찾아볼 수 없는 기관이다

(Hamilton, Boyd, and Mossman, 1947).

파충류부터 포유류까지, 그러니까 전신에서 중신을 거쳐 후신으로 이어지는 신장의 변천사는 연속상동기관에 해당한다. 또, 양서류의 중신과 포유류의 부고환관은 특수상동기관이다. 그렇다면 어떻게 신장이 모두 한 기관계통에 속하면서 서로 상동관계이고 이 기관계통 밖의 장기와는 상동관계가 전혀 없다고 확신할 수 있을까? 부고환은 변장한 신장일까 아니면 부고환과 신장이 각각 서로 별개의 특징 정체를 갖고 있을까? 양서류의 중신과 포유류의 후신은 같은 기관계통일까 다른 기관계통일까? 만약 이 질문들의 답을 찾는다면 '신장' 혹은 '후신' 혹은 '부고환'은 자연적인 것으로서, 최소한 잠시만이라도 남겨질 것이다. 하지만 그러고 나면 모든 상동기관에 새 답이 유효한지 확인하고자 다른 장기들도 일일이 재검토해야 하고, 무언가에 옛 정의가 반듯하게 맞지 않는다는 걸 발견할 때마다 이와 같은 땜질식 미봉책을 매번 손봐야 한다.

바그너는 흐릿한 개념보다는 정확한 정의를 선호하고 상동기관이 명목인 것이라는 주장에 반대하는 입장이다. 그럼에도 명목인 것을 "단순한 임의적 요약"이자 "다른 면에서는 아무 의미 없고 오직 편의를 위해 인간이 만든 구분"이라 묘사한 데는 유명론을 의식해 일찌감치 방비하려는 의도가 깔려 있다(Wagner, 2014, pp. 229~230). 여기에 유명론자 쪽은 모든 분류가 인간이 만든 잣대이고 다만 다른 범주보다 덜 임의적이거나 더 유용한 범주가 있는 거라고 대응할지 모른다. 사실 조리 있는 유명론자라면 유용한 범주들을 자연적인 것이라 칭하기에 주저함이 없을 것이다. '자연적인 것'이라는 말 자체가 언어학계가 이러이러한 함의를 갖는 표현으로 쓰자고 합의한 명목상의 정의임을 본인도 인정할 테니 말이다.

바그너는 그의 저술 속 어느 내용도 공식적 정의의 근거가 될 수 없다는 걸 순순히 인정한다. 대신 그는 자신의 아이디어를 당대의 선진 모델로 생각하면서 앞으로 이 분야 연구가 발전할수록 발생 메커니즘 관련 정의도 점점 정확해질 거라고 기대한다(Wagner, 2014, pp. 242~244). 물론 현실은 그 반대로 흘러갈 수도 있다. 지식이 쌓이면 쌓일수록 오히려 어떤 새로운 정의가 제안되어 들어올까 안절부절 못하는 형태도 점점 많아질지 알 수 없는 일이다. 유명론자라면 상동성의 개념이 유용한 도구이긴 해도 작업마다 찰떡궁합인 도구가 달라진다고 말할 것이다. 이와 같은 유명론자의 개념 다원주의 관점에서는 분야가 다르면 서로 다른 상동성 개념을 채택할 수밖에 없다. 서로 다른 분야들이 서로 다른 종種의 개념을 채택하는 것과 같이 말이다.

완전히 동떨어진 생물종들 사이에서 발견되는 상동기관은 그들이 공통 조상으로부터 진화해 내려왔음을 뒷받침하는 결정적 증거로 언급되곤 하지만, 이 친숙한 주장의 이면에는 존재론 맥락의 팽팽한 긴장이 있다. 진화학적 사고는 이 부류였던 것이 다른 부류로 바뀌는 과정에 주목한다. 그런 까닭에 정의를 엄격하게 세우고 범주들 사이의 경계선을 또렷하게 긋는 것을 꺼린다. 반면에 상동성의 속성 분석은 형태와 기능이 아무리 변모해도 한결같이 남아 있는 요소를 포착한다. 변하는 게 많아지면 불변하는 것도 늘어나는 셈이다.

창조와 적응

바그너는 "상동기관의 기원"이 "자연선택에 의한 변화"와 별개라고 주장한다(Wagner, 2014, p. 43). 저서에서 그는 "창조의 적잖은 고유 특징 때문에 적응주의 프로그램이 우리 앞에 만족스러운 답을 내놓을 가망이 희박하다"면서 "적응을 통한 진화와 창조의 기원을 개념적으로 구분하는 작업이 반드시 필요하다"고 적고 있다(Wagner, 2014, pp. 121~123). 특히 창조를 유도하는 유전자 조절 네트워크 재설계는 적응의 도화선이 되는 기존 경로들의 소소한 수정과는 차원이 다르다. 그러므로 혁신은 "흔히 미시적 진화 수준으로 집단 안에서 연구되는 적응과는 완전히 다른 종류의 과정"이라고 할 수 있다(Wagner, 2014, p. 209). 창조는 자주 일어나지 않지만 무궁무진한 가능성을 품는다.

진화생물학을 관절에서 조각하는 방법은 하나만이 아니다. 가령 바그너는 적응주의를 미시적 진화 수준의 집단유전학과 동격으로 놓지만(Wagner, 2014, pp. 10~12) 집단유전학자 대다수는 자신에게 적응주의자 꼬리표가 붙는 걸 불쾌하게 생각한다. 그런 한편, 나 같은 적응주의자들은 오늘날 생물집단의 분류를 가르는 유전자 차이들은 지금까지 굵직굵직한 진화적 혁신을 불러 왔던 대표적인 유전자 변화들과 그 성격이 다르다는 견해 면에서 바그너와 같은 편에 선다. 일란 에셜Ilan Eshel은 단기간을 살피는 집단유전학 모델과 장기적 과정을 분석하는 적응 모델은 적용되는 평형 개념이 서로 다르다고 주장한 바 있다. 이어서 그는 "분석학적으로 잘 정의된 단기적 과정을 외삽하는 방법을 통해 장기적 과정의 동태를 완벽하게 이해할 수 있다는 가정은 수학적으로 틀렸다"고 못 박으면서 "내가 보기엔 바그너는 원래 집단유전학에 찬동하지 않는 입장이지만 설명하는 과정에서 집단유전학 모델을 '적응주의 프로그램'이라 칭하는 바람에 오해를 산 것 같다"고 추측했다(Eshel, 1996).

바그너는 새로움의 창조에 적응이 하는 역할을 경시한다는 부분에서 적응주의와도 구분되는 견해를 펼친다. 그의 저술에는 이런 입장차가 잘 드러나는 발언이 있다. "자연선택이 처음부터 새로운 특질을 선택하는 방식으로 창조의 새로운 잠재력이 '드러나 보이'기는 힘들며, 깃털은 비행을 가능케 하도록 변모했지만 머리카락은 그러지 못했다는 사실에 대해 자연선택이 만족스러운 해명을 내놓을 것 같지도 않다"(Wagner, 2014, p. 123). 하지만 어느 적응주의자도 자연선택에 예지력이 있다고 믿지는 않는다. 혁신의 진화적 잠재력은 늘 일이 이미 다 벌어지고 난 뒤에 돌이켜 인정되는 식이고, 나중에 생각해 보니 다른 것들보다 더 중요했다고 판단되는 변화가 있을 뿐이다.

바그너는 자연선택이 체 거르기를 홀로 진두지휘하는 식이 아니라 소소한 변동의 진원지들이 진화적 변화의 방향을 결정하는 막중한 책임을 나눠 진다고 설명한다. 특히 그는 유전자 네트워크 재설계가 점돌연변이의 자연선택을 통해서가 아니라 전위인자에 원래 달려 있으면서 가끔씩만 작동하고 계열에 특이적인 프로모터들의 포섭에 의해 일어난다고 제안한다. 그는 전위인자가 유전자 조절 네트워크의 진화에 중요한 역할을 한다는 증거가 진화생물학계에서 널리 인정받는 다양한 동일과정론 개념에 영향력을 미친다면서 "한 계열의 진화적 운명이 다른 계열들의 영향을 크게 받으면서도 서로 상이한 양상을 띠는 것에는 적당한 어느 시점에 유전체를 감염시킨 유전체 기생체의 성질 탓이 어느 정도 있다는 게 완전히 얼토당토않은 생각은 아니"라고 말했다(Wagner, 2014, p. 207).

적응주의자 대다수는 전위인자의 삽입을 넓은 의미의 '돌연변이'로 간주한다. 그러면서 대부분의 점돌연변이와 마찬가지로 대부분의 전위인자 삽입이 유해하거나 선택 중립적(주어진 환경에서 하나의 우세한 형질이 정해져 있지 않은 것—옮긴이)이라고 강조했다. 유해한 삽입이라면 '음성 선택'에 의해 제거되겠지만, 중립적 삽입이라면 여기저기 표류하다가 소멸하거나 최후에 다른 돌연변이가 일어나 산산조각날 것이다. 고로 '양성 선택'에 의해 보존되는 전위인자 삽입은 극소수에 불과하며, 이런 삽입은 하늘의 도우심으로 잘 적응하게 되는 셈이다(Haig, 2012, 2016).

전기회로를 떠올리면 이해가 쉬울지 모르겠다. 트랜지스터와 집적회로의 개발은 과학기술의 지평을 혁명적으로 넓혔다. 그러나 모든 회로가 새 기계장치에 뚝딱 재설치되는 건 아니다. 바그너는 적응주의자들이 제약받지 않은 자연선택의 역할을 과대평가하면서 부품들과 기존 회로들의 성질은 무시하고 있다고 지적한다. 여기에 맞서는 적응주의자들의 반론은 전기공의 손길이 없는데 부품들이 스스로 결집해 새로운 기계장치가 되겠냐는 것이다. 그들은 회로 조립과 부품의 기원 모두의 면에서 전기공(자연선택)의 역할이 크다고 강조한다.

프로락틴prolactin 유전자*PRL*는 코끼리, 설치류, 영장류의 자궁내막에서는 발현되지만 토끼, 돼지, 개, 아르마딜로, 주머니쥐의 자궁내막에서는 그러지 않는다(Emera 외, 2012). 자궁내막 *PRL* 발현에는 서로 독립적인 세 가지 기원이 있는데, 포유류 진화 과정에서 서로 다른 시점에 발생한 네 가지 전위인자 계통의 삽입과 무관하지 않다(Emera 외, 2012; Lynch 외, 2008). 한편 자궁내막에 *PRL*이 발현되든 말든 전혀 신경 안 쓰고 수백만 년 동안 지내 온 삽입도 존재한다(Emera and Wagner, 2012a). 어느 쪽이든 이 모든 전위인자 삽입은 자연선택의 격렬한 체 거르기에서 살아남았다. 하지만 후사 없이 소멸했거나 현존하는 유전체들에 흔적을 남겼지만 우리가 찾지 못한 프로락틴 유전자 삽입 유형이 틀림없이 더 있었을 것이다. 우리는 이 현상을 어떻게 이해해야 할까? 어느 포유류든 적응이 제대로만 일어나면 자궁내막에 *PRL*이 발현될 수 있는데 토끼, 돼지, 개, 아르마딜로에게는 필요한 유형의 전위인자가 없기 때문에 자궁내막 프로모터가 지금껏 발생하지 않은 걸까? 아니면 자궁내막 발현이 일찍이 여러 경로로 일어났지만 자연선택을 거친 뒤 오직 세 가지 생물종 계열에서만 남았다는 게 옳은 해석일까? 전위인자가 창조의 기원에 힘을 실어줬을까, 아니면 창조의 주체성이 자연선택의 거르기 작업에서 비롯될까? 전위인자는 유전자 조절 네트워크를 재설계할까? 만약 그게 아니라면 자연선택이 전위인자의 프로모터를 편리한 부품으로 이용해 네트워크를 재설계하는 걸까?

일각에서는 전위인자(레트로바이러스 포함)가 자궁내막과 태반의 유전자 조절 네트워크를 재설계했다는 견해도 나온다(Chuong, 2013;

Chuong 외, 2013; C. J. Cohen, Lock, and Mager, 2009; Emera and Wagner, 2012b; Lynch 외, 2011). 크리스털린 유전자를 비롯해 유전체 내 거의 모든 곳에서 전위인자 삽입이 일어날 수 있긴 하지만(Nag 외, 2007), 척추동물 진화 과정에서 그렇게 다양한 유전자가 크리스털린으로 포섭됐음에도 전위인자의 프로모터가 수정체 특이적 발현성을 유전자에 부여한다거나 수정체의 유전자 조절 네트워크를 재설계한다는 학계 보고는 한 번도 없었다(Wistow, 1993). 그렇다면 자궁내막과 태반에만 뭔가 특별한 게 더 있는 걸까? 추측하기로 태반이나 자궁내막에 특이적인 프로모터의 출처는 레트로바이러스일 가능성이 높다. 두 조직에 레트로바이러스 유전자가 발현되면 감염병의 모자간 전염이 용이해진다는 점에서다(Haig, 2012, 2013). 그러나 이 바이러스가 수정체에서 복제될 때는 바이러스 전파가 여전히 어려운 걸 보면 레트로바이러스가 수정체 특이적인 프로모터를 보유하지는 않는 것 같다.

자궁내막과 태반은 수정체보다 빨리 진화하는 듯하다. 바그너라면 모체와 태아 사이를 잇는 두 조직의 고속 진화가 도약적 유전자 변동을 주도하는 전위인자 덕분이라고 말할 것이다. 그러나 적응주의자라면 모체와 태아 사이에 경계선을 긋는 두 조직의 급속한 진화를 모체 자궁내막에 발현된 유전자들과 태아 태반에 발현된 유전자들 사이에서, 태반에 존재하는 모계 유전자와 부계 유전자 사이에서, 그리고 모체와 태아의 숙주 방어기제와 레트로바이러스의 적응 사이에서 적대적 선택이 일어난 결과라 설명할 것이다(Haig, 1993b, 2008b, 2012).

다윈은 선택과 변동성의 출처 간의 관계를 은유적으로 다음과 같이 아름답게 설명했다.

> 선택의 작용이 순전히 우리가 부지불식간 저절로 혹은 우연히 생긴 변동성이라 부르는 것들에 좌우되긴 해도, 나는 선택을 제일가는 힘이라 얘기한다. 건축가가 벼랑의 낙석을 연마되지 않은 상태 그대로 건물을 짓는 데 사용해야 한다고 치자. (……) 그럼에도 만약 건축가가 아름다운 건물을 완공시킨다면 (……) 우리는 목적에 맞게 재단된 석재가 그에게 주어졌을 때보다 훨씬 열렬하게 그의 솜씨를 찬미해야 마땅하다. 선택도 마찬가지다. 그 주체가 인간인지 자연인지는 상관없다. 변동성이 절대적으로 불가피한 요소이긴 하지만, 고도로 복잡하면서도 훌륭하게 적응한 어느 유기체를 마주하노라면 선택이 가진 중요성 앞에서 변동성은 저 구석 자리로 밀려난다. 우리 상상 속 건축가의 솜씨에 비하면 그가 사용한 돌덩이들의 모양새는 아무것도 아닌 게 되는 것과 똑같다. (Darwin, 1883/1998, p. 236)

전위인자가 유전체 여기저기에 흩뿌린 프로모터들은 언제든 바로 작동 가능하도록 앞선 자연선택이 심어둔 기능인자 역할을 한다. 말하자면 건축가가 벼랑 밑에 자연스럽게 형성된 돌 무더기가 아니라 고대 로마 유적의 잔해에서 석재를 고르는 것과 같다. 이미 다듬어진 돌로 시작하니 건축가의 일이 한결 수월한 건 두말할 필요 없다. 내용만 살짝 바뀌었을 뿐, 이것도 앞서 등장했던 스프링, 바퀴, 도르래의 은유처럼 옛 부품들을 재사용해 새 장치를 만드는 경우의 사례다. 불만이 하나 있다면, 나는 요즘 떠오르는 신조어 '굴절적응

exaptation(어떤 기능을 위해 발생한 유기체의 한 특성이 이후 전혀 다른 기능에 활용되는 것)'이 그리 달갑지 않다. 이 단어는 진정적응adaptation 외에 지난날 제대로 밝혀지지 았았던 또 다른 진화의 원칙이 존재한다는 뉘앙스를 풍긴다.

모듈성과 진화력

유전체의 핵산 서열은 로봇제어시스템의 소프트웨어에 비유할 수 있다. 시스템은 중요한 작업들을 빈틈없이 통제해야 하고, 그중에는 자신의 하드웨어를 스스로 조립하는 것도 포함된다. 하지만 생물을 로봇이라 치고 유전체를 소프트웨어로 치는 이 비유는 종종 묵살되곤 한다. 생물의 자율성을 폄하하고 환경보다 유전자에 더 관대한 해석이라면서 말이다. 그런데 이건 좀 과격한 반응 같다. 유용한 로봇은 평소 자율적 결정을 자주 내리고 환경 신호에 대응해 자신의 행동을 보정한다. 유전자제어시스템의 로봇제어시스템 비유는 지금껏 드러난 유사성 면에서도 차이점 면에서도 쓸모가 많다.

소프트웨어공학의 범위는 공시적 목적—즉, 지금 쓸모 있는 소프트웨어를 짜는 것—과 통시적 목적—훗날 수정하기 쉽게 소프트웨어를 짜는 것—을 아우른다. 훗날 수정할 일을 염두에 둔다면 소프트웨어는 반드시 견고하고 개방적이어야 한다. 전자는 이미 잘 작동하는 부분들을 변화가 망가뜨리지 않게 하기 위함이고 후자는 최소한의 변화로도 새 기능이 무난하게 통합되도록 하기 위함이다

(Calcott, 2014). 소프트웨어 개발은 흔히 관리 가능한 부분별로 나눠 진행되며, 각 부분은 별개의 인터페이스에서 필요한 대로 모듈 단위로 불려와 서로 독립적으로 프로그래밍된다. 모듈식 설계에는 노동 분담(서로 다른 임무를 맡은 여러 팀이 서로 소통할 필요 없이 각자의 일을 동시에 진행할 수 있음)과 이해력(한 번에 한 모듈씩 시스템 기능을 연구할 수 있음)이라는 공시적 이점이 있다. 이 이점은 다면발현성 감소(한 모듈의 변화가 프로그램의 다른 부분들로 가지를 뻗지 않음)와 재사용(자립적인 모듈들이 새 기능을 익히고 적응할 수 있음)이라는 통시적 이점과 상당 부분 중복된다(Calcott, 2014; Parnas, 1972).

모듈식 소프트웨어의 통시적 이점은 분명 유전자의 진화로 이어질 테지만 공시적 이점은 그러지 못할 공산이 크다. 소프트웨어공학에서는 모듈들을 연결하고 전체 성능을 테스트하기 전에 각 모듈별 시험 작동과 버그 해결 과정을 거친다. 합체된 시스템이 목표한 대로 작동하지 않을 때는 어차피 모듈식 설계이니 문제가 있는 모듈만 떼어 내 보수하면 그만이다(문제 해결). 반면에 자연선택은 여러 팀에 노동을 분배하지 않고 생성된 코드를 하나하나 이해하지도 않으며 문제점을 해결하기 전에 문제가 있는 부분을 걸러 내지도 않는다. 이런 상황에서는 설사 모듈이 존재한다고 하더라도 모듈 하나씩이 아니라 합체된 시스템 전체가 테스트를 받는다. 그렇기에 기존의 유전코드를 보존하기 위한 음성 선택에는 비용이 많이 든다. 어느 파트에서든 버그가 발견되면 전체 시스템인 생물이 후사 없이 죽어야만 한다. 이처럼 치르는 희생이 워낙 큰 탓에 음성 선택이 일어나는 곳에서는 한 코드로 여러 기능을 발현시키는 전략이 유리해진다. 어느 한 기능의 결함으로 개체가 죽음을 맞을 때 그 코드에 얽힌 모든 기능이 정화되기 때문이다.

모듈성과 진화력은 소프트웨어의 설계된 특성이다. 그렇다면 두 가지가 유전자 시스템이 진화해서 생긴 성질일 수도 있을까? 프로그래머는 미래의 니즈를 앞서 예견하지만 자연선택에는 그런 예지력이 없다. 이와 관련해 린치Michael Lynch는 "유전자 경로들의 복잡성, 중복성, 여타 특성들이 자연선택 덕분에 생겼다고 볼 만한 유력한 경험적 증거나 이론적 증거가 없다"고 제시하는 반면(Lynch, 2007, p. 810) 캘컷Brett Calcott은 "그것이 진화한 것이든 설계된 것이든, 복잡한 집적시스템들은 시스템이 얼마나 잘 수정되는지를 좌우하는 구조적 성질을 공유하며, 시스템이 수정되는 정도에 따라 기능이 변하기도 한다"고 말했다(Calcott, 2014, p. 293). 진화력에 대해 린치는 그 발전에 관한 대부분의 견해를 적응주의의 확장이라 보고 캘컷은 진화력을 적응과 별개로 간주한다. 진화력을 두고 진화학계에서 벌어지는 논쟁은 의미론적 수렁이나 마찬가지다(Sniegowski and Murphy, 2006).

알고리즘이 애초에 과제를 해결하도록 설계된 게 아니라 진화의 결과로 그럴 수 있게 됐다면 진화한 알고리즘은 자연선택이 모듈식 설계를 지지한다는 아이디어에 반대와 찬성을 동시에 하는 셈이다. 단일 과제가 주어질 때는 비모듈식 알고리즘이 모듈식 알고리즘을 대체로 능가한다. 이런 상황에선 이미 존재하던 모듈성도 붕괴되기 쉽다. 구조를 깨뜨려 적합도를 높이는 데 이용할 만한 연결 지점들이 많기 때문이다. 이와 달리 규칙적으로 번갈아 등장하는 여러 과제를 처리해야 하는 상황에서는 알고리즘이 스스로 모듈성을 갖도록 진화한다(Kashtan and Alon, 2005).

잘 작동하는 소프트웨어 패키지의 소스코드를 분석해 보면 어느 부분은 거의 완벽하게 보존되어 있고 어느 부분은 초창기 버전에서 몰라보게 달라졌음을 알 수 있다. 어떤 모듈은 기능이나 다른 모듈들과의 연결 방식은 그대로인데 코드만 완전히 바뀌어 있을 수도 있다. 그런데 한때 잘나갔던 다른 소프트웨어 패키지의 진화사를 추적하면 초반에는 소스코드의 업데이트와 기능 추가가 수시로 일어나다가 점점 느려지더니 언젠가부터 계속 정체 상태라는 걸 발견하게 된다. 소프트웨어 자체는 마침내 아무도 안 쓰게 되는 그날까지 점점 줄어드는 이용자들에게 계속 사용되겠지만 말이다. 소프트웨어 패키지가 '멸종'하는 데는 여러 가지 이유가 있지만, 소스코드의 구조적 특징이 새 용도에 맞춘 업데이트와 보완을 효율적으로 실시하기에 적합하지 않은 경우를 그중 하나로 꼽을 수 있다. 이와 같은 과정을 통해 보다 큰 진화력을 가진 소프트웨어가 우선적으로 생존하는 현상이 목격된다.

모든 유전체는 태곳적부터 보존되어 온 특징들을 인코딩하고 있다. 독자 생존이 가능한 유기체에게는 변화가 별로 바람직하지 않다는 이유에서다. 변모하는 환경에 적응하도록 이끌 다른 특징들의 변화에는 이런 발생적 제약들이 보탬이 될 수도 있고 그렇지 않을 수도 있다. 그러므로 차별적 멸종은 유전체의 진화력이 더 큰 생물 계열의 우선적 생존으로 이어질 것이다. 계열들 가운데 일어나는 이와 같은 선택은 발생적 제약들 중에서 고르는 선택과 다름없다. 진화적 시간을 통틀어 변모하는 세상에서 생물 계열의 장기적 생존을 독려하거나 단기적 진화의 덫에 빠지지 않게 막아 주는 소위 '착한' 제약은 보전되겠지만, 적응을 위한 변화를 방해하는 '나쁜' 제약은 제거될 것이다.

나는 진화력 혹은 진화적 제약에—참고로, 진화적 제약은 진화의 결과를 좌우하는 보전된 특징이다—일어나는 일명 '분기군 선택'을 두고 구조주의와 적응주의 간에 의견합치가 이뤄질 수 있다고 믿는다. 그러나 분기군 선택만으로는 충분하지 않다. 특징이 계속 보전되려면 반드시 음성 선택을 통해 집단 안에서 유지되어야 한다. 혹자는 진화력 감소가 음성 선택을 통한 유지가 일어나는 동기인지 아니면 각각의 이익이 음성 선택되는 과정에서 우연한 부산물로 진화력의 변화가 생기는 건지 궁금해할 것이다. 일반적으로는 유기체에게 즉각적인 이익을 줌으로써 유지되는 메커니즘이 진화력의 변화로 인해 유지되는 메커니즘보다 견고하다고 여겨진다. 그러면 누군가 또 물을지 모른다. 양성 선택을 통해 제약의 기원이 생기는 이유는 무엇이고, 즉각적 이익의 양성 선택이 주는 효과에 진화력 향상이라는 부산물이 딸려 오는 메커니즘에 높은 점수를 매기는 특별한 이유가 있느냐고 말이다.

저산소증 상태의 척추동물 세포는 근처 혈관이 산소가 부족한 이쪽으로 가지를 뻗도록 유도하는 신호를 내보내 저산소증을 해소하려 한다. 이 기전은 진화력을 높이는데, 신체 부위가 새로운 모습으로 발달할 때 혈관 공급이 자동적으로 뒤따른다는 점에서다(Gerhart and Kirschner, 2009). 하지만 기전이 오작동하면 즉각 유기체의 손해로 이어지는 까닭에 이 기전은 개체 수준의 선택을 통해 유지된다. 계열 규모 진화력의 향상이라는 이익은 개체 수준 이익에서 우연히 덤으로 나온 부산물이다. 저산소증에 대한 혈관 반응 예시로 이해할 수 있듯, 가소성 좋은 메커니즘은 환경의 변화나 집단 내 변동에 맞춰 가며 적응할 수 있다는 점에서 아무래도 뻣뻣한 메커니즘보다 나은 듯하다. 한마디로 개체의 이익이 선호한 임의적 반응이 진화력을 높일 수도 있는 얘기다.

돌이켜 종합하면, 형태학적으로 다양한 분기군은 진화력 있는 유전체를 멸종한 분기군 혹은 일명 '살아 있는 화석'보다 많이 보유해 왔다고 정리할 수 있다. 이때 보통은 지난날에 진화력 있었던 분기군이 앞으로도 진화력 있을 거라고 믿고 싶을 것이다. 그러나 한때 번성했지만 결국 멸종한 분기군들의 선례를 떠올린다면 섣부른 확신은 금물이다. 그보다는 오늘날 진화력 있다고 여겨지는 몇몇 생물 계열은 훗날 멸종할 거라는 예측이 훨씬 믿을 만할 것이다.

형상인

선택은 여러 대안들 가운데 하나를 고르는 일이다. 전략적 유전자의 형식주의에 따르면 '대립유전자' 차이들을 두고 일어나는 자연선택에는 세 가지 요소가 필요하다. 바로 유전자의 차이, 표현형의 차이, 그리고 선택이 일어날 환경이다. 이때 선택 항목들 중에서 차이 나는 모든 것은 표현형에 들어가고 서로 같은 모든 것은 환경으로 분류된다. 즉 신체와 유전체의 잘 보존된 특징들은 선택 환경의 일부를 이루고, 선택의 주체로 나서서 표현형 차이를 단서로 유전자 차이 선택지들 중 하나를 고른다. 그런 식으로 선택된 유전자형은 앞서 일어난 선택들의 기록이다. 환경의 선택이 일정하게 반복될 때는 주어진 대안들 중 하나가 다음 선택을 위한 선택 환경의 고정된 배경 역할을 알 수 있다. 이런 식으로 자연선택은 (선택되는) 가변항을 (선택하는) 불변항으로 탈바꿈시킨다.

유전자의 차이가 표현형의 차이를 유도하는 과정은 동력인이라 간주할 수 있고, 표현형 차이가 차등적 유전자 복제를 일으키는 과정은 목적인이라 간주할 수 있다. 이런 과정들은 물리적 원소(질료인)들로 만들어진 진화한 구조(이것을 '신체'라 부르기로 한다)와 과거에 일어났던 선택들이 유전체에 '텍스트'로 새겨진 대물림되는 정보(형상인)에 일어난다. 각각의 선택마다 여러 대안에 공통 적용되는 신체와 유전체의 면들은 모두 선택 환경이 된다.

만약 대부분의 유전자 차이(돌연변이)가 차이를 소거하는 표현형 효과(음성 선택)를 낳는다면 그 유전체의 특징들은 보존성이 큰 것이다. 이런 유전체의 불변적 특징과 그로 인해 결정되는 신체 형태는 선택 환경의 일부가 되어 유전체 안에서 보존성이 덜한 부분의 차이들 가운데 하나를 고르는 과정에 참여한다. 신체와 유전체의 잘 보존된 특징들은 일반적으로 '외부의' 환경보다 보수적이어서, 유형 통일성(다윈이 《종의 기원》에서 최초로 언급한 생물발생의 두 가지 대원칙 중 하나. 챕터 1 참고—옮긴이)의 기전적 근거가 된다. 이런 특징들은 "복잡한 시스템은 자신의 진화적 운명을 결정하는 인과적 역할을 한다는 구조주의의 통찰"이 적확했음을 확인시킨다(Wagner, 2014, p. 18).

몸통 좌우로 부속지 두 쌍이 돋은 척추동물들은 물에서 나와 육지와 하늘로 올라갔다가 다시 물속에 들어가기를 여러 차례 반복한 역사를 가지고 있다. 그러면서 다리가 여섯 개인 곤충이나 여덟 개인 거미와도 여러 습성을 공유한다. 곤충 조상에게는 여섯 개 그리고 거미 조상에게는 여덟 개의 다리가 생길 때 어째서 척추동물 조상은 두 쌍의 지느러미를 갖게 됐을까? 그 시초를 확인할 단서는 아무래도 만고의 시간이 흐르는 동안 전부 사라진 듯하다. 게다가 이런 '최초의 이유'는 음성 선택이 일어난 뒤로 이 숫자들이 계속 유지되는 이유와 완전히 별개의 문제다. 각각 쌍을 이룬 흉부 부속지와 골반 부속지는 지금껏 척추동물 적응방산adaptive radiation(한 생물 분류군이 환경에 적응하는 과정에서 다양하게 분화하는 현상—옮긴이)의 무대가 되어 온 선택 환경 안에서 늘 가장 잘 보존되는 큰 요소였다. 만약 척추동물, 곤충, 거미의 신체 설계도(일명 '*바우플란Baupläne*')를 모아 시간을 거슬러 분석한다면 진화적 발견이 일어나기에 더없이 안정적인 플랫폼이었다는 평가가 내려질 것이다.

진화는 종류의 사례들 사이의 관계(토큰의 인과관계)가 아니라 종류들 사이의 관계(유형의 인과관계)를 따질 때 원인과 결과의 전통적 구분이 무너지는 순환적 과정이다. 유전자는 신체 형성에 인과적 역할을 하고 신체는 다시 자연선택의 체 거르기에서 살아남을 유전자를 결정하는 데 인과적 역할을 담당한다. 유전자 네트워크는 형태를 빚지만, 네트워크가 형태의 선택적 제약 아래 근본적 개조를 겪는 동안에도 형태는 온전하게 존속할 수 있다. 수많은 동력인이 유동하는 가운데 형태의 연속성은 어디서 나오는 걸까? 바그너는 그 답이

ChIN에 있다고 말했다. ChIN이 "특징 발생의 기틀이 되는 유전자 조절 네트워크 안에서 가장 큰 보존성을 갖는 부분이며 그런 까닭에 특징 정체의 표출을 초지일관 돕는다"는 것이다(Wagner, 2014, p. 186). 그런데 충분히 긴 시간이 흐른 뒤에는 어떨까? ChIN은 인간의 인식 능력을 넘어서는 수준으로 변하되 특징은 그대로일 수도 있을까?

다양한 바이러스의 캡시드capsid 단백질은 아미노산 서열상의 눈에 보이는 유사성 없이 수렴convergence(서로 다른 계통에서 유래한 생물들이 비슷한 형질을 독자적으로 발달시키는 현상—옮긴이)의 개념만으로는 설명하기 어려운 구조적 유사성을 띤다(Bamford, 2003). 이 단백질들은 10억여 년 전 캡시드 단백질을 처음 합성한 조상 바이러스가 후손에서 후손에게로 물려준 DNA 염기가닥에 의해 인코딩된다. 그렇다면 공통 조상 유전자의 대물림이라는 기준에서 단백질 구조의 유사성을 캡시드 단백질들이 유전학적으로 서로 상동관계라는 단서로 간주할 만하다. 하지만 핵산 서열이나 아미노산 서열을 보면 비슷한 점을 하나도 찾을 수가 없다. 우리는 지금 한 바퀴를 완주해 비교형태학의 출발점으로 돌아왔다. 캡시드 단백질에 공통 조상의 존재가 제안된 건 길게 한 줄로 펼친 염기서열이 아니라 삼차원 게슈탈트gestalt(보통 '형태'로 번역되지만 형태심리학적으로는, 전체는 부분의 합 이상이라는 뜻이 담겨 있다—옮긴이)에서 두드러지는 '이중벽 삼합체三合體'와 '돌돌 말린 모양'이라는 공통 특징 때문이다(Bamford, Grimes, and Stuart, 2008; Benson 외, 2004). 늘 형태는 보존되는 것들을 암시했다. 그러는 동안 이야기는 글치레와 축약과 소소한 말 바꾸기를 통해 수도 없이 재생됐다. 그러다 결국 공통 조상의 증거가 텍스트에서 자취를 감추고 줄거리의 구조적 특징 안에 갇히는 지경에 이른 것이다.

에이사 그레이는 형태학과 목적론의 성혼을 공표했지만 커플의 다툼은 여전히 끊이지 않았고 한바탕 갈등이 불거질 때마다 양측에서 상대방 귀에는 들리지 않는 불만이 쏟아졌다(Gray, 1874). 다윈은 목적론의 편에서 최종 변론을 하고자 했다. "생존 조건 원칙(환경에 적응하는 과정에서 동물종들이 서로 다르게 발전한다는 원칙. 다윈이 《종의 기원》에서 유형 통일성과 함께 생물발생의 두 가지 대원칙 중 하나로 처음 언급했다—옮긴이)이 더 상위의 원칙이다. 앞서 일어난 적응들의 대물림을 통해 유형 통일성 원칙을 고스란히 품기 때문이다"(Darwin, 1859, p. 206). 그러나 형태학자들은 목소리를 낮춰 "유형 통일성이 더 상위의 원칙이다. 생존 조건 원칙은 기존 형태의 변화를 통해서만 새로운 적응 형태를 만들 수 있기 때문"이라고 중얼거리며 수긍하지 않았다. 양측의 논쟁은 아직 현재진행형이다. 칸트가 "그러므로 자체로도 내적 가능성 면에서도 자연목적이라 판정받아 마땅한 사물이라면, 형태와 조합 모두 연관되는 한, 부분들이 교호交互적으로 서로를 만들어 내고 그리하여 스스로의 인과율로부터 하나의 전체를 만들어 내야 한다"고 증언한 바 있듯(Kant, 2000, p. 245), 순환하는 과정은 인간의 능력으로 사유하고 논하기에 보통 어려운 주제가 아니기 때문이다. 이번 챕터는 귄터 바그너와 내가 각자의 입장에서 화해를 제안하는 철학적 부부싸움의 연장선상에 있다고 볼 수 있다. 바그너는 살아 있는 것들을 구조주의의 시선에서 해석한다. 반면에 나는 살아 있는 것들을 기능주의의 시선으로 본다. 만약 우리 눈의 크리스털린이 백내장 없이 맑고 건강하다면 우리가 같은 것을 볼 때 의견도 같아야 하는 것

아닐까? 아니, 그렇지는 않다. 우리의 인식은 이미지가 망막에 투사되는 것 이상으로 훨씬 복잡하고, 빛이 안구로 들어올 때부터 우리 손이 원고지에 단어를 적어 내는 순간까지 겹겹의 해석을 거치기 때문이다.

철통같이 보존되는 구조는 생물계의 매우 중요한 구성요소이며 진화 과정에 지대한 영향을 미쳐 왔다. 유기체와 유기체가 가진 유전체는 서로 다른 진화적 시대에 생겨난 특징들이 짜깁기된 작품이다. 음성 선택을 통해 유지되는 오랜 특징들은 선택 환경에 포함되고, 그런 선택 환경은 최신 특징들의 양성 선택을 통한 진화를 보조한다. 신체 설계도와 신체 부위들은 새 돌연변이들의 시험 무대가 되는 선택 환경 안에서 가장 큰 보존성을 지닌 요소다. 늘 통행이 잦은 발생 경로들은 진화적 변화의 경로를 안내하기도 하고 제한하기도 한다. 형태는 형태의 새 주물을 뜰 때 선택 주체 역할을 맡는다. 적응주의자는 보존된 구조에 대한 해설로서 자연선택을 포기하지 않고도 이 모든 사실을 기꺼이 인정할 수 있어야 한다. 구조주의와 기능주의 모두의 정당성을 소명하는 건 불가능한 일이 아니다.

> 형식은 내부에서 우러나는 힘을 이해할 여력이 더 이상 없을 때 우리를 매료시킨다. 바로 창조가 일어나는 순간이다. 어느 시대에나 문예평론은 본질적으로든 운명적으로든 구조주의인 것이 바로 이 이유에서 그렇다. (출처: 이름을 말하면 안 되는 그 사람)(자크 데리다를 뜻함. 데리다의 압도적인 존재감을 《해리 포터》 시리즈 등장인물에 빗댄 표현—옮긴이)

11

타당한 명분을 지키기 위한 변

From Darwin to Derrida

FIGHTING
THE GOOD CAUSE

네 살배기들은 "왜?"라고 질문하는 걸 까무러치게 좋아한다. 누군가 대답을 하면 또 "왜?"라고 물으며 대꾸하던 사람이 지쳐 쓰러질 때까지 설명에 대한 설명을 끝없이 요구한다. 아리스토텔레스와 토마스 아퀴나스는 원인의 원인을 무한에 가깝게 회귀해 올라가는 끈질긴 추적 끝에 부동의 원동자의 존재를 증명했지만, 놀이로 즐기는 어린아이는 이 질문을 영원히 이어 갈 수 있다.

로런스 스턴의 《신사 트리스트럼 섄디의 생애와 의견*The Life and Opinions of Tristram Shandy, Gentleman*》(Sterne, 1767)에서 소설의 가장 특징적인 장치는 주인공의 삶을 서술하는 듯 시작하지만 인물에 대한 이해를 돕고자 그가 그런 성격을 갖게 된 이유를 설명하려다 이야기가 중심을 잃고 점점 산으로 간다는 것이다. 결국 이유와 이유에 대한 이유만 계속 나오다가 독자들이 우리 주인공에 대해 거의 아무것도 모르는 채로 소설이 끝나 버린다. 결정적인 사건은 어머니가 트리스트럼을 잉태하던 순간 벌어진다. 하필 그때 그녀는 남편에게 묻는다. "어머나 여보, 시계태엽 감는 거 잊지 않았죠?" 이 한마디는 "호문쿨루스의 손을 꼭 잡고 그가 가기로 되어 있는 목적지까지 안전하게 호위했어야 할 정기를 혼비백산"시켰다. 여러 가지 면에서 기이한 트리스트럼의 성격은 이 조용하지만 중대한 방해 공작에서 비롯된 셈이었다.

부모님이 나를 갖기 직전 결정적인 순간에 하고 있던 생각이 두 사람의 자세에 영향을 주고 아버지가 내뿜은 수많은 정자 중 무엇이 어머니의 난관까지 일등으로 직진해 난자와 만날지를 좌우했다는 건 허무맹랑한 상상이 아닐뿐더러 충분히 있음 직한 일이다. '인생이라는 테이프를 리플레이'하면 아주 작은 부분까지 전체 이야기를 매번 똑같이 들려준다. 이미 일어난 원인들의 순서는 변하지 않기 때문이다. 그러나 테이프를 처음 틀 때는, 일이 실제로 벌어지기 전엔 아버지의 어느 정자가 어머니의 난자와 수정될지 알 도리가 없었을 것이다. 과거로부터 인과를 진술하는 방식은 딱 한 가지더라도 앞으로의 가능성을 논하면 이야기는 천문학적으로 확장된다. 예측보다는 설명을 할 때 훨씬 큰 자신감이 붙는 것이다.

잉태의 순간에서 몇 단계 더 거슬러 올라가면 일련의 분자학적 반응이 등장한다. 이 분자 수준의 사건들은 곧 내 부계 반수체 기원 세포가 될 정모세포spermatocyte의 교차점chiasmata(상동염색체 간에 염기서열 일부분을 맞바꾸는 상동 재조합이 일어날 때 교환의 기준점이 되는 지점—옮긴이) 위치를 결정했다. 만약 서른 개쯤 만들어지는 교차점 중 어느 하나가 어느 쪽에서든 고작 메가베이스(염기 10^6개) 규모밖에 안 됐다면, 잉태된 아이는 지금 내가 가진 특정 유전자 세트를 물려받지 않았을 것이고 내 모든 조상들도 잉태될 때 같은 상황이 벌어진다면 똑같이 그랬을 것이다. 하지만 교차점 위치에 관한 분자 수준의 설명은 내 계보 전체를 인과적으로 해설할 경우 펼쳐질 이야기의 작디작은 한 토막에 지나지 않는다. 내 아버지의 아버지는 군복무 시절 프랑스 빌레-브르토뇌 전투에서 부상병 호송 차량을 운전하셨다. 그렇다면 전사자가 속출한 격전의 현장에서 할아버지가 살아남은 비화를 완벽하게 이해하기 위해서는 셀 수 없이 빗발친 총탄들의 모든 궤적과 그 파편들을 설명해야 할 것이고 아울러 지금도 의견이 분분한 제1차 세계대전의 발발 원인까지 언급해야 할 것이다.

이와 같은 귀류법의 핵심은 모든 진화 과정이 원칙적으로는 물리적 원인으로 환원 가능하지만 어떤 해설도 인과적으로 완벽할 수 없다는 것에 있다. 모든 이야기에는 나머지 부분들을 아직 드러내지 않은 채로 시작할 출발점이 필요하다. 과학적 해설 역시 그러해서, 모든 과학적 해설에는 현재의 목적을 위해 별다른 설명 없이 그냥 받아들여지는 요소들이 존재한다.

돌아온 아리스토텔레스

법이 원인들의 원인을 판정하고 그 동기들을 하나하나 분별하자면 한도 끝도 없을 것이다. 그러기에 법은 더 이상 멀리 보지 않고 직근원인immediate cause에 만족해 이것을 토대로만 판결을 내린다.

- 프랜시스 베이컨(1596)

전고전기 그리스 시대에 *아이티온*aition. αἴτιον과 그 복수형 *아이티아*aitia. αἴτια는 '책임, 죄, 탓, 잘못'을 뜻했다(Frede, 1980; Pearson, 1952). 아리스토텔레스의 *아이티아*는 고전기로 넘어와 *카우사*causa로 번역됐는데, 이 고대 라틴어에는 '*nemo iudex in causa sua*(어느 누구도 자신의 재판에서 스스로 심판관이 되어서는 안 된다)'라는 예문에서처럼 '재판'이라는 뜻이 담겨 있었다. 영단어 *커어즈*cause는 1300년경의 중세 라틴어에 뿌리를 두고 있으며 오늘날에도 '*probable cause*(상당한 원인)' 등의 법률용어에 그 흔적이 남아 있다. 원인과 책임 사이의 유사한 연관성은 독일어에서도 찾아볼 수 있다. *우르자허*ursache(원인, 이유, 동기)는 '*for the sake of*(~를 위해, ~때문에)'에 나오는 앵글로색슨어 *세이크*sake와 깊은 관련이 있다. *세이크*는 문맥에 따라 재판을 뜻하기도 하고 비난, 탓, 혹은 책임을 가리키기도 했다. 그러고 보니 원인cause의 개념들은 책임을 물어 마땅하다는 속뜻의 온갖 고대 법률용어로부터 진화해 온 듯하다. 한마디로 원인이란 책임을 지울 수 있는 무언가였다.

아리스토텔레스는 *아이티아*를 네 가지 유형으로 구분했다. 흔히 현대어로 번역되는 질료인, 동력인, 형상인, 목적인이 그것이다. 베이컨은 이 가운데 질료인과 동력인은 물리학의 울타리 안에 수용하면서 형상인과 목적인은 형이상학의 영역으로 추방시켰다(Bacon,

1605). 그렇게 아리스토텔레스의 다원론은 동력인은 동력학적 성질이고 질료인은 물리적 실체라는 일원론적 인과 개념으로 대체됐다. 새롭게 부상한 기계론 철학은 형태에는 독립적인 능력이 없으며 형태는 '물질에 의해 구속되고 결정된다'고 여겼다. 그러면서 마치 "배가 순항하지 못하도록 발목을 잡고 한 자리에 붙들어 두는 장해물"처럼 배움의 발전을 막는 걸림돌로 목적인을 폄하했다.

모든 원인론의 근본적인 불완전성은 설명적 환원explanatory reduction에 대한 신뢰와 오래도록 공존해 왔다. 그럴 수 있었던 것은, 원칙적으로 어느 인과 해설에서든 해명되지 않고 남겨진 모든 부분에 물리적 설명을 부여할 수 있다는 과학자들의 자신감 때문이다. 논리적 일관성을 따지자면 만약 형상인이나 목적인처럼 보이는 것이, 원칙적으로, 물리인과 질료인을 통해 설명될 수 있다면 그런 것을 거론하는 게 과학적으로도 철학적으로도 적법해야 한다. 이 챕터의 원전인 논문을 처음에 쓸 때 내 의도는 진화학적 설명에 형상인(정보)과 목적인(기능)을 언급하는 게 타당함을 옹호하는 것이었다. 그러다가 글을 쓰다 보니 내 목적도 진화해 갔다. 그런 까닭에 이 책에서 나는 형상인을 질료인의 추상抽象으로, 목적인을 동력인을 얘기하는 효과적인 방법으로 소개할 것이다. 형태는 질료인을 밑바탕 삼아 형성될 수 있다. 진화한 존재의 재료에는 과거에 잘 통했던 것들에 대한 경험이 체현된 정교한 미세 구조가 담겨 있기 때문이다. 마찬가지로 목적은 동력인에 기반을 두고 생겨날 수 있다. 우리가 자연선택이라 부르는 순환적 물리 과정에 의거해 현재의 수단이 과거의 목적으로 설명되기 때문이다.

달걀과 닭

달걀을 떠올려 보자.

달걀에는 다리가 없다.

닭은 달걀에서 나온다.

그런데 닭에는 다리가 있다. 갈수록 가관이다.

달걀은 닭에서 나오는데 달걀에는 다리가 없다.

이 얼마나 기이한 일인가!

- 오그던 내시Ogden Nash(1936)

인과의 사슬을 생각해 보자. *A*가 *B*를 일으키고 *B*가 *C*를 일으키고 *C*가 *D*를 일으키고 다시 *D*가 *E*를 일으킨다. 앞 사건은 뒷 사건의 원인이다. *C*는 *A*와 *B*에게는 결과가 되지만, *D*와 *E*에게는 원인이 된다. 아주 간단한 얘기다. 그런데 만약 사건이 되풀이된다면 어떻게 될까? A_{i-1}가 B_{i-1}를 일으키고 B_{i-1}가 C_{i-1}를 일으키고 C_{i-1}가 D_{i-1}를 일으키고 D_{i-1}가 E_{i-1}를 일으키면 E_{i-1}가 A_i를 일으키고 A_i가 B_i를 일으키고 B_i가 C_i를 일으키고 C_i가 D_i를 일으키고 D_i가 E_i를 일으키고 다시 E_i가 A_{i+1}를 일으키고 A_{i+1}가 B_{i+1}를 일으키고 B_{i+1}가 C_{i+1}를 일으키고 C_{i+1}가 D_{i+1}를 일으키고 다시 D_{i+1}가 E_{i+1}를 일으키고……. 이렇게 무한한 과거로부터 무한한 미래까지 끝없이 되풀이되는 것이다. 각 유형의 토큰들은 다른 유형들의 토큰들 전에도 후에도 등장한다. 어느 한 토큰은 다른 토큰의 원인이거나 결과이며 동시에 둘 다일 수는 없다. 하지만 유형들 간의 합당한 관계를 일반화하고 규정하려 들면 원인과 결과가 반드시 뒤얽히게 된다. 유형들은 서로에게—그리고 스스로에게도—원인인 동시에 결과다. 여기서는 최대한 단순하게 설명하려고 직선적 인과사슬을 예로 들었지만 다차원 인과그물에도 비슷한 주장이 제기될 수 있다.

사건이 순환하는 구조에서는 원인과 결과의 '자명한' 구분이 유명무실하다. 물리적 인과의 사슬을 따라 시간을 거슬러 올라가다 보면 설명하려던 사건과 똑 닮은 사건을 자꾸 마주친다. 달걀은 닭이 되고 닭은 달걀을 낳는다. 유전자는 표현형의 원인이고 표현형은 특정 유전자의 복제를 유도한다. 앰프가 피드백으로 음향을 키운다면 어느 소리가 입력음이고 어느 소리가 출력음일까?

표현형 효과(*P*)와 유전자형 차이(*G*)를 모두 유형으로 간주한다면 *P*는 *G*의 원인이라고도 결과라고도 말할 수 있다. P_i(아래첨자는 토큰을 뜻한다)의 자세한 인과 해설에는 수많은 이전 *P* 사건들과 수많은 이전 *G* 사건들이 언급될 것이고 G_i의 자세한 인과 해설과 매우 흡사하게 전개될 것이다. P_{i-1}가 G_i를 일으키고 G_i가 P_i를 일으키고 다시 P_i가 G_{i+1}를 일으킬 경우, *P*는 원인이고 *G*는 결과라 하는 게 옳을지 아니면 그 반대일지는 취향의 문제가 된다. 이때 분자생물학자는 유전자 발현이 표현형을 결정하는 방식을 설명하면서 *G*에서 *P* 방향으로 주장을 펼치고, 진화생물학자는 유전자가 특정 효과를 발휘하는 이유를 설명하면서 *P*에서 *G* 방향으로 논리를 전개한다. 그런데 전자의 설명 방식은 대개 아무 문제 없다고 인정되는 반면, 후자의 방식은 목적론적이고 비과학적이라며 퇴짜 맞기 일쑤다. 하지만 과학계가 오래전부터 그런 이야기 풀이에만 익숙해서 그렇지, 사실 이는 옳고 그름의 문제가 아니다. 표현형은 유전자형의 여러 동력인 중 하나이기 때문이다(그럼에도 여전히 분자생물학계는 유전자형을 정설로 지지하긴 한다).

두 가지 간단하게 덧붙일 내용이 있다. 첫째, 순환하는 비평형계는 열역학적으로 열린 계임이 분명하다. 닫힌 계는 이전 상태로 돌아갈 수 없다는 점에서다(폐쇄계 안에서는 열평형에 도달할 때까지 엔트로피가 계속 증가한다). 둘째, 진화가 일어나려면 순환의 불완전성이 유전되어야 한다. 그런 성질이 없으면 아무것도 변하지 못한다.

역순환

정보는 오직 물질 패턴으로서만 존재 가능하지만, 물질 유형이 달라지면 같은 정보라도 그에 따라 다양한 패턴으로 기록될 수 있다. 메시지는 언제나 특정 매개체에만 코딩되나, 그 매개체 자체가 메시지인 건 아니다.

- 조지 C. 윌리엄스(1992)

대부분의 진핵세포 유전체에는 RNA 중간체를 통해 DNA를 복제하거나 DNA 중간체를 통해 RNA를 또 그만큼 복제하는 역행인자retroelement가 있다. 이런 복제 과정을 통틀어 어떤 구조도 영구적으로 존재하지는 않는다. DNA가 RNA로 '복사'되면 RNA는 유전체 안의 새로운 장소에서 다시 DNA로 '복사'된다(Finnegan, 2012).

바이러스의 긴말단반복LTR, long terminal repeats 레트로트랜스포존

retrotransposon은 역순환을 이해할 훌륭한 모형이 된다. 흡사 이중나선 유전체 DNA처럼 생긴 레트로트랜스포존을 숙주의 RNA 중합효소가 진짜 유전체 DNA로 착각하면 안티센스 DNA 가닥을 가지고 센스 RNA 가닥을 전사한다. 그렇게 만들어진 RNA는 두 가지 운명을 맞을 수 있는데, 하나는 메신저 RNAmRNA로 탈바꿈해 리보솜ribosome에 의해 Gag 단백질(항원 그룹Group Antigens—옮긴이)과 Pol 단백질(역전사효소reverse transcriptase—옮긴이)로 번역되는 것이고 또 하나는 유전체 RNA로 쓰여 Pol 단백질 및 Gag 단백질과 함께 새 숙주에 심을 감염 입자로 포장되는 것이다. Pol은 놀라운 장치다. 역전사효소로 작용할 땐 유전체 RNA에 상보적인 안티센스 DNA 가닥을 합성하고, 리보뉴클레아제로 작용할 땐 RNA 주형을 분해하고, DNA 중합효소로 작용할 땐 안티센스 DNA 가닥에서 센스 가닥을 합성하며, 인티그라제integrase로 작용할 땐 이중나선 DNA를 숙주 DNA 내의 새로운 장소에 삽입한다(Finnegan, 2012). 센스 RNA 가닥은 단백질을 만들거나(번역) 안티센스 DNA를 만들(전달) 주형이 되지만 한 카피가 두 기능을 동시에 수행할 수는 없다.

레트로트랜스포존의 기원은 세포의 생명이 시작되기 전으로 거슬러 올라간다. 하지만 현재 작동 중인 레트로트랜스포존은 유전체 내 어느 곳에서도 오래 머물지 못한다. 자연선택은 레트로트랜스포존의 DNA가 삽입되는 각 위치마다 역행인자의 기능을 비활성화시키고 분해하는 돌연변이가 생기는 쪽을 선호하는데, 역전위retrotransposition가 생물의 적합도 면에서는 큰 손해이기 때문이다. 그럼에도 역전사로 합성된 DNA가 새 위치에 삽입되는 속도가 돌연변이에 의한 원본 DNA의 분해보다 빠르므로 역전위는 꾸준하게 존속한다. 또한 전위를 촉진하는 돌연변이는 새 위치들로 분산되는 반면 전위를 막는 돌연변이는 옛날 자리에 계속 쌓인다. 전위 활성화 인자는 늘 비활성화 인자보다 한 수 위에 있는 셈이다. 활성화 인자는 부산스런 방랑자라, 지나는 길목마다 부스러기 같은 자신의 유전체 족적을 남긴다(Haig, 2012, 2013).

역전위는 물질과 물질 형태의 변화를 동반한다. *gag*의 뉴클레오티드 아홉 개짜리 분절을 생각해 보자. 5'-CGCACCCAT-3'(안티센스 DNA)는 5'-AUGGGUGCG-3'(RNA)로 전사되는데, 이 RNA 분절은 메티오닌-글리신-알라닌(펩타이드)으로 번역될 수도 있고 5'-CGCACCCAT-3'(안티센스 DNA)로 역전사될 수도 있다. 여기서 후자는 5'-ATGGGTGCG-3'(센스 DNA)를 합성하는 데 쓰인다. 센스 DNA와 안티센스 DNA 사이의 차이점은 상보적 염기로 구성된다는 것과 역평행 짝맞춤antiparallel pairing 때문에 당-인산 골격을 따라 도열하는 상보적 염기의 배열 순서가 서로 반대라는 것이다. 한편 센스 DNA와 RNA는 전자의 티아민(T)이 후자에서는 우라실(U)로 대체되고 데옥시리보스가 아니라 리보스가 기본 뼈대를 이룬다는 점에서 서로 다르다. RNA와 펩타이드는 비슷해 보여도 화학적으로 서로 완전히 다른 물질이다.

왓슨과 크릭의 전통적인 염기쌍 모형에 익숙한 독자들에겐 지금까지의 설명이 어딘가 어색하게 느껴졌을 것이다. 모든 분절의 뉴클레오티드 서열을 5'에서 3' 방향(각 가닥이 합성되는 방향)으로 적어 놓았으니 그럴 만도 하다. 센스 서열과 안티센스 서열은 상보관계인 한

가닥의 5' 말단이 짝꿍 가닥의 3' 말단과 만나도록 서로 반대 방향으로 합성된다(역평행 짝맞춤). 그런 까닭에, 원래 한 서열은 5'에서 3' 방향으로 적고 짝꿍 서열은 3'에서 5' 방향으로 적어 상보적 염기들(가령 A와 T, G와 C)이 각 서열상에서 마주보는 위치에 놓이도록 하는 것이 일반적이다. 그럼에도 내가 이 규칙을 어긴 이유는 센스 서열과 그 해석이 상보적 역순 안티센스 서열과 화학적으로 다름을 강조하기 위해서였다.

세포 안에는 DNA, RNA, 단백질로 이뤄진 다양한 물질이 존재한다. 많은 RNA들은 전사되어 또 많은 단백질로 번역된다. 그럼에도 우리는 어쩌다 수많은 물질들과 세포 내 반응들 가운데 유독 레트로트랜스포존만 따로 이름까지 붙여 가며 주목하게 됐을까? 무엇에 그 책임을 돌릴 수 있을까? 레트로트랜스포존은 진화적 성공의 독자적 기준을 보유한다는 점에서 여타 세포 성분들과 구분된다. 센스 DNA, 안티센스 DNA, 센스 RNA, 펩타이드는 복잡한 인과적 의존성으로 얽혀 있지만 구조적으로는 서로 완전히 무관한 물질들이다. 각각은 실체 없는 유전자가 실체화된 분신分身으로서 서로를 *표상화한다*고 간주할 수 있다. 레트로트랜스포존 *자체*인 정보는 상호표상화의 연쇄 과정이 끊김 없이 순환하게 하려면 물질과 위치를 계속 바꾸지 않으면 안 된다. 표상화한다는 건 다른 형태로 *또 내보이는 것*이지만 순서가 돌아오면 결국은 이전 형태가 *다시 현재의 형태*가 된다. 원칙적으로는 동력인과 질료인 말고는 아무것도 필요 없는 완벽한 인과적 해설이 항상 존재하고 그 해설에 따르면 물질적인 것의 연속성 없이도 순환이 일어난다. 그러나 실제로는 텔로스와 에이도스를 언급하지 않고는 레트로트랜스포존을 의미 있게 설명할 길이 없다. 형태는 그림자의 그림자인 것이다.*

형상인과 정보

만약 삶의 정수가 세대에서 세대로 이어지며 축적되는 경험이라면, 물리학자의 시각으로 볼 때 살아 있는 것들이 어떻게 자신의 경험을 기록하고 보전하는가가 생물학의 핵심 주제라 짐작할 수 있다.

- 막스 델브뤼크Max Delbrück(1949)

중세 라틴어 *인포르마티오informatio*는 물질을 성형하거나 물질에 형태를 부여하는 것을 일컬었다(Cappurro and Hjørland, 2003). 이 정의대로라면 도공은 점토를 'inform한다'고 표현할 수 있었다. 반면에 13세기 앵글로노르만어 *인포르마시오네informacione*는 법관의 범죄수사를 뜻했다. 현대생물학에는 정보의 은유적 표현이 넘쳐난다. 그런 은유를 사용하는 이들이 생각 없이 그러는 게 아니다. 은유 뒤에는 반드시 감춰진 뜻이 있지만 그 정확한 의미가 무엇인지 콕 집어내기가 쉽지 않을 뿐이다. 막스 델브뤼크는 "부동의 원동자"라는 표현이 "DNA를 완벽하게 설명한다. DNA는 행동하고 형태를 창조해 발달시키지만 그 모든 과정에서 자신은 변하지 않는다"고 기록했다

* 이것은 플라톤의 말에 내가 단 각주다(플라톤의 동굴의 비유를 뜻한다. 플라톤은 동굴 벽에 드리운 그림자가 바깥세상의 진짜 모습이라고 믿는 인간을 예로 들어 이데아론을 풀이했다—옮긴이).

(Delbrück, 1971, p. 55). 생물학적 정보는, 그것이 무엇이 됐든, 아리스토텔레스의 에이도스와 비슷한 해설적 역할을 담당한다(Grene, 1972).

진화학에서는 흔히 정보와 정보가 담기는 객체를 구분짓는다. 자기복제자와 운반자의 대비가 그러하고(Dawkins, 1976), 정보와 정보의 분신이 그러하고(Gliddon and Gouyon, 1989), 코드 도메인과 물질 도메인이 그러하며(Williams, 1992), 내가 지금 얘기하는 정보 유전자와 물질 유전자가 그러하다. 내가 연구한 바로, 물질 유전자는 물리적 객체이고 정보 유전자는 물질 유전자를 임시 운반자로 삼는 추상적 염기가닥이다. 앞서 나는 물질 유전자를 유전자 토큰으로, 정보 유전자를 유전자 유형으로 정의했지만 만약 '유형'을 물질적인 것으로 해석한다면 후자가 꼭 성립하는 건 아니다. 센스 DNA, 안티센스 DNA, RNA, 단백질은 모두 정보 유전자를 대변하지만 다 다른 종류의 분자다. 연속성은 이처럼 단명하는 분신들이 불멸의 패턴을 구현하는 순환 과정 속에서 생겨난다.

섀넌 정보Shannon information(클로드 섀넌이 정보 이론에서 정보를 양적으로 다루기 위해 고안한 개념—옮긴이)는 수신자가 받았을 수 있는 모든 메시지들 가운데 어느 한 메시지를 실제로 관찰할 때 불확실성이 얼마나 줄어드는지를 정량적으로 측정한다. 받았을 수 있는 다른 메시지들이 많을수록 불확실성의 감소폭은 커진다. 달리 표현하면 *통역자*가 다른 것들 대신 어느 하나를 관찰할 때의 불확실성 감소 정도를 정보로 측정한다고 얘기하면 이해하기 더 나을지 모르겠다. 통역자는 일어날 수 있는 관찰 시나리오들과 각각에 대해 나올 수 있는 해석들을 짝지은 보기 세트 안에서 실제 관찰한 내용에 맞는 해석 하나를 고른다. 여기서 메시지(혹은 텍스트)는 드러낼 의도에 따라 실제로 정보가 발송된 한 특정 케이스에 해당하지만 통역자는 정보의 주변 환경이나 드러나지 않도록 의도된 것을 목격하기도 한다.

인간 유전체는 총 3.2기가염기(gigabase, Gb)의 유전물질로 이뤄져 있고 각 염기에는 하나당 많으면 2비트씩의—네 가지 염기 중 택일하는 선택이라는 점에서—정보가 담긴다. 즉 한 사람의 유전체는 나올 수 있는 모든 3.2Gb짜리 염기조합 세트 중 특정 6.4기가비트짜리 정보를 보유하는 셈이다. 이것은 염기가닥의 길이 외에는 아무런 사전지식이 없던 통역자에게 특정 염기가닥이 선사한 불확실성 감소 효과다. 모든 3.2Gb짜리 염기조합마다 같은 유의 정보가 들어 있지만 거의 대부분 조합에서는 의미 있는 수준의 해석이 아직 불가능하다(Moffatt, 2011; Winnie, 2000). 3.2Gb 크기로 만들어질 수 있는 모든 염기조합의 종류가 나열된 목록에서 한 번이라도 실제로 존재한 적 있던 유전체는 극히 일부분에 불과하다(Dennett, 1995). 그 밖에, 섀넌 정보를 통해 현재의 염기가닥을 현생인류 유전체의 전체집합 혹은 과거에 존재했던 유전체의 전체집합과 비교하는 것도 가능할지 모른다. 섀넌 정보의 양은 정보 수신자가 배경지식을 얼마나 가지고 있는가에 따라 달라진다.

정보와 의미는 별개다. DNA 염기가닥에는 정보가 들어 있지만, 이 정보는 특정 질문에 대한 답을 찾으려고 이 염기서열을 본격적으로 조사할 때에야 비로소 의미를 갖게 된다. 우리는 이 정보를 가지고 달리 알려진 자료가 전무한 단백질의 아미노산 서열을 밝힐 수도 있고 환자가 앓는 유전병의 원인을 찾고자 할 수도 있다. 우리가 아직 제대로 읽어 내지 못해 모를 뿐, 유전체는 진화적 역사에 관한 적잖은 단서를 쥐고 있다. 만약 어떤 낫적혈구빈혈 환자의 유전자에 베냉Benin형 S-글로빈 반수체가 존재한다면, 이 사람의 가까운 조상 중에는 서아프리카에 살면서 말라리아에 걸렸다가 회복한 사람이 있다고 추리할 수 있다. 또 하나의 방법으로 염기서열들을 비교해 추론하는 것도 가능하다. 우리는 DNA 염기서열 정보를 비교함으로써 나무 형태의 계통발생 그래프를 재구성하거나, 결정적 분지 시점을 추정하거나, 조상 집단의 규모를 짐작하거나, 양성 선택positive selection(유리한 변이형질이 선택되는 것. 다윈 선택이라고도 한다—옮긴이)이 일어난 지역들의 위치를 파악한다.

*통역자*에게 정보는 그것이 *목적 달성*을 위해 사용될 때 의미를 지닌다. 통역자의 근접 목적은 정보를 *해석*하는 것이다. 어느 하나를 다른 하나로 해석하는 것은 어느 하나가 다른 하나로 변하는 것과 완전히 다르다. 해석은 의도가 다분한 목적이기 때문이다. 해석은 애초에 그 정보를 사용할 의도를 가지고 시작되지만, 해석 없는 변화는 그냥 일어난다. 의미에 관한 이와 같은 설명은 믿음을 주제로 한 찰스 샌더스 퍼스의 고찰과 나란히 놓인다(Peirce, 1877). 그가 말한 믿음, 욕구, 행동의 3요소—"인간의 믿음은 욕구를 이끌고 인간의 행동을 형성한다"(Peirce, 1877, p. 5)—는 지금 내가 논하는 의미, 목적, 해석의 삼각구도와 엇비슷하게 해석된다. 퍼스에게 믿음은 행동을 이끄는 마음의 습관이었다. "믿음은 어떤 행동을 즉시 하게 만드는 게 아니라 기회가 생길 때마다 일정한 방식으로 대처할 수밖에 없는 환경을 조성한다"(Peirce, 1877, p. 6). 한마디로 그가 말한 믿음은

동기부여된 목적을 달성하기 위한 조건부 행동 안에서 그 의미가 피어나는 잠재된 정보라 할 수 있다.

의미는 정보가 아니라 해석 안에 존재한다. 같은 정보도 통역자에 따라 다른 대상을 뜻할 수 있다는 점에서 그렇다. 정보 송신자가 특정 해석을 의도하고 그에 맞게 메시지를 짰더라도 메시지의 실제 해석을 결정하는 것은 수신자다. 뒤의 통역자들은 메시지에서 송신자가 의도한 것보다 많은 정보를 얻을 수도 있고 적은 정보를 찾을 수도 있다.

기술자가 DNA 자동분석기의 분석 결과를 보고 A를 T로 읽어서 태아가 헤모글로빈 S를 가지고 태어날 거라고 추론하면 DNA 염기가닥에서 의미가 추출됐다고 말할 수 있다. 이때 기술자의 목적은 임상 진단이다. 그런데 전사된 RNA 메시지상에서 리보솜이 글루타메이트 대신 발린을 가져와 β-글로빈 사슬을 엮는다면 같은 DNA 염기가닥이라도 다른 의미가 추출된다. 여기서 리보솜의 목적은 단백질 합성이다. 병인 유전자를 규명하려는 유전학자에게는 자연선택의 효과가 유리하지도 불리하지도 않고 중립적인 단일 뉴클레오티드 다형SNP, single nucleotide polymorphism이 큰 의미를 갖지만, 이 특징을 인간에게 옮긴 생물종에게는 아무 의미도 없다. DNA가 박테리아에게 먹혔을 때는 거기서 어떤 의미도 추출되지 않는다. 무언가를 내재한 가치의 표출(비석에 새겨진 글귀를 읽음)이 아니라 그냥 사물처럼 쓰는 것(돌을 던짐)은 정보 사용으로 치지 않는다.

원인에는 순서가 존재한다. 어떤 것이 다른 조건이었다면 될 수도 있었을 다른 무언가와 차이 날 경우, 그것에는 *정보*가 들어 있다고 간주할 수 있다. 만약 한 관찰자가 하나를 관찰해 다른 하나에 관한 새로운 사실을 배운다면 두 대상은 상호 정보를 보유하는 것이다. 이것은 대칭적 관계다. 또한 관측되는 효과로 그 원인의 추론이 가능할 경우는 효과가 원인을 표상화한다고 본다. 이것은 비대칭적 관계다. X_i가 Y_i를 표상화하긴 하는데, 딱 Y_i가 상호 정보에 인과적 책임을 갖는 정도까지다. 통역자가 어떤 것의 '다른 것과의 차이'를 이용해 목적을 달성할 수 있을 때 그것은 통역자에게 *의미*를 갖는다. *해석*이란 통역자가 사용한 정보가 표출되는 것이다.

해석은 이미 해석된 텍스트를 또 다른 통역자가 재해석하는 형식을 띨 수 있다. 해석들이 이전 모양새로 돌아올 땐 해석이 순환적이라고 말한다. 토큰 Y_{i-1}를 표상화하는 X_{i-1}를 표상화하는 Y_i를 토큰 X_i가 표상화한다면 유형으로서 X와 Y는 서로를 표상화하는 것과 같다. 그런 맥락에서 복제는 해석이 고도의 정확도와 신뢰도로 반복되는 순환적 반응이다. (정반대로 정보의 표상화가 믿음직하지 않게 일어날 때 어떤 결과가 벌어지는지는 귓속말 전달하기 게임의 예시가 잘 보여 준다.) 복제자가 만들어 내는 텍스트는 그 텍스트 자체를 재차 해석한 결과물이다.

살아 있는 것들에게는 믿음직한 상호표상화 현상이 비일비재하다. 이중나선의 두 가닥은 서로를 대변한다. mRNA는 전사의 견본이 된 DNA를 대변하고 DNA 역시 mRNA를 대변한다. 단백질은 번역의 견본이 된 mRNA를 대변하며 mRNA 역시 단백질을 대변한다. DNA는 단백질을, 단백질은 DNA를 대변한다. 확장된 표현형은 유전자형을 대변하고 유전자형은 다시 확장된 표현형을 대변한다 (Dawkins, 1982; Laland 외, 2013a). 한마디로, 모두가 과거 환경에서 잘 작동했던 것을 표상화하고 있다. 이처럼 자연선택은 과거의 환경과 세포 내 반응들 사이에 복잡한 인과적 의존성을 창조한다.

생명은 생각 없는 다른 통역자들이 남긴 분자학적 은유를 생각 없는 통역자들이 재해석하는 정도만큼 의미 있어진다. RNA 중합효소가 DNA를 RNA로 전사한다. 그러면 전달 RNAtRNA, transfer RNA가 코돈codon(염기 세 개의 조합으로 아미노산의 종류를 지정하는 유전부호—옮긴이)을 아미노산을 배치할 자리로 해석한다. 이어서 리보솜이 RNA의 산문을 단백질의 시로 해석하는 것이다. 상위 통역자는 무수한 하위 통역자들의 활동에 매우 의존적이다. 췌장 섬세포는 혈당치와 함께 여타 신호를 종합해 인슐린을 조절한다. 그러면 지방세포, 근육세포, 간세포가 이 인슐린 수치를 각자 다양한 목적으로 해석한다. 뉴런은 근육이 보낸 신호에 반응하고 근육은 신경에서 나온 신호에 반응한다. 뇌는 모든 사회적 관계를 꿰뚫는다. 그렇게 당신이 이 글을 읽는다. 생물은 유전물질에 적힌 텍스트를 환경의 맥락 안에서 해독하는 자체구동 통역자인 셈이다.

환경은 표현형을 선택한다. 그럼으로써 환경의 선택을 표상화하는 동시에 그런 선택의 기준에 관한 정보를 실체화할 유전자를 선택한다. 이런 선택이 목격된다면 전지적 관찰자 입장에서는 미래 세대들이 어느 유전자를 물려받을지 예측함에 있어 불확실성을 줄이는 득을 볼 것이다. 환경의 선택은 정해진 의도 없이 일어나지만, 그 선택의 효과 때문에 반복되는 행동은 의도성을 띠게 된다. 환경의 선택 자체는 메시지가 아니다. 하지만 그런 선택을 표상화하는 유전자는 메시지가 세대에서 세대로 계승되는 한 따라서 복사되고 전승

된다(Bergstrom and Rosvall, 2011). 생물체와 그 안의 하등 구성요소들은 모두 이런 텍스트의 송신자이자 통역자다.

신비를 벗은 차이

차이는 몹시도 신비하고 모호한 개념이다. 다만 사물이나 사건이 아닌 건 확실하다.

- 그레고리 베이트슨Gregory Bateson(1972)

병사가 마리우스를 향해 총을 쏜 순간, 에포닌이 몸을 던져 청년의 목숨을 구한다(《레미제라블》의 한 장면—옮긴이). 이때 방아쇠를 당기느냐 마느냐는 군인의 선택은 마리우스의 생사에 아무런 영향을 미치지 않지만 에포닌의 운명이 달라지게 한다. 한편 발을 앞으로 내딛느냐 뒤에 물러서 있느냐는 에포닌의 선택은 마리우스의 생사를 분명히 가른다. 병사의 총알은 에포닌을 죽음에 이르게 했고 에포닌의 죽음은 마리우스를 살렸지만 병사의 총알이 마리우스를 살렸다고 말할 수는 없다. 책임은 전가되지 않는다.

사물이나 사건은 차이를 만들지 않는다. 차이를 만드는 것은 사물들 혹은 사건들 간의 차이이다. '무엇과 비교해서?'라는 물음에 답하기 전에는 어느 누구도 무언가가 어떤 결과에 책임 있다고 속단할 수 없다. 선택은 어떤 행동이 다른 방향으로 일어*났을 수*도 있고 그렇기에 차이를 만들 *수 있*는 것이다.

의사가 암으로 죽어 가는 환자에게 모르핀을 주사한다. 치사 용량과 비치사 용량 사이의 차이는 암의 치유 여부를 좌우하지 못하지만 환자가 고통스럽게 죽어 갈지 덜 힘든 죽음을 맞을지를 판가름한다. 만약 내가 모르핀 용량을 말한다면 나는 환자의 생사 관련 정보는 누설하지 않고 임종의 분위기에 관한 정보만 알려주는 셈이다. 환자는 모르핀 과량 투여 탓이 아니라도 암으로 사망할 것이다. 철학에서는 이런 사례를 인과적 선점causal preemption이라 한다(Hitchcock, 2007).

정보의 개념과 인과관계는 밀접하게 연결되어 있다. 그레고리 베이트슨은 정보 단위를 '*차이를 만드는 차이*'라 정의했는데(그의 부친은 '유전학genetics'이라는 단어를 고안한 윌리엄 베이트슨으로, 셋째 아들에게 그레고어 멘델을 딴 이름을 지어 주었다), 이 구절을 인과관계에 적용하면 뒤에 나오는 차이는 원인이고 앞에 나오는 차이는 결과라는 풀이가 가능하다(Bateson, 1972). 로널드 피셔Ronald Fisher의 표현으로는 "인간의 상식으로 이해하기에 달랐을 수 있고 실제로 달랐다면 지금과 다른 결과를 불러왔을, 원인으로서 어떤 원인의 성질"이라고도 말할 수 있다(Fisher, 1934, p. 106). 관찰된 차이에는 일어나지 못한 다른 상황에 관한 정보가 담겨 있다. 어쩌면 이 정보는 인과관계를 *알려주*는 열쇠일지도 모른다. 하지만 정보를 실제로 *사용할* 수 있으려면 그런 목적에 맞게 설계되거나 진화한 통역자가 반드시 존재해야 한다.

gag 안티센스 DNA의 뉴클레오티드 아홉 개짜리 분절로 다시 돌아가 보겠다. 5'-CGCACCCAT-3'이 RNA 중합효소에 의해 5'-AUGGGUGCG-3'로 전사될 때 각 DNA 뉴클레오티드는 RNA에 반영되는 차이를 만든다. RNA 중합효소는 DNA 가닥의 지시를 따

르는데, DNA 분절을 이루는 뉴클레오티드 하나하나가 즉각 실행 가능한 명령 정보를 전달한다. 가령 A는 U를 고르라는 뜻이고, C는 G를 고르라는 뜻이고, G는 C를 고르라는 뜻이며 T는 A를 고르라는 뜻이다. RNA 중합효소는 전사가 시작된 순간부터 완료될 때까지 앞뒤에 무슨 뉴클레오티드가 나오든 아랑곳없이 지금 자리의 A, C, G, T를 각각 U, G, C, A로 정확히 해독하는 작업에만 열중한다. DNA 가닥의 뉴클레오티드 변화 하나하나는 RNA 가닥의 변화를 불러온다(단 RNA 중합효소가 정상적으로 작동한다는 전제를 둔다).

이렇게 만들어진 RNA 가닥 5'-AUGGGUGCG-3'은 이제 리보솜에 의해 메티오닌-글리신-알라닌으로 번역된다. 리보솜은 RNA 중합효소보다 정교한 통역자다. 리보솜은 염기의 의미를 맥락으로 파악한다는 점에서 그렇다. 가령 염기 세 개가 모인 AUG 조합은 아주 중요한 정보를 전달한다. 이것은 대부분의 폴리펩타이드에서 목격되듯 '여기부터 메티오닌으로 시작하라'는 신호로, 전체 구역 중 세 염기 한 묶음 형식으로 이어지는 메시지를 읽을 번역틀의 시작점과 종점을 정확히 지정한다. 이때 mRNA 가닥 한중간에 들어 있는 AUG는 그냥 '메티오닌을 고르라'는 뜻이다. 즉 두 의미가 문맥을 통해 구분된다.

염기 아홉 개짜리 분절에는 G가 다섯 차례 등장하고 있다. AUG의 G는 '메티오닌을 고르라'는 의미를 갖는 데 필수적인데, 만약 이 자리에 다른 염기가 온다면 아미노산 종류가 바뀌게 된다. GGU의 경우는 두 G가 통째로 '글리신을 고르라'는 의미를 결정한다. 즉 GGC, GGA, GGG 모두 리보솜에 의해 글리신으로 번역된다. GCG

에서는 문맥의 가운데에 C가 온다는 조건하에 머리의 G가 '알라닌을 고르라'고 지시한다. 만약 같은 문맥 조건에서 첫 번째 염기가 G가 아니라면 아미노산 종류가 달라지게 된다. 반면에 꼬리의 G는 아미노산 종류에 아무 영향도 없고 이 자리에 어느 염기가 들어가든 아미노산은 항상 알라닌으로 번역된다. 다만 세 번째 염기 자리가 아예 비어 버릴 땐 사정이 다르다(자리에 염기가 아예 없는 것과 뭐든 있는 것의 차이). 번역틀 자체가 한 칸씩 이동해 메시지 뒷부분 전체가 변하기 때문이다.

RNA 중합효소와 리보솜은 전체 가운데서 선택을 한다. RNA 중합효소가 DNA상의 G를 전사할 때는 뒤섞여 세포질에 둥둥 떠다니는 U, C, A, G 중에서 C 하나를 건져내 사용한다. 또한 리보솜이 RNA상의 AUG를 번역할 때는 스무 가지 아미노산을 하나씩 이고 떠다니는 tRNA들 중에서 메티오닌을 가진 tRNA를 콕 집어 골라낸다. 메티오닌은 리보솜이 AUG에서 끌어내고자 하는 의미의 결정체다. RNA 메시지상의 이 위치에 AUG가 있는 것은 리보솜에 다른 명시적 의미를 지니고 생물에 다른 함축적 의미를 지니는 ACG나 UUG 같은 염기조합들과 AUG가 경쟁해 왔고 앞으로도 그럴 것이기 때문이다. 자연선택은 다양한 텍스트들 가운데 유용한 것을 취하고 쓸모 없는 것은 버린다. 덕분에 생태계와 사회적 상호작용이라는 거시적 세상은 분자라는 미시적 세상을 비추는 거울이 된다.

RNA 메시지의 어떤 변화는 폴리펩타이드에 꿸 다음 아미노산의 종류가 달라지게 하지만—즉 번역된 단백질의 차이를 만드는 차이—어떤 변화는 함의하는 바가 같아서 번역 결과에 아무런 차이도 만들지 않는다. 또 어떤 선택은 단백질 안의 특정 위치에서 특정 아미노산의 종류를 결정하지만 단백질의 기능에는 아무 영향을 못 미치기도 한다. 이런 상황에서는 코돈 종류가 다른 것이 리보솜에게는 의미 있는 일이지만 생물에게는 그렇지 않다. 이와 같은 '중립' 치환이 일어나면, mRNA의 차이 그리고 바로 전에 전사의 견본으로 쓰인 DNA의 차이는 단백질에 *차이가 생기게* 하지만 적합도의 *차이는 벌리지 못*한다. 리보솜의 아미노산 선택은 목적 있는 행동이지만 자연의 선택은 무작위인 반응이다.

선택은 차이를 만드는 차이다. 선택은 어느 길이든 택할 수 있지만 여행자의 선택을 누가 지켜보고 있는지는 한 길을 골라 어느 정도 걸어가 본 뒤에야 알 수 있는 분기점에 여행자가 서 있는 상황과 같다. 저 너머에 무엇이 기다리는지에 관한 정보는 여행자가 언젠가 이 분기점에 다시 서게 된다면 하게 될 선택에 유용할 것이다. 만약 여행자가 나중에 참고하려고 자신이 해 온 선택들을 빠짐없이 외워두고 있고 갈림길 한쪽은 위험천만한 반면 다른 한쪽은 안전하다면, 여행자는 그릇된 선택으로 한 번 목숨을 잃을 뻔했던 길에는 다시는 발 들이지 않겠지만 평탄했던 갈림길을 택하는 현명한 선택은 얼마든지 다시 하기 마련이다. 무시무시한 미로를 살아서 빠져나온 여행자의 기록은 안전한 길을 찾아야 하는 모든 이에게 훌륭한 안내서가 된다.

선택은 자유도다. 정보의 의미는 정보가 추천하는 선택지들이다. 정보는 그 정보 덕에 미래가 더 좋게 달라질 때, 오직 그럴 때만 유용하다. 굽이굽이를 돌고돌아 마침내 우리는 선택이 원인과 동의어이고 정보는 선택을 위한 안내서와 같다는 걸 깨닫는다. 같은 선택이 자꾸 반복됐다는 텍스트 기록을 보면 다윈의 악마는 나쁜 선택을 도태시키고 좋은 선택을 남겨 두는 듯하다(Pittendrigh, 1961). 충분한 정보를 바탕으로 하는 선택은 차이를 만드는 목적 있는 행위다.

목적인과 기능

하나에 다수의 원인이 존재한다. (……) 어떤 것들은 서로의 원인일 수 있다. 운동이 몸을 건강하게 만들고 몸이 건강하기에 운동을 할 수 있는 것처럼 말이다. 그러나 둘이 같은 방식은 아니다. 하나는 목적인이고 다른 하나는 동력인이라는 점에서다.

- 아리스토텔레스, 《형이상학》

생물학에서는 어떤 것의 존재가 그것이 실현하는 효과로 설명된다는 두루뭉술한 성질에 의거해 이질적인 설명들이 하나의 분류로 묶일 때 목적론적 어휘가 등장한다. 비버는 태풍에도 끄떡없는 보금자리를 지을 때 쓸 목재를 이빨로 나무를 갉아 직접 공수할 정도로 날카로운 앞니를 가졌다. 비버의 치아 발달에는 보금자리 *목적*의 오두막을 짓기 *위해* 나무를 베는 도구 *기능*을 하는 날카로운 앞니를 갖는다는 *목표*가 있다. 모두가 비버*에게 유익한* 설정이다. "뉴클레오솜 속에 파묻힌 DNA 가닥을 조사하고 싶으면 먼저 효소(ATPase)로 크로마틴(뉴클레오솜들이 줄줄이 연결된 가닥이 코일처럼 돌돌 말린 것—옮긴이)을 펴서 뉴클레오솜의 DNA가 드러나게 해야 한다"(Mellor, 2005,

p. 147)는 말은 "눈꺼풀 주위에 털이 나는 것은 눈을 보호하기 위해서다"(Bacon, 1605/1885, p. 120)라는 말만큼이나 목적론적이다.

목적인은 무언가를 그 효과로 설명한다. 무언가가 그것의 목적을 위해 존재한다. 의식적 의도가 빠진 이런 설명은 피설명항explanandum이 설명항explanans보다 앞선다는 이유로 지금껏 거부됐다. 하지만 자연선택의 산물 앞에서는 이 같은 반대도 힘을 잃는다. 목적$_i$가 수단$_{i+1}$의 원인이 될 수 있으면서 역순의 인과관계는 성립하지 않기 때문이다. 오늘 어떤 것은 과거에 비슷한 것이 자신의 생존과 번식을 촉진하는 효과를 냈기에 존재한다. 이런 효과에는 대물림되는 성질이 있기에 그것이 오늘도 비슷한 효과를 발휘한다. 말하자면 유형으로 간주되는 어떤 것은 그것이 내는 효과 덕분에 존재하는 셈이다.

목적은 다른 목적의 수단이 되기도 한다. 아얄라Francisco Ayala는 어떤 특징의 기능 혹은 최종 상태를 가리키는 근접 목적을 성공적 번식이라는 궁극적 목표와 구분해 선 그은 바 있다(Ayala, 1970). 대부분의 생물학 연구는 근접 목적을 달성하려 하는 적응의 목표지향성을 궁극적 목표를 대놓고 언급하지는 않은 채 풀이한다. 이미 여러 차례 언급한 바 있는 생각 없는 통역자의 근접 목적은 주변 환경에서 찾았거나 유전자 텍스트로 전송받은 정보를 해독하는 것이다. 이런 통역자가 보이는 목적 충만한 행동은 과거 환경에서 잘 작동했던 것들에 관한 정보를 정보 운반자 물질의 정교한 분자구조 안에 잘 집어넣은 선택적 과정들의 결과라 말할 수 있다.

선택이란 여러 대안들 가운데 하나를 고르는 것을 뜻한다. 대안이 없다면 선택도 있을 수 없다. *자연*선택이라는 다윈의 은유에는 환경이 차등적 생존능과 번식력을 보고 '고른다'는 뜻이 담겨 있다. 같은 얘기지만 유전물질 복제자에 중점을 두어 내 방식으로 다시 표현하자면, 이는 환경이 유전자들의 효과 가운데서 선택하므로 곧 여러 유전자 중 하나를 고르는 것과 같다는 뜻이 된다. 효과는 선택된 유전자가 다른 선택지들과 비교해 상대적으로 만들어 내는 차이다. 효과는 어느 한 유전자의 성질이라기보다는 여러 대안들 사이의 관계에 가깝다. 선택된 유전자는 차이를 만들어 낸 차이다. 여기서 표현형(유전자 효과의 동의어)이 대안들 간에 차이 나는 모든 것들이라 정의된다면 환경은 대안들 사이에서 공통적인 모든 것들로 정의된다. 이 정의에 따를 때, 한 비교에서 표현형인 것이 다른 비교에서는 환경이 되기도 한다. 유전자 환경에는 대개 적당한 대안이 없기 일쑤라, 자연선택은 표현형을 자꾸 환경으로 편입시키려 할 것이다. 해로운 돌연변이는 적당하지 않은 선택이기에 음성 선택negative selection(불리한 형질이 선택되는 것—옮긴이)을 통해 족족 제거되기 때문이다. 한마디로 생거나자마자 없어지는, 차이를 만드는 대안인 셈이다.

환경의 선택은 어느 유전자가 후손을 남길지에 관한 불확실성을 줄인다. 따라서 선택된 유전자는 이런 선택에 관한 정보를 보존해 리보솜에게 그리고 여타 생각 없는 통역자들에게 대대손손 전수한다. 만약 환경의 선택이 임의적이지 않다면 유전자는 환경의 선택 기준에 관한 정보를 최대한 실체화해 생물이 선택을 앞두고 올바른 결정을 내릴 지침서로 삼게 한다.

유전자의 효과에는 유전자의 '책임'이 있다. 대립유전자 빈도의 변화들은 불가산적인 상호작용의 기질로부터 적합도에 대한 평균적 효과를 추출한다(Fisher, 1941). 적합도에 대한 긍정적 평균 효과에 기여하는 대립유전자의 효과는 대립유전자가 영속할 목적인이 된다. 이때 유전자의 기능은 유전자의 전파와 현재 빈도에 긍정적인 기여를 한 유전자 효과라 정의할 수 있다. 부정적인 것이든 중성적인 것이든, 그 밖의 모든 효과는, 아무 기능도 하지 않는 부작용이다. 만약 어떤 효과가 유전자의 성공에 기여한다면—어느 경로를 통하든, 그게 얼마나 빙빙 도는 길이든 상관없이—유전자는 그 목적을 위해 존재하고 목적 또한 *유전자의 이익을 위해* 존재하는 것과 같다(Haig, 2012; Haig and Trivers, 1995).

유한한 자원을 두고 생존을 위해 고군분투하는 세상에서 한 변이형이 성공하기까지는 반드시 다른 변이형들의 희생이 뒤따른다. 어떤 대립유전자를 갖지 않은 개체의 사망 원인은 딱 이 대립유전자를 가진 개체의 생존 원인이 그러는 만큼 대립유전자의 성공에 기여한다. 지난날 내 어머니는 아버지 말고 다른 구애자들을 전부 퇴짜 놨는데, 어머니가 아버지보다 별로라고 생각했던 구애자들의 특징은 내가 지금 이 글을 쓰게 된 인과적 배경 해설에서 한 자리를 차지한다.

대립유전자가 자연선택을 통해 널리 퍼져나가려면 생식세포 안에서 돌연변이로 최초의 사본이 생긴 순간부터 다수 구성원으로 이뤄진 집단 안에 마침내 고정될 때까지 여러 개체에게 차이를 만들어야 한다. 작은 사건 하나를 적응의 원인이라 말할 수는 없지만, 일련의 사건들이 시공간에 분포하는 패턴은 적응에 의한 변화를 불러온다. 자연선택은 하나의 동력인이 아니라 수많은 동력인을 통계적으로 요약한 것이다.

대립유전자 치환(양성 선택) 말고도 고려할 게 또 있다. 바로 치환의 실패(음성 선택)다. 진화한 기능을 망가뜨리는 돌연변이가 완벽하게 뿌리 뽑히지 않는 한, 모든 적응은 시간이 흐르면서 분해된다. 돌연변이는 새로 생길 때마다 대립유전자의 차이를 창조하고 이 차이는 적합도에 미치는 평균적 효과를 바탕으로 선택의 시험대에 오른다. 돌연변이가 자연의 선택 때문에 제거될 때, 남게 되는 표현형 효과 차이는 선택된 대립유전자의 이익을 위하기에 존재하는 것이다. 종종 표현형상으로는 호환가능하지만 유전자상으로는 별개인 다양한 기능소실 돌연변이들이 하나의 대립유전자 차이 분류로 묶이곤 한다. 이런 식으로 코딩 영역 내 여러 지점 사이의 상호작용에 의해 결정된 유전자 기능이 진화적 유전자의 *이익을 위해* 존재한다고 생각할 수 있다.

사람 *β-글로빈* 유전자의 여섯 번째 코돈 가운데 염기가 티민(T)에서 아데닌(A)으로 치환된다고 치자. 이 차이는 β-글로빈 폴리펩타이드의 여섯 번째 아미노산이 글루타민에서 발린으로 바뀌게 한다. 그렇게 만들어지는 단백질 헤모글로빈 S는 동형접합할 땐 낫적혈구빈혈을 일으키고 이형접합할 땐 말라리아에 대한 내성을 선물한다. 6번 아미노산을 발린으로 바꾸는 대립유전자의 대안적 대립유전자는 헤모글로빈 A라 부른다. A형과 S형의 대립유전자 차이에 초점을 맞출 때 S형의 기능은 A형 대립유전자가 존재하는 유전자형 환경에서 말라리아 감염을 견제하는 것이다. 한편 S형의 해로운 부작용은 S형 대립유전자가 존재하는 유전자형 환경에서 생명을 위협하는 빈혈을 일으키는 것이다(Haig, 2012).

방금 전에 내가 유전자인지 단백질인지 헷갈리게 호명한 건 일부러 그런 것이다. 원래 단백질과 유전자는 종종 같은 이름을 쓴다(상호환유). 때로는 유전자가 단백질의 이름을 받기도 하고 때로는 단백질이 유전자의 이름을 따르기도 한다. 평소에 말할 땐 유전자 이름은 유전자만이 아니라 흔히 순환하는 형태의 분신으로서 유전자, mRNA, 단백질을 총칭한다.

낫적혈구 돌연변이는 '이기적 뉴클레오티드'의 사례로 소개되어 '진화적 유전자'가 DNA와 같다는 주장을 반박하는 데 사용되었다(Griffiths and Neumann-Held, 1999). 그러나 진화적 유전자는 재조합 때문에 망가지는 일이 드물고(Dawkins, 1976; Williams, 1966) 연관불균형을 유지하기에 충분히 짧은(Haig, 2012) DNA 가닥이라 정의되기에, 귀류법은 통하지 않는다. 일부 기능을 가진 것을 포함해, 가변적 뉴클레오티드들의 비임의적 유대가 '이기적 티민' 가닥의 어느 한 끝쪽을 염기 수십만 개 길이만큼 연장시킨다(Hanchard 외, 2007). 유전자 자리들 간의 재조합은 점차 줄고 상위적 선택epistatic selection(어떤 표현형이 여러 유전좌위 대립유전자들의 조합에 의해 결정되는 방식으로 일어나는 선택—옮긴이)의 강도는 커진다. 그러다 보면 자리들이 더 이상 서로 다른 진화적 유전자에 속한다고 여길 수 없게 되는 순간에 곧 이른다(Neher, Kessinger, and Shraiman, 2013). 그렇게 자리들이 충분히 가까워지면 발현 축의 불가산적 상호작용이 전파 축의 가산적 효과에 기여하게 된다(Haig, 2011a; Neher and Shraiman, 2009).

고등생물의 모든 적응은 여러 유전좌위에서 다중 대립유전자의 다중 치환을 통해 일어날 것이다. 아주 오래전에 일어난 적응이라면 적응을 도운 치환들 대부분이 까마득한 과거에 요즘과는 사뭇 다른 생물에게 사뭇 다른 환경에서 생겼을 터다. 그렇게 긴 시간 동안 일부 유전자는 원래 모습이 온데간데없게 변모했을 수도 있다. 모든 치환은 당시엔 저마다 그 유전자에게 유익했겠지만, 오늘의 적응은 또 오늘의 근접 목적을 달성하고자 진행된다. 이런 목적들은 누구에게 이익이 되는 걸까? 모범답안은 복잡한 적응은 항상 *생물체의 이익을 위해* 일어난다는 것이다. 이때 유전자선택론자라면 반론을 낼 수 있다. 그러고는 복잡한 적응은 모든 유전자 하나하나의 이익을 위한 과정이며 돌연변이에 의한 기능 소실은 유전자가 적응에서 소외되는 결과와 직결된다고 주장할 것이다(Haig, 2012).

다윈의 악마

셰익스피어나 앨프리드 노스 화이트헤드Alfred North Whitehead의 작품이 완벽히 구사된 영어라는 언어로부터 탄생한 것과 달리, [다윈의] 악마의 작품은 물리법칙은커녕 완벽하게 구사된 뉴클레오티드라는 언어로도 추론되지 않는다.

- 콜린 피텐드리히Collin Pittendrigh(1993)

닭이 달걀을 먹고 새로 하나 낳으면 어지럽혀진 주변이 다시 정리된다(Gregory, 1981, p. 137). 제임스 클러크 맥스웰James Clerk Maxwell(1831~1879)은 특정 분자만 골라 칸막이를 통과시키는 악마의 존재를 상상으로 만들었다. 그럼으로써 악마는 무질서한 전체에서 질서정연한 부분집합을 선택한다. 선택을 통해 무질서 속에서 일을 뽑아내는 것이다.

로켓은 단단한 튜브처럼 생겨서 한쪽은 막히고 한쪽은 뚫려 있다. 로켓은 연소라는 무질서한 분자운동을 튜브의 일관된 운동으로 변환한다. 쉽게 표현하면, 튜브의 막힌 쪽이 이 벽면과 수직 방향을 향하는 분자 운동량을 *선택하고* 그것을 로켓에 전달할 때 열린 쪽은 반대 방향을 향하는 운동량을 *버린다*. 로켓의 엔진은 로켓 안의 엔트로피entropy가 점점 커질 때 무질서한 전체에서 질서정연하게 움직이는 입자들의 부분집합을 골라내는 선택적 환경이다. 피스톤은 움직이는 실린더벽과 직각 방향의 분자 운동량만 선택해 일로 변환하고, 일로 쓰일 수 없는 에너지는 방열판으로 버려진다(Atkins, 1994, p. 83). 생물은 정교한 자기조립 엔진과 같아서, 연료를 직접 구하거나 합성하고 엔트로피 쓰레기를 알아서 내다버린다. 생물은 식량이 일로 변환되는 선택적인 환경이다.

부분집합 선택은 의미론의 엔진이다. 어떤 집합에서 일부만 고르고 나머지는 버린다고 치자. 가령 어떤 특징도 5배수 주기성을 보이지 않음에도 꼭 5의 배수 회차에 등장하는 것들만 선택되는 것처럼 만약 부분집합에 속할지 여부가 선택된 것들의 본질적 성질과 무관한 기준에 의해 결정된다면, 선택은 무작위성을 띠게 된다. 이 경우 선택된 부분집합과 버려진 부분집합이 분리된 모습에서는 선택의 기준을 알려주는 어떤 정보도 찾을 수 없다. 반면에 선택이 대상의 본질적 성질을 바탕으로 집합 구성원들 사이에 차별을 둘 때는(논리적 선택) 분리된 모습을 보고 선택 기준을 짐작할 수 있다. 선택된 부분집합과 버려진 부분집합은 전체 안에서 서로 다른 방향으로 치우친 표본들이다. 누군가는 이를 두고 하나는 선택적 환경에 잘 적응한 집단이고 다른 하나는 잘못 적응한 집단이라고 표현할지도 모르겠다.

바람은 단면적 대비 무게라는 잣대로 알맹이에서 쭉정이를 부뚜질한다. 새는 맛이 좋고 나쁘고를 따져 덤불의 열매를 따고, 그런 새의 선택 기준은 새에게 먹혀 없어진 열매와 먹히지 않고 남은 열매의 차이로 반영된다. 남자가 여자와 결혼을 결심할 때의 신붓감과 지나간 여자들을 비교하면 남자의 취향이 대강 드러난다. 이때 남자의 선택 범위는 비교 집합 안에서도 여자들이 고려하는 비교 집합들과 여자들의 선호 취향에 따라 또 좁아진 반경 안의 구성원들로만 한정된다. 원하는 걸 매번 얻을 수는 없는 법이다.

들리는 말로, 자연선택은 부분집합 선택과 다르다는 얘기가 있다. 이유인즉, "자손은 부모의 부분집합이 아니라 새로운 개체"라서다(Price, 1995, p. 390). 그러나 다음 세대의 유전자는 가장 최근 세대 유전자들의 부분집합이다. 그러므로 만약 논점을 운반자에서 자기복제자로, 해석에서 텍스트로 옮긴다면 자연선택은 부분집합 선택의 맥락으로도 충분히 풀이될 수 있다. 부분집합 자연선택은 간접적 과정이다. 환경이 부모가 될 표현형 부분집합을 선택하고 그럼으로써 전파시킬 유전자 부분집합을 선택하는 것이다.

일차로 선택된 부분집합 안에서 일어나는 선택은 지난 선택들에서 얻은 정보를 불완전하게 보존하고 있다. 보존이 불완전한 것은 무작위적 도태, 지난 논리적 선택들의 무작위적 돌연변이, 선택 기준의 변화에 의해 정보가 흩어져 소멸하기 때문이다. 복제로 벌충되지 않는다면, 순환적 선택은 한 바퀴 돌 때마다 비교 집합의 크기를 줄일 것이다. 복제는 잉여를 창조하고 그럼으로써 지난 선택에서 나온 정보가 소산력消散力을 극복하고 계속 남아 있도록 돕는다.

돌연변이는 예전에 일어났던 선택들에 둘러싸인 채 되는 대로 하는 추측 같은 것이다. 돌연변이는 지난 선택들에 관한 의미론적 정보를 분해하는 동시에 미래의 논리적 선택들에 대한 엔트로피를 높인다. 이때 *변이가능한 자기복제자들의 순환적 선택*은 돌연변이와 선택이 딱 알맞은 균형점에 이르도록 의미론적 정보를 단단히 붙들어 두고 선택 기준에 대한 적합도를 정련한다.

멘델의 악마

이 어이없이 복잡한 암수교잡 과정이 다 어째서 벌어지는가? 염색체들이 왜 이런 춤을 추는가? 쓸모 하나 없는 수컷들이 왜 존재하며 헛된 피흘림뿐인 이 분투가 다 왜 필요한가?

- 윌리엄 D. 해밀턴(1975)

클론생식은 환경의 의견에 따라가는 법정에서 재차 승소하는 유전자형 전체를 복제하는 식으로 일어난다. 무성생식하는 모든 유전자형은 반복적 테스트를 거쳐 자신의 평균적 효과를 홀로 표출시키는 '진화적 유전자'라 할 수 있다. 한 지점만 다른 두 유전자형의 차이점은 그 지점 때문에 생긴 게 확실하다. 하지만 두 유전자형 사이에 다른 지점이 하나가 아닐 때는 책임을 특정 지점에 돌리기가 어렵다. 혁혁한 기여를 한 부분들은 자기 임무는 다하지 않으면서 비난을 피하는 부분들과 싫어도 공을 나눈다. 전체에 쏟아지는 찬사도 전체에 선고되는 죄도 모두의 공동 부담이다.

이와 대조적으로 유성생식하는 유전자형은 찰나의 존재다. 각 유전자형의 판단은 고유하고 절대 반복되지 않는다. 단 작은 부분들이 여러 배경을 두고 반복해서 테스트되므로 유전자형의 평균적 효과가 여기서 나온다고 볼 수 있다. 유성생식하는 유전자형은 짜깁기한 모작과 같아서, 뭔가 더 나은 것이 우연히 얻어 걸리기를 바라면서 양측 부모 유전체의 이미 꽤 효과적인 조합을 해체했다가 조각들을 다시 꿰맞추는 생각 없는 과정을 통해 만들어진다. 부모의 유전체는 네 조부모의 유전체가 비슷하게 대충 엮여 생긴 것이고 조부모들의 유전체는 다시 여덟 증조부모의 유전체가 대충 엮여 생긴 것이다(이 위로도 계속 그런 식이다). 이런 유전체는 하나하나가 환경의 테스트를 받고 통과해야 한다. 해체와 재조립을 반복하는 유성생식 유전자형에서는 차이의 책임을 부분들에 돌릴 수 있다.

멘델의 악마는 판마다 유전자 카드를 새로 섞어 풋내기들에게 돌림으로써 무작위성을 만드는 행위자다(Ridley, 2000). 멘델의 악마는 바람직한 조합을 깨뜨려 다윈의 악마의 일을 방해하는 악동 도깨비일 수도 있고 불량배 무리로부터 일말의 희망이라도 구해 내는 선한 영혼일 수도 있다. 유전체를 잘게 썰어 여러 조각으로 나누면, 그 책임을 재조합하지 않는 부분들에 돌릴 수 있는 효과의 범위는 줄어들지만(Godfrey-Smith, 2009, p. 145; Okasha, 2012) 각 부분마다 인과 여부를 따지기는 훨씬 쉬워진다. 다윈의 악마와 멘델의 악마는 공조해 챔피언 팀들을 합치는 게 아니라 챔피언들만 모은 정예팀들을 꾸린다.

퍼스의 악마

실험은 (……) 말이 짧은 정보원이다. 실험은 결단코 얘기를 시원하게 풀어서 하는 법이 없고 딱 "예"와 "아니요"로만 답한다. (……) 자연은 자연사를 공부하는 학생에게 자신의 보물창고를 자신있게 개방하지만 의심 많은 실험주의자에게는 경계받는 만큼의 거리를 둔다.

- 찰스 샌더스 퍼스(1905)

찰스 샌더스 퍼스는 실험주의 과학자와 거의 모든 지식을 책으로 습득한 사람들을 물과 기름에 비유하면서 이렇게 말했다. "세게 흔들면 얼추 뒤섞이는 듯하지만, 둘이 만났나 싶을 때 얼마나 빨리 양측의 생각이 서로 다른 방향으로 갈라지는지 놀라울 정도다"(Peirce, 1905, p. 161). 퍼스의 생생한 비유 밑바탕에는 훈계의 의미가 깔려 있었다. "어떤 연구가 과학적이라 불릴 수 있으려면 (……) 반드시 연구 스스로 적합한 기술용어를 제시해야 하며, 그런 각 용어마다 이 주제를 공부하는 학도들 사이에서 보편적으로 인정되는 적확한 정의를 갖되 단어에 엉성한 저술가로 하여금 남발하고 싶어지게 하는 살

가움이나 매력은 없어야 한다"(Pierce, 1905, pp. 163~164). 퍼스는 실험주의의 빈약함을 "실험이라는 궁색한 구금口琴(입에 물고 손가락으로 퉁겨 소리를 내는 악기—옮긴이)"에 빗대고 박물학의 풍성함을 "관찰이라는 웅장한 오르간"에 빗대 둘을 대비시켰다(Peirce, 1905, p. 175). 이와 같은 모욕적인 비교를 해 놓고, 그는 오직 반복 실험과 그 결과가 제시하는 앞으로의 행동 방향에서만 신념의 타당한 논리를 찾아야 마땅하다고 여겼다. "만약 어떤 개념의 인정이나 부정이 함축할 수 있는 상상가능한 모든 실험적 현상을 정확하게 규정할 수 있다면 그 안에서 그 개념의 완전한 정의를 발견하겠지만 *그 이상의 것은 절대로 존재하지 않는다*"(Peirce, 1905, p. 162). 경험이 이끄는 선택이 올바른 행동인 것이다.

실험은 의문점을 해소하도록 자연에게 제공된 선택지들이다. 실험은 딱딱하게 기술된 질문에 짧고 불명료한 답을 내놓는다. 세상의 상태에 대해 실험주의자가 갖고 있던 불확실성을 줄인다면 실험이 제시하는 답은 유익하다고 말할 수 있다. 그런 답이 불러일으키는 신념이 우리의 행동을 인도하는 데 쓰인다면 그것은 의미를 갖는다. 이런 식으로 "이성적인 실험 논리에 의해 통제되는 사고"는 임의적이지 않고 자연에 의해 미리 정해진 "특정 의견을 굳히는 경향이 있다"(Peirce, 1905, p. 177).

유용한 정보가 축적됨에 따라 자연이 가진 선택지들에서 적응력 있는 행동을 알 수 있을 때 실험적 방법(퍼스의 악마)과 자연선택(다윈의 악마)은 그런 선택지들 사이의 차이를 해소한다. 연습은 시험과 선택을 통해 행위의 완성도를 높인다. 잘 통제된 실험은 다른 요인들은 일정하게 고정한 상태에서 한 변수만 변동을 주어(여타 조건 불변 ceteris paribus의 가정하에) 이 변수가 차이에 책임 있는지 아닌지를 증명한다. 단 통제되지 않은 조건에서의 잔차분산 평균을 계산하려면 같은 실험을 여러 번 반복해야 한다. 유전자의 유성 재조합은 서로 다른 배경에서 대립유전자의 차이를 반복해 시험함으로써 통계학적으로 비슷한 통제 조건을 이뤄 낸다. 이때 대립유전자 차이의 평균적 효과는 복잡한 생물학적 상호작용을 단순한 이진법식 선택으로 축약한다. 실험적 방법과 유성생식 개체들의 성공은 종종 재조합 단위들 사이의 근시안적 선택이 통합된 전체의 논리적 판단을 능가함을 보여 준다.

인과 개념과 법 개념의 역사는 밀접하게 얽혀 있다. 재판의 기능은 죄의 책임이 실제로 피고에게 있는지를 결정하는 것이다. 다양한 정황과 입장이 저울질되지만 판결은 늘 유죄 아니면 무죄 둘 중 하나로 내려진다. 전해지는 바 영단어 *try*의 가장 고전적인 의미는 무언가를 거르거나 골라 내고, 하나와 다른 하나를 분리하고, 좋은 것과 나쁜 것을 구분하고, 무언가를 선택한다는 것이다. 그 시대의 *재판*trial은 심문을 하거나 결투를 시키거나 고통스런 시련을 주고 이겨내는지 지켜본 뒤에 유죄와 무죄 사이의 차이를 판가름하는 식으로 실시됐다. 비슷하게 자연선택은 어느 정당한 이유를 지지하고 어느 상대적 진실을 믿어야 할지를 재판을 통해 결정하는 일이 순환하며 반복되는 과정이라 할 수 있다.

유전자선택론과 발생계 이론

만약 어떤 사물이 *스스로의 원인이자 결과*라면 그것은 자연적 목적으로서 실존하는 것이다.

- 이마누엘 칸트(1790/2000)

표현형은 환경의 맥락에서 유전자형을 해석한다. 유전자는 어쩌다 목적 보유자 혹은 적응의 이기적 수혜자로 지목됐을까? 유전자는 발달의 질료인에 속하고 유전자의 발현은 발생의 동력인에 속하지만 개체발생은 유전자와 환경의 복잡한 상호작용을 통해 진행된다. 발생계 이론의 관점에서, 인과의 바탕질은 유전자에 어떤 특권적 역할도 부여하지 않고 순환적 과정을 통해 스스로를 재창조한다(Oyama, 2000).

유전자는 저희끼리 혹은 환경과 상호작용함으로써 어느 개체가 후손을 남길지에 인과적 영향을 미치는 새로운 표현형을 창조한다. 그런데 환경이 두 대립유전자 중 하나만 고를 땐 차이의 평균적 효과를 바탕으로 선택이 판가름난다(Fisher, 1941). 르원틴의 표현을 빌리면, 대립유전자의 효과는 차이의 원인이고 상호작용은 상태의 원인이라고 말할 수 있다(Lewontin, 2000). 차이의 단조로운 선택이 자신도 모르게 상태에 아름다운 변화를 일으키는 셈이다.

유전자선택론은 정보가 어떻게 자연선택을 통해 유전체로 편입되며 자연에 목적이 출현하는 것이 무엇 때문인지에 초점을 맞춘다. 반면에 발생계 이론의 최대 관심사는 개체발생 메커니즘을 이해하는 것이다. 혹자는 유전자선택론은 텍스트 쓰기를 조사하고 발생계 이론은 텍스트 읽기를 조사한다고 말할지 모른다. 정말 그렇다면 두 이론은 상호보완하는 관계가 된다. 보존 가치를 지닌 모든 텍스트는 개정될 때마다 읽히고 평가받기를 반복한다.

전파를 세로축에 놓고 발생을 가로축에 놓으면 두 이론이 조화롭게 어우러진 설명이 가능해진다(Bergstrom and Rosvall, 2011). 한 축은 세대를 거듭한 유전*정보*의 대물림을 살피고 다른 한 축은 세대 내의 유전*물질* 발현에 주목한다. 이때 목적론의 개념은 두 축 모두에서 등장한다. 전파 축에서는 적합도라는 궁극적 목표를 추구하는 적응이 목적인이 된다. 발생 축에서는 발생 과정의 최종 상태와 목표지향적 행동의 근접 목적이 목적인이다. 두 축은 해설의 결이 아예 다르다. 전파 과정에서 한 유전자 카피를 새 유전자 카피로 똑같이 옮기는 것은 바로 가능하지만 발생 과정에서 유전자형을 표현형으로 투사하는 것은 끔찍이도 어렵기 때문이다.

전파와 발생이라는 두 개념축을 나눈 것은 계통발생학적 해설과 개체발생학적 해설을 분리한 셰이Nicholas Shea의 논리(Shea, 2007), 궁극적 목표와 근접 목적을 구분한 아얄라의 논리(Ayala, 1970), 생식질과 세포질을 분리한 바이스만의 방식(Weismann, 1890)과 무관하지 않으며 DNA 복제와 RNA 전사의 차이, 텍스트와 그 해석의 구분, 그리고 어휘 목록의 용어를 언급하는 것과 활용하는 것의 차이와도 이어진다. 그뿐만 아니라, 칸트가 나무가 그 자체로 원인이자 결과라고 얘기한 부분에서는 칸트 역시 이와 연관된 구분을 하고 있다는 해석이 가능하다(Kant, 1790/2000, p. 243). 나무는 스스로 종 혹은 속이면서(전

파) 한 그루 한 그루가 개체이기도 한(발생) 것이다.

발생과 진화의 개념 사이에 선을 긋는 것이 생산적인지 아니면 그 반대인지 여부는 현재 논쟁거리다. 누군가는 구분이 불가피하다고 주장하고(Griffiths, 2013) 누군가는 이런 구분이 이해를 방해한다고 비판한다(Laland 외, 2013a). 구분을 지지하는 사람들은 기능을 원인으로 간주하는 걸 선호하는 반면, 구분을 거둬야 한다고 믿는 측은 "기능은 원인이 아니며 행동의 결과가 그 행동의 발생을 결정할 수는 없다"는 입장이 확고하다(Laland 외, 2013b).

이분법과 분리와 대비에 기대길 좋아하는 인간의 성향은 복잡다단한 논제를 양자택일의 선택으로 축소시키는 환원의 위력을 반영한다. 생물철학 안에서 일거나 과학과 인문학이 충돌하면서 불거지는 논쟁들을 보면 환원된 평균적 효과의 간결함과 상호작용의 풍성함 사이에, 그리고 부분들을 내세우는 궁색한 트럼프와 전체를 통합하는 웅장한 월리처 오르간(월리처Wurlitzer는 1800년대 후반부터 가정용부터 다중집합시설용까지 다양한 건반악기를 제작하던 악기제작사다. 특히 마이티 월리처Mighty Wurlitzer라는 극장용 파이프오르간이 유명하다—옮긴이) 사이에 팽팽한 긴장감이 흐름을 잘 알 수 있다. 그러나 우리에겐 둘보다 많은 선택지가 있고, 두 선택지로 합주를 할 수도 있다. (아마도 이 대목에서 약간의 부연이 필요하지 않을까 싶다. 트럼프는 구금의 옛이름이다. 내가 이 단어를 사용한 건 퍼스의 1905년 저술에 등장하는 "실험이라는 궁색한 구금"과 "관찰이라는 웅장한 오르간"과 병치시키려는 의도에서였다. 2016년 미국 대선 결과를 예지하거나 한 건 절대 아니다.)

텍스트로서의 유전체

그렇다면 신과 자연이 반목하는 것인가?

자연이 그처럼 악한 꿈을 꾸게 하는가?

자연은 생물에 그렇게 조심스러운 듯하면서도

한낱 목숨에는 그토록 무심하구나

- 앨프리드 테니슨Alfred Tennyson(1849)

유전체는 역사 기록을 닮았다(Pittendrigh, 1993; Williams, 1992, p. 6). 아데닌 염기 자리에 티민이 오든 글루타메이트 아미노산이 발린으로 바뀌든, 맥락 밖에서는 전부 아무 의미가 없다. 이와 달리 *β-글로빈*의 뉴클레오티드 서열 17번 자리에 티민이 오거나 β-글로빈 분자의 6번 아미노산이 발린으로 바뀐다는 맥락 안에서는 두 경우 모두 의미를 갖는다. 둘 다 말라리아에 관해서는 한마디도 대놓고 꺼내지 않지만 말이다. 유전체는 선택들의 암시적인 기록보관소이며, 한 번도 드러난 적 없는 선택의 함의를 표방하지도 따로 떼어 간수하지도 않는다. 유전체는 옛 텍스트의 일부를 지우고 그 흔적 위에 새 텍스트를 새기는 고문서와 같다(Haig and Henikoff, 2004). 텍스트의 모든 부분을 읽을 수 있는 것은 아니어서, 텍스트 안에는 이해불가한 구절이 부지기수고 읽히면 안 되는 내용에는 열람을 엄금하는 후생유전학적 경고문도 달려 있다. 한편에선 유전체의 검열관들이 레트로트랜스포존의 은밀한 저항 활동을 차단하고자 고군분투한다.

의미는 텍스트 안의 어디에 존재하는 걸까? 이 챕터는 단어를 고

치고 문장을 갈아엎기를 수없이 반복하면서 서서히 진화했다. 아이디어들은 최후에 살아남아 지면 한 자리를 차지하기 위해 치열하게 싸워야 했다. 내가 지면에 뱉어 낸 말들보다는 *그럴 뻔했지만 하지 못한* 말들이 훨씬 더 많다. 내 텍스트의 의미는 말이 되어 나온 것과 그러지 못한 것 사이의 차이에 존재한다. 보통은 한 부분이 바뀌면 전체의 일관성을 위해 다른 부분들의 수정도 반드시 뒤따라야 했다. 이 챕터는 반복repetition, 순환recurrence, 상호참조reciprocal reference까지 은근한 두운법(저자는 전술한 세 기법을 명명하면서 모두 알파벳 r로 시작하는 영단어를 골라 의도적으로 운을 맞췄다—옮긴이)을 활용해 스스로를 의식적으로 투영한다. 여기에는 많은 의미가 절대 직설적으로 드러나지는 않으면서 텍스트 전반에 녹아들어 있다는 점이 유전체 안에서 의미들이 어떻게 조직화되는지를 반영하고 암시한다는 초월적 의미가 담겨 있다. 글자 하나에는 아무 의미가 없고 단어 하나는 손톱만큼의 의미를 갖고 문장에는 그보다는 큰 의미가 담겨 있지만, 의도된 의미의 대부분은 암묵적이어서 부분들의 합 그 이상의 전체로부터만 이해할 수 있다. 그럼에도 텍스트는 글자와 글자가 이어지고 단어와 단어가 모여 서로에게 살을 붙여 가며 쓰였다. 읽기라는 축에서는 새로운 의미를 발견할 수 있지만 전파라는 축에서는 오직 이미 적힌 것만 의미로 친다.

의미는 해석에서 생겨난다. 내가 당신으로 하여금 발견하도록 의도한 의미가 있고 당신이 실제로 발견하는 의미가 또 있다. 나는 설득하기 위해 글을 썼다. 하지만 당신은 타인으로 하여금 내가 틀렸다고 동조하도록 설득하는 데 내 글을 사용할 수도 있다. 당신은 내 텍스트를 당신의 의지대로 해석한다. 언어의 부정확성은 해석에 관용을 허락하고 허수아비 논증의 오류를 유도한다. 허위는 저자가 가진 그릇된 정보에서도 독자의 왜곡된 해석에서도 비롯될 수 있다.

유전자의 작용이 환경의 맥락에서 다른 유전자들과의 상호작용에 좌우될 때 유전자가 어떤 의미를 갖는가라는 논제는 모든 정의가 의미론의 맥락에서 다른 단어들로 표현될 경우 단어가 어떤 의미를 갖는가 하는 물음과 흡사하다. 현대의 철학자들은 아리스토텔레스의 의중에서는 *아이티온*이 무엇을 의미했는지('설명'이라는 설과 '원인'이라는 설이 있다—옮긴이) 이해하고자 할 때 '번역의 불확정성'에 직면하고 서로의 주장을 이해하려 혹은 작정하고 곡해하려 할 때 '해석의 불확정성'에 부딪힌다. 현대생물학 역시 유전물질의 의미론적 속성을 논하면서 유사한 불확정성을 마주한다. 그래서 생물학 '정보 담론'의 비평가들은 DNA의 의미를 증명하는 문제를 두고 그들이 언어의 의미에 대해 제시하는 것보다 더 엄격한 기준을 요구하곤 한다.

아이디어는 DNA 안의 재조합하지 않는 부분과 의미론적으로 동등하다. 아이디어는 한 꾸러미로 전달되는 의미 있는 것들 덩어리이자, 차이를 만드는 의미론적 차이다. 아이디어와 '함축적 인용구'는 맥락과 떨어뜨려도 의미를 갖는 까닭에 손쉽게 재사용된다. 하지만 위대한 문학 작품이 통째로 복제되고 해석되는 것과 달리, 과학은 아이디어들의 재조합을 통해 진보한다. 현재 과학 문헌 안에서는 '발행 가능한 최소단위 출판물(논문을 말함—옮긴이)'이 권위 있는 저술을 일부 대체한다. 짧은 텍스트일수록 더 자주 쓰이고 인용되기 때문이다. 그런 한편 현역 생물학자라면 누구나 존경심에서든 재미로든 읽었을 《종의 기원》 같은 명작도 과학사를 통틀어 150년에 하나 꼴로 꼭 탄생한다. 그러고 나서 거듭 재사용되고 새로운 관계를 맺으며 확장해 가는 것이다.

효과의 출처로 유전자를 지목하는 것은 작품의 공로를 저자에게 돌리는 것과 같다고 볼 수 있다. 철학자들이 잘 안 그러는 것이나 소설가들이 전혀 그러지 않는 것과 달리 과학자들은 서로를 자주 인용한다. 인용은 추가 정보를 가리키는 것만이 아니라 공로를 돌리는 기능도 한다. 새로운 통찰은 늘 인정받거나 인정받지 못한 수많은 기존 아이디어들의 맥락 안에서 움튼다. 그러나 복잡하게 뒤엉킨 의미들이 재배열된 것과 비교해 하나하나 떠다니는 아이디어들의 경우는 그 공로를 무언가에 돌리기는 쉽고 부정하는 건 어렵다. 가령 《신사 트리스트럼 섄디의 생애와 의견》에는 철학적 통찰이 넘쳐나지만 철학자가 이 소설을 인용하는 것은 본 적이 없다. 얽히고설킨 이야기 뭉치에서 아이디어를 하나씩 떼어 분리하기가 쉽지 않은 것이다.

과학자들은 자신의 이름이 성공한 아이디어의 끝자락에 편승해 유구히 회자되길 바라기에 서로를 인용하기를 기꺼워한다. 하지만 칭찬의 값어치를 하는 아이디어는 반드시 명료해야 한다. 그렇지 않다면 사람들이 예측 그대로 실현된 해석은 자신의 공이라 우기고 실패한 해석은 죄다 남 탓으로 돌릴 게 뻔하다.

모름지기 과학자라면 하나의 해석을 관철해 파헤치는 게 마땅한 태도지만 소설가는 최종 선택권을 독자에게 넘기곤 한다. 소설에는 해석의 불확정성이 의도된 장치인 데 비해 실험 일지나 과학 논문은 모호한 것이 큰 결함이다.

목적역학

불확정적 세상에서 자연스러운 인과는 창조의 요소다. 이런 세상에서 과학은 막연히 인과의 사슬을 끝없이 역추적하는 게 아니라 특히 더 주목하는 효과의 근원을 찾으려 한다.

- 로널드 피셔(1934)

무수한 경쟁자를 제치고 선두를 차지한 정자가 난자와 만나 만들어진 접합자들의 운명을 생각해 보자. 접합자의 생애는 유전자끼리 혹은 유전자와 환경 간의 상호작용을 통해 전개된다. 그중 다수는 우연으로든 어쩔 수 없어서든 중도탈락하고, 살아남아 적당한 성숙도에 이른 소수만이 100배로든, 60배로든, 30배로든 자손을 남긴다. 때로 어떤 대립유전자 차이는 다른 대립유전자 차이보다 많은 고민거리를 접합자에게 안긴다. 그리고, 자 보시라. 자손의 유전자와 또 그 자손의 유전자, 나아가 3대 자손과 4대 자손의 유전자까지 모두 이 조상 유전자의 편향된 표본이 된다. 이야기가 소소하게 수정되고 변이하면서 무한 반복됨에도 진정 나올 때마다 이처럼 새로울 수가 없다.

이 진화론 우화는 세부사항이 갈수록 정교해지고 과거로 점점 깊이 들어가는 인과 해설을 통해 끝없이 윤색될 수 있을 것만 같다. 모든 돌연변이 하나하나, 모든 재조합교차점 하나하나, 모든 짝짓기 상대 선택 하나하나, 모든 배우자 융합 하나하나, 일어나지 않은 대재난 하나하나의 뒤에는 그 인과를 설명하는 이야기가 있다. 하지만 이 이야기를 누구에게 들려주지는 못한다. 정보가 불완전하고, 역학이 무질서하고, 계산이 몹시 복잡하기 때문이다. 설사 무슨 소리가 들린다고 하더라도 내용까지 이해하기는 거의 불가능하다. 그러므로 듣는 이가 납득할 만한 설명으로 만들기 위해서는 몇 가지 소재만 부각시키고 결말은 열어 두어 이야기를 단출하게 정리할 필요가 있다.

깐깐한 사람은 오직 개별 분자의 영향만 진정한 인과를 형성하기 때문에 전체의 압력은 동력인이 아니라고 주장할지 모른다. 그러니 물리적 해설에서 배제해야 한다고 말이다. 하지만 이건 뭘 단단히 착각하고 하는 말이라 묵살될 게 뻔하다. 질문이 적당히 규모 있는 척도상에서 던져졌다면 압력은 완벽히 적절한 해설을 제시한다. 솔직히 모든 분자 충돌 하나하나를 언급하는 이상적인 설명보다도 월등한 해설이다. 다윈주의의 목적인들 역시 비슷하게 동력인에 근간을 두고 있으면서 몇몇 생물학적 해설에 거의 대체불가능한 경지로 완벽하게 적절한 논리를 제공한다. 기체의 압력이 수많은 분자 운동을 요약하는 것처럼 '선택압'은 번식의 다양한 결과를 요약한다. 다윈주의도 열역학도 세세한 내용 하나하나까지 뒤쫓지는 않는 통계적 이론이다(Fisher, 1934; Peirce, 1877).

최근 다윈주의 개념을 주제로 삼은 의미론 연구들이 그간의 성과를 줄지어 쏟아냈다(Adami, 2002; Adami, Ofria, and Collier, 2000; Colgate and Ziock, 2011; Frank, 2009, 2012). 그런 보고들에 의하면, 개념 차이가 여전히 있긴 하지만, 다양한 설명들이 공통 조상 맥락에서도 중복되는 선택환경 맥락에서도 닮은꼴 표현형을 드러낸다. 만약 나라면 차이들 가운데 하나를 고르기보다는 선택 결과들 중 일부를 묶어 부분집합을 만들 것이다. 부분집합 선택을 통해 환경으로부터 나온 의미론적 정보는 다시 그 환경을 참조한다. 과거에 무엇이 잘 통했는지 돌아본 다음에 시선을 앞으로 옮겨 미래에 무엇이 잘 먹힐지 예측하는 것은 효율적인 방법이다. 또한 복제는 엔트로피의 분산압에 맞닥뜨리고도 정보가 영속하기 위해 꼭 필요한 과정이다.

다시 미래로

'원인'이라는 단어는 하나의 철학 어휘로 떨어뜨려 내세우기에는 오해를 살 의미들을 너무 많이 연상시킨다.

- 버트런드 러셀Bertrand Russell(1913)

내가 형상인과 목적인을 일부나마 소생시키려는 것은 4대 원인이 현재 목적들의 인과를 가장 잘 설명하는 용어라서가 아니다. 내가 주장하는 바는 아리스토텔레스의 분류가 천 년 넘게 명맥을 유지하면서 유용성이 검증됐고 이는 곧 이해의 큰 갈래들을 어느 정도 정확하게 나누고 있다는 뜻임을 인정하자는 것이다. 게다가 만약 소위 '나쁜' 형이상학적 의미에서는 형상인과 목적인이 존재하지 않더라도, 대물림된 정보와 적응 기능이라는 '좋은' 포스트-다윈주의적 의미에서 이 용어와 개념은 충분히 활용 가능하다.

이 챕터는 서사敍事의 유혹, 은유의 마법, 순환의 리듬을 다뤘다(Hofstadter, 1979). 의미는 하나가 다른 하나를 대변하는 은유를 통해 표출된다. 은유적 표현의 순환은 *물질*hyle과 *운동*kinesis을 밑거름 삼아 *에이도스*와 *텔로스*가 자라나게 한다. 선택은 정보를 포착한다. 자연선택을 하는 존재로 의인화된 환경은 목적을 선택하며 이는 곧 의미를 가진 수단을 선택하는 것과 같다. 과거의 목적은 오늘의 수단이라는 점에서 그렇다. 의미는 통역자와 목적을 필요로 한다. 그리고 다윈의 악마는 그 둘을 다 제공한다. 내 텍스트는 돌고 돌아 아이디어들의 어원과 역사를 수없이 반복한다. *로고스*logos('논리'를 뜻한다. 아리스토텔레스는 사람을 말로 설득함에 있어 에토스ethos, 파토스pathos, 로고스의 3요소가 중요하다고 주장했다. 에토스는 말하는 사람의 성품, 파토스는 듣는 사람의 심리 상태를 뜻한다—옮긴이)와 에이도스가 유전자와 평행하게 난 길을 따라 진화해 가며 많은 결실을 주는 은유와 철학적 관점을 우리에게 제공하기 때문이다.

자연선택은 자체로 하나의 은유이기도 하고 표현이 순환하는 은유적 과정이기도 하다. 의미 없고 목적도 없는 물리적 알고리즘인 자연선택은 의미와 목적이라는 개념으로 유용하게 설명되는 것들을 생산한다(Dennett, 1995). 그런 자연선택의 산물 중에 이성적 행위자가 있다. 이성적 행위자는 신념과 소망을 가지고 의식적 목표를 추구하면서 진짜 정보와 가짜 정보를 주고받는다. 그럼으로써 의미 있어진 삶에서 희열을 느낀다.

> 에구머니나! 어머니가 외쳤습니다. 이게 다 도대체 무슨 얘기래요?—수탉과 황소 얘기지요. 요릭 목사가 대답했습니다—제가 지금껏 들어 본 것 중 가장 재미있는 이야기였어요. (Sterne, 1767, finis)

인터루드

From Darwin to Derrida

INTERLUDE

앞서 존재했던 것들이 가진 관성 탓에 아무리 참되고 순수한 전통도 영속하지는 못한다. 계속 존재하려면 인정받고 수용되고 함양되어야 한다. (……) 생명이 격동하는 혁명의 시대에서조차, 알려진 바보다 훨씬 많은 옛것들이 모든 변화 안에서 살아남아 새것과 합쳐져 전에 없던 가치를 창조한다.

- 한스게오르크 가다머Hans-Georg Gadamer(1992)

원래 인터루드Interlude(라틴어 *inter*는 '중간, 사이'를, *ludus*는 '연극'을 뜻한다)는 교훈적 내용의 중세 연극에서 중간에 끼워넣던 막간 공연을 가리키는 말이었다. 우리는 앞 챕터에서 목적을 가진 존재의 기원에 관한 얘기를 나눴고 다음 챕터에서는 그런 존재들이 자신의 세상을 이해하는 과정을 풀어 가려 한다. 그리고 이 중간 챕터는 통시적(진화)

시간의 차이를 만드는 차이에서 공시적(행동) 시간의 차이를 만드는 차이로 논의의 초점을 옮기는 징검다리 역할을 할 것이다.

낡은 스프링과 바퀴와 도르래만 가지고 이런저런 장치를 고안한 다윈의 사고실험을 다시 떠올려 보자. 여기서 도르래의 기능은 무엇일까? 이 물음에 누군가는 그것이 부품으로 사용된 첫 장치 안에서 했던 역할이 도르래의 진짜 기능이라고 답한다. 그러면 한편에서는 이후 만들어진 장치마다 했던 모든 역할이 도르래의 기능이며 현재의 기능은 현재 도르래가 설치된 장치에서 하는 일이라는 주장이 나올 것이다. 하지만 또 누군가는 특정 장치마다 도르래가 왜 쓰였는지와 상관 없이 힘의 방향을 바꾸는 데 한 인과적 역할이 도르래의 기능이라고 반박할 수 있다. 당신이라면 뭐라고 답하겠는가?

자연선택에는 *양성 선택*(새 기능의 *기원*과 잘 어우러지고 옛기능을 없애는 것)과 *음성 선택*(기존 기능을 *유지*시키고 새 기능을 없애는 것)이라는 두 가지 갈래가 있다. 양성 선택 아래서는 더 적당한 *새* 유전자 염기서열이 덜 적당한 옛 유전자 염기서열을 대체한다. 반면에 음성 선택 아래서는 별로 적당하지 않은 새 염기서열이 생기는 족족 제거되어 적당한 *옛* 염기서열이 명맥을 유지한다. 양성 선택이 벌이는 모든 판에는 해로운 새 돌연변이가 음성 선택을 통해 제거되는 배경이 반드시 따라다닌다. 음성 선택 덕에 오늘날 살아남은 모든 옛 염기서열은 한때 양성 선택의 편애를 받는 새로운 변이였다. 유전자의 차이는 양성 선택 안에서도 음성 선택 안에서도 적합도의 차이를 만든다. 오늘날 우리가 목격하는 유전자 염기서열들은 두 종류 선택 모두에서 살아남은 승자들이다.

진화 이론의 다양한 견해차가 음성 선택이 자연선택에 의한 적응의 구성요소인지 아닌지를 두고 갈린다. 잘 보존된 형태와 유전체 특성이 음성 선택을 통해 유지된다는 것에는 적응주의와 구조주의의 입장이 같다. 발생적 제약을 유발하는 유전자 조절 네트워크가 보존되는 것이 돌연변이가 일어나지 않아서가 아니라 돌연변이가 견뎌 내지 못하기 때문이라는 것에도 양측은 의견 일치를 보인다. 문제는 적응주의는 자연선택에 의한 적응 아래에서 양성 선택과 음성 선택 모두를 포괄시킴으로써 이 요소들이 기능적 제약이라 보는 데 비해 구조주의는 음성 선택을 적응에서 배제해 이 요소들을 구조적 제약으로 간주한다는 것이다. 이와 같은 의미론의 차이는 상습적으로 쌍방 오해의 불씨가 되어 왔다. 그런 까닭으로 적응주의자들은 돌연변이의 홍수 속에서도 구조가 유지되는 것을 자연선택이 힘을 발휘한 결과로 해석하지만 구조주의자들은 양성 선택의 부재를 진화에 제약이 있다는 증거로 해석한다.

적응을 양성 선택으로만 한정한 정의에는 흔히 어떤 특징은 그것이 양성 선택을 통해 진화되어 나오기 전의 '본래' 기능에 대해서만 적응이라는 주장이 뒤따른다. 이후 생긴 새 기능들에도 이 특징이 음성 선택을 통해 계속 존재했더라도, 특징이 처음 채택된 이후 용도들에는 적응이라 할 수 없다는 것이다. 이에 스티븐 제이 굴드와 엘리자베스 브르바Elisabeth Vrba는 적응을 "현재 역할을 위해 선택을 통해 생겨났으면서 적합도를 높이는 특징"이라 정의하면서 "적응이 하는 작용은 그 *기능*"이라 규정했다(Gould and Vrba, 1982, p. 6). 이어서 두 사람은 "다른 용도를 위해 (혹은 어떤 기능도 없이 그냥) 진화했다가 훗날 현재의 역할에 포섭된 특성을 *굴절적응*이라 하고, 지금 역할을 위해 선택을 거쳐 구축된 것은 아닌 유용한 특징이 현재 하는 작용을 *효과*라고 구분해 불러야" 한다고 제안했다. 오늘날 '굴절적응'은 밈으로서 큰 성공을 거뒀다. 하지만 만약 유기체의 특징 대부분이 한때 다른 역할을 수행했던 기존 특징들이 개량된 것이라면 어떻게 될까? 정말 그렇다면 이는 곧 진짜 적응은 손가락을 꼽고 기능은 극소수밖에 없으며 대부분이 굴절적응과 그 효과라는 뜻이 된다. 적응이 여러 흥미로운 특징을 표현하지 못할 뿐만 아니라 적응이라는 용어가 굴절적응의 해롭거나 중립적인 효과와 유익한 *효과*를 구분하지도 못하는 셈이다.

보존된 특징의 '본래' 기능을 찾는 것은 민간설화가 다양하게 각색되며 수많은 입과 귀를 거쳐 전해 내려오기 전에 처음에 갖고 있던 '본래' 의미를 찾는 것과 비슷하다. 옛날 얘기의 재탕이 아닌 이야기 원본이 정말 최초로 입 밖에 나온 순간이 아마도 있었을 것이다. 이 원조에 담긴 의미를 찾는 것이 고문학 전문가들에게는 흥미로운 관심사일 게 틀림없다. 하지만 이야기가 회자되고 재해석되면서 파생한 의미들을 본래 의미가 존재한다는 이유로 무조건 무시해서는 안 된다. 이 점을 강조하는 예시가 하나 더 있다. 《옥스퍼드 영어사전》을 펼치면 '본래' 의미는 폐어廢語가 됐지만 파생한 의미들은 여전히 널리 쓰이는 단어가 허다하다. 트집쟁이라면 오직 가장 오래된 정의만이 '진짜' 의미이고 나중에 나온 쓰임새들은 그저 본래 의미의 굴절적응이라고 주장할지 모른다. 하지만 어떤 단어가 여지껏 사용되는 이유는 현대의 언어 사용자들이 그 단어가 맡고 있다고 이해한 역할 때문이다. 의미는 공시적 용도인 것이다.

Dower라는 영단어에는 요즘에도 통용되는 의미로 '남편 사망 시 법률에 의거해 미망인에게 돌아가는 유산 상속분'이라는 뜻이 있다. 그런데 이젠 아니지만 dowry(지참금)라는 단어도 원래는 같은 뜻을 가지고 있었다. 추측하건대 dower와 dowry는 옛 프랑스어 드웨어douaire(남편이 남긴 유산에 미망인이 가지는 권리)에서 유래한 단어 하나가 살짝 변형된 두 가지 형태로 보인다. 그럼에도 dowry는 '혼인할 때 시집에 가져오는 재물'을 뜻하는 단어로 바뀌었고 현대인에게 dower와 dowry는 완전히 다른 두 단어로 받아들여진다. 남편이 아내에게 갖는 의무가 어쩌다 신부가 신랑에게 지불하는 대가로 변질된 걸까? 나는 그 답을 모르지만 사료史料와 대조해 검토할 만한 풍문은 하나 들려줄 수 있다. 옛날옛적, 사랑이 지극한 남편은 자신이 죽으면 아내에게 유산을 남기겠노라 생전에 약속을 해 두었다. 그러자 부지런한 신랑감들이 아예 청혼하면서 나중에 자신이 먼저 죽으면 아내에게 상속할 유산으로 떼어 둘 수 있게 일정 재산을 맡겨 달라고 처가에 부탁하기 시작했다. 그런 식으로 아내를 부양하기 위한 남편의 의무가 어느새 딸을 사위에게 맡기는 대가로 변한 것이다.

오카뭄 바실리쿰*Ocimum basilicum*(바질)의 방향유는 해충으로부터 식물을 보호하도록 진화한 방충 물질이다. 인간들은 숲을 돌아다니면서 눈에 띄는 식물마다 잎사귀 끝을 조금 씹어 본 뒤 맛이 괜찮으면 채집하고 아니면 버렸을 것이다. 따라서 맛 좋은 식물은 씨앗을 널리 퍼뜨리기가 어려웠다. 인간의 입맛에 맞는 것은 야생 바질의 목적이 아니라 부적응 결과였다. 그러다 채집꾼들이 향기 나는 식물의 씨앗을 모아 재배를 시작하면서 상황은 역전된다. 이제는 향미가 식물을 심는 가장 중요한 이유였다. 맛과 향이 떨어지는 식물의 씨앗은 파종 후보에서 제외됐고 해충을 쫓아 주는 정원사의 보호를 받을 수도 없었다. 맛 좋은 식물일수록 씨앗이 보존될 가능성이 오히려 높았다. 인간의 입맛에 맞는 것이 바질의 *존재 이유*가 된 셈이다.

재배되는 바질에 들어 있는 방향유의 기능은 무엇일까? 떠오르는 것 중 하나는 해충으로부터 식물을 지키는 것이 방향유의 기능이고 사람들이 느끼기에 향미가 좋은 것은 기능이 아니라 우연히 얻은 부작용이라는 설명이다. 그런가 하면, 과거에는 방충이 기능이었지만 현재는 사람의 입맛을 충족시키는 것이라는 답도 나올 수 있다. 여기서 어느 쪽을 택일하느냐는 *진짜* 기능이 무엇인가와 별 상관이 없다. 이것은 답을 하는 사람이 '기능'을 *어떤 뜻*으로 받아들이느냐의 문제다. 나는 개인적으로 두 번째 답을 선호하지만 첫 번째를 고른다고 그 사람이 틀린 건 아니다. 우리는 그저 '기능'을 다르게 정의했을 뿐이다. 게다가 세 번째 답이 있을 수도 있다. 가령 작물화된 이후로도 방충 기능이 사라지지 않았기 때문에 방향유가 보호와 향미의 기능을 모두 갖는다는 해석이다. 요리사라면 벌레 먹지 않았고 향도 좋은 허브잎을 수확하고 싶을 것이다.

방금 소개한 바질 이야기는 대니얼 데닛의 '헤매는 2비트 기계' 우화를 각색한 것이다(Dennett, 1987, p. 290). 이 기계는 원래 미국 쿼터달러(4분의 1달러, 즉 25센트—옮긴이) 동전을 넣으면 음료수가 나오도록 설계된 탄산음료 자판기였다. 그런데 이 자판기를 파나마로 가져가 사람들에게 쿼터발보아(4분의 1발보아—옮긴이) 동전으로 음료를 뽑아 먹게 한다. 그래도 자판기는 새 임무를 훌륭하게 수행한다. 쿼터발보아 동전이 미국 조폐국이 미화 쿼터달러에 사용하는 것과 같은 거푸집을 가지고 주조되는 까닭에 기계가 두 동전이 다르다는 걸 인식하지 못하기 때문이다. 데닛은 기계가 처음에는 쿼터달러를 받도록 고안됐더라도 현재의 기능은 쿼터발보아를 받는 것으로 바뀌었다고 설명한다. 본래 방향유는 벌레를 쫓아내려고 생겨났지만 바질이 인간 손에 재배된 이래로 사람 미각을 충족시키는 것이 방향유의 기능이 된 것과 같다. 현재 기능을 중심으로 생각할 때, 만약 파나마에 있는 기계에 미국 동전이나 쿼터발보아와 똑같이 생긴 납조각 혹은 잘 만들어진 위조동전을 넣었는데 음료수가 나온다면 자판기는 오작동하는 것이다. 비슷하게, 환경이 변했거나 적응이 현재 환경의 일부분만 적합도를 높인다면 자연선택의 '설계'도 오작동할 수 있다.

'기능'이라는 단어는 이야기마다 다른 의미로 사용된다. 20세기의 소위 '기능형태학'은 목표지향성을 논의에서 배제시킬 의도로 기능의 개념을 발전시켰다. 당시 기능형태학 연구 프로그램은 다윈의 은유에 나오는 스프링, 바퀴, 도르래의 기계적 성질을 강조하지만 기계부품 하나하나의 쓰임새에는 거의 관심 없는 공학이 주도하고 있었다. 그들이 얘기하는 기능은 다윈주의적 목적을 박탈당한 베이컨주의적 기능이었다. 월터 복Walter Bock과 게르트 폰 발레르트Gerd von Wahlert가 이 학파의 대표 주자인데, 두 사람은 "목적, 설계, 목표지향성의 어떤 측면"도 들먹이지 않는 기능의 정의를 옹호했다(Bock and von Wahlert, 1965, p.274). 어떤 특징의 기능은 "그 작용이나 작동 방식"이었고 "[특징의] 형태에서 싹튼 모든 물리적 성질과 화학적 성질"을 아울렀다(Bock and von Wahlert, 1965, p. 273). 이 논리에 따르면, 혈액을 방출하는 것뿐만 아니라 심장박동 소리도 심장의 기능에 포함됐다. 형태와 기능은 물리적 특징의 상보적인 요소로 간주됐다. 이와 같은 형식주의 안에서는 특징이 어떤 생물학적 역할을 담당하든 상관 없이 그저 한 특징이 내는 모든 효과가 그 특징의 기능이었다. 그런 까닭에 두 사람은 "토끼 다리는 걷거나 깡충거리거나 달리는 보행운동의 기능을 수행하지만 이 능력의 생물학적 역할은 포식자에게서 도망치거나, 먹을거리를 구하러 돌아다니거나, 안락한 서식지로 이동하거나, 짝짓기 상대를 찾아다니는 것 등등"이라 말했다(Bock and von Wahlert, 1965, p. 279).

한편 론 아먼드슨Ron Amundson과 조지 로더George Lauder는 "응용 면에서 비역사적이고 아무 목적 없는" 기능의 "인과적 역할" 개념을 지지했다(Amundson and Lauder, 1994, p. 466). 두 사람은 기능적 분석의 목표를 "시스템을 구성하는 부분들의 능력에 호소해 시스템의 능력을 설명하는 것"이라 여겼다(Amundson and Lauder, 1994, p. 447). 그들에게 기능은 (단순히 한 특징이 갖는 모든 물리적 혹은 화학적 성질이 아니라) 특별히 주목할 만한 능력이었다. 즉 심장박동 소리는 단순하고 시시한 성질에 불과했다. 두 사람은 "과학자들은 기능적 분석에 가치 있다고 생각되는 능력을 고른 다음, 그런 능력이 어떻게 부분들—혹은 부분의 능력들—사이의 상호작용을 통해 생겨나는가에 관한 해설을 마련하려 애쓴다"고 언급했다(Amundson and Lauder, 1994, p. 447). 그들이 말한 기능적으로 "가치 있는 것"의 기준에 따르면 "기능해부학자는 보통 중차대한 생물학적 역할을 맡은 집적된 특성 복합체를 분석하는 쪽"을 택한다(Amundson and Lauder, 1994, p. 450). 예를 들어, 해부학자가 물고기 턱의 저작능을 조사하는 식이다. 하지만 "그런 결정이 턱의 생물학적 역할—물고기가 달팽이를 씹어 먹게 하는 것—에 관한 지식 덕분에 나왔을지 몰라도 이 지식이 분석 자체에는 아무 기여도 하지 않는다"(Amundson and Lauder, 1994, p. 451). 아먼드슨과 로더는 생물학적 목적을 고려하는 것은 분석 가치가 있는 능력을 고르는 밑바탕이 될 수는 있지만 분석 자체에서는 배제된다고 못 박았다. 그런 까닭에 두 사람은 가치 유무의 직관적 기준에 따라 연구 주제를 고르면서도 그것의 인과적 역할기능이 목적론의 손을 타지는 않았다고 공언할 수 있었다.

로버트 커민스Robert Cummins도 자연선택과 현재 효용성에 의한 기능의 한정을 비슷하게 부인한 바 있다.

> 현생 참새의 먼 조상 중에 날개로 하늘을 난 최초의 개체가 있었다는 것이 타당한 추측이라 해도 그 조상 새는 참새가 아니었다. (……) 비슷하게, 인간에게는 가장 먼저 중앙통제식 혈액순환 시스템을 갖게 된 최초의 조상이 분명 있었을 것이다. 하지만 그 조상은 아예 척추동물이 아닐 수도 있다. (……) 그렇게 생각하면 참새의 날개와 인간의 심장이 기능 때문에 선택되지는 않았다는 추측이 자연스레 뒤따른다. 선택을 위해서는 변화가 필요하다. 그런데 구조가 가진 기능에는 변화가 없었고 그 기능의 성능차만 벌어졌다. (Cummins, 2002, pp. 164~165)

그러나 기능의 변화가 없었던 게 아니다. 커민스는 어느 시대나 존재하는 배경 돌연변이들과 음성 선택을 간과하고 있다. 돌연변이는 무질서도 증가라는 만물공통의 본성을 실현시키며 음성 선택은 쓸모 있는 질서를 유지시킨다. 요즘에도 일부 참새는 날지 못하는 날개를 단 채 부화하고 인간은 간혹 심장 없는 태아를 잉태한다. 날개 없는 새도 심장 없는 태아도 자손은 남기지 못한다. 참새에게는 하늘을 날 날개가 반드시 필요하고 인간에게는 혈액을 온몸에 순환시킬 심장이 꼭 필요하기 때문이다.

지금까지 일어난 모든 일들의 완전한 역사—라플라스식 '어째서'—는 만들어질 수도 없고 사용될 수도 없다. 역사가 쓸 만하려면 일정 중요성을 갖는 사건들의 패턴을—사물이 지금 같은 모습을 갖게 된 '이유'를—드러내야 한다. 진화하는 유전자 염기서열은 차이를 만든 지난 차이들의 텍스트 기록을 보존하고 있다. 앞 챕터에서 나는 이 텍스트 기록을 아리스토텔레스의 형상인 개념에 비유했다. 손에서 미끄러진 펜이 우연히 그은 한 획이 처음에 전파되는 것은 양성 선택이 한 일이지만, 텍스트가 복제를 거듭할 때 중간중간 손보지 않는다면—이 교정 작업은 음성 선택의 역할이다—문맥에 어긋나는 오류가 될 것이다. 한편 앞에서는 목적을 자연선택의 산물들과 연결 짓는 것의 정당성도 얘기했다. 우리는 어떤 텍스트 변이형이 다른 변이형보다 우선적으로 선택되는 이유에서 목적인(기능)을 찾을 수 있었다. 이런 이유들은 시간이 흐르면서 변하기도 한다. 사람들은 지난 100세대 혹은 1000세대에 걸쳐 이 변이형이 우위를 점해 온 이유는 이렇게 답하고 이 변이형이 1000년 전 혹은 100만 년 전에 우세했던 이유는 또 저렇게 답할 수도 있다. 역사적 설명이 본래 그런 것이다. 기능 발생의 공로를 양성 선택의 본래 이유에만 한정하다 보면 음성 선택의 중요성을 무시하기 쉽다. 그러나 어떤 기록이 태곳적에 일어난 양성 선택을 딛고 살아남았다면 음성 선택의 유구한 역사가 논의에서 빠지면 안 된다.

다음 챕터에서는 세상과 의미 있게 상호작용하도록 설계 혹은 진화된 자동기계의 지향성intentionality을 얘기하려 한다. 이때 자동기계에게 정보의 의미는 자동기계가 유익한 입력값에 반응해 출력한 결과와 같다고 간주할 것이다. 어떤 자동기계는 꽤 단순하다. *2비트 기계*에게 누군가 투입구로 밀어 넣은 '동전'은 음료수 병을 떨어뜨리느냐 마느냐의 의미를 갖는다. 그런 반면 어떤 자동기계는 매우 정교해서, '의미'의 의미에 관한 자기 의견을 내기까지 한다. 데닛은 처음에는 자연선택에 의해 지향성이 부여됐지만 이후로는 자율성을 가지고 세상에서 활동해 온 고도로 정교한 자동기계에 생물을 비유하면서 이렇게 말했다. "이성의 표상이자 자아의 표상인 우리 인간은 느직이 나온 특별한 완성작이다. 이성의 표출이라는 능력은 우리에게 선견지명을 선사한다. 이 실시간 예측 능력은 대자연에게서는 찾아볼 수 없는 것이다. (……) 우리는 우리의 지향성이 진짜라 단언할 수 있지만 그것이 자연선택의 지향성으로부터 비롯된 것임을 기억해야 한다. 자연선택의 지향성도 똑같이 진짜지만 단지 시간 척도와 규모의 어마어마한 격차 때문에 알아보기가 쉽지 않을 뿐이다"(Dennett, 1987, p. 387).

12

이해하다

From Darwin to Derrida

태초에 끝이 있었다*In principio erat finis*.

기계장치 하나가 성냥을 그어 초를 밝히거나 폭발을 일으킨다. 성냥을 긋는 행위(+M)와 산소의 존재(+O)는 두 시나리오가 똑같다. 여기서 폭발하느냐 마느냐(±E)라는 차이를 만드는 차이는 수소(±H)의 유무다. 이보다 정교한 다른 기계장치 하나는 수소감지센서의 신호를 보고 성냥을 그을지 말지 결정한다. 만약 센서에 수소가 없다고 나오면(-H) 기계는 성냥을 그을 것이고(+M) 센서가 수소의 존재를 알리면(+H) 성냥을 쓰지 않을 것이다(-M). 첫 번째 기계는 수소가 있는 환경에서 폭발의 격발기 역할을 하지만 폭발이 기계의 '선택'에 의해 일어나는 건 아니다. 기계가 정보를 '이용'하지 않기 때문이다.

다시 말해, 이 기계는 주변 환경의 상태(±H)를 결과(±E)에 연결한다. 반면에 두 번째 기계는 수소가 있을 땐 폭발을 일으키기보다는 암흑 속에 있는 쪽을 '선호'한다. 이 기계는 주변 환경에 관한 한 조각 정보(±H)를 작용의 자유도(±M)에 연결한다. 기계는 +H에는 -M으로, -H에는 +M으로 '반응'한다. 기계는 불확실해 보이던 정황(정보)이 확실한 작용(의미)으로 해석될 수 있을 때까지 '결정을 보류'한다.

이 '차이를 만드는 차이'에서 뒤에 나오는 차이는 원인, 즉 차이를 만드는 동력 혹은 독립변수이고 앞에 나오는 차이는 결과, 즉 만들어진 차이 혹은 종속변수다. 그러나 후자 차이가 전자 차이가 해석된 결과인지 여부는 통역자의 타고나거나 개량된 기능에 따라 달라진다. 첫 번째 기계는 해석을 하지 않는다. 일이 그냥 일어날 뿐이다(±H, ±E). 한편 두 번째 기계에게는 앞의 차이가 정보(±H)가 되고 뒤의 차이가 의미(±M)가 된다. 그런데 두 번째 기계를 관찰하면서 해석하는 외부의 통역자에게는 ±H와 ±M에 담긴 정보가 쌍방으로—혹은 중복으로—보인다. 그래서 어느 쪽에서든 '상대에 관한 의미' 추론이 가능하다. 이 관찰자는 주변에 수소가 있는지 없는지(정보)를 관찰함으로써 성냥이 그어질지 아닐지(의미)를 예측할 수도 있고, 성냥이 그어졌느냐 아니냐(정보)를 보고 수소가 있었는지 없었는지(의미)를 추론할 수도 있다.

나는 두 번째 기계가 수소의 존재를 초를 밝히지 않을 이유로 해석한다고 주장한다. 하지만 언뜻 비슷한 말 같아 보여도 첫 번째 기계가 수소의 존재를 폭발을 일으킬 이유로 해석한다고는 주장하지 못한다. 무슨 근거로 이렇게 단언하느냐고? 나는 루스 밀리컨Ruth

Millikan이 일컫은 *고유기능*proper function이라는 것에 묵시적으로 호소하는 주장을 펴고 있다(Millikan, 1989). 첫 번째 기계의 고유기능은 춧불을 켜는 것이다. 고로 폭발은 의도치 않은 결과다. 두 번째 기계의 고유기능은 정보를 참고해 성냥을 그을지 말지 결정하는 것이다.

해석의 자유도가 1인 통역자의 반응은 기계적이고 이해불가해 보일 수도 있다. '의미 있는 해석'이라는 칭찬이 아까울 정도로 말이다. 그런데 진정으로 세심한 통역자라면 계系의 한 부분을 해석한 내용이 다른 부분들에 새로운 소식(정보)이 되게 하는 여러 층위의 내부적 해석을 해내면서 여러 자유도 값을 가질 것이다. 복잡한 기계 하나를 여러 차례 재설계해 기계가 새로고침될 때마다 똑같은 입력값을 넣어도 매번 다른 결과를 출력한다고 상상해 보자. 이때 기계의 입력값이 결과물의 *원인*이라고 말하는 것은 맥락을 얄팍하게 헤아린 것이다. 입력값이 *어떻게* 결과물로 해석되는지 이해하려면 기계의 내부작동원리를 알아야만 한다. 또 기계가 *왜* 특정 입력값을 특정 결과물로 해석하는지 이해하기 위해서는 반드시 기계의 기능과 역사를 꿰고 있어야 한다. 우리는 계가 '아는' 모든 것을 기억하고 있는 계 안의 전지적 호문쿨루스를 들먹여서는 안 된다(Dennett, 1991). 통역자는 선택을 했다는 사실을 스스로 '안다'는 전제하에, 선택을 실제로 실행하기 전에는 무엇이 선택될지 자신도 '알지' 못한다. 그러나 관찰자는 일관성 있는 통역자의 선택을 종종 꽤 높은 신뢰도로 예측한다.

존 듀이John, Dewey는 "자극과 반응은 존재의 구분이 아니라, 목적의 달성이나 유지를 기준 삼아 기능 혹은 기여 부위를 식별하는 목적론적 구분"이라고 말했다(Dewey, 1896, p. 365). 반응은 목적을 암시한다. 거미줄처럼 복잡한 일련 과정에 아무렇게나 줄을 긋고서, 이 경계선을 밖에서 안으로 넘어오는 모든 원인은 자극이고 안에서 밖으로 넘어가는 모든 원인은 반응이며 경계 안에서 일어나는 모든 일은 해석이라고 단순하게 정리할 수는 없다. 통역자는 정보를 선택에 이용하도록 처음부터 설계됐거나 그렇게 진화해 온, 의도를 가진 메커니즘이다. 이런 행동주의의 맥락에서 결과물은 입력값에 의해 결정되지 않지만 메커니즘은 입력값과 결과물 사이의 관계에 의해 결정된다.

해석의 목적론

*의미*와 *기능*은 의도를 품은 용어다. 앞 챕터에서는 자연선택에 의한 적응이라는 의도 없는 목적론의 생물학적 기능을 현실적 측면에서 논했다(Dennett, 1987, 1995; Millikan, 1989; Neander, 1991; Papineau, 1984). 그러면서 목적인을 동력인으로, 심지어는 동력인들이 복잡하게 연결된 필요불가결의 집약체로 제시했었다. 토큰의 효과는 그 원인보다 앞설 수 없다. 하지만 토큰의 원인들을 종류의 원인들로 일반화하면 토큰의 효과는 순환하는 과정 속에서 토큰의 원인 앞에도 존재하고 뒤에도 자리하게 된다. 그렇게 달걀과 닭의 완벽한 인과 해설에는 줄줄이 이어지는 앞선 닭들과 앞선 달걀들의 이야기가 담긴다. 달걀은 앞서 등장한 닭의 결과인 동시에 앞으로 나올 닭의 원인이다.

*자연선택*은 환경이 *실재하는 것들의 전체집합* 안에서 한 부분집

합을 *선택*하는 모든 과정을 포괄한다. 이때 줄어든 부분집합의 쪽수는 다음 판이 시작되기 전에 번식에 의해 보충된다. 자연의 '선택'에 아무 의도가 없다고는 하지만, 어떤 선택은 유전자에 새겨져 생물의 의도적인 '선택'을 통해 반복해서 재현된다. 그 와중에 번식의 순환고리는 돌연변이로 인한 새 변이형의 유입과 유성생식 과정에서 일어나는 유전자 텍스트 뒤섞기 덕분에 똑같은 내용의 무한반복에서 벗어난다. 순회하며 재차 선택되는 부분집합은 이런 과정들을 거쳐 과거에 잘 통했던 것들에 관한 정보를 축적한다. 하지만 과거에 잘 통했던 것은 진화적 시간이 아니라 '실시간'으로 그때그때 나오는 환경 정보의 해석이다. 그런 까닭에 지금 이 순간 세상에는 생물학적 통역자가 넘쳐난다. 이 통역자들은 환경 속 수많은 원인 보기들에서 차이를 끌어낼 차이를 *선택*하고, 다른 모습이었을 수도 있는 관찰결과에 기초해 행동 보기들 가운데서 특정 행동을 *고른다*. 입력값과 출력값의 커플링은 통역자의 정교한 구조로 체현되며, 이 구조에서 드러나는 정보와 의미 사이의 맞춤새는—해석의 유효성은—통역자의 일생 동안 발전 과정을 통해 정련되어 온 지난 자연선택으로부터 결정된다.

'의도한다'는 것은 기대하는 효과를 실현시키기 위해 당장 어떤 선택을 한다는 뜻이다. 지향성에는 두 가지 부류가 있다. *일차 지향성*primary intentionality은 과거에 통했던 원인들이 반복되는 것을 말한다. 자연선택에 의한 적응의 지향성과 조건반사의 지향성이 여기에 속하며, 과거의 효과가 다시 일어날 거라고 예상한다. 한편 *이차 지향성*secondary intentionality은 일어날 수 있는 선택들과 그 효과들을 시뮬레이션한 뒤에 어떤 행동을 고르는 것을 말한다. 이차 지향성에는 상상력이 요구되는데, 어떤 가능성을 '염두에 두고' 그 가상 결과를 평가해야 하기 때문이다. 일차 지향성을 '일차'라 수식하는 것은 상상하기 전에 이미 예상을 한다는 뜻이다.

인터루드의 앞 챕터에서 나는 정보는 *목표 달성*을 위해 쓰일 때 *통역자에게* 의미 있어진다는 얘기를 했다. 지금 챕터에서는 의미와 해석이 같은 것이라고 확실하게 못 박아 이야기를 훨씬 단순명료하게 풀어 갈 것이다. 선택된 행동이나 사물은 통역자*에게* 있어 관찰*의* 의미가 된다. 이때 정보는 대상이 실제로 관찰될 때까지는 '실재 가능한 후보'에 머무는 것들의 차이들 사이에 내재한다. 즉 의미는 통역자가 관찰 결과에 내보이는 반응이며 그 자체로 다음 통역자에 의해 관찰되고 정보로 사용될 수 있는 실재하는 대상이기도 하다. 이 정의대로라면 '의미론적 정보'는 어폐가 있는 표현이다.

정보와 의미

통역자는 관찰 결과를 활용해 행동을 선택하는 입출력 장치에 비유할 수 있다(그림 12.1). 여기서 *해석*은 관찰(정보)과 행동(의미)을 연결하는 모든 내부 과정을 포괄한다.* 장치가 관찰할 수 있는 독립적 대상

* 펄Judea Pearl의 "인과 모형"은 입력변수값을 고정함으로써 do-연산자do-operator(펄은 교란인자 혹은 중간개입자를 do-연산자라는 한 항으로 함수식에 포함시킨 확률적 인과추론 이론을 제안했다—옮긴이)가 관찰의 역할을 수행하는 통역자 부류로 간주할 수 있다(Pearl, 2000). 한편 토노니Giulio Tononi의 "정보 통합"은 통역자 내부에서 일어나는 인과적 과정들을 일컫는다(Tononi, 2004).

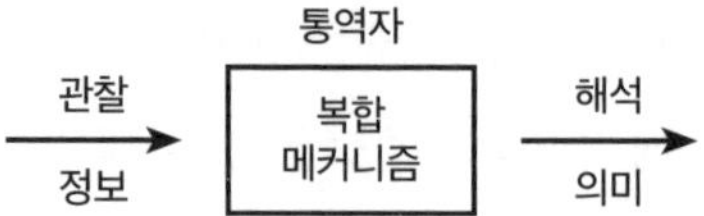

[그림 12.1] 통역자는 정보를 입력하면 의미가 출력되는 연산 메커니즘이다.

의 수는 *불확실성*의 지표(관찰의 엔트로피)라 친다. 또한 반응 레퍼토리를 구성하는 독립적 행동의 수는 *망설임*의 지표라 한다(행동의 엔트로피). 불확실성은 관찰을 통해 해소되고 망설임은 선택을 통해 해소된다. 불확실성과 망설임은 잠재적인 것들의 지표다. 반면에 관찰과 의미는 실재하는 것이다. 같은 대상을 관찰해도 통역자가 다르면 의미하는 바가 달라질 수 있고 다른 것을 관찰해도 같은 의미를 띨—통역자가 해석해 선택한 행동이 똑같을—수 있다.

통역자에게 주어질 수 있는 입력값은 *통역자가 곧 반응할 대상*이다. 한편 통역자가 내놓을 수 있는 출력값은 *통역자가 반응하는 방식*이다. 이런 가능성들은 주변 세상의 성질이 아니라 통역자가 보유한 능력이며 객관적이라기보다는 주관적이다. 관찰은 관찰되는 대상이 존재론적으로 불확실한지(관찰되는 순간까지 결정되지 않음) 아니면 인식론적으로 불확실한지(이미 결정되어 있지만 관찰되는 순간까지 알려지지 않음) 여부를 알려준다. 인식론적으로 불확실한 것의 관찰 결과는 이전 사건들에 관한 정보를 제공한다. 이 경우 오작동, 예상을 벗어난 출력값, 혹은 한때 잘 적응했다가 지금은 부적응이 된 변화 때문에 의미가 '곡해'되기도 한다. 이와 같이 의도하지 않은 의미는 같은 통역자의 자기투영에 혹은 다음 통역자에게 정보로 사용될 수 있다.

내가 이처럼 '행동주의' 입장에서 해설한 목적은 해석의 복잡성을 얕잡으려는 게 아니다. 그보다는 의미론의 유령 따위는 없다고 주장하기 위해서다. 정보는 통역자의 세상에 있는 식별 가능한 것들 사이에 존재하며, 통역자가 특정 입력값을 읽고 받아들이는 의미는 어떤 물리적 형태—종이문서, 진동하는 소리, 생체 신경활동 등—를 띠든 모두 통역자가 수행한 정보처리의 결과물이다. 이때 해석의 복잡성은 통역자 내부의 사고처리 기제가 어떤 식으로 관찰을 행동에 연결하는가에 따라 결정된다. 물리적 해석 너머에 의미가 존재하는 비물질적 영역 같은 건 없다. 만약 당신이 이 문단에 종이 위의 잉크 자국 혹은 스크린상의 픽셀 이상의 의미가 담겨 있다고 항변한다면, 잉크 자국과 픽셀은 몹시 예리한 통역자—그러니까 주장을 펼친 당신—에게 잘 입력된 셈이고 나는 내 글을 깊이 있게 읽어 준 것에 감사를 표할 것이다.

뭔가 흔한 모양새의 작고 시꺼먼 물체가 개구리의 시야를 휙 가로지를 때 개구리가 그것을 잡으려고 혀를 길게 내미는 광경을 상상해 보자. 개구리를 일종의 어둠상자라 치면 망막에 떨어지는 광자는 정보(입력값)가 되고 혀를 내미는 행동은 의미(출력값)가 된다. 만약 개구리의 뇌 속을 들여다볼 수 있다면 우리는 감각 활성화와 운동 반응 사이에 잇따르는 해석들의 해석들을 발견할 것이다. 내가 주장하는 바는 각각의 물리적 상태를 이전에 일어난 정보처리의 의미라 간주할 수 있다는 것 그리고 이 상태들이 뒤따를 생체 신경 상태의 힌트를 제공하며 그 신경 상태는 다시 새로운 의미가 된다는 것이다. 개구리의 시각계는 입사광을 피사체의 거리, 운동방향, 속도에 관한 정보로 해석한다. 그러면 이런 의미들은 운동 반응이라는 다음 해석의 향방을 결정한다. 개구리는 피사체의 특징 해석을 최대한 빠른 시간 안에 순간적으로 끝낸다. 파리에게 개구리의 의도를 해석할 짬을 주지 않기 위해서다(입 안의 작고 시꺼먼 물체 하나가 도망가 버린 파리 열 마리의 값어치는 하는 것이다). 움직이는 피사체를 낚아채는 데 일단 성공했다면 이제 시간은 충분하다. 개구리는 그것이 먹을 것인지, 만약 그렇다면 어떤 종류의 음식인지—이 목적으로는 시각보다 미각을 주로 사용한다—느긋하게 살펴보고 해석할 수 있다. 그러고 나서 다음부터 혀 내밀 일이 있을 때마다 적용할 감각 기준을 조정하면 되는 것이다.

내부 상태가 개구리에게 무엇을 의미하는지—'파리'인지, '먹을거리'인지, 아니면 '움직이는 작은 물체'인지—를 두고 철학자가 말이나 글로 하는 모든 주장은 철학자의 해석이다. 그러므로 이것은 개구리가 생각하는 의미가 아니라 철학자가 판단한 의미다. 철학자의 머릿속을 어둠상자처럼 엿본다면 틀림없이 그곳에는 키보드 자판이 눌리기 전에 혹은 단어가 목소리에 실려 나오기 전에 피어난 해석들의 해석들, 의미들의 의미들이 있을 것이다. 만약 어느 천재 개구리가 자신의 경험담으로 자서전을 쓴다면 개구리는 피사체가 파리로 보였지만 실은 착각이었다고 적을지 모른다. 개구리의 해석은 철학자의 해석과 비슷한 종류다. 통역자는 설령 해석 대상이 자기 자신이라 할지라도, 절대로 대상을 직접적으로 살필 수 없으며 오직 그것에 대한 정보만 얻는다.

그 물리적 형태가 무엇이든 정보가 뜻하는 바라고 통역자가 해석한 것이 의미라는 주장은 의미의 정의다. 하지만 모든 해석이 동등하게 유용하다는 주장은 정의가 아니다. 어떤 해석은 뒤따르는 해석들에 관한 힌트를 더 많이 제공하거나 이전에는 이해할 수 없었던 것의 의미 있는 해석을 돕는 까닭에 다른 해석보다 '낫다'고 평가된다. 인간의 지각은 세상에 관한 유용한 정보를 제시해 각자 행동의 이정표로 삼도록 발전하고, 인간의 언어 해석 능력은 다른 사람들이 하는 말을 이해하게끔 어릴 때부터 줄곧 발달한다. 정보와 의미는 *주체*인 통역자의 기준에서 상대적으로 규정되지만, 통역자는 정보의 객관적 해석을 열망하거나 그런 능력을 실제로 갖추도록 진화할 수 있다(Lindley, 2000).

해석들의 해석

무생물계는 살아 있는 통역자에게 유용한 의도 없는 정보의 보고다. 의도 없는 정보는 다른 통역자들의 해석 안에도 존재한다. 해석을 재해석할 때는 첫 통역자(생산자)의 의도와 두 번째 통역자(소비자)의 의도를 구분할 줄 알아야 한다. 가젤은 잡히지 않을 의도로 치타를 피해 도망다닌다. 그런 가젤의 움직임을 치타는 사냥감을 잡겠다는 의도를 가지고 관찰하고 해석한다. 이런 치타의 해석은 가젤의 의도와 어긋난다.

건강한 가젤이 치타가 아닌 사냥개를 발견했다고 치자. 이때 가젤은 지금은 펄쩍펄쩍 뛰면서 수선을 피울 상황이라고 해석할 것이다. 사냥개는 마냥 가만히 있거나 수선을 덜 피우는 가젤만 골라 쫓아다닌다. 사냥개가 무기력한 가젤을 뒤쫓는 것은 사나운 가젤과 사냥개 모두에게 이득이다. 얌전한 가젤을 쫓겠다는 사냥개의 결정은 펄쩍펄쩍 뛰는 가젤의 의도에 부합한다. 진화학적으로는 가젤의 수선 피우기가 저런 녀석을 추적해 봤자 꽁무니를 쫓아다니느라 힘만 빼기 십상이니 애초에 안 따라가는 게 낫다는 '암시'를 사냥개에게 주고자 나온 반응이라 짐작된다(FitzGibbon and Fanshawe, 1988). 단 이건 어디까지나 당사자인 가젤이나 사냥개가 아니라 행동생태학자들의 해석이다. 행동생태학자들은 추적 부분은 신경 쓰지 않고 오직 수선 피우는 행동에만 해석의 초점을 맞춘다. (가젤이 치타를 발견했을 때는 수선을 피우지 않는다. 치타는 지구력은 달리지만 갑자기 치고 나오는 순발력이 뛰어나기 때문이다. 가젤에게 치타는 최대한 예측하기 어려운 경로로 가능한 한 빨리 도망쳐야 할 이유가 된다.)

해석은 목표를 달성하기 위해 선택된 행동이다. 어떤 해석은 다음 통역자들에게 정보로 사용되도록 하거나 같은 통역자가 나중에 참고할 의도로 이뤄진다. 나는 *텍스트*를 다음 선택에 도움이 되게 할 의도로 일어나는 해석이라 규정하려 한다. 텍스트는 *독자*(소비자)에게 입력시킬 의도로 만들어진 *저자*(생산자)의 결과물이지만 텍스트를 어떻게 해석할 것인지는 오롯이 독자에게 달렸다. 텍스트는 의도된 독자가 해석 능력을 갖추고 있을 거라고 기대한다. 텍스트는 정지해 있는 사물일 수도 있고 역동적인 행위일 수도 있다. 이와 같은 확장된 정의에 따르면 작성된 문서, 미술품, DNA와 mRNA, 생체 신경활동, 튜링머신(수학자 앨런 튜링Alan Turing이 연산 논리를 설명하기 위해 고안한 가상의 장치. 일종의 자동기계다—옮긴이)의 테이프 등등 모두가 텍스트에 해당한다. 내가 입 밖으로 뱉은 단어들은 청취자에게 해석될 의도를 가지고 소리로 '작성된' 순간적인 텍스트다. 그림은 감상자에게 해석될 의도를 가지고 물감으로 '작성된' 존속하는 텍스트다. 횡단보도를 표시하는 흰색 평행선들은 보행자에게는 길을 건너라는 뜻으로 해석되고 운전자에게는 보행자가 길을 건널 수 있게 멈추라는 뜻으로 해석된다. 공작새 수컷의 꼬리는 암컷의 마음을 사로잡으려는 의도로 만들어진 텍스트다. 그리고 가젤의 펄쩍 뛰기는 사냥개를 기죽이고자 의도된 텍스트다.

저자가 의도한 텍스트 해석은 독자의 실제 해석과 구분되어야 한다. 가젤이 의도한 바와 달리 가젤의 행동에서 나약함의 증거를 읽은 사냥개는 수선 피우는 가젤을 그대로 추격할지 모른다. 그뿐만 아니라 저자의 의도는 독자가 텍스트를 이러저러하게 해석하도록 의도하는 방식과도 별개의 사안이다. 가령 어떤 텍스트는 기만적이다. 보호색을 띠는 나방의 접힌 날개는 포식자로 하여금 '나는 나방이 아니다'라는 신호로 해석하게 할 의도를 갖는다. 하지만 나방이 날기 위해 날개를 펼칠 때 드러나는 강렬한 '눈알' 무늬에는 찰나의 순간에 '너희 나방 포식자의 포식자가 여기 있다'는 신호로 해석되려는 의도가 담겨 있다. 만약 포식자가 이런 텍스트들을 나방의 의도대로 해석한다면, 텍스트는 목적을 달성하고 독자가 이러저러하게 해석할 거라고 기대한 저자의 의도 그대로 해석된 셈이 된다.

완성된 둥지에는 건축 과정에 관한 힌트가 감춰져 있다. 새가 자신이 태어난 둥지를 본떠 자신의 둥지를 새로 짓는다면, 부모의 둥지는 자식이 짓는 둥지에 정보를 제공하는 셈이다. 만약 부모가 자식이 쉽게 해석할 수 있는 방식으로 둥지를 지었고 그 건축 방식이 자식의 둥지에서 태어날 손주들의 생존 확률을 높인다는 이유로 똑같이 반복된다면, 둥지는 부모가 자식에 의해 해석되게 할 의도로 만든 텍스트가 된다. 이 예시는 둥지가 (알을 품는) 도구와 (자식들을 가르칠) 텍스트의 기능을 동시에 수행할 수 있음을 보여 준다. 마피아가 광장 한복판에 밀고자의 시체를 버리고 떴을 때 살인은 목표(밀고자를 제거하는 것)를 위한 수단이자 텍스트(잠재적 밀고자를 향한 경고)가 되는 것이다.

땅 위에 둥지를 짓는 새가 날개가 부러진 흉내를 내는 것은 포식자로 하여금 '여기 잡기 쉬운 먹이가 있다'는 뜻으로 해석하게 할 의도로 만들어진 텍스트다. 무력하게 날개를 퍼덕이는 어미새의 몸동작은 진짜 거저먹을 먹잇감인 알로부터 포식자의 시선을 돌리는 기능을 한다. 만약 포식자가 이 장면이 텍스트임을 알아채고 '둥지가 근처에 있다'는 결론을 내린 뒤에 찾아나선다면, 텍스트는 어미새가 의도한 대로 해석되지 못하고 포식자가 상황을 정확히 꿰뚫어 본 셈이 된다. 그런데 만약 진짜로 새의 날개가 부러진 것이라면 애처로운 날갯짓은 다른 해석을 의도한 텍스트가 아니라 어떻게든 도망치려 하지만 그러지 못하는 진심 어린 절망의 몸부림일 터다. 이때 만약 포식자가 '여기 쉬운 먹이가 있다'고 최종 판단한다면 포식자는 새의 행동을 제대로 해석한 것이다. 하지만 만약 새의 애달픈 퍼덕임을 '날개가 부러진 흉내'로 착각하고 둥지를 찾기 시작한다면, 상황을 잘못 해석한 것이 된다.

이번에는 날개가 진짜 부러진 새가 포식자에게 자신의 행동이 '이것은 날개가 부러진 것의 흉내다. 그러니 저 새는 쉬운 먹잇감이 아니고 실은 둥지가 근처에 있는 것이다'라는 뜻으로 해석되게 할 의도를 가지고 일부러 '의뭉스럽게' 버둥거리는 광경을 상상해 보자. 만약 이 새를 본 포식자가 둥지를 찾아 나선다면 포식자는 새의 행동이 텍스트라는 건 알아챘지만 텍스트를 새가 의도한 그대로 해석해 버리고 새의 의도는 깨닫지 못한 것이다. 이 경우, 텍스트는 새가 의도한 바를 달성하고 새의 '계획적인' 꾀에 넘어간 포식자의 의도는 저지했다고 말할 수 있다.

자외선 광자는 색소 없는 피부를 손상시킨다. 그래서 어떤 피부는 멜라닌을 모음으로써 자외선의 공격에 대처한다. 이런 식으로 대응하지 않는 피부에서는 자외선 광자가 정보로 사용되지 않고 단순하게 아무 의도 없는 해를 가할 뿐이다. 반면에 색소를 모아 진해질 수 있는 피부에서 자외선은 더 이상의 손상을 막기 위해 멜라닌이 필요하다는 뜻으로 해석된다. 이때 관찰자는 그을린 살을 보고 피부가 햇볕에 노출됐고 맥락상 피부 주인이 실외에서 일하는 사람이거나 최근에 해변에서 일광욕을 실컷 즐겼을 거라고 추론한다. 여가 생활에는 사회적 가치가 담겨 있기 때문에 누군가는 여유 있는 사람으로 비치고 싶은 욕심에 기계 안에 들어가면서까지 피부를 태운다. 이 경우 태닝한 피부는 의도된 관찰자에게 해석에 쓸 정보를 제공할 의도를 가진 텍스트가 된다.

해석(의미)은 해석된 정보를 '표상화'하며 텍스트의 내용을 통역자에게 사용될 정보로 격상시킨다. (여기서 해석은 관찰의 은유라고도 할 수 있다.) 표상화는 통역자 내부에서 일어나는 과정들이 어떻게 정보에서 의미를 끌어내는지, 통역자는 왜 그런 식으로 정보를 해석하도록 진화 혹은 설계됐는지에 관한 흥미로운 물음을 던진다. 텍스트는 저자가 텍스트를 집필하려고 참고한 정보를 '표상화'할 뿐만 아니라 의도된 독자에게 흘릴 정보도 '제시'한다. 그러면 이 제시는 저자가 독자의 반응을 어떻게 기대하는지를 또다시 묻는다.

텍스트는 직접 이래라저래라 하지는 못하지만 독자의 해석을 통해 간접적으로 작용한다. 텍스트는 행위자가 아니다. 텍스트는 제 스스로는 아무것도 하지 않는다. 그럼에도 바가바드기타(힌두교 성전—옮긴이), 미국 독립선언문, 시온의정서(유대 민족의 범세계적 지침서—옮긴이)를 떠올리면 텍스트가 이 세상에서 얼마나 큰 차이를 벌릴 수 있는지 감탄스러울 따름이다.

사적 텍스트와 공적 텍스트

고등 통역자 안에서 일어나는 복잡한 정보처리 과정은 한마디로 보조통역자들에게 업무를 분담해 각각이 다음 보조통역자들에게 사용될 텍스트를 제시하게 하는 것이라 정리된다. 이처럼 내부용으로 의도된 사적인 텍스트들은 모두 물리적 형태를 갖는다. 그 가운데 일부는 수명이 몹시 짧다. 다음 순서 해석에 정보로 쓰이게 할 의도로 감각신호를 해석해 나온 지각체가 그 예다. 나머지는 꽤 오래 존속한다. 가령 필요할 때 꺼내 참고할 수 있도록 텍스트 기록으로 각인되는 기억이 여기에 속한다. 의식은 인간 정신의 주연산장치격인 사적 텍스트이며, 다음 보조통역자들은 정보를 어디서 '찾아야' 하는지 알아보기 위해 우리도 아직 정확히 뭔지 모르는 매체에 새겨진 이 초단기 기억에 의지한다. 눈앞에 펼쳐지는 장면은 세상에 대한 요약 해석으로 기능하며, 이 해석은 계속해서 들어오는 지각체와 비교해 중요한 차이가 있는지 검토를 거쳐 시시각각 업데이트된다.

내가 클로드 모네Claude Monet의 풍경화를 감상한다. 캔버스에 형형색색의 물감으로 완성된 그림 속에서는 센 강 위로 요트가 떠다니고 한쪽 구석에 오리 다섯 마리가 떼 지어 간다. 나는 그림에서 수면에 반사되는 빛의 유희를 보고 배가 정박하느라 쇠사슬이 철컹거리는 소리를 듣는다. 이 의미들은 나의 해석이다. 그래서 내 친구는 같은 그림을 보고도 오리보다는 갈매기의 존재를 먼저 눈치챈다. 캔버스 가까이 몸을 더 숙이면 내가 본 모든 것들이 형체를 알 수 없는 얼룩으로 어그러진다. 알고 보니 오리는 흰색 물감을 묻혀 한 다섯 번의 붓질에 지나지 않는다. 내가 봤던 장면은 내 눈에 들어온 입력 정보에 의해 과소결정됐지만, 이는 곧 모네의 천재성이 그림을 채운 정보의 내부 출처를 최소한의 수단으로 암시하는 데 있다는 얘기이기도 하다. 그는 가까이 들여다보면 찾을 거라고 내가 기대했던 디테일의 환상을 창조한 것이다. 이 문단에는 내가 해석에 도움되라고 당신에게 주고 싶어 하는 정보가 다 들어 있지는 않다. 나는 종이 위에 잉크를 섬세하게 흘려 냄으로써 당신이 지면의 그림과 장면을 보고 "아! 글쓴이가 하려는 말을 알 것 같아!"라고 외치길 기대한다. 그리고 무엇보다 저자는 독자들로 하여금 저자의 공적인 텍스트를 이해하게 하려고 그들의 사적인 텍스트에 들어 있는 풍성한 원천과 자원에 늘 의지한다는 걸 당신이 알았으면 한다.

나의 텍스트는 텍스트가 쉼없이 진화하면서 생기는 여러 초고들의 결과물이다. 정독에 재독을 반복하고 쓰고 또 고쳐 쓰면서 나는 내가 생각했던 뜻과 지금 생각하는 뜻을 더 깊이 이해하게 되었다. 내 의미는 텍스트가 가리키는 내 머릿속 두루뭉술한 관념이 아니라 당신이 지금 보고 있는 공적 텍스트다. 더욱이 나는 텍스트를 통해 얘기하고자 하는 바의 비망록으로서 과거 나 자신의 공적 텍스트에 갈수록 더 의존하고 있다. 나이 먹을수록 점점 아둔해지는 머리 탓이다. 지금까지 내 머릿속을 맴도는 것은 앞선 초안들의 기억을 재작업한 편집본과 지난날 엉망으로 썼던 글에 대한 후회다. 텍스트가 활자로 새겨지는 순간, 독자가 받아들일 텍스트의 의미는 저자의 의도와 완전히 별개가 된다. 당신이 내 텍스트를 읽을 때 내 의미는 당신의 의미로 바뀐다.

유전자의 의미

유전자는 무엇을 의미할까? 짧게 답하자면 그 물리적 형태가 무엇이든 유전자가 뜻하는 바라고 통역자가 해석한 것이 유전자의 의미다. 세포 안에는 불규칙하게 반복되는 폴리머를 해석하도록 오래전에 진화한 핵심 통역자 삼총사가 존재한다. 센스 DNA 가닥에 짝맞춰 안티센스 가닥을 엮는 *DNA 중합효소*, 센스 DNA 가닥을 RNA로 전사하는 *RNA 중합효소*, 그리고 메신저 RNA[mRNA]를 단백질로 번역하는 *리보솜*이 그것이다.

DNA 중합효소에게 DNA 가닥의 의미는 그 상보가닥이고 RNA 중합효소에게는 mRNA다. 리보솜에게 mRNA는 단백질을 의미한다. 즉 같은 DNA 조각도 DNA 중합효소와 RNA 중합효소에게 서로 다른 것을 뜻한다. 정보(입력값)는 같지만 의미(출력값)는 다른 셈이다. DNA와 mRNA는 해석되도록 의도된 텍스트다. RNA 중합효소는 tRNA와 리보솜 RNA[rRNA, ribosomal RNA]도 전사할 수 있지만, 이 RNA들은 mRNA의 번역 작업을 돕는 도구일 뿐 이후 더 해석될 텍스트는 아니다. RNA 중합효소와 리보솜에 의해 해석되는 텍스트들 가운데에는 RNA 중합효소와 리보솜의 합체 방법을 알려주는 지침서가 있다. 자기 자신을 아주 잘 아는 통역자인 것이다.

이 분자기계들은 범용 통역자로 활약하면서 아무 생각 없이 전문적 텍스트를 해석한다. 특히 DNA 중합효소는 보르헤스의 소설 《바벨의 도서관》에 나오는 기록실의 수도승 필경사를 닮았다(Borges, 2000). 내용이 밝혀진 부분도 있고 그렇지 않은 부분도 있는 DNA 염기가닥을 오탈자 하나 없이 복제하는 것이다. 그런 맥락에서 멘델의 도서관이라는 게 존재하고 이 도서관에 적당히 유한한 길이로 만들어질 수 있는 모든 DNA 텍스트가 소장되어 있다고 상상해 볼 수도 있다(Dennett, 1995). 이 방대한 인간 유전체 장서들 중에서 한 순간이라도 세상에 존재했던 적이 있는 DNA 텍스트는 극소수에 불과하다. 여기에 자연선택의 활약상을 감안한다면 모든 지난 DNA 텍스트와 현재의 DNA 텍스트가 보관된 다윈의 도서관이 다시 세워진다. 멘델의 도서관보다는 범위가 크게 줄었지만 그래도 여전히 상상 이상으로 어마어마한 규모를 가진 다윈의 도서관에서는 지금도 읽히고 있는 텍스트와 더 이상 읽히지 않는 텍스트 사이의 차이들이 과거에 잘 통했던 것들과 그렇지 않았던 것들에 관한 힌트를 제공한다.

DNA 가닥은 안티센스 가닥이 DNA 복제 과정을 한 바퀴 완주해 나온 해석인 동시에 센스 가닥이 복제 과정을 두 바퀴 완주해 나온 해석이다. 그런데 복제가 아니라 전사가 일어난다면 유전자가 mRNA로 해석될 수도 있다. 즉 유전자는 DNA 중합효소에게는 자기 자신을 의미하는 반면 RNA 중합효소에게는 mRNA를 의미한다. 한편 단순한 통역자 여럿을 가지고 복잡한 통역자가 만들어지기도 한다. 가령 RNA 중합효소와 리보솜이 결합한 통합해석시스템을 거치면 DNA 가닥이 바로 단백질로 해석되는데, 이때 진행 순서는 우선 mRNA로 전사된 뒤에 단백질로 번역되는 것이다. 이 경우 유전자는 이 복합 통역자에게 단백질을 뜻하게 된다.

다소 논란이 될 만한 주장 하나는 유기체가 가진 모든 유전자가 통째로 그 유기체를 의미한다는 것이다. 과거에 있었던 유기체들은 현재 유전자의 복제와 전파를 주도했다. 덕분에 이 유전자들은 복잡한 발생 과정을 거쳐 해석된 뒤에 지금의 유기체를 탄생시켰고, 이 유전자는 다시 미래 유전자의 복제와 전파를 책임질 것이다. 유기체와 그 유전체는 이처럼 일차 의향성을 통해 서로 연관되어 순환한다. 그러므로 유기체는 자신의 유전체를 자기 자신으로 해석한다고 말할 수 있다. 단 이 뻔뻔한 발언을 과대해석해서는 안 된다. 유전체 텍스트를 유기체 자체로 보는 모든 해석은 고유하다. 텍스트가 항상 다른 정보 출처들의 *맥락 안에서* 해석되기 때문이다. 유기체는 환경의 맥락에서 자신의 유전체를 해석하고 따라서 모든 디테일에 의도가 담기지는 않는다.

때로는 아주 작은 유전자 차이가 유기체 수준에서 엄청난 효과로 표출되는 경우가 있다. 인체 단백질인 인자 Ⅷ의 282번째 아미노산은 아르기닌인데, 이 아미노산은 정확히 *인자 Ⅷ*(유전자) 센스 가닥상의 코돈 CGC에 의해 발현된다. 안티센스 가닥에 자리한 상보적 코돈 GCG는 mRNA로의 전사를 위한 주형이 되고, 여기서 만들어진 mRNA상의 코돈 CGC는 다시 리보솜에 의해 아르기닌으로 번역된다. 이때 화학반응으로 조작해 구아닌(G) 앞에 있는 시토신(C)에 메틸기를 붙이면 시토신이 5-메틸시토신5-methylcytosine으로 변한다. 그러면 5-메틸시토신은 자연 조건에서 아민기 탈락반응deamination을 겪고 티민(T)이 된다. 이렇게 탄생한 유전되는 돌연변이는 안티센스 코돈 GCG를 GTG로 바꿔 DNA 중합효소로 하여금 센스 가닥상의 코돈이 CAC였다고 해석하게 만든다. 그 결과 RNA 중합효소는 GTG(DNA)를 CAC(mRNA)로 전사하고 이걸 가지고 리보솜은 히스티딘을 번역해 낸다. 282번째 아미노산으로 아르기닌이 아닌 히스티딘을 가진 인자 Ⅷ(단백질)에는 피를 굳히는 기능이 없다. 그래서 남자아이에 한해 치명적인 혈우병을 일으킨다.

단백질 안의 아미노산 하나를 바꾸는 DNA 돌연변이들은 한데 묶어 *다른 의미*nonsynonymous 돌연변이라 불린다. 우직한 DNA 중합효소, RNA 중합효소, 리보솜은 결과로 나오는 단백질의 기능이 무엇이든 다른 의미 돌연변이를 늘 있는 그대로 해석한다. DNA 중합효소에게 CAC는 (안티센스 가닥의) GTG와 (센스 가닥의) CAC를 의미한다. GTG는 RNA 중합효소에게 CAC라는 뜻이고 다시 이 CAC는 리보솜에게 히스티딘이라는 뜻이다. 이 모두는 그 내용이 무엇이든 제시된 텍스트를 표상화하도록 진화한 통역자의 의도된 의미다. 그러나 유기체의 관점에서는 히스티딘과 혈우병은 의도한 결과가 아니다. 태아의 남자 조상 중에 같은 변이형 단백질을 갖고 태어났거나 혈우병을 앓았던 사람은 한 명도 없었다. 병원의 유전학 카운슬러는 X 염색체 한 짝에만 변이형 *인자 VIII*(유전자)을 가진 임신부의 양수검사 결과지를 들고 아직 태어나지 않은 아들의 *인자 VIII*(유전자) 염기서열을 판독한다. 이때 차이를 만드는 차이는 *인자 VIII*(유전자)의 282번째 코돈 가운데 문자가 G인가 A인가 하는 것이다. 카운슬러는 보고서를 받기 전엔 결과가 어떻게 나올지 짐작할 길이 없다. 그러다 코돈 가운데 자리에서 G를 발견하면 그제야 부모에게 건강한 아기가 태어날 거라고 자신 있게 알릴 수 있다. 하지만 가운데 자리 문자가 A라면 카운슬러는 아들에게 혈우병이 있다는 소식을 부모에게 전해야 한다.

리보솜에 의해 번역되는 아미노산의 종류가 바뀌지 않는 DNA 돌연변이는 *같은 의미*synonymous 돌연변이다. 진화생물학자는 두 DNA 조각 사이의 '다른 의미' 변이와 '같은 의미' 변이 비를 바탕으로 DNA 조각이 자연선택을 겪었는지 여부를 추론할 수 있다. 의도를 가진 통역자—리보솜—에게는 의미 없는 차이가 의도 없는 통역자—진화생물학자—에게는 의미 있는 차이가 되는 셈이다.

전보에 실려 전송된 의도

통신공학 이론은 전보국에서 발신자의 말을 옮겨 적는 근면성실한 교환원과 같다. 전보 내용이 슬픈지, 기쁜지, 아니면 당황스러운지는 교환원의 안중에 없다. 자신에게 할당되는 메시지들을 똑 부러지게 처리하면 그뿐이다.

- 워런 위버Warren Weaver(1949)

1917년의 치머만 전보는 만약 미국이 제1차 세계대전에 참전한다면 독일제국과 멕시코가 군사동맹을 맺기로 한다는 기밀 정보를 담고 있었다. 독일은 멕시코에 재정 원조를 약속하면서 멕시코의 텍사스 주, 뉴멕시코 주, 애리조나 주 탈환을 인정하겠다고 선언했다.

영국은 아메리카 대륙과 독일을 잇는 모든 통신망을 1914년 8월 5일에 이미 끊어 버린 터였다. 그런 까닭에 멕시코에 보내는 독일의 메시지는 먼 길을 돌아 전달되어야 했다. 처음에 베를린에서 외무장관(아르투어 치머만Arthur Zimmermann)의 지시하에 독일어 평서문으로 작성된 메시지는 코드 7500을 이용해 암호화됐다. 그러고 나서는 일차로 베를린에 있는 미국 대사관으로 넘겨졌다. 미국 외교채널을 통해 워싱턴 주재 독일 대사관으로 전달하기 위해서였다. 메시지는 베를린에서 코펜하겐으로, 코펜하겐에서 런던으로, 그리고 다시 런던에서 워싱턴 D.C.로 연결되는 통신 케이블을 타고 마침내 첫 목적지에 도착했다. 암호 메시지를 받은 독일 대사관은 내용을 독일어로 풀어낸 뒤 코드 13040을 이용해 새로 암호화했다. 두 번째 암호화는 불가피한 작업이었다. 멕시코에 있는 독일 대사관은 더 보안성 높은 코드 7500의 풀이집을 갖고 있지 않은 탓이었다. 코드 13040으로 갈아입은 메시지는 다시 웨스턴유니온 워싱턴 사무소에서 멕시코시티 지사로 전송됐고 곧장 종이 출력물 형태로 1917년 1월 1일에 멕시코 독일 대사관으로 배달됐다. 멕시코 주재 독일대사의 보좌관이 독일어로 해독한 원고는 독일대사의 스페인어 통역을 거쳐 멕시코 대통령의 귀에 들어갔다.

그런데 런던에 있는 영국 정보부가 미국과 독일 양국 정부를 눈뜬 장님으로 만들며 중간에서 전보를 낚아챘다. 내용 일부를 해독한 영국은 멕시코에 나가 있는 요원에게 코드 13040으로 된 전보 사본을 입수하라는 지령을 급히 내렸다. 이 조치의 주 목적은 영국이 미국의 외교 통신을 훔쳐본다는 사실을 미국 정부가 모르게 하는 것이었다. 영국 정보부는 코드 13040으로 된 전보를 마저 해독했고—내용은 익히 예상한 대로였다—암호 원문을 독일어 해독본과 영어 번역본의 두 가지 버전과 함께 미국 정부에 제공했다. 메시지는 곧 전쟁을 지지하는 정당의 손에 의해 온 미국 언론에 배포됐고, 전국적으로 일어난 아우성은 미국으로 하여금 영국을 주축으로 한 동맹군 편에 자연스레 서게 만들었다. 당시 영국 정부는 영국도 코드 13040 해독이 가능하다는 사실을 어쩔 수 없이 독일에게 발각돼 입을 손해보다 전보를 미국과 공유한 처사의 이익이 훨씬 크다는 결론을 내렸던 것이다.

치머만 전보는 여러 가지 매개체에 담긴 다양한 텍스트 형태로 전달됐고 한 매개체에서 다른 매개체로 넘어갈 때마다 각각 해석을 거쳤다. '메시지'는 독일어로 되어 있을 때도 있었고, 때로는 코드

7500이었으며, 때로는 코드 13040, 때로는 모스부호, 때로는 스페인어, 또 때로는 영어였다. 그러나 베를린, 코펜하겐, 런던, 워싱턴, 멕시코시티의 전보국 직원들에게는 텍스트의 의미가 그저 점들과 선들의 나열을 달리 어떤 해석도 불가한 숫자들과 띄어쓰기들로 '기계적으로' 변환하는 것 혹은 숫자들과 띄어쓰기들의 나열을 똑같이 기계적으로 점들과 선들로 변환하는 것에 지나지 않았다. 직원들은 모든 텍스트를 기계적으로 해석하는 일을 하라고 전보국에 고용됐고 그들에겐 암호 텍스트를 다른 방식으로 해석할 까닭도 능력도 없었다. 교환원이 할당받은 암호 메시지에는 엄청난 양의 정보가 담겨 있었다. 하지만 교환원은 텍스트가 무슨 내용인지 거의 기대하지 않았기에 암호해독 열쇠가 없는 교환원 입장에서는 암호 텍스트에 이해할 수 있는 의미가 전혀 없는 것과 같았다.

반면 워싱턴 주재 독일 대사관의 직원들은 메시지에 큰 기대를 갖고 있었기 때문에 그들이 코드 7500으로 된 원고에서 획득한 정보는 메시지를 손수 접수한 전보국 사람들이 다룬 것보다 적었다. 예를 들어, 대사관 직원은 메시지가 숫자와 띄어쓰기로만 되어 있을 걸 알았던 데 비해 앞서 전보국 직원은 문자가 하나도 없으리라고는 전혀 예상하지 못했다. 다만 메시지가 의미하는 바는 반대로 대사관 직원들에게 훨씬 컸다. 그들에게는 코드 7500 풀이집이 있어서 숫자를 독일어 낱말로 바꿀 능력이 있었던 것이다. 독일어로 재구성된 메시지는 다른 열쇠를 활용해 다시 코드 13040에 따라 새롭게 암호화됐다. 대사관 사람들은 독일어가 유창했기에 각자의 정신에 전보 내용의 해석—기억—을 자연스럽게 생성했다. 이 정신적 해석은 훗날 첩보 누설을 수사하는 과정에서 독일 정보부의 취조를 받을 때 소환되어 다시 열릴 운명이었다.

그렇다면 멕시코 대통령 베누스티아노 카란사Venustiano Carranza에게는 메시지가 어떻게 전달됐을까? 독일 대사 하인리히 폰 에카르트Heinrich von Echardt의 손에는 대통령에게 즉석에서 스페인어로 번역해 읽어 줄 독일어 출력물이—말하자면 원고—들려 있었다. 대사의 통역 작업은 독일어 형상을 하고 있는 종이 위 잉크 자국들을 복잡한 절차를 거쳐 신경신호 텍스트로 해석하는 것으로 시작됐다. 여기서 나온 신경 텍스트는 대사의 뇌 속 구음언어중추에서 못지않게 복잡한 스페인어 번역 과정을 거친다. 그러면 구음언어중추는 다시 신경 텍스트 번역본을 대사의 발성기관으로 전달한다. 그곳에서 음성—소리의 진동—의 형태로 변환된 텍스트는 카란사 대통령의 귀에 흘러 들어가 일차로 해석된 뒤 그의 뇌 속에서 다방면으로 재해석됐다. 이 모든 과정에서 단계가 넘어갈 때마다 지속적으로 변하는 의미는 그것이 종이 위의 잉크 자국이든, 뇌 속 신경활동이든(구체적으로 무슨 생각을 했든지 상관 없이), 공기를 흔드는 진동이든 통역자가 만든 물리적 텍스트 이상도 이하도 아니었다.

정보는 사물 안에 들어 있는 게 아니라 그것을 관찰하는 통역자의 불확실성—엔트로피—감소분에 자리한다. 관찰자가 이미 알고 있는 것은 무언가를 새롭게 알려 주지 못한다. 만약 미국 정보부가 웨스턴유니온 워싱턴 사무소에서 발송된 독일 외교전보의 사본을 늦게 확보했는데, 영국 손에 복사본이 있었다는 사실 말고는 영국 정부가 공유한 전보에 없던 새로운 내용을 달리 찾지 못했다고 치

자. 이때 미국에 새로운 정보를 제공했던 것은 영국이 독일어와 영어 2개 국어로 작성해 공개한 해석본이었다. 그러나 이 텍스트들에 영국이 조작한 허위정보가 섞였는지 아닌지에 관한 미국 측의 불확실성은 치머만이 본인이 전보를 보냈다고 인정하고 영국의 해독 내용이 정확했음을 선언하고 나서야 말끔히 사라졌다.

치머만 전보의 암호화된 텍스트에는 의도되지 않은 독자에게는 해석불가하게—의미 없어 보이게—할 의도가 담겨 있었다. 이것은 독일이 굳이 중간에 미국 국무부를 끼고 메시지를 우회시킨 유일한 이유였다. 코드풀이집들은 의도된 독자만 암호 원고의 숫자들과 띄어쓰기들을 처음에 의도된 독일어 텍스트로 해석하게끔 사용될 의도로 만들어진 사적인 열쇠였다. 영국 정보부는 이런 의도된 해석을 사적인 열쇠 없이 재구성하고자 했다. 코드 그룹들의—'비슷한' 단어는 암호화된 코드의 모습도 '비슷'하다—배열에 담긴 의도되지 않은 정보는 영국 정보부로 하여금 직접 열쇠를 제작해 메시지를 해석하게 할 단서를 제공했다. 이때 독일은 숫자 코드를 사용하고 미국은 알파벳 코드를 사용한다는 의도되지 않은 차이가 영국 정보부의 일을 한결 수월하게 만들었다. 미국식 암호문에 맞춘 듯 들어가는 독일어 단어들은 눈에 띄지 않을 수 없었다.

여기 묘사된 치머만 전보의 돌고 도는 전송 과정은 프리드먼과 멘델스존(Friedman and Mendelsohn, 1994), 폰 추어가텐(von zur Gathen, 2006), 프리먼(Freeman, 2006), 보가트(Boghardt, 2012)의 저술을 참고해 내가 재구성한 것이다. 내게 실제 사건 경위를 해석하는 것은 사료 속의 의도된 거짓정보와 의도되지 않은 오보 때문에 만만치 않은 일이었다. 게다가 내가 텍스트를 읽고서 잘못 해석하는 바람에 의도하지 않게 당신에게 그릇된 정보를 전달했을 수도 있는 일이다. 그럼에도 내 말들은 그것이 가진 목적을 달성할 것이다. 만약 이 글을 읽은 당신의 해석이 내 텍스트를 당신이 이러저러하게 해석할 거라고 생각한 내 의도와 대충 맞아떨어진다면 말이다.

상호 정보와 의미

'의미론적 정보'의 개념은 정보가 해석되기 전부터 정보 안에 의미가 내재한다고 간주한다. 이 시각으로 생각하면 통역자는 기존 의미를 새 매개체에 재포장하는 것이나 마찬가지다. 하지만 나는 정보를 입력값으로 넣을 때 해석 절차를 거쳐 나오는 결과를 의미라 하자고 제안하고 싶다. 이 경우, 의미에 관한 물음의 답은 해석 메커니즘 연구와 해석 능력의 근원에서 찾아야 할 것이다. 이 난해한 물음에 답을 내놓을 수만 있다면 의미론의 유령은 자취를 감출 게 분명하다. '의미론적 정보'와 '해석으로서의 의미' 중 어느 표현을 선호하는지는 사실판단이 아니라 '의미'를 어떻게 정의하느냐라는 선택의 문제다. '해석으로서의 의미'는 정보가 사물의 객관적 성질이 아니고 관찰자가 가진 인식론적 불확실성의 반영이라는 믿음과 합이 맞는다.

아르투어 치머만의 메시지가 하인리히 폰 에카르트에게 전달되기까지 두 단계의 변환을 거친다고 생각해 보자(그림 12.2). 처음에는 치머만의 평서문 텍스트가 치머만의 비서 중 한 명의 손에서 코드 7500 풀이집의 텍스트 보정 규칙에 의거해 암호 텍스트로 번역됐다. 그런 다음 이 암호문은 전보국 직원의 손에서 송신기의 기계적 보정을 통해 전기신호로 변환됐다. 만약 두 변환 단계가 완벽하게 의도대로 이뤄졌다면, 전보 수신기가 접수된 전기신호를 가지고 암호 텍스트를 다시 구현하고 이어서 코드 7500 풀이집을 갖고 있는 요원이 암호문으로부터 평서문 메시지를 재현할 수 있어야 했다.

치머만 전보가 믿을 만하게 전송됐는지 여부는 발송자와 수신자가 적절한 코드풀이집을 가지고 메시지를 꼬기도 하고 풀기도 하는 다중암호화시스템의 *상호 정보*—통계적 의존성—에 달려 있었다. '의미론적 정보' 개념을 선호하는 측은 흔히 의미를 상호 정보와 동일시하거나 의미가 상호 정보에서 나온다고 본다. 이 관점에서는 다양한 형태의 치머만 전보 텍스트가 전송 중에 수차례 변환되는 내내 보존되어 온 공통 의미의 운반자 역할을 한다. 반면에 '해석으로서의 의미' 개념 쪽에서 보자면 상호 정보는 한 대상을 관찰한 내용을 *다른 무언가에 관한* 것으로 *쓸모 있게* 해석되게 한다. 직관적 관찰에 의미가 존재한다고 여기지 않고, 세상에서 유효하게 작용하도록 배경정보—맥락—까지 두루 관찰한 해석적 통합 안에 의미가 있다고 간주하는 것이다.

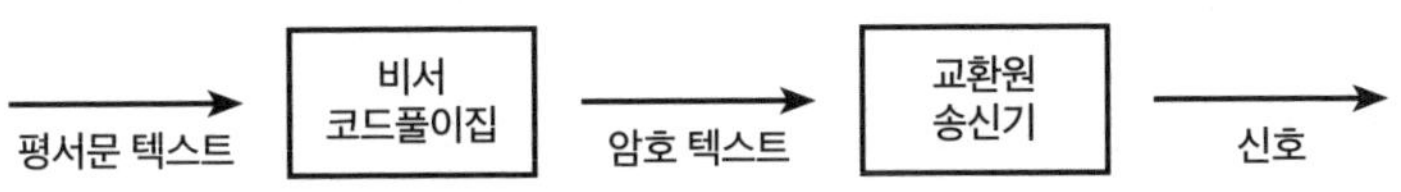

[그림 12.2] 평서문 메시지가 전보신호가 되기까지의 치머만 전보 해석 과정.

세상에는 어떤 것의 가치와 또 다른 어떤 것의 가치가 우리가 미처 인식하지 못한 연관성으로 이어진 사례가 많다. 하나의 관찰을 다른 하나에의 쓸모 있는 작용으로 연결하는 메커니즘을 통역자가 실체화하기만 하면 이런 관계들은 쉽게 '인식되는' 대상이 된다. 관찰한 것으로부터 의미를 '읽는'다고 생각할 때 그런 메커니즘을 코드풀이집—텍스트—에 비유할 수 있을 것이다. 코드풀이집은 상호 정보를 이용 가능한 형태로 코드화한다. 지금 이 문단에서 의도된 '코드풀이집'의 확장 정의는 유효한 작용을 통해 드러나는 실체를 가진 모든 형태의 지식을 포괄한다. ('유전자 코드'를 떠올려 보자. 유전자 코드는 물리적으로 실행되더라도 생물학자가 작성한 최신 텍스트 속 말고는 코드표 따위로 자취가 남지 않는다.) 이 보편적 정의하에서 '코드풀이집'과 '통역자'는 동의어나 마찬가지다. 코드풀이집을 얻는 방법에는 크게 두 가지가 있다. 가장 쉬운 길은 사본을 구하거나 어디서 하나 훔쳐오는 것이다. 바로 이 방법으로 베를린의 독일 외무부와 워싱턴 주재 독일 대사관이 코드 7500 풀이집 사본에 의지해 비밀 통신을 주고받을 수 있었다. 둘째는 관찰한 내용의 맥락을 토대로 통계적 추론을 통해 코드풀이집을 자체 제작하는 것이다. 이게 난이도는 더 높지만 영국 정보부가 성공한 방법이고 어린아이가 말을 깨치는 기술이기도 하다.

해석으로서 의미의 정의는 여러 가지 의미론적 논제를 단순화한다. 예를 들어, 같은 것을 관찰해도 통역자에 따라 어떻게 의미가 달라지는지에 주목하는 다의성, 여러 출처의 정보가 합쳐져 어떻게 새로운 의미로 재탄생하는지를 다루는 통합, 그리고 비딱하면서도 진지한 해석들의 상태가 그런 것들이다. 찻잎점을 생각해 보겠다. 점술사는 찻잔 바닥을 보고 찻잎 찌꺼기가 그리는 무늬를 토대로 손님의 질문에 답한다. 만약 무늬가 다를 때 점괘도 달라진다면 무늬는 점술사가 점괘를 내는 데 정보를 제공하는 셈이다. 그런데 나올 수 있는 모든 해석이 찻잎 모양 안의 '의미론적 정보'로 진짜 존재할까, 아니면 점술사가 있지도 않은 '의미론적 정보'를 발견했다고 착각하는 걸까? 이때 의미를 해석의 결과로 재정의한다면 이 골치 아픈 딜레마를 피할 수 있고 '진짜' 의미와 '가짜' 의미를 구분할 필요도 없어진다. 만약 점술사 여럿이—혹은 한 점술사가 여러 시점에—비슷한 무늬를 비슷한 점괘로 해석한다면, 찻잎과 점괘 사이에는 상호 정보가 존재하는 것이다. 하지만 이것은 점술사가 생산한 의미이지 찻잎의 의미는 아니다.

정보 이론과 의미

통신의 근본적 문제는 어느 한 시점에 선택된 메시지를 다른 시점에 정확히 똑같이 혹은 흡사하게 재생산하는 것에 있다. 보통, 메시지는 의미를 갖는다. 곧, 메시지가 계에 따라 물리적인 혹은 개념적인 특정 존재를 가리키거나 그 존재와 상관관계를 맺는다는 얘기다. 이와 같은 통신의 의미론적 면은 공학적 사안과 완전히 무관하다.

- 클로드 섀넌(1948)

클로드 섀넌(Shannon, 1948)과 워런 위버(Weaver, 1949)가 발전시킨 정보 이론은 보다 광범위한 통신 이론의 일부분이다. 위버는 "한 사람의 생각이 다른 이에게 영향을 미치는 모든 과정을 아우르도록 매우 넓은 범위"에서 통신을 개념화했다(Weaver, 1949, p. 11). 그는 통신의 문제를 기계적인 것, 의미론적인 것, 영향력으로 구분했다. 이 정의에 따르면 기계적 문제는 "송신자로부터 수신자로 가는 정보 이동의 정확성과 관련된 것"이었고 의미론적 문제는 "송신자가 의도한 의미와 비교해 수신자가 해석한 의미가 얼마나 같거나 다른가와 관련된 것"이었다. 또한 영향력 문제는 "수신자에게 전달된 의미가 기대된 수신자의 행동으로 이어질 성공률과 관련된 것"이었다. 그런 까닭에 위버는 기술적 문제 맥락에서는 "정보"라 표현하고 의미론적 문제나 영향력 문제 맥락에서는 "의미"라는 표현을 썼다. 그런 한편, 섀넌에게 "통신의 근본적 문제"는 메시지가 다른 장소에서 정확하게 재생산되느냐의 기술적 문제였다. 그는 이 기술적 문제를 설계로 해결한다는 디자인적 입장을 채택했는데, 그의 수학 이론은 지향성의 문제를 무시한다는 특징이 있었다. 반면에 위버는 의미론적 문제와 영향력 문제를 논함에 지향적 입장을 취했다(가령 "의도된 의미", "기대된 행동" 등의 표현). 하지만 이번에는 수학적 해설이 불가능하다는 단점이 있었다(디자인적 입장과 지향적 입장에 관한 고찰은 데닛의 1987년 저서 《지향적 입장*The Intentional Stance*》을 참고한다).

섀넌의 이론에 따르면, "*나올 수 있는 메시지들의 전체집합 안에서 선택된* 단 하나만이 진짜 메시지"였다(Shannon, 1948, p. 31). 그는 엔트로피—메시지가 다르게 생성될 수 있었던 독립적 방법의 수—의 로그log 변환값을 정보량의 지표로서 사용했다. "만약 집합 안의 메시지 수가 유한하다면, 이 숫자 혹은 이 숫자에 성립하는 모든 단조

함수(정의된 구간 안에서 값이 항상 증가하거나 항상 감소하는 함수—옮긴이)를 모든 선택지의 당첨 확률이 동등하다는 조건하에 집합 안에서 한 메시지가 선택될 때 생성된 정보의 지표로 간주할 수 있다"는 게 섀넌의 설명이었다(Shannon, 1948, p. 379). 위버에게 이는 "단어에 담긴 정보는 당신이 *실제로 말한* 것보다 당신이 *말할 수 있었던* 것과 더 연관된다. 다시 말해, 정보는 메시지를 선택함에 있어 당신에게 주어진 선택 자유도의 지표"라는 뜻이었다(Weaver, 1949, p. 12). 이 맥락에서는 측정된 정보가 "의미와 아무 관련도 없"었다. 섀넌에게 메시지는 만약 메시지가 "계에 따라" 물리적인 혹은 개념적인 특정 존재를 가리키거나 그것과 상관관계를 맺을 때만 의미를 보유했다(Shannon, 1948, p. 379). 이 의미 개념에서는 두 가지 요소에 주목해야 한다. 하나는 메시지와 대상 간의 상관관계(상호 정보)이고 다른 하나는 이 상관관계가 체현되는 '계'다.

그림 12.3은 섀넌의 유명한 도표(Shannon, 1948)를 약간 응용한 것인데, 정보 출처에 의해 선택된 메시지가 송신기를 통과하면서 신호로 번역된 뒤 전송되고 이어서 신호가 수신기에 의해 메시지로 역번역된 후 최종 목적지로 넘어가는 전체 과정이 담겨 있다. 중간에 의도하지 않은 정보—잡음—가 개입하기 때문에 발송된 신호와 수신된 신호는 서로 다르다. 이 그림에서 가장 주목할 곳은 송신기와 수신기 사이의 채널이다. 여기서 최대의 기술적 난관은 수신기가 목적지로 넘긴 메시지가 정보 출처에서 송신기로 전달된 메시지와 최대한 같도록 만드는 것이었다. 같은 과정을 위버는 "내가 당신에게 말할 때 내 뇌는 정보 출처이고 당신의 뇌는 목적지이며 내 발성기관

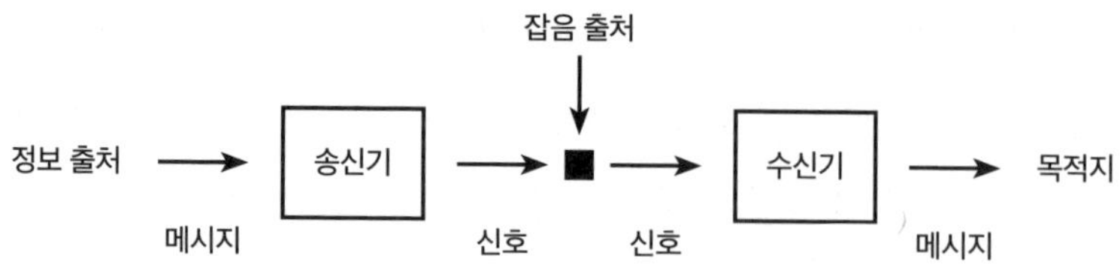

[그림 12.3] 정보 출처에 의해 선택된 메시지가 목적지까지 전달되는 과정을 묘사한 섀넌의 도표(Shannon, 1948).

은 송신기, 당신 귀에 깔린 8번 청신경은 수신기가 된다"고 설명했다 (Weaver, 1949, p. 12). 그러나 위버와 섀넌은 정보 출처가 특정 메시지를 어떻게 선택하는지 혹은 목적지가 수신기로부터 넘겨받은 메시지를 어떻게 해석하는지에 대해 말을 아꼈다. (또한 송신기와 수신기의 내부작동기전 앞에서도 두 사람은 여전히 입이 무거웠다.) 나의 의미 해석에서는 어떤가 하면 정보 출처, 송신기, 수신기, 목적지가 모두 통역자에 해당한다.

위버와 섀넌은 *정보 해석*이 중요한 논제라는 걸 인정하면서도 통역자들 간의 *정보 이동*에 더 무게를 뒀다. 그들과 달리 우리는 이 챕터에서 정보가 어떻게 전송되는지보다는 어떻게 사용되는지를 얘기하고 있다. 그런 까닭에 통신—텍스트(해석되도록 의도된 것)의 생성과 해석—을 특별한 사례로 간주하면서 해석—정보의 사용—의 일반적 문제들을 더 고민한다. 이 경우, 텍스트의 해석뿐만 아니라 환경에 존재하는 의도되지 않은 정보의 사용 역시 해석의 영역에 포함된다고 본다.

차이 생성과 메커니즘

선호도는 대상—사물과 사건—보다는 관계—다름과 같음—에서 비롯되는 속성이다. 누군가가 x를 택했다는 말을 들었을 때 우리는 그 사람이 포기한 게 무엇인지에 관한 얘기도 함께 듣지 않는 한 그의 선호도를 전혀 모르는 것이나 마찬가지다. 어떤 것을 두고 다른 것을 택할 때 우리는 무조건적으로 그것을 지지하는 게 아니라 나머지에 비해 그게 낫다는 선호도를 표현하는 것이다. 이런 결정은 '악조건 가운데 최선의 결과를 끌어내는 것'일 수도 있고 '차악을 선택하는 것'일 수도 있다.

x_1과 x_2 중 양자택일하는 상황은 수식으로는 $\bar{x}\pm\Delta$로 표현된다. 여기서 $\bar{x}=(x_1+x_2)/2$는 같음을 뜻하고 $\Delta=(x_1-x_2)/2$는 다름을 뜻한다. 대상들의 관계인 $\bar{x}\pm\Delta$로 얘기하든 두 대상 자체인 x_1과 x_2로 얘기하든 전달되는 정보는 똑같지만, 관계 표현은 지금 당락이 무엇에 달렸는지를 보다 선명하게 부각시킨다. 우리는 같은 것($\bar{x}$)의 *맥락을 헤아려* 다른 것들($\pm\Delta$) 가운데 선택을 한다. 선택의 순간에 $\bar{x}$는 우리가 지금까지 도달한 지점이고 $\pm\Delta$는 앞으로 맞을 수 있는 미래들, 이를테면 살 미래와 죽을 미래가 나뉘는 갈래다. 그러다 어느 쪽을 고를지 결정하고 나면 선택받은 미래는 지금 막 떠나온 역사 궤적상의 전환점, 즉 과거가 되고 선택받지 못한 미래는 지나간 가능성이 된다. *어째서 그런가*라는 물음—지나온 길—에는 *어째서 그렇지 않은가*—어떤 길이 선택되지 못한 이유(만약 그런 이유가 존재한다면 말이다)—의 흔적이 남아 있다.

폭발을 일으키는 불꽃과 그러지 않는 불꽃 얘기를 다시 떠올려 보자. 성냥을 긋는 행위와 산소의 존재는 차이를 만들지 않는다. 차이를 만드는 것은 수소가 있느냐 없느냐다. 그런데 한편으로는 성냥을 긋는 행위와 산소의 존재야말로 폭발을 유발하는 기전의 핵심 요소다. 다른 조건들은 철저히 통제하고 수소 유무에만 변화를 준 실험을 할 때 과학자는 잠재적 차이를 두 가지 일련의 실제 사건으로 변환시키는 것과 같다. (만약 과학자가 산소 유무와 성냥 긋기 행위에 변화를 줬다면 이 둘은 실험의 변수 역할을 하고 잠재적인 차이생성기가 됐을 것이다.) 관찰은 가능성들 간의 차이가 아니라 실재하는 것들에 대해 일어난다. 메커니즘에 관여하는 것 역시 차이가 아닌 실재하는 것들이다. 그럼에도 우리는 차이를 만드는 메커니즘을 연구한다.

차이생성기로서의 인과는 지금과 달라졌을 수 있는 것을 말한다. 이 인과는 지난날 가지 않은 길들의 역사다. 이와 달리 메커니즘으로서의 인과는 절대 다른 조건이었을 수는 없는 것을 말한다. 이 인과는 하나가 끝나면 또 하나가 터지는 지긋지긋한 외길 경로다. 학계에서는 두 인과 개념의 관계를 두고 활발한 토론이 벌어지고 있다(Hall, 2004; Strevens, 2013; Waters, 2007). 다른 행동이 서로 다른 결과를 낳을 수 있지만 특정 행동이 특정 결과를 불러오는 것도 맞다. 우리는 흔히 세상을 존재들 혹은 관계들로 해석하면서 두 관점 사이의 틈으로 슬며시 빠져나가곤 한다.

통역자는 *투입될 수 있는* 입력값—관찰의 엔트로피—과 *나올 수 있는* 출력값—작용의 엔트로피—을 커플링하도록 진화한 혹은 설계된 메커니즘이다. 이 자유도는 메커니즘의 능력—즉 무엇을 관찰

할 수 있고 어떤 일을 *할 수* 있는가—이다. 통역자는 *실제* 입력값이 *실제* 작용으로 해석되기 전엔 그 무엇도 확신하지 못하고 어떤 결정도 내릴 수 없다. 정보는 실제 관찰이 일어나기 전에 달리 있을 수 있었던 상황이고 의미는 관찰된 내용이 지금과 달랐다면 펼쳐졌을 일들이다. 해석은 정보—차이생성기—와 의미—생성된 차이—를 짝짓는다. 스스로의 운명에 개입하도록 진화한 통역자에게 쓸모 있는 정보는 오직 차이를 만들 수 있는 차이뿐이다.

차이생성기로서의 인과는 인간의 선택 기전에 관한 우리의 인식론적 불확실성을 투영한다. 토큰 사건이 한 번씩만 일어나는 단일 우주에서 "다르게 일어날 수 있었던 것"은 왜 "지금과 다르게는 일어날 수 없었던 것"보다 덜 중시되어야 할까? 그래서 만들어지는 차이는 무엇인가? 그런 결정은 어떻게 내리는가? 로널드 피셔는 내 마음속 이진법 숫자를 건드렸고 나는 "다르게 일어날 수 있었던 것"의 편에 서지만 어떤 차이가 만들어졌는지, 지금 당락이 무엇에 달렸는지는 조금도 헤아리지 못한다(Fisher, 1934). 이진법 숫자는 *언제든 다시 뒤집힐 수* 있다. "다르게 일어날 수 있었던 것"의 관점에서는 우리의 선택이 세상을 *변화시킨다*. 우리는 선택을 하도록 진화했다. 지난 선택이 차이를 만들었고 앞으로의 선택도 그러할 것이기 때문이다.

욕조의 비유

만약 우리 몸을 한없이 축소할 수 있다면 사실상 모든 것을 외면화할 수 있다.

- 대니얼 데닛(1984)

종종 메커니즘 연구는 환원주의와 연결되곤 한다. 환원주의는 작은 부분들의 성질과 상호작용을 가지고 큰 전체를 적절하게 설명할 수 있다는 사상이다. 작은 사건도 합쳐지면 큰 효과를 낸다는 것은 반박할 수 없는 사실이다. 빅토리아 여왕의 세포 하나에 생긴 *인자 VIII*(유전자) 돌연변이는 러시아와 스페인의 왕위 계승자들을 포함해 남자 후손 최소 10명 이상을 혈우병을 안고 태어나게 했다(Ingram, 1976). 아르마딜로를 땅돼지aardvark(몸은 돼지와 비슷하지만 머리와 주둥이가 길고 혀를 뻗어 개미 등의 곤충을 잡아먹는 동물. 주로 아프리카에 서식한다—옮긴이)와 구분짓고 얼룩말과 제부zebu(뿔과 등의 혹이 특징인 소과 동물. 열대 기후에 강하다—옮긴이) 사이에 선을 그은 유전자 차이들이 모두 이런 식으로 세포 하나에 생긴 의도되지 않은 돌연변이로부터 시작됐다.

논쟁의 여지가 없는 또 다른 사실 하나는 큰 전체가 작은 부분들에도 영향을 미친다는 것이다. 내 친할아버지는 제1차 세계대전 중에 독가스에 중독됐다. 당시 병원에서 등을 세워 똑바로 앉은 자세로 검사를 받을 때 아마도 그는 오른손을 눈썹께로 들어 올리는 행동을 했을 것이다. (할아버지는 60년 뒤 돌아가시기 직전에 다른 병원의 침대 위에서도 같은 동작을 취하셨다.) 거수경례의 기원은 짧게는 수백 년, 길게는 수천 년까지 까마득한 옛날로 거슬러 올라간다. 들리는 얘기로는 상관 앞에서 모자를 벗는 의례의 변형이라는 설, 무장한 기사가 투구의 챙을 올리는 동작이라는 설, 무기를 갖고 있지 않음을 상대방에게 보이기 위한 행동이라는 설 등이 분분하지만 모두 추측에 그친다. 내 조부 존 스튜어트 헤이그에게 경례는 호주 장교나 영국 장교 앞에서 거의 반사적으로 나오는 행동이었을 것이다. 하지만 외모가 아무리 비슷해도 다른 사람들은 그에게서 거수경례를 받지 못했을 것이다. 하물며 독일군 장교는 말할 것도 없다. 메커니즘의 관점에서 그의 경례는 신경근이음부에서 아세틸콜린achetylcholine이 분비되면서 팔 근원섬유筋原纖維 안의 액틴actin 가닥들이 활성화되어 미오신myosin 가닥들을 스쳐 지나가며 일어난 현상이었다. 도대체 무슨 분자학적 기전이 추상적 인물 유형 앞에서 그의 손을 들어올렸을까? 어떻게 군대의 전통이 이온을 움직여 세포막을 통과하게 하는 걸까?

0.99999999c의 속도(진공에서 빛의 속도를 1c로 정의한다. 물리학에서 상수로 널리 활용되며 1c는 약 30만 km/s다—옮긴이)로 서로에게 달려가는 두 양성자를 총 에너지 13TeV(테라전자볼트)로 충돌시켰을 때 생긴 잔해는 힉스 보손Higgs boson이 존재한다는 증거로 해석되어 왔다. 이와 같은 입자 반응은 스위스와 프랑스의 접경 지하에 매설되어 무려 둘레 27킬로미터의 덩치를 자랑하는 강입자충돌기Large Hadron Collider로 유도하고 측정한다. 1983년 미국에서는 이보다 훨씬 강력한 초전도 초대형입자가속기Superconducting supercollider의 건설이 의회에서 부결되어 무산되기도 했다. 엄청난 예산이 소요된다는 이유에서였다. 힉스 보손 발견의 성패를 가른 차이는 유럽과 미국의 정치적 합의

점의 격차에서 찾아야 한다. 프랑스에서는 엄청난 에너지에 힘입은 두 양성자가 충돌했는데 미국에서는 그러지 못한 까닭은 아원자 수준의 어느 메커니즘으로도 설명되지 않는다. 소립자들의 운동에 간섭하고 예측한 것은 사람과 사람 간의 역학관계와 대서양을 마주보는 경쟁구도 수준에서 벌어진 일련의 사건들이었다. 선택은 거대하고 복잡한 것이 작고 단순한 것을 통제해 큰 차이를 만드는 수단이 된다.

어떤 사건의 인과적 영향력은 성하기도 하고 이울기도 한다. 브라질 마릴리아에서 나비 한 마리의 날갯짓이 시드니에 폭우를 일으킨다는 이른바 '나비 효과'는 작은 차이가 어마어마한 효과를 불러올 수 있다는 통찰을 간명하게 드러낸다. 그런 한편, '역동적 끌개attractor가 있다'는 말은 정반대를 함의하는 표현이다. 끌개는 있던 차이를 무효화시킨다. 욕조를 떠올려 보자. 컵에서 넘쳐 흘렀든 샤워기 헤드에서 떨어졌든 수도꼭지의 냉수 쪽이나 온수 쪽에서 샜든 욕조에 떨어진 물은 언제나 배수구로 내려가기 마련이다. 욕조가 문자 그대로 끌림 영역basin of attraction(동력학 함수가 끌개의 지배를 받는 영역—옮긴이)인 셈이다. 물분자가 크든 작든 '각자의 의지대로' 움직일 자유는 깡그리 사라진다. 싫든 좋든 물분자가 '자신의 의지를 거스를' 수밖에 없도록 욕조의 성향이 강요되기 때문이다. 배수구로 흘러들게 된 사연은 물분자마다 제각각이지만, 아무리 과거가 다채로운들 미래에 맞는 결과는 모두 하나다. 이것은 차이를 만들지 않는 차이다. 과거의 차이를 지우는 것은 욕조의 재료로 쓰인 *물질*이 아니라 욕조의 *형태*다. 욕조가 자신의 의지를 강제하는 것이다.

욕조의 물이 그리는 소용돌이는 되풀이되는 끌개다. 생물계는 되풀이되는 목표지향적 끌개들로 넘쳐난다. 이곳에서 "가장 아름답고 가장 경이로우면서 끝을 모르는 형태들이 진화해 왔고 지금도 진화하고 있"는 덕이다(Darwin, 1859, p. 490). 수렴하는 구조는 진화적 시간 동안 적응이라는 공간에서 작용하는 끌개다. 다 자란 성체의 형태는 발생적 시간 동안 형태라는 공간에서 작용하는 끌개다. 본능적 행동과 학습된 행동은 행동적 시간 동안 수행력이라는 공간에서 작용하는 끌개다. 문화규범은 사회라는 공간에서 끌개로 작용하면서 구성원들을 공통의 의미로 수렴시키는 수단이 된다. 글씨체나 발음의 미묘한 차이는 단어를 어떻게 이해하느냐에 거의 영향을 주지 않는다. 토큰으로서의 단어는 바위만큼이나 안정해서, 표현의 자유를 확실히 보장한다. 그리고 거수경계는 실로 요상한 끌개strange attractor(무질서 속에서 전체 구조를 닮은 비슷한 작은 구조들이 끝없이 되풀이되는 프랙털 구조를 갖는 끌개—옮긴이)다.

유기체에는 다중의 시공간 척도가 인과적으로 요동쳐도 기본 기능들은 평정을 잃지 않도록 하는 항상성 끌개의 정교한 계층 구조가 체현되어 있다. 분자에서 세포를 거쳐 개체에 이르기까지 모든 층위의 신체적 끌개들이 돌발 상황에 유기체의 운명이 받을 충격을 완충시킨다. 이처럼 무의미한 차이들을 없애면 의미 있는 차이에만 '집중'할 수 있다. 유기체는 세상에 수없이 널린 원인 선택지들 가운데 결정의 순간에 적응력 있게 개입해야 한다는 조건에 부합하는 원인만 엄선한다. 유기체는 의도된 목적의 추구를 위해 스스로 선택한 정보에 의해 움직이는 '부동의 원동자'다. 유기체는 어느 차이가 차이를 만들지 직접 결정한다. 바로 여기서 책임의 퇴보가 멈춘다. 유기체가 몸에 달린 줄을 스스로 쥐고 조종한다.

생명의 의미

생명은 영원한 반복이다. 어제의 모습이 오늘도 존재하고 과거에 일어났던 일이 지금 또 일어난다. 그러나 정자가 난자와 결합할 때 만들어지는 발생기의 통역자는 전에 본 적 없는 새로운 존재다. 우리의 유전자에는 아득한 과거부터 전해 내려온 정보가 담겨 있다. 우리는 이 정보에다가 현생에서 얻은 정보를 보태 하루가 다르게 변하는 세상에서 우리 선택의 방향을 정하는 데 참고한다. 접합자가 저 유전자 세트가 아닌 이 유전자 세트를 물려받는 것은 일종의 우연이라고 할 수 있다. 모계 유전체나 부계 유전체에서 추출된 수많은 가능성 중 하나가 무작위로 걸리는 사건들이 꼬리에 꼬리를 물고 일어난 결과이니 말이다. 카드는 옛것이지만 뽑히는 패는 매번 새것이다. 카드의 패는 예측 불가능해도 우리는 주어진 패를 가지고 최선을 다하려고 노력한다. 그렇게 한바탕 놀고 나면 카드가 다시 섞인다.

생명의 의미는 그것이 살아 내는 삶이다. 당신의 몸은 당신의 생명이 해석된 것이다. 데카르트의 이원론은 선택이 이뤄지면 사용될 도구—*res extensa*(외부로 연장된 실체)—와 선택 과정에 사용되는 텍스트 부분—*res cogitans*(사유하는 존재)—으로 개인의 신체를 나눴다. 유기체가 행동할 때 어느 정보에 반응하고 어떻게 반응할지는 유기체 진화와 발생의 역사가 결정한다. 유기체는 스스로 드라마의 주인공이 되어, 무의미한 원인들 및 경쟁하는 서사들의 지우개로 작용하면서 자신의 의지를 표출한다. 하지만 이런 행동의 자율성에도 여전히 적잖은 주인공들이 지독한 운명의 돌팔매와 화살에, 그리고 다른 배우들이 연기하는 역할들 중 불가항력의 인자들에 무릎을 꿇는다.

자기투영적 유기체—자아—는 입력값과 출력값 사이의 연결고리를 재조직해 갈수록 보다 효율적인 선택이 일어나게 하고, 어떤 입력값은 새기고 어떤 입력값은 무시할지를 경험으로부터 배우고, 지난 행동에 대해 받은 피드백을 연습에 반영함으로써 수행력의 완성도를 높이고, 풍부한 기억에 의지해 미래의 선택에 신중을 기하는 내적 변화를 도모하면서 자신이 속한 세상에 반응한다. 나아가 고도로 발달한 자아는 일 잘하는 다른 실행자들을 관찰하고, 부모와 스승들의 가르침을 새기고, 직접 정한 목표를 추구하는 삶에서 기준으로 삼을 원칙을 스스로 선택함으로써 자신의 행동을 강화한다. 이런 내부적 변화는 자아의 인생 경험으로 실체화되어 기억—이 자아의 삶의 의미—으로 각인된다. 복잡하고도 은밀한 이 사적 텍스트에는 스스로에게 해석될 의도가 담겨 있다. 그렇게 나온 해석은 유전자 텍스트와 문화 텍스트가 농축된 옛 지혜에 감각을 통해 얻은 새 정보를 더해 한 덩어리로 녹여 낸다. 그런 해석은 무언가의 결과이기도 하고 무언가의 계기이기도 하다. 그것은 물질로 되어 있어서 육신이 다할 때 함께 사라지는 필멸의 영혼이다.

태초에 메커니즘이 있었다. 일들은 그냥 일어났다. 의미의 기원은 의도적인 차이 생성의 출발점에 있었다. 관찰과 의도된 행위의 자유도가 넓고 깊어질수록 선택은 자유로워졌다. 그러니 자유로운 선택이 무엇인지 이해하려면 먼저 통역자의 영혼을 이해하지 않으면 안 된다.

끝에 시작이 있다*In fine est principium*.

X*
비브 라 디페랑스**

From Darwin to Derrida

* 이 단원의 번호를 숫자가 아닌 알파벳 X로 단 것은 번호를 매길 수 없이 진화하는 텍스트라는 뜻이다. 본문 첫 문단 참고—옮긴이.

** Vive la différance. '차연差延 만세'라는 뜻. 차연은 의미의 확정이 계속 연기되는 것을 단순한 차이와 구분하기 위해 데리다가 만든 용어다—옮긴이.

현대 생물학자가 글쓰기와 프로그램을 살아 있는 세포 안의 가장 기본적인 정보처리 과정과 연관지어 얘기하는 것도 이런 맥락에서다.

- 자크 데리다(1976)

유전자는 끝없이 진화하는 텍스트다. 이것을 X라 하자. 가장 최신 버전 유전자인 X_0은 자연이 $X_1 + \Delta_1$을 채택하고 $X_1 - \Delta_1$은 소거한 결과물이다. 여기서 X_1은 이전의 같음 정도를, Δ_1은 이전의 다름 정도를 말하고 $\pm\Delta_1$은 이전 차이다. (수학에서는 차이를 기호 Δ로 표기하고, 음수 기호와 양수 기호를 합친 ±로 둘을 한 번에 표시한다.) X의 해체는 *반복적*이다. X_1 역시 $X_2 + \Delta_2$가 채택되고 $X_2 - \Delta_2$는 소거된 이전 선택의 결과물이기 때문이다. 즉 X_0은 $(X_1 + \Delta_1)$으로 해체되었다가 또 $((X_2$

$+ \Delta_2) + \Delta_1)$으로 해체되고 다시 $(((X_3 + \Delta_3) + \Delta_2) + \Delta_1)$으로 해체된다. 이런 식으로 *n*차까지 해체가 진행된다.

$$(((((((X_n + \Delta_n) + \Delta_{n-1}) + \Delta_{n-2}) + \Delta_{n-3}) \cdots + \Delta_3) + \Delta_2) + \Delta_1)$$

*n*차까지 해체된 텍스트에서 원문 X_n은 수식에 누적된 수많은 차이들 가운데 아주 사소한 항이 되어 있고, 더 이전 차이들의 합으로 추가 분해된다. 결국 텍스트는 텅 비어 지난날 채택된 것들($\Sigma\Delta$)과 소거된 것들($-\Sigma\Delta$)의 잔상만 남는다(여기서 Σ는 합계를 뜻한다). 차이의 흔적($\pm\Sigma\Delta$)은 동전의 값어치와 같다. 이 ~~수학 모델~~ 문장은 절대 끝나지 않고 새로 ~~쓰일~~ 읽힐 때마다 새롭게 해석되는 ~~유전자~~ 진화하는 텍스트의 의미를 통명스레 암시한다. ~~채택됐던 값들과 소거됐던 값들은 수식에 드러나지 않는다.~~ *쓰이고 있다*라는 텍스트의 현재진행형 시제는 *고쳐 쓰였다*라는 과거완료형과 *고쳐 쓰일 것이다*라는 미완료미래형 사이에 자리한다. 텍스트의 의미는 글이 *읽히는 동안* 또 새롭게 피어오른다.

> Le champ de l'étant, avant d'être déterminé comme champ de présence, se structure selon les diverses possibilités—génétiques et structurals—de la trace. (Derrida, 1967, p. 69)
>
> 실재의 장場으로 확정되기 전, ~~실체~~ 존재의 장은 유전자와 구조 면에서 흔적의 다양한 가능성에 따라 형태를 갖춰 간다. (데리다의 원문을 스피박Spivak이 번역. ~~1976~~ 2016, p. 51)

데리다 해체하기

앞 챕터에서 나는 '해석될 의도를 가진 해석'을 지칭하는 단어로 '텍스트'를 사용했다. 사실 텍스트에 관한 이론들이 현대 인문학의 핵심임은 어렴풋이 짐작했어도 이쪽은 내가 거의 모르는 분야였다. 그래서 나는 내 텍스트부터 대강 정리하고 나서야 저자가 텍스트에 관해 하려던 말을 이해해 보려고 《그라마톨로지에 대하여*Of Grammatology*》(Derrida, 1976)를 빌려 읽었다. 책에서 받은 첫인상은 데리다와 내가 *같은* 내용을 *서로 다른* 언어로 적고 있다는 것이었다. 유전자는 견고한 기호들이 최초로 집합된 태고의 원문 기록일까? 데리다와 도킨스가 글의 중요성 부분에서 같은 의견을 갖고 있었다고 말할 수 있을까?

데리다는 인간의 의식 앞에 펼쳐지는 바깥세상의 무언가를 *존재 그대로* 인식할 수 있다는 주장에 반대했다. 그는 텍스트 쓰기와 고쳐 쓰기에 관한 글을 남겼다. 비슷하게 대니얼 데닛은 데카르트의 극장 가설을 부정했다. 데카르트의 극장은 경험이 의식으로 재생되는 뇌 안의 가상공간을 말한다. 또한 그는 정본 텍스트 같은 건 없고 무한 개정되는 수많은 초고만 존재할 뿐이라고 기록했다. 혹시 데리다와 데닛이 뜻밖의 연관성으로 저들도 모르게 의식의 해체에 함께 기여했을까? 두 사람 모두 자아각성에 심취했던 걸 보면 그럴지도 모른다.

살아 있는 모든 것에는 자기애의 능력이 있다. 오직 상징화할 줄 아는, 다시 말해 스스로를 애정하는 존재만이 타인에게서도 호감을 이끌어 낼 수 있다. 자기애는 모든 경험을 위한 전제조건이다. '생명'의 다른 이름인 이 경험의 가능성은 생명의 역사가 세운 다목적 건축물이며 복잡다단한 생명 활동을 위한 공간을 제공한다. (Derrida, 1976, p. 165)

소리를 낮춘 혼잣말의 미덕을 깨달으면 나중에는 완벽한 침묵 속에서 독백을 할 수 있게 된다. 침묵의 시간은 자아각성의 고리를 쉼 없이 순환시키고 애초에 별 도움이 안 됐던 입과 귀를 닫히게 한다. (Dennett, 1991, p.197)

본기능인 '진정적응'과 부기능인 '굴절적응'을 굳이 두 용어로 구분하는 것을 싫어하는 내 취향은 기원적 의미를 부정하는 데리다의 태도와 닮았다. 데리다의 저술에 이런 구절이 있다. "흔적의 의미를 숙고하다 보면 기원, 즉 단순한 처음이란 건 없다는 사실을 깨닫게 된다. 기원 논제에는 늘 존재에 관한 형이상학이 따라다닌다"(Derrida, 2016, p. 80). 기원적 의미를 찾는 것은 닭이냐 달걀이냐의 문제에서 궁극의 정답을 알아내겠다고 고집스레 매달리고, 어떤 시를 반드시 매번 같은 어조로 낭독하라고 요구하는 것과 같다. 또한 "그 사람이 먼저 시작했어"라는 판에 박힌 변명으로 자신의 불만을 정당화하고 책임을 피하려는 속내와도 다르지 않다.

이 책의 원고가 거의 완성될 무렵, 나는 내가 데리다의 사상에서 짙게 풍기는 생물학의 은유를 감지한 최초의 인물이 아니라는 걸 깨달았다. 프란체스코 비탈레Francesco Vitale의 《생물학의 해체 *Biodeconstruction*》(2018)는 1975년에 프랑수아 자코브의 저서 《생명의 논리*Logic of Life*》를 주제로 데리다가 열었던 세미나의 내용을 재구성한 도서다. 하지만 자코브가 내놓은 생명의 해석을 데리다가 숙독해 내린 결론을 다시 비탈레가 정독한 해석은 연기되어야 마땅하다. 내가 데리다의 의중을 잘못 읽었다고 항의하는 독자도 있겠지만, 내 짐작엔 아마 그도 내 방어적 반응을 칭찬할 것이다. 해석을 벗어난 텍스트는 아무 의미도 갖지 않는다. 내 텍스트는 데리다의 텍스트를 읽고 나서 쓰인 결과물이며 이제는 독자들에게 읽힘으로써 고쳐 써질 것이다. 외람된 말이지만, 이 텍스트 안에서 '자크 데리다'는 더 이상 존재하지 *않으며* 그의 흔적만 도처에 흩어져 있다.

(유전자는 (밈은 (기억은 개인적) 문화적) 진화적) 과거의 기록이다.

13

의미의 기원에 관하여

From Darwin to Derrida

ON THE ORIGIN
OF MEANING

처음에 몇몇 또는 하나의 형태로 숨결이 불어넣어진 생명이 불변의 중력 법칙에 따라 이 행성이 회전하는 동안 여러 가지 힘을 통해 그토록 단순한 시작에서부터 가장 아름답고 경이로우며 한계가 없는 형태로 전개되어 왔고 지금도 전개되고 있다는, 생명에 대한 이런 시각에는 장엄함이 깃들어 있다.*

- 찰스 다윈(1859)

창세 후지만 여전히 멀고먼 옛날엔, 세상에 DNA도 단백질도 없고 오직 RNA뿐이었다. 무소용한 RNA는 냉정하고 무심한 자연선택에 의해 조용히 소멸됐고 일 잘하는 RNA는 직접적으로든 간접적으

* 찰스 다윈, 《종의 기원》, 장대익 옮김, 최재천 감수, 사이언스북스, 2019.

로든 자신의 복제에 유리한 쪽으로 환경을 이끌었다. 뛰어난 RNA에게 자기 홍보는 각자 존재 이유이자 맡은 역할인 동시에 살아가는 목적이었다. RNA 중에는 유익한 화학반응을 촉진하는 촉매 작용을 하는 것이 있다. 더 효율적인 촉매의 선별적 복제는 *별로 쓸모 없는* 분자들 사이에서 좋은 재료를 골라낼 줄 아는 RNA만 살아남게 하고 금속이온이나 보조화학물질을 포섭해 효소 활성을 강화한 변종 RNA를 탄생시켰다. 나머지 RNA들은 바깥일에 그때그때 선택적으로 대처했다. 그런 선택들은 의미의 가장 원시적인 표현이었다. 하지만 그렇게 단순한 시작점 하나에서 매우 아름답거나 몹시도 흉측한 수많은 형태들이 발전해 나왔으며 이 발전은 지금도 일어나는 중이다.

원시 RNA 세상은 훨씬 정교한 고등생물들로 풍성해진 지 이미 오래다. 그러나 이러한 원시기구 일부의 직계 후손은 오늘날까지 살아남아 평균 이상으로 기다란 mRNA의 '번역되지 않는' 영역 안에서 명맥을 유지하고 있다. 이 영역이 하는 일은 '메시지'를 단백질로 번역시킬지 말지 조절하는 것이다. 이번 챕터는 잠시 큰 주제를 벗어나 생화학 개론으로 출발할 텐데, 나중에 뒤에서 생화학 현상을 가지고도 얼마나 고상한 해석이 나올 수 있는지를 알로스테리allostery 거대분자를 예로 들어 보여 주기 위해서다. 가능성과 실제 사이의 관계를 바로 논의하고 생명의 의미를 암시하는 단서들의 독단적 성질이 중요한 까닭을 지금 당장 알고 싶은 독자들은 다음 챕터로 건너뛰어도 괜찮다.

리보자임과 리보스위치

RNA 가운데 화학반응의 촉매 역할을 하는 것을 *리보자임* *ribozyme*이라 부른다. 일부 리보자임에는 특정 소분자를 예민하게 인식해 그것에만 결합하는 염기서열이 존재한다. 이 염기서열 부분을 *앱타머*aptamer라 하는데, '딱 맞춘'이라는 뜻의 라틴어 *aptus*(압투스)에서 나온 말이다(Ellington and Szostak, 1990). 앱타머는 오직 리간드ligand라 불리는 파트너하고만 결합한다('결합하기에 딱 맞는'이라는 뜻의 라틴어 *리간두스ligandus*에서 따왔다). 리간드에 최적화되어 진화한 앱타머의 맞춤새는 리보자임이 주변 환경에서 화학반응에 쓸 재료를 고르는 수단이 된다. 리간드는 앱타머에 결합하는 대로 화학반응에 참여한다. 때로는 리간드의 직접 참여 없이 돌아가는 상황을 감지해 RNA에게 행동을 지시하는 센서로 앱타머가 사용되기도 한다. 이처럼 센서(앱타머)와 효과기(발현 플랫폼)가 기능적으로 합체한 RNA를 *리보스위치* *riboswitch*라 한다(Roth and Breaker, 2009).

리보자임과 리보스위치는 리간드가 있을 땐 반응을 일으키고 리간드가 없을 땐 그러지 않는 분자기구이다. 다만 리보자임이 작용 발현에 실제로 쓰이는 도구라면 리보스위치는 정보를 바탕으로 발현시킬 작용을 선택하는 *통역기*라고 할 수 있다. 리보자임은 반응이 언제나 원활히 일어나게 돕는 일을 한다. 반면에 리보스위치의 임무는 리간드가 있으면 반응을 돕고 리간드가 없으면 반응을 막는 것이다. 도구와 통역기는 리간드가 있거나 없을 때의 '반응'이 둘 다 '의도적'이냐 아니냐로 식별된다. 다시 말해, 리간드가 없을 때 잠잠한 것이 적합도 면에서 이득인지 여부로 둘을 구분할 수 있다. 리보자임의 경우는 리간드의 부재가 기능 수행에 걸림돌이 되지만, 리보스위치는 주변에 리간드가 없을 땐 반응을 안 일으키기로 마음을 바꾸면 그만이다. 리보자임은 세상 안에서 활동하고 리보스위치는 세상을 지켜보면서 해석하는 셈이다.

현대의 리보스위치들은 mRNA 내의 코딩되지 않는 염기서열 부분에 자리하면서 이 mRNA가 효소(촉매 작용을 하는 단백질)로 번역되게 할지 말지를 통제한다. 글루코사민-6-인산염GlcN6P, glucosamine-6-phosphate은 박테리아의 세포벽 건설에 필요한 재료물질이다. GlcN6P의 합성은 *glmS* mRNA에 인코딩된 GlmS라는 효소가 촉매한다. 이 *glmS* mRNA 사슬의 상류쪽 번역되지 않는 구역에는 GlcN6P에 결합하는 앱타머가 있다. 앱타머는 GlcN6P와의 결합으로 효소 활성을 얻어 자기 위치와 가까운 mRNA 내의 한 지점을 가위질할 수 있게 된다. 그러면 mRNA가 분해되므로 GlmS 효소가 번역되어 나오지 못한다(Klein and Ferré-D'Amaré, 2006). 이런 식으로 *glmS* 리보스위치는 음의 피드백negative feedback 기전을 실행한다. 한마디로 GlmS는 GlcN6P가 없을 때만 번역되고 있을 땐 번역되지 않는다(Collins 외, 2007). (사실 이 분자기구는 리보자임과 리보스위치 양쪽의 특징을 동시에 갖는다. GlcN6P가 mRNA 분해에 직접 관여하지만 온 상태와 오프 상태 모두 각각의 기능을 한다는 점에서 그렇다.)

glmS 리보스위치를 가장 단순하게 개념화한 모델은 분자 입체구조conformation의 변화와 주변세상에 관한 1비트짜리 정보를 합쳐 현재 상태의 자유도 1이 된다는 것이다. 이 모델에서 GlmS 생산 여부

는 GlcN6P의 유무에 의해 결정된다. 그런데 고초균(바실루스 섭틸리스)의 *glmS* 리보스위치는 조금 다르다. 이 리보스위치의 앱타머는 GlcN6P와 글루코스-6-인산염G6P, glucose-6-phosphate 둘 다에 결합 가능하지만 오직 GlcN6P에 결합할 때만 번역을 억제한다(Watson and Fedor, 2011). 난이도가 이처럼 올라간 배경은 G6P가 GlcN6P의 합성에 쓰이는 재료라는 사실에 있다. 즉 *glmS* 앱타머 결합을 두고 G6P와 GlcN6P 사이에 벌어지는 경쟁이 세포 내 리보스위치 집단을 원료와 완성품의 물량비에 민감해지게 만든다. 그 결과로 GlmS 번역 장치는 오로지 완성품이 넘쳐나는 *동시에* 원료는 바닥을 보일 때만 작동을 멈추게 된다.

비타민B군은 RNA 합성의 원료인 리보뉴클레오티드ribonucleotide와 화학적으로 연관성을 가지며, 효소 단백질의 보조인자 역할을 하기에 생물의 기본 대사반응에 없어서는 안 되는 물질이다. 그런 비타민B군이 RNA 세상에서도 리보자임의 보조인자로 기능했던 걸로 짐작된다(Monteverde 외, 2017; White, 1976). 다수의 리보스위치가 티아민 피로인산염TPP, thiamin pyrophosphate에 대한 앱타머를 보유하는데, TPP는 바로 티아민(즉 비타민B_1)의 생체활성 형태이다. 이 앱타머는 TPP 결합 후 '활성'형이 안정화될 때까지 시시각각 변모하는 과도적 모습들로 존재한다. TPP 결합이 동요시킨 RNA 에너지 지형energy landscape은 유전자 발현 과정의 후반부 작업을 매개하는 발현 플랫폼에 입체구조의 변화를 불러온다(Montange and Batey, 2008; Winkler, Nahvi, and Breaker, 2002). 원핵생물의 TPP 리보스위치는 전사나 번역을 직접적으로 조절하는 반면, 진핵생물의 TPP 리보스위치는 mRNA의 선택적 스플라이싱alternative splicing 단계에서 관여한다(Li and Breaker, 2013; Wachter, 2010; Wachter 외, 2007).

에셔리키아 콜라이의 thiM 효소에는 티아졸thiazole과 아데노신 삼인산염ATP, adenosine triphosphate의 결합 부위가 있다. 이 효소가 하는 일은 ATP의 인산염기를 티아졸로 옮겨 티아졸 인산염을 만드는 것이다. 그러면 마침내 TPP 합성이 시작될 수 있다(Jurgensen, Begley, and Ealick, 2009). thiM 효소를 인코딩하는 *thiM* mRNA에는 TPP 앱타머가 존재한다. 앱타머 안에 있는 안티-안티-SDanti-anti-Shine-Dalgarno 염기서열은 발현 플랫폼의 안티-SD 염기서열과 완벽하게 들어맞는 여합부절如合符節의 관계를 이룬다. 그런데 안티-SD는 또 mRNA상의 번역 시작점에서 상류쪽으로 가까이에 자리한 SD 염기서열과도 여합부절 관계다. 안티-SD와 따로 있을 때 SD 서열은 mRNA가 리보솜에 접근할 수 있게 해 단백질 번역을 유도한다. TTP가 없을 땐 안티-안티-SD와 안티-SD 쌍도 단백질 번역에 힘을 보탠다. 하지만 TPP가 안티-안티-SD에 붙어 손발을 묶으면 안티-SD와 SD가 결합하면서 번역 기능이 꺼진다(Winkler, Nahvi, and Breaker, 2002). 즉 TPP가 별로 없을 때는 thiM 합성이 일어나고 TPP가 흔할 땐 일어나지 않게 된다. 그러나 이중통제전략—안티-SD(번역 기능을 끔)와 안티-안티-SD(번역 기능을 켬)를 겹겹이 활용함—에서 미루어 짐작하건대 이처럼 '단순한' 리보스위치조차 이진법의 1비트 정보 이상으로 복잡한 계산을 해내는 걸로 보인다.

때로는 두 리보스위치가 담합을 하기도 한다. 바실루스 클라우시이*Bacillus clausii*의 *metE* mRNA는 S-아데노실 메티오닌SAM, S-adenosyl methionine과 아데노실코발아민adenosylcobalamin(비타민B_{12})에 대해 늘 한 조로 움직이는 두 리보스위치를 갖는다. 각각의 전사는 리간드가 리보스위치에 결합하는 순간 정지하며, 주변에 SAM도 비타민B_{12}도 전혀 없어야 전사가 계속 일어난다(Sudarsan 외, 2006). 합성 경로를 살폈을 때 이런 관계가 생긴 이유는 metE 효소도 SAM 전구체인 메티오닌을 만들 줄 알지만 박테리아가 비타민B_{12}를 보조인자로 활용해 보다 효율적으로 메티오닌을 생산하는 기술을 따로 보유하기 때문인 듯하다. 그런 까닭으로 *metE*는 오직 세포내 환경이 SAM과 비타민B_{12} 모두 결핍된 상태일 때만 전사되고 번역되는 것이다(Breaker, 2008).

페르디낭 드 소쉬르Ferdinand de Saussure가 주창한 언어학은 기호sign의 성격이 자의적이라는 것, 그러니까 기표signifier와 기의signified 사이에 필연적 관계가 있는 건 아니라는 게 핵심이다(Saussure, 1916, 1986). *알로스테리*는 이와 평행적인 분자생물학 개념으로, 리간드가 거대분자의 한 지점에 결합하여 다른 지점의 기능을 변화시키는 것을 가리킨다(Goodey and Benkovic, 2008; Monod and Jacob, 1961). 알로스테리는 자연선택에 의한 진화를 분자 입체화학의 구속으로부터 해방시킨다. 그로써 리간드와 반응 사이에 물리화학적으로 자의적 관계가 용인되기 때문이다. 그런 뜻에서, 단백질을 주제로 썼지만 RNA에도 온전히 통하는 자크 모노Jacques Monod, 장피에르 샹죄Jeanne-Pierre Changeux, 프랑수아 자코브의 다소 웅변조 결론을 통째로 인용할 가치가 있겠다.

그러므로 조절 기능의 알로스테리 단백질은, 다른 상황이었다면 어떤 식으로든 서로 교류하지도 교류할 수도 없었을 대사체들 사이에 좋든 나쁘든 간접적 상호작용이 일어나게 함으로써 낯설거나 무관심한 화학물질의 감독하에 특정 반응만 유도하는, 선택적 엔지니어링의 특별한 결과물이라 함이 마땅하다. 이와 같은 식으로, 생물체의 세포 내 반응경로들 혹은 장기조직들을 잇는 편리한 관제통신망이 적당한 알로스테리 단백질 구조의 선택을 통해 어떤 과정을 거쳐 생겨나고 자리 잡았을지 이해할 수 있을 것이다. (……) 특정 단백질을 촉매나 수송체만이 아니라 화학신호 수신분자이자 송신분자로도 활용하면 감히 대적할 수 없던 화학적 제약에서 벗어나게 된다. 비로소 생물체가 고도로 복잡한 회로를 짓고 발전시키는 선택을 하는 것이 가능해진다. (Monod, Changeux, and Jacob, 1963, pp. 324~325)

리보스위치 면에서, 앱타머와 발현 플랫폼의 입체적 커플링은 신호와 반응 사이에 물리화학적으로 자의적인 커플링을 성사시킨다. 알로스테리 덕분에 앱타머와 발현 플랫폼 사이에 진화를 위한 믹스매치가 가능해지는 셈이다. 물리화학적으로 glmS 리보자임의 절단 작업에는 GlcN6P가 굳이 필요하지 않다. 뉴클레오티드 세 개만 달라진 변이형 리보자임이 GlcN6P 없이 혼자서도 mRNA를 잘라내기 때문이다(Lau and Ferré-D'Amaré, 2013). glmS 리보스위치가 GlcN6P 합성과 아무 상관 없는 기능을 가진 mRNA 안에 머물면 안 될 특별한 물리화학적 이유도 없다. 예를 들어, glmS 리보스위치는 thiM mRNA의 TPP 리보스위치를 대체해 TPP가 아니라 GlcN6P의 유무에 예민하게 굴면서 티아민 합성을 중재할 수 있다. 다만 GlcN6P가 없어야만 glmS mRNA를 분해하는 리보자임도, GlcN6P가 있을 때만 티아민 생산을 방해하는 mRNA도 적응 맥락에서는 납득되지 않는다.

그런데 진화의 시간 척도로 크게 생각하면, 매 순간 분주하게 일하는 통역기 생물분자에 입력되는 정보와 출력되어 나오는 중요 결과 사이의 인과적 연관성이 알로스테리 면에서는 자의적이어도 적응 목적으로는 일리가 있다. 마땅히 모양새에 변화를 줄 만해진다는 소리다.

초천문학적 숫자

RNA나 DNA의 길이가 뉴클레오티드 *n*개에서 *n*+1개로 길어질 때마다 새로 나올 수 있는 염기서열의 가짓수는 4배씩 증가한다(뉴클레오티드 4종=뉴클레오티드 1개당 2비트의 정보량). 한편 폴리펩타이드의 경우는 아미노산 *n*개에서 *n*+1개로 길어질 때마다 새로 나올 수 있는 아미노산서열 종류가 20가지씩 늘어난다(아미노산 20종=아미노산 1개당 대략 4.322비트의 정보량). *n*비트짜리 서열에는 메시지가 최대 2*n*개까지 담긴다. 이해를 돕는 예를 들면, 300비트의 서로 다른 모든 문자열의 수는 우주의 기본 입자 수와 대략 맞먹는다고 한다(Lloyd, 2009). 이걸 기준 삼으면 뉴클레오티드 150개짜리 RNA의 수와 아미노산 70개짜리 단백질의 수가 우주의 기본 입자 수와 비슷한 규모가 된다. 우주 비유를 부담스럽게 느낄 독자를 위해 다른 예를 하나 더 들면, 뉴클레오티드 100개짜리로 나올 수 있는 RNA 염기서열 유형을 중복되지 않게 빠짐없이 전부 센다면 지구 질량의 1013배와 엇비슷한 값이 나온다(Joyce, 2002).

대부분의 mRNA는 뉴클레오티드 150개보다 길고, 대부분의 단백질은 아미노산 70개보다 길다. 사람 *IGF1R* 유전자의 mRNA는 7000개가 넘는 뉴클레오티드로 되어 있으면서 아미노산 1000개 이상으로 된 단백질의 합성을 명령한다. 전사는 되지만 mRNA 성숙 직전에 잘려 나가는 인트론intron까지 포함하면, 이 유전자에 해당되는 DNA 구간만 그 덩치가 무려 뉴클레오티드 31만 6000개에 육박한다. 이 정도 규모에서 조합될 수 있는 염기서열 가짓수는 그야말로 초超천문학적이라고(Quine, 1987, p. 224) 혹은 어마어마하다고밖에(Dennett, 1995, p. 109) 표현되지 않는다. 문제는 사람 유전체에는 마치 측량된 적이 없어 정확한 크기를 헤아릴 수 없는 비코딩 염기서열들의 대양 여기저기에 수많은 섬들이 흩뿌려진 것처럼 단백질을 인코딩하는 이런 유전자가 수만 개나 존재한다는 것이다. 존재 가능한 모든 RNA들과 단백질들 중 우리가 실제로 알아낸 것은 현대기술로 인식 가능한 거리와 시간대의 우주 안에서 티끌만큼 작디작은 극소수뿐일지도 모른다. 수색 행위를 할 장소로는 초천문학적 공간이나 무한공간이나 실질적으로 아무 차이가 없기 때문에 초천문학적 공간은 '사실상 무한'하다. 무한한 공간은 절대 소모되지 않고 더 큰 공간 안에 들어가지도 않는다.

계산상으로야 길이가 길어질수록 나올 수 있는 RNA, DNA, 단백질의 가짓수가 초천문학적 수준까지 빠르게 증가하긴 해도, 초천문학적 값은 자연선택에 의한 진화가 따라잡기에는 역부족인 영역이다. 세상에 한 번이라도 나왔던 염기서열의 가짓수가 어마어마하게 큰 건 사실이지만 그래봐야 아직은 땅바닥에 붙은 숫자다. 1비트의 유전정보는 먼 옛날부터 전달되어 오는 동안 분명 '생'과 '사'의 갈림길을 적어도 몇 번쯤은 지나쳤다. 중간에 작은 염기서열 조각 하나에 생겨난 최초의 돌연변이가 집단 안에 퍼져 주류로 성장하는 사건도 있었다. 그리고 결국 유전적 부동과 신종 변이의 맹공격을 극복하고 마침내 집단 안에서 탄탄한 입지를 다지게 된 것이 현재의 모습이다. 영속하는 염기서열은 지금과는 다른 결말로 흘렀을 수도 있는 역사의 산물인 것이다.

만약 어떤 리간드의 앱타머를 설정하는 방법이 딱 하나뿐이었다면 이 행성에서 자연선택을 통해 살아남은 뉴클레오티드 100개짜리(약간씩 짧거나 길어질 수는 있겠다) 앱타머 같은 건 절대 나오지 못했겠지만, 뉴클레오티드 30~200개 사이의 임의조합 RNA 조각 총 10^{12}종으로 된 풀pool 안에서 자의적 선택으로 화학적 활성을 갖게 된 염기서열 유형을 찾기는 그리 어려운 일이 아니다(Knight and Yarus, 2003). 이는 비슷한 성질을 가졌지만 뉴클레오티드들이 전부 기능의 구속을 받지는 않는 앱타머가 다양하게 나올 수 있음을 뜻한다. 그럼에도 현존하는 고선택성 앱타머들이 어쩌다 우연히 지금과 같은 형태로 생겨났을 가능성은 희박하다. 그보다는 기능적으로는 이미 잘 작동하는 염기서열의 '변두리'에 '무작위적' 돌연변이가 만든 편차들에 자연선택이 작용하면서, 리간드와의 합에 들뜸이 좀 있었던 이전 버전 앱타머들이 개량되었을 것이다.

기능하는 뉴클레오티드 수천 개짜리 RNA는 어떻게 생길까? 가장 유력한 가설은 처음에 자연선택의 결과로 길이가 훨씬 짧은 기능적 염기서열이 발견됐고 이후 이런 짧은 서열들이 모여 긴 RNA 조각으로 재조합되면서 훨씬 복잡한 기능을 갖게 됐다는 것이다 (Lehman 외, 2011). 길이 2*n*짜리 염기서열들 중에서 새 기능을 보유한 것만 선별하는 건 생각보다 어렵지 않다. 남다른 능력자를 찾느라 2*n*짜리 염기서열들의 풀 전체를 다 뒤지는 게 아니라 길이가 반절인 *n*짜리 서열 중 기능이 있는 것들을 이리저리 재조합시키는 식이라면 말이다. 재조합을 통한 혁신의 실례로는 기존 앱타머 둘을 결합해 새 발현 플랫폼을 만들거나 단순한 리보스위치들을 줄줄이 이어 복잡한 연산장치를 구축하는 것 등을 들 수 있다. 이미 주변에 널린 재료들을 활용하는 이 같은 브리콜라주bricolage(한정된 자료와 도구를 임시변통으로 조합해 다양한 작업을 수행하는 새로운 문화연구 방법. 프랑스 인류학자 레비스트로스가 처음 사용—옮긴이) 방식의 진화(Jacob, 1977)는 복잡한 구조의 조직구성이 위계질서에 따라 모듈식으로 이뤄졌다는 흔적을 남긴다. 이와 같은 과정을 통해 리보스위치들은 진화와 실험을 넘나들며 디지털 방식과 아날로그 방식을 아울러 다채로운 연산을 수행하는 복잡다단한 회로로서 발달하게 되었다(Breaker, 2012; Etzel and Mörl, 2017).

잠재적인 것과 실재하는 것

이론적으로 조합 가능한 뉴클레오티드 1000개짜리 RNA 염기서열의 가짓수는 초천문학적으로 크고, 그런 서열 각각은 또 초천문학적으로 다양한 선택지의 3차원 입체구조로 존재할 수 있다. RNA의 완전한 에너지 지형은 염기들이 특정 순서에 따라 일직선으로 배열한 이 한 가닥이 영원한 공간에서 *취할 수 있는* 모든 입체구조를 포괄한다. 무한대의 시간 동안 RNA는 에너지 지형의 모든 지점을 무한한 횟수로 차지할 것이고, 입체구조들 사이의 에너지 장벽 높이에 의해 결정되는 빈도로 여러 구조를 순환하며 모습을 바꿀 것이다. 반면에 무한소의 매 순간엔 RNA가 진짜 입체구조를 갖고 실재하지 않는 때가 없다. 세상에 영원을 사는 생명은 없고 무한소의 찰나에는 아무 일도 일어나지 않는다. 무한대와 무한소 사이에서 *무엇이 될 수 있는가*와 *지금 무엇인가*를 구분하는 기준은 시간의 척도다.

RNA는 수많은 일시적 상태들의 앙상블이라 할 수 있다. 그러나 길이가 꽤 되는 RNA의 존재 가능한 입체구조가 전부 들어갈 만한 공간은 우주의 역사를 통틀어 최대한 실체화할 수 있는 수준을 크게 넘어선다(러빈솔 패러독스Levinthal paradox)(Plotkin and Onuchic, 2002; Zwanzig, Szabo, and Bagchi, 1992). 덩치가 상당한 어느 RNA도 잠재성을 전부 표출할 만큼 수명이 길지 않은데, 현실에서는 RNA들이 몸을 잘 접어 적당한 시간 안에 역학적으로 활용도 높은 형태를 이뤄 낸다. 접힘 과정은 엄격한 규칙을 따른다. 먼저 신속하게 국지적으로 2차 구조를 만들면 방금 전에 휘리릭 접힌 2차 구조들끼리 천천히 3차 구조를 완성한다(Brion and Westhoff, 1997). 기능적 RNA의 에너지 지형은 여러 경로를 통해 고에너지 상태에서 저에너지 상태로 가는 깔때기 접힘 모양새로 그려진다. 이와 같은 자기주도적 조립self-directed assembly이라는 진보한 기전이 러빈솔 패러독스의 문제를 해결한다(Dill 1999; Leopold, Montal, Onuchic, 1992).

에너지 장벽이 있는 둥 마는 둥 하게 미미한 입체구조들끼리는 나노초 단위로 교대를 반복한다. 이런 순간적 상태들이 현실세계에서 목격될지 아닐지는 각각의 밀리초 단위 확률 밀도에 비례적이다. 다시 말해, 나노초 단위 시간 척도상의 *실제* 상태들은 밀리초 시간 척도상으로는 *잠재적* 상태들이 중첩된 모습이라고 할 수 있다. RNA가 기능하는 데는 두 가지 시간 척도 모두 필요하다. 먼저 나노초 동요가 리보자임으로 하여금 반응의 기질을 '발견'하게 하고 불안정한 전이상태transition state를 안정화시키면 화학반응이 수 밀리초 안에 일어날 수 있다. 한편 촉매작용의 시간 척도는 기질 '인식'의 시간 척도보다 좀 더 길다. 촉매는 고에너지 장벽을 넘어야 하고 그런 장벽을 극복하는 열적 동요는 자주 발생하지 않기 때문이다. 나머지 입체구조들은 훨씬 더 높은 에너지 장벽 뒤에 존재하기에 현실세계에서 목격되는 일이 몹시 드물어서, 경우에 따라 RNA 반감기의 몇 배나 되는 오랜 세월 동안 한 번 구경할까 말까다.

바깥세상에 반응해 에너지 지형이 변하면 대안적 상태들의 접근성 혹은 안정성도 달라지게 된다. 말하자면 분자의 경험이 가능성의 실현 여부에 영향을 주는 셈이다. 같은 맥락에서, 리간드는 시시각각 변모하는 앱타머의 어느 한 입체구조를 골라 안정화시킬 수 있다(Stoddard 외, 2010). 안정화된 입체구조의 시간 척도에서는 *잠재적*이었던 한 구조가 리간드의 결합을 통해 *실재화*된다. 리간드가 한 입체구조를 안정화시킬 때 리간드는 그 입체구조를 *선택한* 것이다(Csermely, Palotai, and Nussinov, 2010). 만약 안정화된 입체구조가 RNA 복제에 기여하는 2차적 효과를 낸다면, 선대 서열이 리간드에 반응한 방식 때문에 후대 서열이 *선택을 받았다*고 볼 수 있다. 메커니즘의 관점에서는 리간드가 입체구조를 고르는 것이지만 기능 면에서는 리간드에 어떻게 반응하느냐에 따라 염기서열이 선택을 받은 게 된다.

시간은 어떻게 흐르는가

너를 위한 시간도, 나를 위한 시간도 있겠지,

아직 백 번은 망설일 시간이,

백 번 보고 또 볼 시간이,

토스트 곁들인 차를 마시기 전에.

- T. S. 엘리엇T. S. Eliot

서로 다른 과정은 서로 다른 시간 척도를 갖는다. 리보스위치의 입체구조가 리간드에 의해 선택되고 리보스위치의 염기서열이 리간드에 반응하는 방식에 의해 선택되는 걸 보면, 나노초마다 일어나는 입체구조 변화와 수백 년 내지 수십억 년에 걸쳐 일어나는 진화적 변화는 각자 별개의 시간 척도를 따르는 게 확실하다.

인간의 경험이 쌓이는 시간 척도는 독특하다. 완숙한 형태의 감각 경험은 100~200밀리초 동안 벌어지고, 의식이 기억하는 한 순간의 실제 시간은 2~3초 정도이며, 인간의 70년 일생은 약 2기가초가 흐른 뒤 주어진 시간을 다한다. 이대로라면 나이 들어 노인이 된 한 사람은 의식적으로 인지한 것만 평생 10억 개의 순간을 경험했을 테고, 지금껏 저장된 기억들을 하나하나 열어서 지난 2기가초의 세월 동안 세상이 어떻게 변해 왔는지 되짚는 게 가능할 것이다. 우리는 (예를 들어 리보스위치 염기서열의 점진적 변화처럼) 인간 수명보다 긴 시간 척도로 일어나는 과정을 조사할 수 있고 (가령 리보스위치가 접힐 때 생기는 입체구조의 변화처럼) 인간 의식이 순간으로 인식하는 것보다 짧은 시간 척도로 일어나는 과정도 논할 수 있다. 다만 이런 것들이 인간의 현상적 경험을 구성하지는 못한다.

노래기에게 정원의 곰팡이는 붙박이 동상이나 마찬가지겠지만, 이 미생물이 성장하는 시간 척도를 기준으로 다시 생각하면 곰팡이는 접근과 회피라는 복잡한 행동 전략을 구사하면서 공간을 탐색한다. 이와 같은 곰팡이 행동의 시간 척도상으로는 곰팡이들 사이를 노래기가 활보하는 것이 주어진 환경에서 하나의 퍼텐셜 장potential field(자기장, 전기장, 중력장처럼 라플라스 방정식을 만족하는 장—옮긴이)인 반면 노래기가 산책하는 시간의 척도상으로는 노래기 몸속 미토콘드리아에 들어 있는 분자들의 움직임이 내부 환경에서의 퍼텐셜 장이 된다. 사람들이 세상에 관해 궁금해하는 것들 대부분은 하나의 특징적 시간 척도를 따른다. 그보다 더 천천히 달라지는 상태들은 그냥 불변한다고 간주할 수 있다. 반대로 더 빨리 변하는 상태들은 가능성들의 퍼텐셜 장으로 취급해도 된다.

단기적 변화와 장기적 변화 사이에 선을 그을 때 어디까지를 단기간으로 인정할지는 시간 척도에 대한 개인 취향에 따라 달라진다. 가령 심리학자들은 개인의 행동은 단기적 변화이고 개인의 발달은 장기적 변화라 말하는 반면, 버그스트롬Carl Bergstrom과 로스발Martin Rosvall은 개인의 발달을 단기적 변화로 그리고 세대 간의 유전 전달을 장기적 변화로 구분한다(Bergstrom and Rosvall, 2011). 진화생물학 안에서는 유전자 빈도의 평형과 표현형의 변화 사이에 시간 척도의 구분이 존재한다. 유전자 빈도의 평형은 새 돌연변이의 출현이 무시될 수 있는 시간 척도상에 머물지만(단기적 진화) 표현형의 변화는 돌연변이들의 홍수가 변화를 촉발하기에 아주 오랜 세월이 걸린다는 점(장기적 진화)에서 그렇다(Eshel, 1996; Hammerstein, 1996). 생리학자에게는 단기적 진화가 실험하는 동안 안심하고 무시할 수 있을 만큼 느린 변화지만, 고생물학자에게는 진화 중인 생물종 계통의 퍼텐셜 장으로 간주해도 좋을 만큼 빠른 변화다.

한때 소쉬르의 구조적언어학파는 공시적인 동시성의 축synchronic axis of simultaneity을 통시적인 연속성의 축diachronic axis of succession과 완전히 별개로 취급했다(Saussure, 1916, 1986). 이 해석에 따르면 공시적 축은 “공존하는 것들 간의 관계, 시간의 흐름이 완전히 무시되는 관계”를 다루고(Saussure, 1986, p. 80), 통시적 축은 시간에 따른 언어의 변화에 주목했다. “과학의 정적 측면과 관련된 모든 것은 공시적이며 진화에 관한 모든 것은 통시적이다"(Saussure, 1986, p. 81). 소쉬르에게 공시적인 것은 몰역사적 구조에서 시간의 영역 밖에 존재하는 한 축이고 통시적인 것은 역사적 변화에서 시간의 제약을 받는 한 축이었다.

그러나 세상에 시간으로부터 자유로운 건 하나도 없다. 공시성을 이해하는 데 쓸모 있어 보여 내가 찾아 놓은 시간적 해석이 두 가지 있다. 둘 중 단순한 해석부터 살펴보면, 공시성은 통시적 변화보다 빠른 시간 척도로 일어나는 일들을 일컫는다. 이 해석에 의하면 소쉬르는 여기서 벌어지는 언어 사용의 공시적 축과 저기서 왕왕 일어나는 언어 변화의 통시적 축이 따로라고 본다. 이 해석은 생물학에서 근접인과 궁극인을 구분했던 마이어의 견해(Mayr, 1961)나 발달의 수평축과 전달의 수직축을 따로 놓았던 버그스트롬과 로스발의 견해(Bergstrom and Rosvall, 2011)와도 평행선을 그린다. 이 관점으로 본다면, 통역기 생물분자에 입력되는 정보와 출력되어 나오는 의미 있는 결과 사이의 인과적 연관성을 구조적 메커니즘으로 이해할 수도, 진화 역사의 기능적 산물로 이해할 수도 있다. 이때 전자는 마이어의 근접인 혹은 소쉬르의 공시적인 동시성의 축과 동격이 되고, 후자는 마이어의 궁극인 혹은 소쉬르의 통시적인 연속성의 축과 동격이 된다.

이어서 소쉬르가 제안한 몰시간적인 동시성의 축에 대한 두 번째 해석을 살펴보자. 이 시간적 해석에 따르면, 통시적 척도보다 빠르거나 느린 시간 척도로 변하는 모든 것을 아울러 공시적이라 말한다. 그렇다면 통시적인 변화는 같음과 다름의 상호작용 속에서 일어나고, 같음의 고정성(보다 긴 시간 척도로 변모하는 것들)과 다름의 퍼텐셜

장(보다 짧은 시간 척도로 변화하는 것들)이 함께 공시적인 현재를 빚어 낸다. 이 시각에서 인류 역사는 역사적 과거보다 느리게 변하는 것들과 실존적 현재보다 빠르게 변하는 것들이 어우러진 공시적 배경을 극복하고 펼쳐지는 통시적 드라마가 된다.

단호한 행동

리보스위치의 기능은 진화적 과거에서 비롯된 통시적 정보와 환경적 현재에서 나온 공시적 정보에 의존한다. 진화적 정보는 RNA 염기서열 같은 것으로 실체화되어 복제 대상 계통의 후향적 자유도, 즉 '그때 무엇이 됐을 수 있었는가'를 드러내고 현재 리보스위치가 보유한 기능적 반응 레퍼토리, 즉 '이제 무엇이 될 수 있는가'를 설명한다. 이때 환경적 정보는 이 전향적 자유도 가운데에서 실제 반응, 즉 '지금 무엇인가'를 선택한다. 메커니즘의 공시적 관점에서 살펴보면 리간드와 앱타머가 입체구조 변화에 미치는 인과적 역할이 서로 동등하지만 적응 맥락의 통시적 관점에서는 *인식 주체*인 진화하는 RNA와 *객체*인 불변하는 리간드 사이에 문리文理적 역할 분리가 성립한다.

리보스위치의 에너지 지형은 바로 그것의 *형태*다. 어떤 입체구조는 자연선택의 그물에 걸릴 만큼 뻔질나게 출현하는 반면, 또 어떤 입체구조는 리보스위치의 기능을 인과적으로 이해하는 데 전혀 보탬이 안 될 정도로 몹시 뜸하게 목격된다. 자연선택의 손길로 변천하는 에너지 지형은 형태가 가진 특징 중 작은 섭동에 민감한 측면(나비 효과)과 큰 섭동에도 둔한 측면(욕조 효과)을 둘 다 이용한다. 덕분에 리보스위치는 '별 볼일 없는' 섭동은 못 본 체 넘어가고 '중요한' 섭동에는 예리하게 반응할 수 있다. 리보스위치의 리간드는 시스템을 한 끌개 영역basin of attraction(동력학 이론에서 출발점과 무관하게 최종 상태가 근접하게 되는 일련의 구역—옮긴이)에서 다른 끌개 영역으로 넘긴다.

앱타머가 발현 플랫폼과 커플링된 어떤 전형적 리보스위치가 있다고 치자. 앱타머는 후보 입체구조들 사이에서 왔다 갔다 하면서 리간드가 진짜 입체구조 하나를 안정화시킬 때까지 계속해서 가역적 동요를 일으킨다(갈팡질팡함). 리간드에 의한 앱타머 안정화는 발현 플랫폼의 알로스테리 전환으로 이어져 결국 전사 종료와 같이 돌이킬 수 없는 화학반응을 초래한다. 앱타머와 발현 플랫폼이 어떤 구조로 발전할지는 아직 각각 *불확실*하고 *미정된 상태*다. 앱타머가 리간드를 인식하는 것을 신호로 발현 플랫폼을 통한 비가역적 반응이 시작될 때까지는 말이다. 리보스위치는 어떤 *이유*(리간드 인식)로 어떤 *결정*(비가역적 반응)을 내리는 까닭 있는 선택reasoned choice을 한다. 입력값과 출력값이 커플링될 때 갈팡질팡하던 리보스위치에게 단호한 행동을 하게 하는 알로스테리 기전은 물리화학적으로는 자의적이어도 적응 맥락에서는 상당히 일리 있다.

한 발 양보해, 세상 만물이 오직 동력인과 질료인에서만 나왔다는 환원주의자들의 주장이 옳다고 치자. 그렇더라도 여전히 TPP 리보스위치의 메커니즘을 원자 수준에서 해설하는 게 가능하다. 구조생물학자는 어떻게 리간드의 결합이 눈 깜짝할 사이에 바뀌는 수많은 임시 입체구조들 중 하나를 골라 앱타머를 안정화시키는지 차근차근 설명하면 될 것이다. 하지만 이와 같은 공시적 메커니즘 해설('어떻게' 작동하는가)은 '어째서 (이렇게 되었는가)'라는 역사적 물음과 '무엇을 위해 (이렇게 하는가)'라는 의미론적 물음에는 명쾌하게 답하지 못한다.

현존하는 TPP 앱타머들은 최근에 자연발생한 세대의 작품이 아니다. 실은 대략 40억 년 전 앞뒤로 수백만 년 범위 안에 이 TPP에 붙어 있는 RNA 서열 하나가 발견됐고 이후 지금까지 존재한 모든 TPP 앱타머들의 조상이 된 것이다. 이 장장 40억 년의 역사에서 유전 전달도, TPP와 앱타머의 결합도 내내 연속성을 유지해 왔다. '어째서'의 물음에 오직 동력인과 질료인만 가지고 완벽하게 해설할 수는 없다. 설사 그게 가능하더라도 세부사항들이 그리 중요하지는 않을 것이다. 이런 해설을 위해서는 현재 앱타머로부터 거슬러 올라가 모든 조상을 찾아내 그 생존 및 번식 여부를 일일이 추적해야 한다. 그뿐만 아니라 생존경쟁에서 패해 자손을 남기지 못한 변이형 앱타머의 운명까지 밝히는 추가 조사가 필요하다. 생태학적 구속이 있는 세계에서는 패자의 쇠퇴가 승자의 흥성을 인과적으로 설명할 핵심 단서이기 때문이다. TPP 리보스위치는 티아민이 필요하지 않을 땐 티아민 합성이 일어나지 않게 함으로써 대사 효율을 높인다. 이런 능력이 없는 개체들이 죽는 것의 근접인은 셀 수 없이 다양할 것이다. 대사 효율의 미묘한 차이에 의해 생과 사가 갈리는 여러 환경 조건들이 특이하게 조합한 결과로 말이다. TPP 리보스위치의 경우, 이처럼 생사의 결과를 달라지게 만든 차이는 바로 TPP에 결합하느냐

결합하지 않느냐를 가른 차이였다.

모든 TPP 앱타머는 DNA도 단백질도 존재하지 않던 시절의 RNA 세상에서 생겨난 단일 조상 앱타머의 후손이다. 이처럼 매우 잘 보존된 구조를 가진 앱타머는 오늘날 박테리아, 원시세균, 진핵생물의 티아민 대사를 조절하는 다양한 발현 플랫폼과 협업하며 맹활약하는 중이다(Duesterberg 외, 2015; Winkler, Nahvi, and Breaker, 2002). TPP를 인식하는 최초의 RNA 염기서열이 20억 년도 더 전에 선택적 수색을 통해 발견된 이래, 유전적 부동과 기능을 끄는 신종 돌연변이의 지속적 유입이라는 위기에도 그 후손들이 여전히 꿋꿋하게 명맥을 이어 가고 있다. TPP 앱타머의 진화적 *유지력*은 행동유도성(어포던스affordance)의 개념으로 이해할 수 있다. 다시 말해, TPP에 기능적으로 손 댈 때 작업을 편하게 해 줄 손잡이를 앱타머가 제공한다는 점에서 이 일에 대한 앱타머의 적성이 보통이 아닌 것이다. 나는 이 행동유도성 외의 나머지 모든 측면은 TPP 앱타머가 수십억 년이나 남아 있는 이유를 설명하는 데 인과적으로 아무 상관없다고 감히 주장하려 한다. TPP 앱타머는 그저 TPP에 결합하기 위해 존재하고 보전된다.

원숭이와 타자기

선택설에 개진된 반대 의견은 셀 수도 없다. (……) 선택은 버릴 뿐 창조는 할 수 없다며 비난하는 오늘날의 반론도 여기에 포함된다. 그러나 그런 반론은 그 버리는 행위야말로 창조 효과의 반증임을 알아보지 못하는 것이다.

- 아우구스트 바이스만August Weismann(1896)

다윈주의는 순전히 무작위적인 과정을 통해 가치 있는 것들이 생산될 수 있다는 주장이라는 비판을 종종 받는다. 프린스턴 출신 신학자 찰스 하지Charles Hodge는 다윈이 확신한 '구조와 천성의 의도하지 않은 변화의 점진적 축적'을 부정했다(Hodge, 1878, p. 52).

비슷하게, 자리 잡고 앉아서 성서의 기원과 내용을 자신이 '믿고 있는 가설'에 의지해 설명하려 골몰하는 사람이 있다고 치자. 그는 성서가 인간이나 신의 정신이 만든 기록이 아니라 증기 에너지로 작동하는 타자기가 아무 키나 닥치는 대로 움직여 찍어 낸 결과물이라는 결론을 내린다. 정말 이런 식이었다면 1000년이 걸려 첫 문장이 완성되고 또 1000년 후에 다음 문장이 생겨나서 다시 1만 년쯤 더 흘러야 두 문장이 적절한 자리에 그럴 듯한 맥락으로 연결됐을 것이다. 예전엔 믿는 자, 믿지 않는 자 할 것 없이 모두가 경외의 표시로 마지못해 고개를 조아려야 했던 세상에서 그렇게 '수백만 년'의 세월에 걸쳐 그 모든 역사적 사실과 고결한 진실, 깊은 신심이 묻어나는 성시聖詩들, 그리고 무엇보다 그리스도의 성정에 관한 묘사, ιδεα των ιδεων(사상의 개념), 위엄과 친애감의 이상이 세세히 기술된 성서가 탄생했으리라. 만약 이 모든 걸 인정하게 될 만큼 사유가 상상을 충분히 잠재운다면, 그땐 세상의 모든 도서관에 존재하는 온갖 언어로 된 책들을 전부 오직 하나의 이론에 의거해 해설할 수 있을 것이다. 그렇게 되면 우리는 문학

> 에 다윈주의를 채택해야만 한다. 기독교와 교회를 쓸어버릴 거라며 다들 격노하는 바로 그 이론 말이다. (Hodge, 1871, p. 61)

하지를 필두로 비슷하게 자연선택의 반대편에 선 사상가들은 다윈이 창조성의 원천을 무작위성으로 전제했다고 해석했다. 그들은 아무 생각 없이 일어나는 과정이 어떻게 무작위에서 질서를 발생시키는지 이해하지 못했다. 그들에겐 오직 정신만이 무언가를 창조할 수 있었다.

하지의 타자기는 호르헤 루이스 보르헤스의 《바벨의 도서관》에 나오는 비생산적인 인쇄기로 사용됐을 법하다(Borges, 2000). 이 도서관은 글자들과 문장부호들을 무작위로 조합함으로써 기계적으로 생산될 수 있는 모든 책의 보관소다. 도서관의 서고에는 쓰였거나, 쓰일 것이거나, 쓰일 수 있는 모든 책이 꽂혀 있다. 아마 이 책의 복사본과, 이 책이 출간되기 전에 거절 당했던 초고들도 이곳 어딘가에 있을 것이다. 어느 서고엔가, 아슬아슬하게 손이 닿지 않는 책장 칸에는 모든 독자가 내 심중의 의미를 완벽히 납득할 수 있게 윤문된 이 책 개정판도 존재할지 모른다. 그러나 이 도서관은 아무 짝에도 쓸모가 없다.

> 헤아릴 수 없이 많은 양의 모든 책이 소장되어 있다. (……) 하지만 아무 뜻 없는 불협화음, 말들의 잡동사니, 횡설수설하는 소리만 끝없이 이어지다 말이 되는 글귀나 정확한 사실 겨우 하나를 발견할 뿐이다. 모든 책이 여기 있지만, 어지러운 서고 앞에서 온 인류가 책장 넘

기는 일을 이어 간대도 (……) 그럭저럭 읽히는 한 쪽 나올까 말까다. (Borges, 2000, p. 216)

바벨의 도서관에서는 어떤 실용적 목적으로도 말이 되는 게 하나도 없다. 무작위로 생성된 텍스트에서 가치를 끄집어 내려면 어떤 선택 원리가 필요하다.

자연선택이 창조적이지 않다고 그들이 주장하는 또 다른 이유는—어쩌면 같은 얘기를 포장만 다르게 한 걸지도 모르지만—자연선택을 창조성의 진짜 원천인 다른 수단에 의해 만들어진 차이를 없애기만 하는 순전히 부정적인 과정으로 본다는 것이다. 이게 무슨 소리인지 감 잡기 좋은 구절을 몇 개 들어 보겠다.

자연선택의 기능은 선택이지 창조가 아니다. 자연선택은 새로운 변종을 만드는 것과 아무 상관없다. 단지 살아남을 것인가 아니면 소멸할 것인가를 결정할 뿐이다. (Punnett, 1913, p. 143)

[자연선택은] 본질적으로 목적론의 부정적 대안에 불과하다. 자연선택은 기존 형태의 소멸만 설명하고 새로운 형태의 출현은 설명하지 못한다. 억누를 뿐 창조하지는 않는 것이다. (Jonas, 1966, p. 51)

내가 생각하는 문제는 일부 다윈주의자들이 그들이 소위 자연선택이라 일컫는 것에서 창조력이 나온다고 믿는 듯하다는 것이다. (……) 진화에서 창조적인 요소는 오직 살아 있는 생명체의 활동밖에

없다. (Popper, 1986, p. 119)

> 적응을 통한 변화는 어디서 시작될까? 사소하게 느껴져 종종 간과되는 사실 하나는 그 출발점이 절대 자연선택은 아니라는 것이다. (……) 자연선택은 그 무엇도 창조하지 못한다. (Dupré, 2017, p. 5)

이런 비평가들 대부분은 돌연변이가 발생시킨 변화를 자연선택이 전혀 창조적이지 않게 받아들이거나 버리기에 혁신이 일어난다고 말한다. 그들 모두 창조성이 보르헤스가 묘사한 바벨의 도서관에 소장된 책의 지은이들에게서 나온다고 암묵적으로 인정하는 셈이다. 단 돌연변이가 의미의 발원점이라고 보는 시각은 의미를 오해한 것이다. 돌연변이는 꼭 뭔가를 의미해서 일어나지 않는다. 차이의 기원에 의미 같은 건 애초부터 없다.

의미론의 가지치기

> [자연선택은] 종종 비교되는 나무 가지치기보다 훨씬 '창조적'이고, 나무토막을 조각해 무한한 후보 도안들 가운데 어떤 의미로 나무토막 안에 일찍이 잠재해 있었을 어느 한 형상을 만드는 것 이상으로도 창조적이다. 만약 이런 게 진짜 창조가 아니라면 어느 조각가도 작품을 빚어내지 못하고 어느 시인도 무한하게 가능한 단어들의 배열에서 특정 조합 하나를 골라 시를 지을 수 없을 것이다.
>
> - 허먼 멀러Hermann Muller(1949)

존재하는 모든 TPP 앱타머가 포함된 토큰 나무가 있다고 치자. 이 그림에서 분지점 여럿을 지나 경로를 거슬러 올라가다 보면 최후의 공통 조상 RNA인 우르토큰을 만나게 된다. 현존하는 앱타머의 바로 윗대 선조는 DNA 염기서열일 테고, 이 계보는 한동안 오직 DNA끼리만 통하는 조상들로 연결되다가 결국은 오직 RNA만 넘쳐나는 원시 세상으로 돌아갈 것이다. 말할 것도 없이 RNA 우르토큰은 이미 TPP에 높은 친화도를 갖고 있었다. 하지만 계보를 더 추적해 들어가면 윗대로 올라갈수록 TPP에 대한 친화도가 떨어지는 서열들이 슬슬 등장하고 마지막엔 이렇다 할 친화도를 전혀 보이지 않는 스템토큰에 이르게 된다(그림 13.1).

이번엔 스템토큰에서 출발해 시간 흐름에 따라 세대를 내려가 보자. 이 나무는 자연선택에 의해 무자비하게 가지치기를 당한다. 대부분의 돌연변이는 TPP 친화도에 아무 영향을 주지 않거나 친화도를 떨어뜨리지만, 친화도를 낮추는 돌연변이는 잘려 나간 가지들에 죄다 몰려 있다. 스템토큰에서 우르토큰으로 내려가면서 역방향 '계보 테이프'를 순방향으로 재생시키는 경로는 딱 하나뿐이다. 그런데 드물게 TPP 친화도를 높인 돌연변이들이 희한하게 이 경로에서 유독 자주 목격된다. 만약 토큰 나무의 가지치기가 마구잡이식이라면 백 번 천 번 반복한들 돌연변이로만 우르토큰 서열을 얻기는 불가능할 것이다. 생성 가능한 염기서열들을 전부 나열하는 데 필요한 공간이 초천문학적 규모이기 때문이다. 그러나 환경이 가지치기 작업을 도울 땐 사정이 달라진다. 그럴 성향이 더 큰 돌연변이를 가지고 있었기에 이미 비무작위적으로 선택된 가지에 새로운 무작위 돌연

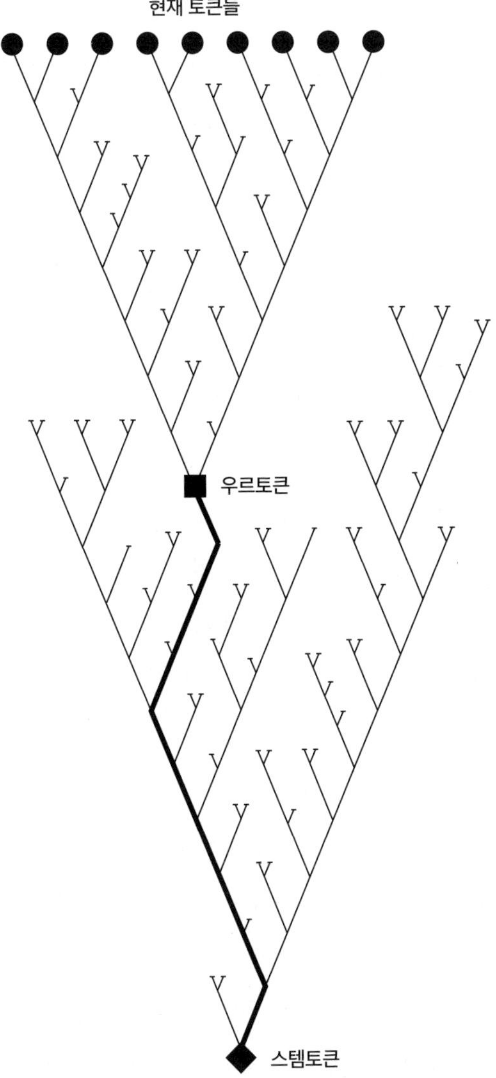

[그림 13.1] 단순하게 표현한 TPP 앱타머의 토큰 나무. 꼭대기의 검은색 원이 현재 TPP 앱타머(토큰)들이다. 여기서 출발해 계보를 거슬러 올라가면 가장 가까운 공통 조상인 우르토큰(검은색 정사각형)을 만난다. 우르토큰의 선조는 다시 TPP에 친화도가 전혀 없는 스템토큰까지 올라간다. 이제 여기서 시간 순방향으로 스템토큰의 후손들을 짚어 내려간다. 이때 우르토큰으로 쭉 이어지는 계통은 딱 하나(스템 계통)다. 이 계통 안에서 일어나는 일련의 돌연변이가 TPP에 대한 친화도를 *빠르게* 높여 간다.

변이가 일어나게 되는 것이다.

스템토큰에서 우르토큰으로 가는 경로에 생긴 돌연변이들은 TPP에 대한 친화도를 높이는 경향을 띤다. 이처럼 특정 성향을 증가시키는 쪽으로 일어나는 정향적 변이를 어떻게 설명할 수 있을까? 정답은 간단하다. 성향 면에서 돌연변이 하나는 국지적으로 일어나는 무작위 반응이지만 성공적 경로에서 목격되는 일련의 돌연변이들은 머뭇머뭇하긴 해도 성향을 점점 키우는 방향으로 진행한다. 이런 방향성은 선택의 주체인 환경에서 나오는 것이다. 다양한 성향 수준의 가지들로 분지시키는 돌연변이 과정은 아니다. X레이의 돌연변이유발성mutagenesis을 발견한 공로로 1946년에 노벨 생리학·의학상을 수상한 허먼 멀러는 그 시사점을 일찍이 이렇게 서술했다. "다른 상황에서는 절대 나올 수 없었을 우연들의 이처럼 몹시도 특이한 조합을 만들어 냄으로써 우연을 질서로 바꾸는 데 변이형 증식의 특별한 힘이 있다"(Muller, 1929, p. 498).

토큰 나무 가지치기에는 여러 고려 사항이 작용한다. 가령 앱타머는 무엇이 남겨지느냐만큼이나 무엇이 탈락하느냐에도 영향을 받는다. 선택 과정은 생김새는 비슷하지만 일을 잘 못하거나 아예 일을 망치는 리간드와의 불필요한 관계를 끊어 낸다. 또한 리간드와의 맞춤새가 향상된 TPP 앱타머가 리간드 모양에 꼭 맞게 합체하려면 여러 파트가 협심하지 않으면 안 된다. 그런데 앱타머에 담기는 텍스트는 효과가 다 제각각인 것들 중에서 선택되기 마련이다. 즉 몇몇 파트는 리간드에 맞게 형태 틀을 잡고 앱타머를 발현 플랫폼과 연결시키고 다른 앱타머들과의 상호작용을 조정하는 삼중의 의무를 짊어져야 한다. 자연선택은 *촌철살인의 한마디*bon mot를 찾아 언어를 끝없이 변이시키는 시인과도 같다. 리보스위치, 유전자, 생물은 그렇게 쓰인 삶에 관한 시 한 편이다. 이들은 한 번에 많은 것을 의미한다. 아마 진화론 안에서 이견이 분분한 게 궁극적으로 이 점 때문일 것이다. 시 한 편을 두고 다양한 해석이 나오는 것처럼 말이다.

자연선택의 창조성

인간이 행했든 아니면 생존투쟁과 그로 인한 최적자 생존을 통해 자연에서 저절로 일어났든, 선택은 생물의 가변성에 절대적으로 의존한다. 가변성 없이는 그 어떤 일도 실현될 수 없다.

- 찰스 다윈(1883)

의미는 자연선택 과정에서 무의미한 돌연변이들로부터 의미 있는 것들이 길러지면서 생겨난다고 할 수 있다. 차등적 복제는 다양한 수준의 가치를 보존하고 진화학적으로 성공한 계통 안에서 일어나는 일련의 돌연변이에 방향성을 부여한다. 불순물에서 금을 분리하는 과정과 흡사하다. 대세였던 '있음직하지 않은 일에 대한 논쟁argument from improbability'에 멀러는 다음과 같이 정면으로 맞섰다.

어느 우주의 울타리 안에서든, 변화의 복제능이 없어 그 필연적 결과인 자연선택이 일어나지 않는 존재에게는 우리 인간 같은 수많은 우연의 기적적인 조합이 만들어지는 게 절대 불가능하다. 그렇다면 우리는 인간이 무생물계에서 어쩌다 굴러떨어진 그냥 그런 결과물일리 없다고 믿는 게 타당할 것이다. 그런데 변화의 복제능은 유전자 탓에 '살아 있는' 생물 안에 내재한다는 점을 생각하면 얘기가 달라진다. 우리는 오늘날 인간을 있게 한 우연들의 조합을 순전히 운에만 기대 발견하기까지 어마어마한 수의 세상들을 헤매 다니고서야 고르고 또 골라 최종 선택된 존재다. 그러니 우리는 이 특권을—딱히 특권이랄 게 있다면 말이다—기꺼이 누려 마땅하다. (Muller, 1929, p. 504)

로널드 피셔도 "돌연변이를 일으키는 행위자를 진화 과정의 실질적인 길잡이"로 언급한 학설들을 향해 비슷한 비평을 내놨다(Fisher, 1934). 그는 돌연변이가 "진화를 가능케 하는 하나의 조건"임을 인정하면서도 "특별한 중요성을 가진 어떤 결과를 설명하는 창조의 인과를 시공간 안에서" 지목할 때는 "무수한 생명의 일생 동안 일어나는 유기체와 환경 간의 상호작용에 반드시 점진적 변화의 실재인이 있다"고 못 박았다. 변이 가능한 복제 시스템이 환경에 보이는 선택된 반응에는 "자연발생적 창조성"이 있다. 피셔는 나중에 이 주제를 다시 한번 들고 나온다.

자연선택설은 점진적 변화를 빚어 가는 창조인을 무엇에 두는가? 바로 주변환경이 더 넓은 바깥세상과 그러듯, 생물이 주변 환경과 부대끼고 갈등을 빚기도 하면서 일평생 사는 동안 생장하려는 무의식적 본능 혹은 움직이려는 의식적인 노력이다. 특히 모험의 성패가 달린 목숨 건 드라마가 펼쳐질 때 창조력이 폭발한다. (Fisher, 1950, p. 17)

그는 또 이렇게 썼다. "생물은 스스로가 의지와 욕심(의도)을 가지고 뭔가 실행하든지 아니면 소멸해 버리는 창조 활동(행동)의 책임 건축가다. 그것은 단순한 의지에서 그치지 않고 현실 세계에 실재적 결과로 구현되며 성패를 떠나 그 자체로 유효하다"(Fisher, 1950, p. 19). 생명체를 빚어내는 것은 생명체가 환경과 벌이는 치열한 교전이다. 그리고 모든 교전은 죽음 혹은 생존이라는 몹시도 현실적인 결과로 결판난다.

세상이 변한다고 슬퍼하지 말라.

달라지지 않고 세상이 늘 한결같다면 그것이야말로 눈물 흘릴 일일지니.

- 윌리엄 컬런 브라이언트William Cullen Bryant(1794~1878), 〈돌연변이Mutation〉에서

14

자유의 과거와 미래에 관하여

From Darwin to Derrida

ON THE PAST AND FUTURE OF FREEDOM

나는 강가의 작은 천막집에서 태어났지.

그때부터 지금껏 흐르는 강물처럼 살아왔어.

벌써 너무나 오랜 세월이 지났네.

하지만 변화가 오리란 걸 난 알아. 암, 꼭 그럴 거야.

- 샘 쿡(1931~1964)

삶은 해석이다. RNA 세상이 시작된 순간부터 지금껏 펼쳐지고 있는 상속가능한 행위자들 간의 해석 무기 확장 경쟁은 갈수록 복잡하게 발달한 행위자가 이전엔 불가해하던 것들을 마침내 *이해하*도록 이끌었다. 새 정보를 얻었거나 옛 정보를 새롭게 해석한 행위자는 인지력이 떨어지는 행위자의 눈에는 '보이지 않는' 자원을 발굴하

고 절묘하게 은폐된 위험물을 피할 수 있었다. 한때 텍스트(정보의 보존)와 행위(세상에 하는 작용) 모두로 체현되는 절대적 존재였던 RNA는 이 과정에서 차차 DNA(과거에 일어난 자연선택의 이력을 보존하는 기록)와 단백질(실질적 실행자) 사이에 메시지만 전달하는 전령 역할로 물러나야 했다. 그런 한편 해석의 난이도와 정확성은 유전자 텍스트를 읽는 고품질 통역기들의 진화 덕에 날로 향상됐다. 바로 mRNA를 단백질로 번역하는 리보솜, DNA를 mRNA로 전사하는 RNA 중합효소, DNA에 영구 저장된 텍스트를 복사하는 DNA 중합효소다. 또, 단백질이 RNA를 대체한 뒤로 RNA의 리보뉴클레오티드 네 개에서 단백질의 아미노산 스무 개로 화학적 어휘가 대폭 확장됐다. 길이가 똑같이 *n*이라 할 때 나올 수 있는 종류가 RNA는 4*n*가지인 데 비해 펩타이드는 20*n*가지인 데다가, 곁사슬side-chain 20종의 추가 옵션이 생긴 덕에 화학적 어휘의 표현력이 크게 향상됐다. 아미노산 스무 개는 리보뉴클레오티드 네 개보다 할 수 있는 일이 훨씬 많았다.

단순한 통역자들은 대충 꿰맞춰져 복잡한 통역자가 되고 이후 진화 과정에서 계속 정련되고 세공됐다. 유기체는 환경이 제시하는 대로 고분고분 받아먹는 수동적 소비자가 아니라 쓸모 있는 토막 정보를 캐물어 발굴하는 탐험가였다. 감각 신호를 행동으로 변환하는 정교한 해석 작업은 유기체 안의 작은 통역자들이 단순 해석을 어떻게 하느냐에 좌우됐다. 한 소기관의 출력신호가 다른 소기관으로 가면 입력 신호로 재투입됐다. 조절 네트워크 안의 알로스테리 단백질과 RNA는 서로 협력해 리간드의 세포 표면 수용체 결합이 세포 내 유전자 발현의 변화로 해석되게 했다. 신경전달물질과 신경조절물질의 분비 정보는 시냅스마다 통합되어 해당 뉴런을 발화시킬지 말지를 결정하는 데 사용됐다. 또 그런 뉴런들은 서로 소통하면서 전향적으로도 후향적으로도 두루 살피는 복잡한 과정을 통해 더 큰 결정을 내렸다. 분자들은 미래에 닥칠 결정의 순간에 입력 신호로 쓸 수 있도록 지난 해석들을 기억에 새겼다.

오랜 세월 유전자에 보전되어 온 모든 정보는 유전자군 안에서 출현 빈도가 일정 수준에 이를 때까지 선택적 소멸을 불가피하게 거쳐야 했고 이후에도 유전자군에 남기 위한 선택적 소멸이 이어진다. 그런데 개체 학습이 진화함에 따라 해석이 엄청나게 세련된 작업으로 변모했고, 결과에 의한 선택selection by consequence을 통해 통역자들의 성능을 개선함에 더 이상 선택적 소멸이 통과의례가 아니게 되었다. 이제는 진화적 과거가 제공한 유전자 정보와 개체가 가진 과거 기억 모두 현재 경험에서 얻은 데이터의 의미 있는 효과를 해석하는 데 활용될 수 있었다. 타인을 보고 얻은 깨달음은 사용 가능한 정보의 원천을 문화 전통으로까지 넓힌다. 기억은 변화에도 지속하는 것 혹은 변화 후에 다시 출현하는 것에 잘 반응하도록 우리를 돕는다. 그런 까닭에, 생전 처음 겪는 상황에 마주했을 때 우리는 이미 알고 있는 것들에서 연관된 은유를 찾으려 한다.

모든 생물종이 고유하지만 인간에게는 뭔가 더 특별한 게 있다. 그리고 그 특별함의 중심에는 문화와 언어가 자리한다. 엇비슷한 냄새를 풍기는 다른 생물종도 있긴 있다. 하지만 인간은 이미 경계를 넘어섰고 세상에 전무후무할 신新종족이 되었다. 쉼 없이 변하는 의미를 섬세하게 묘사하는 인간의 표현력은 언어의 탄생과 함께 폭발적으로 발달했다. 모든 단어에는 저마다의 쓰임새가 있다. 어휘 수가 10^4개뿐인 언어라도 단어 *n*개를 엮는다고 치면 이 길이의 구절이 10^{4n}개나 나온다. 물론 대부분은 문법적으로 엉망진창이다. 임의 조합한 뉴클레오티드 혹은 아미노산 가닥이 대체로 아무 쓸모 없는 것과 똑같다. 하지만 지금 이 문장과 똑같은 단어 수를 가진 구절들만 쳐도 어떤 의미를 갖고 있을지 모를 구절의 수가 이미 초천문학적 수준으로 늘어난다. 문맹률이 높은 몇몇 사회에는 엄청나게 긴 시문을 늘 외고 있는 음유시인이 따로 있기도 했지만, 말로 뱉은 텍스트들은 그 순간에만 존재할 뿐 대부분 곧바로 사라졌다. 그런 까닭에 글쓰기는 인류에게 중차대한 발전이었다. 아무리 긴 이야기도 외부 매체에 새겨 오래도록 보관할 수 있게 된 것이다. 그렇게 인간은 책의 종족으로 거듭났다(그리고 오늘날엔 다시 인터넷의 종족이 되었다).

1521년 독일 보름스에서 열린 제국회의 앞에 소환됐을 때 마르틴 루터Martin Luther는 "Hier stehe ich, ich kann nicht anders(여기 내가 서 있으니, 달리 무엇을 할 수 있겠습니까)"라고 말했다고 전해진다. 그의 *결연한 태도*는 자의에 의한 행동이었을까? 그는 자신의 행동이 불가피한 대응이었다고 믿었다. 그의 의지는 신의 의지에 전적으로 묶여 있었다. 유물론자라면, 신의 명령을 물리 법칙으로 치환하면서 행동에 앞서 전인이 있었으므로 루터가 자유롭게 행동할 수 없었다고 입을 모았을 게 틀림없다. 그런 한편 행동이 외부의 직근인에 지배되지 않을 때, 즉 우리가 우리 자신의 목적을 위해 *스스로 행동에 나선다면* 인간이 자유롭게 행동하는 것이라는 해석도 가능하다. 이 해석에 따르면 루터가 철회를 거부한 것은 외부 통제로부터 자유로운 자기의지의 표현이었다. 그의 행동은 그의 원인에 의해 결정됐다. 신성로마제국과 가톨릭교회가 힘을 합친들 그의 뜻을 꺾지는 못했다.

우리 유전자와 개개인이 간직한 서사의 텍스트 기록, 즉 우리의 형상인은 현재 행동과 미래 의도를 이끄는 과거의 정보다. 우리가 코앞의 자극에 반응해 행동할 때 나의 선택은 나 자신을 표현하며, 나를 나이게 하는 지금 동력인들은 이미 지나가 무효가 된 다른 동력인들에 아무 영향도 받지 않는다. 반면, 유전물질 안에 기록된 형상인과 목적인은 내가 누구인가를 구성하는 일부분이면서 개개인의 삶을 형성하는 경험이기도 하다. 50년 전에 일어났던 일들과 10억 년 전 일들은 모두 현재 기로에 선 내 선택의 길잡이가 된다. 오래전 일어난 일들은 당신에게도 내게도 통제권 밖의 영역이다. 내가 단순히 근접인에 의한 외부 통제를 원격인에 의한 외부 통제로 바꿔치기한 걸까? 어느 쪽인지 답을 내려면 먼저 해설의 시간 척도를 정확히 따질 필요가 있다.

생명이 시작될 무렵으로 시간을 거슬러 올라간다고 치자. 그때부터 지금까지 유구한 세월 동안 인간 유전자 조성의 변화가 일어났고 이 변화들을 우리 종의 모든 구성원이 공유하게 됐다. 이것은 *환경*의 정보가 *우리 유전자*에 자리 잡는 데 걸린 기간이다. 생명 탄생기 즈음 일어난 일부 변화는 다른 생물종 대부분에게도 일어난 사건이었다. 그보다 근래의 변화를 우리는 달팽이와 함께 겪었고 훨씬 더 최근의 변화를 침팬지와 함께 경험했다. 어차피 우리 모두 *같은 환경*을 경험한 *공통 조상*의 후손이니 그 무엇도 우리들 사이의 *차이*를 설명하지 못하는 먼 과거까지 들어갈 필요는 없다. 우리가 공통의 조상으로부터 있는 그때 그 형상 그대로 물려받은 것들은 지금 우리를 인간이게 하는 기반을 이루며 우리의 통제를 벗어나 있다. 그것은 우리를 인간이게 하는 형상인이고, 우리들의 같음의 원인이다. 그것을 우리는 *인간 본성*이라 부른다. 그렇다면 인간 본성을 선택적으로 유지시키는 환경 인자는 우리를 인간이게 하는 목적인이다.

우리 유전자의 형상인은—정보 유전자는—지난 자연선택이 적힌 텍스트 기록이며 각 개체가 발달하는 동안 유전적 원인으로—물질 유전자로—실체화된다. 이 물질 유전자는 실시간 통역자인 우리의 자아를 구체적으로 빚어 세우고 예측불허의 세상에서 버티며 살아남게 한다. 물질 유전자는 우리의 자아구축 과정에서 동력인으로 활약할 뿐만 아니라, 인간의 발달에 같음을 부여하는 보조 동력인으로서 믿을 만한 환경요소도 적절히 반영한다. 모든 통역자는 결정을 내림에 융통성이 있어야 한다. 앞으로 어떤 환경을 마주할지 정확히 예측할 수 없기 때문이다. 통역자는 잘 통했던 것과 효과 없었던 것을 구분한 최근 경험을 거울 삼아 결정 구조를 유연하게 보정할 수 있어야 한다. 우리는 통역자이면서 사람이기에, 타인으로부터 배우고 문화적으로—대부분은 언어를 매개해—소통되는 정보를 활용해 우리의 구조와 행동을 개선해 간다.

*개개인의 본성*을 다지는 것은 발달 과정 중의 어느 차이생성기일까? 일부는 인간 본성의 시간 척도에 비하면 한참 나중에 생긴 유전적 차이고 또 일부는 유전적 차이의 시간 척도보다 최근에 일어난 환경적 차이다. 흔히 우리는 그땐 아직 우리가 다 자라지 않은 상태였기 때문에 어린 시절이 *우리의 통제를 넘어서 그냥 일어난다*고

생각한다. 발달에 유전자가 하는 인과적 역할을 두고 벌어지는 많은 논쟁은 사람들이 과거를 논할 때 비롯된다. 제각각의 인과 개념을 가진 이들이 서로 다른 시간 척도를 설정하고 얘기하니 그럴 수밖에. 누군가는 인과를 메커니즘 맥락에서 생각하지만 누군가는 차이생성기로 생각한다. 또 누군가는 인간 본성과 인간 발달에서 같은 부분들의 원인에 집중하는 반면 누군가는 개개인의 본성과 발달 과정에서 벌어지는 차이들의 원인에 집중한다.

내가 아끼는 평생 친구 하나는 아마도 아버지로부터 물려받았을 *CHD7* 유전자 한 짝에 드노보 돌연변이가 생긴 채 태어났다(드노보 *de novo*란 돌연변이가 가장 최근 세대에서 새로 생겼다는 뜻이다). 이 돌연변이는 시각, 청각, 후각, 균형감각, 고유수용감각(내 몸 신체부위들의 위치와 움직임을 감지하고 인식하는 것—옮긴이)을 망가뜨린다. 이 병 때문에 내 친구가 세상에서 받아들이는 정보와 그가 세상에 내보이는 행동은 남들과 확연히 다르다. 그는 몹시 나쁜 카드패를 뽑았지만 매우 선전하고 있다(장하다, 아들!). 이런 작은 물질적 변화가 무엇 때문에 생물 발달에 그토록 현격한 차이를 벌린 걸까? 돌연변이는 유구한 형상인을 흔들고 딱 신경계가 발달할 즈음 발생 과정에 대한 세포의 해석에 큰 지장을 초래했다. 이 돌연변이의 효과에는 목적인이 없다. 돌연변이를 보존하고자 이어진 선택의 역사도 없다. 과거에 관한 유용한 정보는 한 톨도 담겨 있지 않다.

동력인으로 작용하는 환경적 차이는 때로 발달에 큰 영향을 줄 수 있다. 루마니아에서 니콜라에 차우셰스쿠Nicholae Ceaucescu 독재기에 고아원에서 자란 아이들 중 다수는 *CHD7* 돌연변이를 가진 내 아들보다 훨씬 비참한 삶을 살았다. (리엄은 내게 "제 카드패가 그렇게 나쁘지는 않았어요"라고 말하곤 한다.) 다행히도 미묘하거나 조금 뚜렷한 환경의 차이는 발달에 그리 큰 영향을 미치지 못한다. 환경 요인이 확연하게 다른 결과를 불러오려면 심각하게 뒤엎인 환경이어야만 한다. 인간 본성은 대부분의 경미한 동요로부터 우리를 지킨다. 네팔에서 태어난 아이들이—모욕하려는 게 아니라 다름을 말하는 것이다—미국에서 자라면 여느 전형적인 미국 아이나 다를 바 없어진다. 네팔의 문화유산과 네팔인 혈통은 약간의 다름을 만들겠지만 미국의 양육 환경과 인간 본성이 같음을 독려하는 것이다.

시시각각 일어나는 행동의 시간 척도에서는 유전자의 통제력이 거의 없다. 우리는 행동하기 전에 유전자와 상의하지 않고 많은 결정을 내린다. 엄마와 아이는 유전자의 지시 없이도 미소를 나눈다. 이때 동력인인 물질 유전자는 배우로 무대에 서지 않는다. 그보다는 현재의 무대 세트를 짓는 데 도구로 쓰였고 다음 공연을 위해 무대를 고칠 때 다시 도구로 사용될 것이다. 지금 이 무대에 오른 주인공은 세상을 실시간으로 해석하는 통역자인 나 자신이다. 다만 무대 위에서는 각본 없는 즉흥극이 펼쳐진다. 나는 상대방의 대사를 듣기 전엔 무슨 말을 할지 미리 결정하지 못한다. 인과로 연결되는 이야기가 다양한 버전으로 만들어지는 것이다.

영혼은 생명체의 형태다. '영혼'은 내가 의도한 의미와는 거리가 멀고 2000년 역사의 기독교 신학과 더 깊이 얽혀 있는 단어다. 내 의도는 훗날 라틴어로는 *아니마*anima, 영어로는 소울soul로 번역된 아리스토텔레스의 *프슈케*ψυχή, psuche에 더 가까운데, *프슈케*—'심리학

psychology'의 어원이기도 하다—는 생명의 숨이자 산 몸과 죽은 몸을 구분 짓는 생기의 원천을 뜻했다. *프슈케*는 산 몸을 일으켜 움직이는 동력이었고, 이 몸을 저 몸과 구분되게 하는 정수였으며, 몸의 행동이 추구하는 최종 목적이었다. 이 *텔로스*는 행동의 수혜자로 해석될 수도 있고 행동의 실용주의적 목적으로 해석될 수도 있었다. *프슈케*는 동력인이자 형상인이자 목적인이었다. 이때 *소마soma*(몸)는 질료인이 되고 *소마*와 *프슈케*가 합체해 생명체를 이뤘다(아리스토텔레스의 《영혼에 관하여》 참고). 식물도 영혼을 갖고 있었다. 영혼은 의식적으로든 무의식적으로든 선택의 향방을 좌지우지하는 생명체의 복잡다단한 조직이다. 영혼은 개체발생 과정에서 완숙한 형태로 발달하고 이후 나이가 듦에 따라 변질되고 퇴보한다. 그러다 마지막 순간 존재하기를 그만둔다.

단순하게 구분하면, 형태는 물질이 조직화된 것이고 영혼은 형태의 통합이 일어나는 특정 층위다. 더 복잡한 생명 형태들의 경우, 영혼이 점진적으로 생겨나며 소멸 역시 서서히 진행될 수 있다. 사회는 인간 영혼에 관한 다양한 신념과 죽음의 서로 다른 정의들을 두고 진지하게 고민할 줄 알아야 한다. 갓 죽은 몸은 한동안 온전한 형태를 보존한다. 몸의 일부는 아직 살아서 형태를 유지하는 활동에 여전히 열심이기 때문이다. 그러나 몸 전체를 통합하는 연결망은 이미 다 끊어졌다. 몸뚱이의 영혼은 죽어도 세포 수준의 영혼들은 살아남는다고 얘기하는 이도 있다. 아직 살아 있는 부분들을 다른 사람에게 이식해 그 사람 몸의 일부분이 되게 한다. 그럼으로써 다른 몸의 영혼을 더 오래 살게 한다는 것이다.

우리는 자유로운가라고 물을 때, 이 질문은 매일 수십 번도 넘게 놓이는 선택의 기로에서 우리 영혼이 늘 평정을 유지하는가라는 뜻과 같다. 영혼의 선택이 외부의 동력인에 의해 결정된다는 건 무슨 의미일까? 추상적 층위에서 우리 영혼은 욕조 효과를 차이 지우개로 이용하고 나비 효과를 차이 증폭기로 이용한다. 욕조 효과는 불필요한 원인들에 영혼이 휘둘리지 않게 한다. 욕조 효과는 영혼에 쏟아지는 지독한 운명의 돌팔매와 화살을 중간에서 막는다. 욕조는 물이 어쩌다 흘러들었는지 개의치 않는다. 모든 물방울을 똑같이 배수구로 내보낼 뿐이다. 반면에 나비 효과는 우리로 하여금 연관된 정보에 기민해지도록 만든다. 아마도 세포막을 가로지르는 이온 몇 개의 이동에 지나지 않을 작은 날개의 펄럭임 한 번이 어마어마한 차이를 벌린다. 최소한의 수단으로 욕조를 갈아치우는 결정적 순간이다. 나비 효과와 욕조 효과는 우리가 세상에 어떻게 반응할지를 결정하는 영혼의 메커니즘이다. 세상에 반응해야 할지, 그렇다면 어떤 방식으로 할지는 우리 영혼의 구조에 달렸다. 만약 우리의 과거가 제각각이었다면 우리는 세상에 저마다 다르게 반응할 것이다. 우리는 서로 다른 영혼을 갖고 있을 테니 말이다.

유전자는 영혼의 시방서示方書다. 시방서는 스스로 결정할 줄 아는 통역자를 조립해 만드는 방법에 관한 정보를 제공한다. 앞으로 고르게 될 선택지들은 시방서 어디에도 적혀 있지 않다. 미래에 일어날 사건의 구체적 사양을 예측하는 건 불가능하기 때문이다. 대신에 시방서에 나와 있는 것은 선택에 사용할 도구다. 시방서에는 경험을 참고해 보정해 가는 기능도 갖춰져 있다(단, 아무 경험이나 다 받아들이는 건 아니다). 하지만 영혼의 구조는 진화와 발생의 역사가 만들어 내는 합작품이다. 진화사는 유전자 시방서를 작성하며 발생사는 경험을 반영해 시방서를 고치고 영혼을 개량한다. 그러면서 진화사와 발생사는 영혼 일부분을 역사의 구속에서 해방시킨다. 영혼에게는 외적이기보다는 내적인 텔로스가 있다. 영혼은 자신이 살아갈 삶을 스스로 결정한다.

우리는 유전자의 노예가 아니다. 유전자가 결정권을 우리 영혼에게 위임한 까닭이다. 우리는 문화의 노예도 아니다. 우리 영혼은 문화의 어떤 부분은 받아들이고 어떤 부분은 거부할지를 스스로 판단하고 결정하는 까닭이다. 우리 유전자 시방서는 문화를 고려한 보완을 용납한다. 문화규범을 무시하는 영혼은 규범 일부를 취사선택해 준수하는 영혼만큼 성공하지 못하기 때문이다. 그렇더라도 이런 보완은 선택적으로 이뤄진다. 문화의 독재에 질질 끌려다니는 영혼은 자주권을 가지고 때로는 문화에 새 바람을 일으키는 영혼만큼 성공하지 못한다. 인간은 *천성적으로* 문화 순응론자이자 문화 회의론자다. 우리는 문화와 개개인의 선택권이 있기에 유전자 결정론에 얽매이지 않는다. 우리는 인간 본성 덕분에 문화 결정론의 제약도 받지 않는다. 이것은 힘의 분배다. 우리 영혼은 일정 범위 안에서 자유로우며, 범위 제한을 두는 것은 다름 아닌 다른 영혼들의 자유를 위해서다.

당신의 영혼은—당신은 누구인가—지금 여기 존재하는 부동의 원동자다. 당신은 어떤 정보든 의미 있는 선택으로 공시적으로 자유롭게 해석할 수 있다. 당신의 영혼은 이 예측불허의 세상을 당신 개인의 천성과 모든 인류가 공유한 인간 본성의 표출로서 이해할 통시적 능력을 갖고 있기 때문이다. 당신이 속박되어 있다면 그것은 당신이 인간이 아닌 존재는 될 수 없기 때문인가, 아니면 당신이 남이 아닌 자기 자신일 수밖에 없기 때문인가?

도덕규범은 영혼 개량을 위한 중요한 문화적 자극으로 작용한다. 도덕규범은 영혼의 진화 기술 중 하나로 나온 인류의 발명품이다. 게다가 비슷한 목적을 달성하고자 여러 가지 발명품이 만들어지는 건 드문 일이 아니다. 여기서 도덕규범을 발명품이라 말하는 건 업신여겨서가 아니다. 발명은 우리 삶을 상상 이상으로 윤택하게 만든다. 다만 도덕규범에도 여느 기술과 마찬가지로 상충하는 요소, 설계상의 결함, 유행이 있다는 뜻이다. 기술은 시간이 흐를수록 점점 세련되어지는 경향이 있다. 도덕규범 역시 '진보' 비슷한 것을 한다. 당대의 도덕적 절대 원칙은 변천하는 문화와 진화의 통시적 상대성을 밑거름 삼아 공시적으로 생겨난다.

> *실질적으로 악惡에는 문제가 없다.* 우리는 악에 어떻게 대처해야 할지 완벽하게 잘 알고 있다. 우리는 내 안에 그리고 세상에 존재하는 악을 인지하고 그것을 끊어 내야 한다. 우리는 최선을 다해 악과 싸우고, 악을 연구하고, 악을 근절해야 한다. 모두가 궐기하여 진격해 절멸시켜야 할 대상. 바로 이것이 '악'라는 단어에 담긴 뜻이다. 그런 맥락에서 악은 상대적이다. 진화가 진행되고 인간사회의 구조가 변해 가면서 악의 성질이 달라지기 때문이다. 10계명이나 7대 죄악 같은 규범의 성문화成文化 시도가 한동안은 유효하겠으나, 아무래도 영

원히 그럴 것 같지는 않다. (Fisher, 1950, pp. 21~22)

우리는 무언가를 그냥 하지는 못한다. 우리의 선택은 각자 가진 능력과 우리 영혼의 저항에 얽매이기 마련이다. 우리는 영혼의 작동 메커니즘을 어떻게 이해해야 할까? 영혼의 물질적 면은 과학 연구의 표준 전략 덕분에 더없이 속속들이 밝혀져 있다. 과학의 방법으로 우리는 많은 것을 알아낼 수 있었다. 하지만 영혼을 어둠상자라 치고 입력값과 출력값 사이의 연관성을 이해하기 위해 쓰인 기술들이 메커니즘을 비트는 기술보다 효과적으로 우리 행동을 미세 조정한다는 사실은 결코 우연이라 볼 수 없다. 단순직렬 구조가 아닌 복잡한 시스템이 어떻게 그리고 왜 그렇게 행동하는지를 이해하는 것은 그만큼 보통 어려운 일이 아니다.

음악은 나비를 등 떠밀거나 욕조를 개조하지 않고 우리 영혼에 직접 속삭여 우리 행동을 변화시킨다. 음악에서 리듬, 멜로디, 화음은 각각 따로 떨어진 일부분이 아니라 부분들을 잇는 관계다. 영혼은 대위법(독립된 선율들을 동시에 결합해 협화음의 곡을 완성하는 작곡법—옮긴이)으로 만들어진 생명의 교향곡을 지휘한다. 영혼은 과거를 밑거름 삼아 현재의 표준을 즉석에서 작곡해 연주한다. 유기체organism 안의 장기조직organ은 어떻게 생긴 표현일까? 그리스어로 *오르가논ὄργἄνον, organon*은 도구 혹은 기계였다. *오르가논*은 '일'을 가리키는 *에르고스ἔργος, ergos*가 모음 전환되어 나온 단어로, 일에 사용하는 물건들을 뜻했다. 또 라틴어로 *오르가눔organum*은 기계장치일 수도, 전쟁무기일 수도, 악기일 수도 있었다. 고대영어로 *오르간organ*은 악기였고 멜로디나 노래이기도 했지만 15세기에 들어와 그 정의의 범위가 도구 기능을 하는 신체 부분들로 확장됐다(형용사 *organic*도 이때 생겨났다). 동사 *organize*는 '*organ*을 갖추다'라는 의미로 쓰이게 됐고, 바로 여기서 *조직*organization과 *유기체*organism가 파생된 것이다. 그렇다면 문맥context 안의 텍스트text는 또 어떻게 생긴 표현일까? 《옥스퍼드 영어사전》에서 'context'를 찾으면 주 의미가 "단어와 문장을 엮은 것; (구어) 이야기나 글을 구성한 것"이라고 나온다. context와 어원이 같은 단어로는 textile(옷감)과 texture(질감) 등이 있다. 이처럼 단어들은 날실과 씨실처럼 엮여 어원학적으로 연결된다.

모든 인간은, 아니 모든 유기체는 이 세상에서 계속 존재하고 기능하기 위해 어마어마한 양의 정보를 쉼 없이 처리한다. 입력값을 출력값으로 뽑아내는 우리의 해석은 각자 보유한 고유의 진화사와 경험이 독특하게 구동하는 내부 작업이다. 내가 세상을 이렇게 해석하는 것은 내가 이런 사람이기 때문이다. 만약 이런 인물이 아니었다면 나는 세상을 지금과 다르게 해석했을 것이다. 같은 이치로 당신이 세상을 어떻게 해석하고 왜 그러는지를 내가 이해하려 할 때 나는 당신이 어떤 사람인지부터 이해해야 한다. 우리가 하는 관찰과 행동의 엔트로피는 충분한 자유도를 갖고 있어서, 우리가 마주할 수 있는 대상과 내보일 수 있는 반응은 이미 초천문학적 수준으로 다양하다. 누군가 선택지들이 존재하는 공간이 고작 초천문학적일뿐 무한하지는 않은 탓에 자기 행동의 자유가 구속을 받는다고 불평한다면 그건 터무니없는 소리다. 내게는 내 인생을 스스로 이끌어 가기에 차고 넘치는 자유가 있다.

통제로부터 자유롭다는 것은 다른 이의 의도 실현을 위한 도구로 사용되지 않는다는 뜻이다. 우리는 웬만해서는 남들에게 휘둘리지 않고 스스로 결정할 줄 아는 인간으로 진화했다. 그럼에도 우리는 종종 나의 선택을 지배하거나 조작하려는 자들의 타깃이 된다. 그들의 수법은 험악한 강요일 수도, 속임수일 수도, 세뇌일 수도, 설득일 수도 있다. 인간 본성에 관한 과학 연구들은 영혼 작동 메커니즘의 약점을 찾아내 인간의 선택을 뒤집을 간단한 방법들을 개발했다. 그리하여 현대사회는 마케팅, 마약, 정치선동처럼 이 메커니즘의 맹점을 공략함으로써 선의로 혹은 악감정으로 행동하도록 부추기는 기술들이 판을 친다. 오늘날 우리는 자유로운 행위자가 아니라 도구 취급을 받고 있다. 이런 기술 중 몇몇은 어둠상자와도 같은 인간의 복잡한 내면에 주목해 입력값과 출력값 사이의 통계학적 규칙성을 이용한다. 또 어떤 기술은 어둠상자 안을 엿보고 내부 메커니즘을 간파해 출력값을 조작하려고 한다. 이 모든 통제 기술은 갈수록 정교해질 것이다. 대중의 선택을 바꿀 수 있다면 기꺼이 지갑을 열 사람이 한둘이 아니기 때문이다. 우리는 우리의 자유를 포기하고 타인의 목적을 위한 수단이 될 수밖에 없을까? 우리 영혼이 해킹당하지 않도록 우리가 스스로를 지킬 수 있을까? 인류 역사의 기승전결이 어떻게 흘러갈지는 엔딩 크레딧이 다 올라갈 때까지 지켜봐야만 비로소 알게 될 일이다.

15

다원주의의 해석학

From Darwin to Derrida

목적론은 생물학자가 잠시도 옆에 없으면 못 산다는 숙녀와 같다. 그럼에도 생물학자는 숙녀와 함께 사람들 앞에 나서기는 창피해한다.

- 에른스트 테오도어 폰 브뤼케Ernst Theodor von Brücke(W. B. Cannon, 1945에서 인용)

프랜시스 베이컨은 미네르바와 뮤즈를 불임의 동정녀라 폄하하고 예술을 자연 탐구와 아무 연관 없는 잡학으로 몰았다(Bacon, 1605). 르네 데카르트가 사유하는 정신과 신체 기전을 분리한 것 역시 함의하는 바는 비슷하다(Descartes, 1641). 창조력은 기계가 아니라 기계 속 영혼에게 속한 것이었다. 자연스럽게, 지식에 접근하는 인문학적 방식과 과학적 방식이 오래도록 소원할 조짐이 과학혁명의 여명기부터 뚜렷할 수밖에 없었다.

중세 대학들의 기초교양 교육은 기본 3과목*trivium*(문법, 논리학, 수사학)과 기본 4과목*quadrivium*(대수학, 기하학, 화성학, 천문학)의 조합으로 이루어져 있었다. 이들 기본 교양과목은 5세기와 6세기에 현대인문학의 전신인 인문 연구*studia humanitatis*로 재편됐다. 이 커리큘럼 개혁에는 논리적 논쟁(논리학)에서 고전 강독과 해석으로의 무게중심 이동이라는 배경이 깔려 있었다. 여기에 시, 역사, 윤리학이 정식 교과목으로 추가되면서 노예가 아닌 모든 시민에게로 교육의 기회가 대폭 확장됐다(Kristeller, 1978; Nauert, 1990). 17세기로 오면 현대과학의 시초격인 자연철학의 약진이 두드러졌고 다시 19세기에는 사회과학이 고등교육기관에 정식 자리를 요구하며 목소리를 높였다. 이와 같은 학문 세분화는 오늘날에도 교수진 임용과 교과목 범위를 두고 치열한 경쟁을 야기하고 있다.

특히 19세기 독일의 대학들은 *나투어비센샤프텐Naturwissenschaften*—자연과학—과 *가이스터스비센샤프텐Geisteswissenschaften*—대강 인문학과 사회과학을 아우르며, 여기서 *가이스트Geist*는 유령, 영혼, 정신쯤으로 번역된다—사이에서 벌어진 지난한 격쟁의 현장이었다. 나는 독일어가 짧은 탓에 양측의 주장을 완전히는 *이해*하지 못한다. 그래서 독자 여러분에게 내막을 제대로 *설명*할 수가 없다. 긴 독일어 문장 하나를 직접 해석하려 치면 부분부분 추측되는 의미들을 죄다 뽑아 나열해 보지만 진짜로 의도된 의미를 콕 집어내지는 못했다. 각 *부분*들의 의미가 *문장 전체*와 연결되고 다시 문장의 뜻은 글 *전체*의 주제라는 보다 큰 맥락 안에서 이해해야 했기 때문이다. 심지어 전체 글에는 훨씬 길고 복잡한 문장이 한둘이 아니었다. 만약 영어 번역본이 있어서 원래는 긴 원문을 분석에 보다 용이한 짧은 문장들로 쪼개 주었더라도, 내가 읽은 번역본과 번역 전 원문 사이에 해석이 한 단계 추가되면서 생겼을 손실을 간과할 수 없는 일이었다.

해석학은 문서화된 텍스트를 연구하고 독해하는 기법으로서 발전하기 시작했다. 주 동기는 성서와 고문서였다. 이때 최대의 난관은 오래전 사라진 언어로 적힌 텍스트를 어떻게 이해할 것인가였다. 모름지기 해석이란 전체에 대한 이해 안에서 단어 하나, 구절 하나의 의미를 파악하되 전체 의미는 다시 작은 부분들의 이해를 바탕으로 구축하는 순환적 과정이었다. 게다가 이 모두가 다른 텍스트들의 독해와 병행되어야 했다. 전체 해석의 맥락으로 본 부분들의 해석과 부분의 맥락으로 본 전체 사이의 상호관계는 '해석학적 순환 *hermeneutical circle*'이라 명명됐다. 해석학의 범위는 활자 텍스트를 넘어서서 온갖 사회현상으로 확대됐고, 그런 영역 확장에는 자연스레 텍스트 정의의 확대가 뒤따랐다. 넓게 볼 때 인류 역사와 인간의 모든 행동을 비롯해 해석 대상이 되는 모든 것이 텍스트이고, 의도적인지 아니면 그렇지 않은지는 아무 상관없다(Ricoeur, 1971). 즉 내 개인적으로 제안했던 텍스트의 정의는—해석되도록 의도된 해석 대상은—의도되지 않은 텍스트를 인정하지 않는다는 점에서 좁은 의미의 정의다.

빌헬름 딜타이는 *가이스터스비센샤프텐*의 독특한 방법론을 심도 있게 저술하면서 해석학의 일반적 논제를 그 안에서 이해하려 했다. 그 가운데 "Die Natur erklären wir, das Seelenleben verstehen wir"라는 독일어 문장(Dilthey, 1894)은 *에클레흔Erklären*(설명)이 *나투어비센샤프텐*의 해설 방식이고 *페시티언Verstehen*(이해)이 *가이스터스비센샤프텐*의 설명 원칙임을 분명하게 구분해 명시한 핵심 구절이다. 전체적인 내용은 다음과 같이 번역된다.

> 우리는 자연은 설명하고 정신적 삶은 이해한다. 내면의 경험은 정신적 삶이 가진 기능들의 종합적 작용뿐만 아니라 우리가 무언가를 성취하는 과정을 통솔한다. 전체 맥락의 경험이 먼저고, 각 부분들을 구분하는 것은 나중이다. 다시 말해 정신적 삶, 역사, 사회를 연구하는 방법이 자연의 지식을 습득하는 방법과 천지차이라는 뜻이다. (Dilthey, 1979, p. 89)

딜타이의 시각에서 설명은 끊어진 부분들을 그러모으는 통합이었지만 이해는 하나로 연결된 전체로부터 비로소 시작됐다. 이해란 곧 이 하나의 전체를 구성하는 부분들에 대한 분석이었다. 1900년에 완성된 저서 《해석학의 탄생*Die Enstehung der Hermeneutik*》(영문 번역본은 1996년에 《*The Rise of Hermeneutics*》라는 제목으로 출간됐다)에서 딜타이는 특별한 존재로부터 일반화할 때 *가이스터스비센샤프텐*(인문학)의 가장 큰 문제점을 이렇게 기술하고 있다.

> 체계적인 인문학이 특별한 대상들에 대한 객관적 이해를 바탕으로 보다 널리 적용되는 관계를 확립하고 더 포괄적으로 결합시켜 가는 동안에도 이해와 해석의 과정은 여전히 기초적인 수준에 머문다. 그

> 런 까닭에 이 원칙들은, 역사 자체와 마찬가지로, 특별한 대상들에 대한 이해가 보편적 타당성 수준으로 승화될지 여부의 방법론적 확실성에 좌지우지된다. 인문학의 문턱에서 우리가 자연의 모든 개념적 지식과 확연히 구분되면서 오직 인문학만 괴롭히는 문제를 발견하는 게 그래서다. (Dilthey, 1996, p. 235)

그런데 이것은 인문학에만 국한되는 문제가 아니다. 사실은 살아있는 모든 존재가 같은 문제에 맞닥뜨린다. 각각의 생물종과 각각의 유전자는 저마다 유구한 진화의 역사를 보유한다. 또 각 유기체는 자신만의 독특한 발생사를 갖는다. 그런 면에서 달팽이의 행동을 분석하는 생물학자는 연극평론가와 마찬가지 입장에 선다. 각각의 공연은 지난 진화와 발생의 역사를 통해 빚어지지만 세부사항은 매번 베일에 가려져 있고 과학실험의 기법으로 조작할 수도 없다. 달팽이가 가진 의미를 이해하고자 하는 자가 해석의 문제점을 해결하려면 사방에서 얻은 지식을 총동원해야 한다. 생물학은 자연에 꺾꽂이되어 열매를 주렁주렁 맺은 *가이스트*의 새 가지이기 때문이다.

해석학적 순환은—전체 맥락에서의 부분들 해석과 부분 맥락에서의 전체 간 상호관계는—생명을 이해하기 위한 요체다. 자연선택의 은유는 유기체의 성과가 어느 개체가 생존해 번식할지를 좌우하고 이에 따라 어느 유전자가 복제에 복제를 거듭해 영속할지를 결정하는 모든 과정을 포함하고 있다. 전체가 부분을 선택한다. 문제가 해결책을 선택한다. 정보 유전자는 오늘 유용하게 쓰이는 텍스트의 소재가 됐던 지난 공연들의 텍스트 기록이다. 그리고 물질 유전자는 오늘의 무대에서 배우로 활약한다. 텍스트와 공연이 서로에게 인도되고 과도되면서 순환하는 것이 바로 생명이다. 이 순환고리는 돌연변이와—다름의 기원과—선택—차이를 지움으로써 의미가 생성되는 것—덕분에 똑같은 내용이 무한반복되는 굴레에서 벗어난다. 그 과정에서 끝없는 내구성 테스트를 통과한 무대 소도구는 유기체가 세상을 해석하는 데 활용할 도구가 된다.

내가 영혼이라 부르는, 살아 있는 것들의 복잡한 메커니즘은 유기체로 하여금 잡다한 감각 자극들을 종합해 통일된 하나의 행동을 선택하게 한다. 영혼을 분석하는 것이 쉽지는 않다. 영혼은 순수 물리학의 맥락에서 설명 가능하면서도 불가해하기 때문이다. 영혼의 구조는 물리화학적으로 대중없지만 그 동태는 물리법칙을 잘 따른다. 또, 영혼과 그 작용은 물리계의 이치와 잘 부합하기에 물리화학적으로 아주 적절하다. 영혼의 작용을 이해하기 위해서는 메커니즘은 물론이고 동기와 의미에 관한 설명도 필요하다. 해석학과 생물학은 상호 긴장을 유지하면서 공존하고 있다. 생물학은 해석 대상인 영혼의 진화와 발생 기원을 설명한다. 영혼을 해석할 수 있으려면 먼저 이 두 가지를 이해하는 것이 필수다.

달팽이가 된다면

이 신세계에는 지금껏 자신을 완전무결하게 통제하는 무의식적 추동력이었던 안내자가 더 이상 존재하지 않는다. 이제 이 불쌍한 생명체는 인과를 사유, 추론, 예측, 조정하는 존재로 축소됐다. 가장 빈약하고 오류투성이의 기관인 '의식'으로 쪼그라든 것이다!

- 프리드리히 니체Friedrich Nietzsche(2007)

부분과 전체의 관계는 딜타이가 말한 *페시티언*의 요소 중 하나다. 또 다른 요소는 나의 주관성—내면의 경험을 직접 들여다보는 것—그리고 그것이 타인의 주관성 및 객관적 세상에 대한 내 이해와 어떻게 연결되는가다. 의미란 늘 통역자를 향해 존재하지만 자기 성찰은 리보스위치의 주관성이 엄밀히 은유적이라는 반론을 품게 한다. 우리는 만약 내가 리보스위치라면 어떨지 고민할 필요성을 전혀 못 느낀다. 리보스위치에는 어느 하나 공감되는 면이 없다. 그런데 침팬지나 달팽이는 어떨까? 우리는 달팽이보다는 침팬지에게 더 크게 공감한다. 나 자신을 침팬지의 입장에 대입하는 게 훨씬 쉽기 때문이다. 이와 달리 내가 달팽이인 상황은 상상이 잘 안 된다. 그래도 이쪽이 관찰 기회는 더 많았기에 내게는 달팽이에 대한 모종의 주관적 인식도 존재한다. 달팽이 암수 한 쌍이 백년가약을 맺는다고 치면 둘이 행복에 겨울 거라고 어림짐작할 정도는 된다.

우리가 공감 경험을 토대로 납득하는 인간 영혼의 측면은 의식적으로 인지된 것이라 말할 수 있다. *의식*, *인지*, *주의*, *집중*, *관여*는 작동 중인 영혼의 한정적 자원이라 우리가 인지한 것을 일컫는 유의어들이다. 큰 도움은 안 되지만 《옥스퍼드 영어사전》을 찾아보면, *의식적인*conscious은 '알다'라는 뜻의 라틴어에 뿌리를 두며 어원이 같은 양심conscience과 마찬가지로 죄책감을 함축한다. *인지하다*aware는 '신중한'의 의미로 사용되던 옛 영단어를 어원으로 갖는데, 이 말은 다시 '조심하다'라는 뜻의 라틴어에서 나온 것이다. *주의하다*attend는 '뻗다, 늘이다'라는 뜻의 라틴어에서 왔고 긴장tension과 동일한 어원을 가진다. *집중*concentration은 '공통의 중심부로 모으다'라는 뜻의 라틴어에서 유래했다. 한편 *관여하다*engage의 기원은 '맹세하다'라는 뜻의 프랑스어다. 이 어원들은 각각 앎, 위험, 지시, 책임, 중심성, 헌신이라는 어휘와도 연결된다.

대부분의 문제는 의식을 동원하지 않고 해결된다. 인간의 모든 몸동작은 여러 시공간 척도에서 고민해 내려진 수많은 결정의 종합적 산물이다. 하지만 결과적 영향들을 우리가 가끔 눈치챌지는 몰라도 대개 의식이 몸의 선택에 직접 개입하지는 않는다. 자율적 행동과 자동적 행동을 구분 짓는 절대 기준은 아직 없다. 하지만 지금부터 나는 두 가지 행동을 차근차근 대조해 얘기하려 한다. 자율적 행동은 늘 완전히 의식적이지만, 자동적 행동은 평소엔 무의식적이다가 난관에 부딪히면 의식의 통제하에 들어간다. 자율적 행동의 예로는 심장이 뛰는 것, 숨을 쉬는 것, 이온들이 세포막을 넘나드는 것, 의식이 구축되는 것을 들 수 있다. 자동적 행동의 예는 가려운 곳을 긁거나 사이클 선수가 등을 굽히면서 몸을 앞으로 기울이는 것 같은 습관적 동작들이다. 흔한 주관적 인식에 따르면, 일의 완수에 의식이 관여하는 것이 학습에 일정 기여를 하기는 해도 일단 학습된 복잡한 행동은 의식이 나설 필요 없이 자동적으로 실행된다고 한다.

낮은 층위 메커니즘에 상위 층위가 개입할 때 의식의 기전은 도구이고 의식의 내용은 텍스트다. 하지만 개입이 실행되느냐 마느냐는 자율적으로 혹은 자동적으로 차이를 생성하는 특정 하위 층위에 의해 갈린다. 사무실까지 걸어서 출근할 때 내 몸 세포 하나하나의 선택은 모두 자율적으로 이뤄지고 그보다 상위 층위의 선택은 대부분 자동적으로 일어난다. 발을 어디다 딛고 어느 골목에서 방향을 틀자는 결정이 내려지는 복잡한 과정을 나는 전혀 인지하지 못한다. 일상적 잡무에서 해방된 내 의식은 하루 일정 계획에 알뜰하게 전념하거나 앞뒤 없는 공상에 빠진다. 그러다가도 횡단보도가 나타나면 또 기막히게 길 건너는 일에 오롯이 주의한다. 어느 하루는 중간에 세탁소에 들러 옷을 맡기려고 조금 다른 경로로 돌아가기로 한다. 그런 날엔 이 일정을 그날의 주의사항 일순위로 올려야 한다. 까딱 잘못하면 꼬질꼬질한 옷가지를 옆구리에 낀 채 사무실에 들어서야 할 것이다. 한편 꽁꽁 얼어붙은 겨울날 아침에는 나의 현상학적 출근길이 사뭇 달라진다. 발을 어디에 어떻게 딛자는 결정이 내 의식의 일순위 주목 대상으로 치고 올라온다는 점에서 그렇다. 한순간 주의력이 흐트러지면 미끄러져 크게 다칠 것이다. 그렇기에 매 발걸음의 위치를 결정하는 사안에 다양한 자원을 참작한다. 이것은 매우 중요한 문제다. 은폐지에서 뛰쳐나와 보도를 가로지를 때 달팽이는 각종 위험 요소에 온몸의 신경을 곤두세운다. 자신이 어디로 향하는지는 모른다. 전에 가 본 곳이라 이미 알고 있을 수도 있지만.

현상이란 말초 입력값에 대한 해석이다. 또한 행동을 선택하는 데 참고된 세상만물의 은유이기도 하다. 의식적 인지 상태에서 내가 지각한 세상 모형은 새 데이터가 추가되면서 지속적으로 업데이트된다. 새 입력값은 지난 입력값의 해석과 비교되고, 모형과 데이터가 등록된다(프린터로 치면 정렬되는 것과 같다). 지각체가 모형과 데이터 사이의 차이를 잡아내는 센서로 기능하고, 확연한 차이는 우선적 요주의 대상으로 별도 표시된다.

의식은 바로 사용 가능한 해석들로 이뤄져 있다. 여기에는 내가 찾아다닐 필요가 없는 것들과 정보를 더 얻으려면 어디를 뒤져야 할지 알려 주는 이정표들이 포함된다. 내 지각의 장은 도드라지는 객체들을 분류해 공간 안에 위치시키고 그것들을 지식 창고와 내가 가진 의도에 연결한다. 처음에 펜으로 이 글을 쓰기 시작하려고 할 때 나는 펜이 어디 있을지 까맣게 모르는 상태에서 출발하지 않았다. 그쪽을 쳐다보지 않아도 펜이 내 오른손 옆에 있다는 걸 나는 어렴풋이 인지하고 있었다. 그래서 나는 오른손으로 펜을 집어 드는 일에 주의를 집중했다. 있을지 없을지 모를 길쭉하고 동글동글한 검은색 물체를 찾으려고 방 안을 샅샅이 뒤질 필요는 없었다. 대신 나는 이 지각체가 펜인지 아니면 레이저포인터인지 판가름하기 위한 추가 해석에 관여했다. 이 모든 정신작용은 이미 여러 번 일어났던 일이다. 내가 펜을 집어 들기로 결심하기 전에 펜의 위치는 내 의식의 주목 대상이 아니었고 필요시 가져다 쓰도록 흐리멍덩한 배경 속에 준비된 상비품이었다. 나는 어디서 펜을 찾을지 이미 알고 있었다.

의식은 '머릿속에 새겨 두는' 작업을 통해 작동하는데, 이 단기 기억은 여러 행동이 일관성 있게 실행되도록 조율하는 밑바탕이 된다. 얼마 전 패혈 쇼크 때문에 신기한 경험 아닌 경험을 한 적이 있다. 나중에 전해들은 얘기인데, 당시 나는 겉으론 말짱해서 대화도 했지만 누가 뭘 묻든 똑같은 대답만 계속 내뱉었다고 한다. 사람들 눈에 내가 의식이 있는 것처럼 보이고 누가 그러냐고 물으면—얼마나 멍청한 질문인지!—내 입에서도 그렇다는 말이 나왔었나 보다. 그러나 간병하느라 곁에 있던 아내와 달리 나는 그때 내가 무슨 얘기를 했는지 전혀 생각나지 않는다. 잠시였지만 내 정신은 일관성을 완전히 잃은 상태였다. 앰뷸런스에 실리던 순간과 한참 뒤 병원에서 '진짜 의식을 찾았을 때' 사이의 중간 기억은 한 조각도 없다. 세포 수준 영혼들의 자율적 행동을 유기적으로 수렴시킨 상위 층위가 복구되고 나서야 기억 기능이 재작동하기 시작했고 나는 다시 나 자신이 될 수 있었다. 비로소 '진짜 나'로 돌아온 것이다.

철학의 만년 난제 중 하나는 물질계에서 주관적 인지가 어떻게 존재하는가다. 이 논제에 대해 나는 따로 견해가 없지만 지금껏 그래 왔듯 의식의 목적인을 더 잘 이해하게 되면 뭔가 진척이 있을 거라고 기대는 한다. 의식은 사적 텍스트로 활용되는 도구다. 의식은 영혼이 다음번 해석에 참고로 사용할 수 있도록 기존 정보를 해석한 결과들로 이뤄진다. 그렇다면 어떤 특징이 이와 같은 텍스트 보정을 요하는 작업들을 구분 지을까? 이 작업들은 왜 자율적으로 혹은 자동적으로 일어나지 못할까? 텍스트가 새겨지는 물질 매개체는 무엇일까? 내 생각에 이 의문들의 답을 찾으려면 해석학적 순환에 들어가야 한다. 상위 주관성의 객관적 기질인 낮은 층위 메커니즘에 복잡한 상위 층위의 '숙고'가 개입하는 과정을 자세히 살펴볼 필요가 있다. 의식은 은유와의 공조를 필수로 요하기 때문이다.

객관적 현상

개개인의 자기 인지는 역사적 삶이라는 폐쇄회로 안에서 순간의 점멸에 지나지 않는다. *개인의 선입견이 판단보다 훨씬 큰 비중으로 인간 존재의 역사적 현실성을 구성하는 것이 그런 이유에서다.*

- 한스게오르크 가다머Hans-Georg Gadamer(1992)

현상계에서 객관성이 어떻게 존재하는가는 철학에서 그리 어렵지는 않은 만년 논제에 해당한다. 일반적으로 모든 지식은 주관적이고 지각 영역 밖에서는 그 무엇도 안다고 할 수 없다고 말한다. 유기체는 대상의 본질을 직접적으로 파악하지 못하고 해석만 할 따름이다. 하지만 유기체의 해석 능력은 세상에 효과적으로 작용하는 수준으로 진화해 왔고, 그런 까닭에 유용한 안내자로 의지할 만하다. 우리의 평결은 공정하다. 유기체는 항상 지난 선입견들을—가다머의 말에 나오는 "그 존재의 역사적 현실성"을—재검토하고서야 현재의 판단을 내린다. 객관적 '사실'이란 우리 모두가 만장일치로 동의할 수 있는 무언가다. 세상사의 본질에 대해서는 같은 생물종 일원끼리 대략적으로 합의된 바가 있는데, 공통의 진화사가 각자에게 비슷한 감각 메커니즘과 해석 메커니즘을 갖게 한 덕분이다. 모두에게 똑같은 선입견이 있는 것이다.

칸트는 "그 자체로서의 사물(인식 밖 있는 그대로an sich의 물자체物自體—옮긴이)은 내가 알지 못하고 알 필요도 없다. 외양을 띠지 않고는 사물이 결코 내 앞에 나타날 수 없기 때문"이라고 적고 있다(Kant, 1781,

p. 375). 순수이성 얘기는 딱 이 정도만 하기로 하자. 사물에 관한 객관적 정보가 필요한 현실적 이유 중 하나는 만약 내가 먼저 회피 전법을 쓰지 않으면 그 사물에게 잡아먹힌다는 것이다. 가젤은 물자체인 치타에게 먹히고 치타의 피와 살이 된다. 가젤의 인식 안에 들어온 실체적 치타에게 잡아먹히는 게 아니란 말이다. 주관성은 앎의 필요에 객관적 기반을 둔다.

우리가 무생물을 상대할 때는 세상을 '있는 그대로' 보고 행동하는 것이 가장 효과적인 태도다. 무생물에는 목적이 없기 때문에 우리는 각자의 지각을 신뢰할 수 있다. 그런데 상대가 생물이라면 얘기가 달라진다. 이 경우, 눈에 비친 액면가 그대로 대상을 받아들여서는 안 된다. 생물에게는 내 목적과 상충하는 속내가 있을지 모른다. 생물은 내가 그들에게 그러는 것과 똑같이 자신의 의도를 숨긴 채 나의 지각을 조작하려는 동기가 있을 수 있다. 우리 지각이 진화하면 생물의 속임수도 그만큼 발전한다. 우리는 상대의 전략을 '꿰뚫어 봄'으로써 가장 효율적으로 지각하고 우리의 동기를 감춰 그들을 가장 효율적으로 속인다. 심지어 자기기만으로 상대방의 예리한 속임수 감지력을 더 잘 피할 수 있다면 때때로 우리는 스스로를 속이기도 한다.

주관성은 유기체가 가진 객관적 속성이다. 그렇기 때문에 나 자신을 포함해 유기체를 객관적으로 이해하기 위해서는 유기체의 주관성에 관여해야 한다. 우리는 이인칭 동감과 삼인칭 동감이라는 객관적 능력을 갖추고 있기에, 타자의 주관적 관점을 모델링해 그들이 우리의 행동에 어떻게 반응할지 예측할 수 있으며 이런 동감력에 기대 나 자신을 보다 객관적으로 이해한다. 그러나 타자의 객관성은 신뢰할 수 없다. 인간 행위자는 심지어 증거를 가지고도 게임을 하기 때문이다. 같은 맥락으로, 나 역시 남들 만큼이나 불공평하기에 우리는 나 자신의 객관성도 불신한다. 자신의 동기와 무엇이 '공정한가'에 대한 우리의 지각은 나의 목적에 유리한 방향으로 기울기 십상이다. 우리 모두에게는 사심 없는 척하려는 이기적 동기가 있다. 자신의 사유를 말로 설명할 줄 아는 인간 행위자에게 주장의 이면을 간파하는 투시력은 하나만 알고 둘은 모르는 상대와의 협상에서 상대를 수세에 몰리게 한다. 내 안에는 내가 다양한 관점에서 객관적으로 내린 판단들을 객관적 증거가 전적으로 내 편만 든다고 믿는 주관적 확신과 따로 떼어 생각하는 능력이 있다. 나는 그걸 인식하고 있다.

마지막으로, 외부에서든 내부에서든 다른 행위자의 목적을 위한 수단으로 우리가 이용될 경우에도 우리의 지각이 왜곡될 수 있다. 이때 우리가 '객관적'이라 여기며 지각하는 세상의 모습은 내 지각을 조작하고자 사회매체를 이용하는 외부의 실행자와 감정매체를 이용하는 내부의 실행자의 의해 달라진다. 그러면 우리가 스스로 지각한 나의 이익이 스스로 공표한 목적에 부합하지 않을 수도 있다. 희망과 기쁨, 두려움과 증오는 우리 유전자의 복제 목적을 달성하도록 진화한 감정이다. 그렇기에 우리는 만족을 모르고 무언가를 끝없이 갈구한다. 우리는 이미 이룬 영예에 안주하지 못한다. 행복 추구에는 중독성이 있어서 계속 분투하지 않을 수 없다. 그러나 원하는 것을 손에 쥐는 순간 만족감이 밀려들 거라는 약속은 태반이 공염불이다.

과학계에는 과학이 객관적이라는 오랜 미담이 떠돈다. 인문학계는 증거에 우선해 여러 해석의 가치를 타당하게 판단하는 자체 기준을 따로 갖고 있는데, 그런 인문학계에서 이 미담이 '물렁한' 과학을 덮고 '단단한' 과학의 입지를 굳히려는 악의적인 비교와 맞닿는다는 지적이 나온다. 과학과 인문학에는 각각 독자적인 주관성과 객관성이 있기에 그걸로 여기서 실랑이하고 싶지는 않다. 지금 내가 소망하는 바는 생물학자들이 생물체에 대한 객관적 이해에 주관성을 반영해야 함을 인정하고 인문학으로부터 배울 점이 있음을 깨닫는 것이다.

이야기를 들려준다는 것

모든 것을 기억해 내지 못한다면, 전체 내용을 완벽하게 얘기하는 것은 불가능하다. 완전한 서사는 현실적으로 나올 수 없는 이상이다. 서사에는 선택적 차원이 포함될 수밖에 없다.

- 폴 리쾨르Paul Ricoeur(2004)

역사 서사는 발견되는 것보다는 창작되는 것에 가깝다. 불카누스나 다이달로스의 성과가 아니라 미네르바와 뮤즈의 결실이다. 역사 서사는 과거의 해석이며, 그렇기에 현재 사안들에 응용하기 전에 추가적인 해석을 요구한다. 유용한 역사는 과거에 일어났던 사건들을 빠짐없이 나열하는 게 아니라 그 가운데 특별한 의미가 있는 사건과 패턴을 걸러 내려 한다. 즉 '왜'라는 이유를 찾는 일이기에 판정과 식별을 요한다. 딜타이 이후 한 세기 뒤에 에른스트 마이어는 100세가 되던 해 출간한 유작에서 이렇게 말했다.

> 역사생물학 연구에는 실험이 불가능한 상황에서 *역사 서사*라는 기발한 신新 체험 기법이 도입됐다. 과학자가 추측에서 출발해 그것의 타당성을 꼼꼼히 시험하는 가설 생성 과정과 흡사하게, 진화생물학자는 역사 서사를 작성하고 그것의 설명 가치를 시험한다. (……) 과학으로서의 진화생물학은 여러 면에서 정밀과학보다는 가이스터스비센샤프텐과 더 닮아 있다. 정밀과학과 가이스터스비센샤프텐 사이에 경계선을 긋는다면 이 선은 기능생물학을 정밀과학 편으로 밀어넣고 진화생물학을 가이스터스비센샤프텐과 한 부류로 묶으면서 생물학의 정중앙을 관통할 것이다. (Mayr, 2004, p. 23)

적응주의에 반대하는 과학비평가들의 지적이 옳다. 진화 서사는 단단한 과학의 규범에 맞지 않는다. 진화 서사는 *가이스터스비센샤프텐*의 방법과 공통점이 더 많다. 스티븐 제이 굴드는 구조주의자로서의 반감을 숨기지 않으면서 기능주의 서사를 조롱했다:

> 러디어드 키플링Rudyard Kipling은 어떻게 표범의 몸에 반점이 생기고 코뿔소 가죽에 주름이 지게 됐을까라는 질문을 던졌다. 그러고는 자신의 대답을 "그냥 그렇게 된 이야기"라고 불렀다. 생물의 각 적응 사례를 연구하는 진화학자들이 역사를 재구성하고 현재의 효용을 평

가함으로써 형태와 행동을 설명하고자 할 때는 그들 역시 "그냥 그렇게 된 이야기"를 들려주는 것이다. (……) 창작의 기교가 인정의 기준으로서 시험가능성의 자리를 대신한다. (……) 어떤 적응 사례에 대해 인기 있었던 이야기들의 역사를 조사할 때, 우리는 관심 받는 이야기가 바뀔 때마다 진실성이 점점 커지는 과정이 아니라 오락가락하는 유행의 연대기를 목격한다. (Gould, 1980, p. 259)

굴드와 르원틴은 팡글로스식 적응주의를 저격하며 구조의 제약을 진화적 자유를 억누르는 요소로 못 박았다(Gould and Lewontin, 1979). 하지만 캄브리아기 대폭발 이야기를 다시 정리하면서 굴드의 서사는 불변성(운명)보다는 예측불가능성(우발적 사건) 편으로 새롭게 기운다. 굴드는 "역사 풀이는 각 고유 현상의 서사적 증거를 토대로 각각의 본질 측면에서 재구성된 과거 사건들 자체에 뿌리를 두어야 한다"(Gould, 1990, p. 278). 그가 반대한 것은 스토리텔링 자체가 아니라 들려오는 특정 스토리였던 셈이다.

적응주의자들은 통시적인 '어째서'만이 아니라 공시적인 '무엇을 위해'의 이야기를 세상에 들려주고 싶어 한다. 적응주의 서사의 시간은 이미 끝이 정해진 목적론적 시간도 아니고 모든 일이 순전히 우발적으로만 일어나는 방향 없는 시간도 아니다. 적응주의 서사의 시간은 탄생에서 탄생으로, 유전자 텍스트 복제에서 재복제로 돌고 도는 속세의 고리를 따라 조금씩 변모하면서 반복되는 순환적 시간이다. 과거에 잘 통했던 것들의 텍스트 기록은 그 전통이 미래에도 이어지게 한다. 어떤 이야기는 다른 이야기보다 낫다.

역사 서사는 열정을 불러일으킨다. 그것이 강조하는 것과 지우는 것이 현재 당파가 미는 애호로 인식되기 때문이다. 객관적 역사란 게 존재할 수 있을까? 역사학자들은 최소 19세기부터 이 논제를 고민해 왔다. 역사학자들이 모두 동의하는 역사적 사실은 있다. 하지만 그런 사실의 해석에는 논쟁이 뒤따른다. 역사학계는 증거를 다루고 그것을 토대로 역사를 이해하는 방법의 표준을 마련해 놓고 있다. 보편적 동의에 의거해 한 역사가 다른 역사보다 탄탄한 과거 해석으로 인정 받는다. 하지만 *예전에 그랬던* 것은 늘 재해석의 시험대에 오른다. 진화역사학은 더할 나위 없이 잘하고 있다.

나투어와 가이스트의 저편

"어떻게 무언가가 그와 정반대에서 생겨나는 게 *가능하다는 것인가*? 예컨대 오류에서 진리가, 속이려는 의지에서 솔직하려는 의지가, 혹은 이기심에서 사심 없는 행위가 나올 수 있는가? (……) 최고의 가치를 갖는 것은 다른 *특별한* 기원에서 비롯된 것이어야 한다. 이렇듯 유혹과 기만이 넘쳐나는 덧없고 시시한 세상에서, 이런 망상과 욕망의 아수라장에서 나올 리가 없다."

- 프리드리히 니체(1886, 빈정대는 어조로 쓴 글)

과학과 인문학 사이에 성벽의 해자처럼 패인 골은 생각보다 깊을지 모른다. 자연과학의 시선에서는 물질보다는 형태에 집착하고, 사실보다는 가치를 중시하고, 물리적 인과를 무시하는 인문학이 인류의 안녕을 효과적으로 증진함에 있어 공허한 걸림돌로 비칠 수 있다. 반면에 인문학의 관점에서는 전체보다는 부분에 집착하고, 가치보다는 사실을 중시하고, 문화적 인과를 무시하는 과학이 인류의 갈증을 해소함에 있어 영혼 없는 장해물이라 여겨질 수 있다. 동력인과 질료인은 다이달로스와 불카누스의 피후견인이다. 형상인과 목적인은 미네르바와 뮤즈의 보살핌을 받는다. 스콜라 철학은 무언가를 이해하기 위해서는 아리스토텔레스의 4대 원인 모두에 주목해야 한다는 합의를 이끌어 냈지만, 우리는 너무 먼 길을 걸어 나왔다. 그럼에도 누군가는 여전히 해자 너머의 것들을 선망하고 자신의 것과 기꺼이 교환하고 싶어 한다. 불카누스의 묵직한 손이 클리오(역사의 여신—옮긴이)나 테르프시코레(춤의 여신—옮긴이)의 한들한들한 손을 갈망하고 있을지 모를 일이다.

내가 이 책에서 거듭 주장하는 바는 역사적 과정을 거쳐 동력인과 질료인으로부터 형상인과 목적인이 나왔다는 것이다. 나는 현대 생물학의 철학적 논의에서 목적론을 소외시키는 독단적인 관습이 과학 발전을 가로막고 있다고 믿는다. 나는 유기체가, 더 들어가면 물질 유전자가 세상을 의미 있는 방식으로 해석한다고 믿는다. 나는, 그것이 딱히 인간의 의미나 인간의 가치가 아닐지라도, 의미와 가치가 생명의 기원과 함께 존재하기 시작했다고 믿는다. 나는 의미 있는 삶과 그냥 존재하는 것 사이의 경계가 생물계와 무생물계의 사이에 있다고 믿는다. 나는 자연화된 목적론을 거부하는 과학의 태도가 과학적 이해 방식과 인문학적 이해 방식을 결별시켰다고 믿는다. 나는 인문학과 사회과학이 생물학으로 하여금 의미와 가치와 해석의 열쇠를 찾게 할 통찰을 지녔다고 믿는다. 또 우리가 다른 생물들과 공유하는 다른 특징들로부터 인간의 고유한 능력이 발전해 나온 사연을 의미의 기원에 관한 다윈주의의 설명이 인문학과 사회과학에 들려준다고 나는 믿는다. 여기 내가 서 있다. 그러니, 이제부터 무엇을 해야 할 것인가?

나는 의미와 목적에 관한 논제들에 자연선택이 갖는 시사점을 더 깊이 이해한다면 문화가 쌓아 올린 *나투어비센샤프텐*과 *가이스터스비센샤프텐* 사이의 장벽을 낮출 수 있다고 믿고 싶다. 하지만 자연선택이 미네르바와 불카누스를 화해시킬 거라는 기대는, 적어도 당분간은, 성사되기 힘들 듯하다. 자연선택의 다윈주의적 해설은 물리적 대상 연구와 의미 탐구를 계속 분리하고자 하는 이들에게 여전히 피뢰침 같은 존재다. 종교계의 근본주의자들은 다윈주의를 영혼 없는 과학 안에서도 주적主敵으로 지목해 왔다. 방향을 인도하는 지적 존재 없이도 목적에 맞게 수단이 따라갈 수 있다는 다윈주의의 주장 때문이다. 한편 창조론자들은 다윈주의를 '선량함이 전부 사라진' 목적론이라 여긴다. 성서직역주의와 양립하지 못하는 과학 학설이 여럿 더 있지만 그중 무엇에도 종교계의 이런 집중포화가 쏟아지지는 않는다. *가이스터스비센샤프텐*의 시각에서 인간 본성에 관한 다윈주의 가설은 지나치게 단순한 과학이 자신이 속하지 않는 영역을 주제넘게 불법적으로 침해했다는 비난을 산다. 심지어 진화생물학 내부에서도 적응주의 해설이 '그냥 그렇게 된 이야기'로 치부되며 선택중립적 과정의 기여도를 강조하는 이론가들은 존재 조건에 맞추는 적응에 주안점을 두는 연구자들보다 본인의 연구가 더 탄탄하다고 자신한다(우리 학과 교수진과 지내면서 내가 직접 겪었기에 하는 얘기다).

적응주의가 반감을 사 배척되는 것은 경계를 넘기 때문이다. 물리주의의 시각에서 적응주의적 풀이 방식은 동력인과 질료인이라는 청정구역을 의미라는 먼지 덩어리로 더럽히는 걸로만 보인다. 한편 인문학의 시각에서는 인간 본성의 다윈주의적 해설이 생각 없는 메커니즘 지지자들의 적대적 인수 시도일 뿐이다. 물리주의와 인문학은—우리와 달리!—지금까지처럼 각자 울타리 안에 머무는 현상유지를 원한다. 그러나 역사적으로 끝없이 이어지는 대지를 댕강 자르는 영토 경계선은 이동의 자유를 제한하는 대표적 걸림돌이 되어 왔다. 학계의 현실정치realpolitik(19세기에 독일 정치가 루트비히 폰 로차우Ludwig von Rochau가 고안한 개념. 이상보다는 현실을 바탕으로 국익에 우선한 실용적 정치를 가리킨다—옮긴이) 맥락에서 다윈주의는 *나투어*와 *가이스트*의 접경지대에 자리해서 두 거대 패권세력 사이에 끼어 있는 작은 독립국이나 마찬가지다.

학자들 중에는 다윈주의에 뼛속 깊은 반감을 가진 이가 많다. 그런 그들의 반응은 대체로 무작위적 변이, 최적자 생존, 인간 주체성, 결정론의 네 가지 주제와 연관된다. 무작위성이 의미가 부재한 세상의 존재를 상정하고, 자연선택은 음울하고 가혹한 과정이며, 인간 이외 유기체나 유전자에 목적을 부여하는 것은 인간 주체성의 고유함을 무시하는 짓이고, 인간 본성을 자연의 과정들로 설명한다면 우리 세상을 우리가 선택한 대로 재구성할 자유를 포기하는 셈이라는 것이다. 세상의 의미를 박탈한다는 내용과 영역 밖의 의미를 찾으려 한다는 내용의 상반된 비난이 동시에 자연선택에 쏟아진다는 사실은 더 언급할 필요도 없다.

네 가지 중 접근하기 가장 쉬운 주제는 인간 주체성의 고유함이다. 모든 생물종이 저마다 특별하지만, 인간은 다른 생물들을 한참 능가하는 수준의 문화와 언어를 보유한 존재다. 우리는 유전자와 밈의 공생체이며, 측정되는 유전자 변화의 속도보다 훨씬 빠르게 변모하는 세상에도 잘 적응할 수 있다. 나는 인간 두뇌의 고도로 복잡하고 정교한 메커니즘도, 우리가 우리 세상을 납득하는 방법인 사회 속 인간정신의 변증법도 자세히 언급하지 않았다. 그건 다른 이들의 몫이다. 이번에 내 목적은 해석의 가장 단순한 형태와 가장 복잡한 형태 사이에서 단절성이 아니라 연속성을 발견하는 것이었다. 그러면서 결정론을 향한 관심이 조금이나마 옅어지기도 바랐다. 우리에게는 관찰과 행동의 자유가 있다. 무한하지는 않더라도 마음껏 할 만큼은 되는 엄청난 자유다. 우리는 스스로의 동기로 움직이는 행위자이며 그런 까닭에 외부 원인들의 영향을 덜 받는다. 우리는 지금 이 자리에 부동의 원동자로서 내 입장을 견지할 수 있다.

다윈주의에 반대하는 비평가들은 방향 없는 우연이 어떻게 생물체처럼 복잡한 무언가를 창조할 수 있는지 수긍하지 못한다. 그러나 우연은 홀로 작용하지 않는다. 자연선택은 다행한 우연을 겪은 자손을 보존하고 그 자손이 낳은 자손들 가운데 다행한 우연을 더 겪은 자손을 다시 보존한다. 그러면서 불운한 우연을 겪은 자손과 아무 일도 겪지 않은 자손은 제거한다. 표기를 잘못한 것과 운 좋게 펜이 손에서 미끄러지는 것 사이—틀린 메모 하나와 그것이 기록으로 고정되는 것 사이—의 차이는 뜻밖의 행운으로 시작된 오류의 경우 복제에 복제를 거듭하면서 차차 의미를 갖게 된다는 점에 있다. 그러고 나면 맞물린 톱니바퀴처럼 계속 진행하는 것이다. 이것이 자연선택의 창조력이다. 생명의 의미는 자신이 아닌 것들의 흔적까지 품는다.

생각할 만한 또 다른 주제 하나는 우연이 생명에게서 의미를 박탈한다는 견해/시각이다. 우리는 아무 이유 없이 지금 여기에 있다. 그러나 우연은 홀로 작용하지 않는다. 자연선택은 존재의 이유가 있는 존재를 만든다. 자연선택은 윤리적 선택과 비윤리적 선택 모두 할 수 있는 인간의 초윤리적 설계자다. 만약 '정당화'라는 표현에서 윤리적 승인이라는 함의를 쏙 뺀다면 '목적이 수단을 정당화한다'가 자연선택을 한마디로 정의한다고 볼 수 있을 것이다. 자연선택에는 명암이 있다. 그것은 동전의 양면이다. 밝은 면은 우리가 생물계에서 발견하는 아름답고 진기한 모든 적응례들을 드러내고, 어두운 면은 해롭거나 난폭하거나 볼품없는 부적자의 선택적 도태를 가린다. 밝은 면은 어두운 면으로부터 탄생하고 그에 의해 유지된다. 아름다움과 잔혹함의 조화는 위태위태하다. 빛과 그림자가 뒤섞여 삶의 파토스(심리, 마음—옮긴이)가 된다. 우리는 우리가 살아갈 삶을 스스로 결정한다.

자연의 것들에 실용주의적 목적을 부여하는 것은 많은 이의 공감을 얻지 못한다. 이것은 그들이 자연의 섭리에 반응하는 방식이 아니다. 그들은 심미적인 표현을 선호한다. 나는 셰익스피어의 유명한 소네트 한 편을 일부 인용해 이야기를 끝맺으려 한다.

그러나 이런 생각으로 스스로를 거의 경멸하려다가도,
문득 그대를 생각하면 그때의 내 기분은
새벽녘 음울한 대지를 박차고 솟아올라
천국문 앞에서 노래하는 종달새와 같으니,
그대의 고운 사랑을 떠올리면 너무도 풍요로워져
나의 처지를 왕과도 바꾸지 아니하리라.

날아오르는 종달새는 윌리엄 셰익스피어, 퍼시 비시 셸리Percy Bysshe Shelley, 조지 메러디스George Meredith의 시와 랠프 본 윌리엄스Ralph Vaughan Williams의 곡에 영감을 주었다. 종달새 수컷은 이타적 행위의 기쁨(종달새는 뻐꾸기가 몰래 둥지에 가져다 놓은 알을 제 새끼와 똑같이 키운다—옮긴이)을 환기하는 소재로 오래도록 사용되어 왔지만, 현대의 다윈주의자들은 필사적이어서 그만큼 솔직해진 새의 행동이 매에게 잡힐까 두려운 심경에서 나온 것이라는 해석이 더 신빙성 있다고 말할지 모른다. 아마도 종달새는 기쁨에 겨운 게 아니라 지치고 겁날 것이다. 그렇다면 셰익스피어와 셸리의 초월적 은유는 인간의 왜곡된 시선을 드러내는 셈이다. 종달새가 고군분투하는 목적은 정말 암컷에게 잘 보이려는 게 다일까? 생명을 이런 식으로 보는 게 불손한 시각은 아닐까? 다윈주의자들은 모두 마법에 씌지 않은 세상에서 사는 걸까? 어느 새벽녘 옥스퍼드의 초원에서 지절대며 비상하는 종달새를 봤을 때 나의 지극히도 과학적인 관점이 시상을 메마르게 했을까?

솔즈버리 언덕에서 솟아올라
창공을 나는 종달새를 다시 보니
내 영혼이 또 한 번 깨어나
오르막을 따라 심장이 마구 뛰는구나.

말들에 관한 말들

흔적기관들은 어떤 단어에서 철자는 남아 있지만 묵음이 되어버린 글자에 비유할 수 있다. 이때 그 글자는 단어의 어원을 찾는 데는 유용한 실마리가 된다.*

- 찰스 다윈(1859)

누군가에게 어떤 단어의 뜻을 물을 때, 나는 목소리로 뱉거나 글로 새겨 언어학적 맥락으로 형상화한 질문을 던지고 다시 언어학적 맥락으로 형상화된 답을 돌려받는다. 우리는 단어들을 가지고 의미를 소통한다. 철학자들에게 의미의 물음은 대부분 언어에 관해 묻는 것이다. 하지만 이 책에서는 의미라는 개념을 모든 종류의 해석으로

* 찰스 다윈, 《종의 기원》, 장대익 옮김, 최재천 감수, 사이언스북스, 2019.

넓게 잡았다. 언어학과 언어의 철학은 미숙한 새내기들이 두려움을 안고 신중하게 뛰어들어야 마땅한 심오하고 방대한 분야다. 그럼에도 나는 의미를 언어와 연관 짓는 나만의 방식을 대강이라도 설명해야겠다고 마음먹었다.

글을 읽는 중요한 목적 중 하나는 저자의 의도를 이해하는 것이다. 그리고 저자 역시 자신의 의도가 제대로 이해되게 하려고 글을 쓴다. 언어는 그것을 말하는 인간 집단에 의해 공유되고 언어학적 맥락을 짓고 해석하는 데 사용되는 정교한 규약이다. 이 규약상의 의미는 진화한다. 저자와 독자가 쌍방으로 이해하면 모두에게 득이 되지만, 저자의 의도와 독자의 해석이 어긋날 땐 언어가 와전될 수 있기 때문이다.

나는 *의미*를 해석 과정의 물리적 결과라 정의하고 *텍스트*를 해석하도록 의도된 해석 대상이라 정의했다. 이 정의에 따르면 두 종류의 텍스트가 언어의 중심축이 되는데, 지금부터 둘을 *공적 텍스트*와 *사적 텍스트*라 부르겠다. 공적 텍스트는 음성언어 혹은 문자언어 형태의 단어들이 나열된 구절을 언어 사용자가 출력값으로 생성하거나 입력값으로 감지해 해석한 것을 말한다. 언어 사용자가 공적 텍스트를 짓고 이해하기 위해 참고하는 자신만의 텍스트는 사적 텍스트다. 사적 텍스트는 복잡한 물질적 형태를 갖는다. 이것을 텍스트라 하는 이유는 첫째, 언어 사용자의 인생 경험이 타고난 선험적 지식 맥락에서 물리적으로 해석된 것이고 둘째, 공적 텍스트의 작성과 이해에 도움을 주기 때문이다. 사적 텍스트는 각 언어 사용자가 보유한 진화와 발생의 역사에서 소재를 얻는다. 특히 쏠쏠한 것은 생전에 직접 쌓는 모든 공적 텍스트들의 경험이다. 언어에 숙달한다는 것은 그 언어의 어휘로 적히거나 암송된 텍스트를 해독할 수 있게 된다는 뜻이다. 어린아이는 영국 해군정보부 40호실Room 40(암호해독반의 코드명—옮긴이)이 독일의 코드 7500을 깬 것과 거의 같은 방식으로 언어를 습득한다. 다수의 예문을 뜯어보면서 인간의 사유 방식에 관한 타고난 지식과 학습된 지식을 총동원해 이런저런 추리를 하고 여러 텍스트에서 찾은 알 듯한 의미를 시험해 검증한다. 바로 해석학적 순환이다.

나의 공적 텍스트는 대강 소쉬르가 얘기한 *파롤parole*(언어가 사용자의 음성에 실려 표현된 양태)이고, 사적 텍스트는 *랑그langue*(언어의 규칙과 구조)와 동의어라고 볼 수 있다(Saussure, 1916). 다만 소쉬르가 *랑그*의 공동체적 성질을 강조한 데 비해 나는 *사적 텍스트*의 개인적 성질을 강조한다는 게 다르다. 사적 텍스트는 각 사용자에게 고유한 것이므로, 상호 이해의 필요성이 상호 정보를 낳고 같은 언어를 쓰는 사회 안에서 생성되는 사적 텍스트들로 하여금 공통 규약으로 수렴하도록 이끈다. 사적 텍스트는 축적된 지각과 더불어 언어학적 맥락과 비언어학적 맥락에서 해석된 공적 텍스트를 발판으로 사람의 일생에 걸쳐 발달한다. 공적 텍스트의 형태는 각 언어마다 고유한 임의적 규약이지만, 공적 텍스트의 힘을 빌려 사적 텍스트를 알리기 위한 부트스트랩(한 번 시작되면 알아서 진행되는 일련의 과정—옮긴이)을 처음 가동시키려면 일단 유전자 텍스트의 핵심정보 입력 절차를 반드시 거쳐야 한다.

공적 텍스트는 의도된 청중의 사적 텍스트와 농밀하게 엮이도록 작성된다. 인상주의 화가가 교묘하게 찍은 점들이 감상자의 '디테일을 채우는' 해석 기전을 깨우는 것과 똑같다. 정보의 풍성함은 청중의 사적 텍스트 안에서 비롯된다. 들어 있는 사적 텍스트의 양을 검침계처럼 알려주는 공적 텍스트가 아니란 말이다. 공적 텍스트의 이런 계측 기능은 소통자들이 공통의 인간성, 유사한 인생경험, 함께 소속된 언어사회(반드시 같은 언어를 사용해야 한다) 덕에 충분히 비슷한 사적 텍스트를 공유하는지 여부에 좌지우지된다. 말하는 사람은 듣는 사람 역시 본인이 그러는 것과 흡사한 방식으로 공적 텍스트를 해석할 거라고 기대하기 때문이다.

단어는 다른 단어들을 사용해 정의된다. 이 글을 쓰는 동안 헝가리어 사전을 아무 데나 편 나는 *csendülni*라는 단어를 발견한다. 단어 뒤에는 *csendülni*의 뜻풀이로 추측되는 다른 헝가리어 단어들이 줄줄이 이어진다. 공적 텍스트인 *csendülni*는 나의 사적 텍스트에 들어 있는 그 어떤 어휘와도 연결되지 않는다. 내 머릿속에서 이 헝가리어가 연상시키는 것은 하나도 없다. 지금 이 글을 읽는 독자가 헝가리어를 모르는 사람이라면 아마 *csendülni*에 대해 얘기할 게 딱히 없을 것이다. 내 석연치 않은 발언을 듣자니 이게 헝가리 말일 것 같다는 추측이 고작일 터다. 헝가리어 구사자들은 평상시에 *csendülni*라는 단어를 종종 사용할 수도 있다. 그렇더라도 이 말이 사적으로 연상시키는 의미는 사람마다 다를 게 분명하다. 내 친구 피터 아파리Péter Apari는 제 딴으로 번역해 *csendülni*가 "종소리"라는 뜻이라고 말했다. 어떤 헝가리어 구사자는 단어가 '진짜로' 무엇을 의미하는지 모호한 개념밖에 없어서 '정확한' 정의를 찾아보려고 헝가리어 사전을 뒤적였을지 모른다. 나도 영어사전에서 찾으니 단어의 공적인 정의가 내 사적 텍스트에 담긴 의미와 너무 달라서 놀란 적이 한두 번이 아니다.

이 공적 텍스트는 설득하기 위한 노력이다. 당신의 사적 텍스트에 담긴 *의미*와 *정보*의 짜임새를 다시 맞추고, 단어의 '적절한' 의미를 드러내지 못하는 당신의 단어 해석 및 사용 방식을 달라지게 하고자 작성된 것이다. 당신이 나의 사적 텍스트를 참고하면서 내 의도를 *이해*하게끔 *설명*하려고 한 나의 시도이기도 하다. 나는 훗날 당신이 갖게 될 사고의 형태를 빚을 추상적 끌개를 당신의 사적 텍스트에 심는다는 의도를 가지고 글을 쓴다.

부록에 붙임

단어를 쓰임새에 의해 규정되는 도구라 생각해 보라. 그런 다음 망치, 끌, 삼각자, 아교통, 아교의 쓰임새를 생각해 보라.

- 루트비히 비트겐슈타인Ludwig Wittgenstein(1958)

딜타이는 *나투어비센샤프텐*—자연과학—을 *에클레혼*—설명—의 학문으로 그리고 *가이스터스비센샤프텐*—정신과학—을 *페시티언*—이해—의 학문으로 구분했다(Dilthey, 1883). 리쾨르는 해설과 이해의 변증법을 해석학적 순환—"이러이러한 네 행동의 이유를 네가 내게 *설명*할 수 있다면 네가 의도한 바를 내가 *이해*한다"—이라 여졌다(Ricoeur, 1971). 보통 '이해한다'는 표현은 의도를 인지했음을 함의할 때 사용된다. 저자는 독자의 해석이 저자가 의도한 바에 가깝다면 자신의 텍스트를 독자가 이해했다고 여기고 독자의 해석이 저자가 의도한 것과 눈에 띄게 다르다면 독자가 오해했다고 생각한다. 한편 독자는 저자의 의도를 인지할 때 저자가 어디서 출발했는지 이해한다. 한 텍스트가 이해됐는지 여부를 두고 저자와 독자의 의견이 어긋나는 일은 드물지 않다.

사람들 사이에 벌어지는 모든 담론의 바탕에는 어떻게 해도 없어지지 않는 해석의 자유가 존재한다. 통역사가 라틴어 텍스트를 영어로 번역한다고 치자. 이때 *텍스트*와 *문맥*이라는 두 종류의 입력값이 번역에 투입된다. 그렇게 생산되는 결과물은 영어로 된 텍스트다. 그런데 같은 텍스트를 가지고도 통역사마다 내놓는 번역은 제각각이다. 각자 이해한 문맥이 서로 다르기 때문이다. 라틴어 텍스트는 언어만 영어로 바뀌어서 뚝딱 받아쓰기되는 게 아니다. 통역사의 분자 상태 수준에서 고려할 때 라틴어 텍스트가 영어 텍스트로 번역되기까지는 원칙적으로 엄청나게 복잡한 공시적 분자 메커니즘을 거친다. 게다가 이 분자 수준의 설명은 통역사가 간직한 훨씬 더 복잡한—혹자는 통역사 개인의 정체성 혹은 성격을 만든 통시적 근원이라 부를—진화, 발달, 문화의 개인사에 다시 좌지우지된다.

정의는 쓰임새다. 같은 언어집단 안에서도 화자에 따라 미묘하게 다른 뜻이 단어에 담길 수 있다. 어떤 화자는 지금껏 들은 정보를 *오해해* 받아들인 탓에 완전히 '틀린' 정의를 갖고 있을지 모른다. 어떤 변형된 정의는 사용되긴 하는데 교실에서 바로잡아져 전파되지 못하거나 지시 대상이 세상에서 사라져 버려 단어 자체가 불용어로 전락한다. 그런가 하면 또 어떤 변형된 정의는 사회에 널리 유행해 '틀린' 정의가 표준 용법으로 탈바꿈한다. 정의의 생존 가치는 언어집단 안에서 그 정의가 갖는 역할과 쓰임새에 의해 결정된다. 정의 변화가 몹시 느리거나 전혀 없는 '살아 있는 화석' 같은 단어가 있는 반면, 정의가 시시각각 달라지는 단어도 있다. *Gene(유전자)*과 *gender(성별)*의 의미는 금세기에 극적인 변천사를 겪고 있고, 지금 이 순간에도 여러 쓰임새가 우열을 겨루는 중이다. 한물간 쓰임새는 언어 사용자들이 오해받는 상황에 지친 나머지 결국 사라져 새 단어로 교체되기도 한다.

화자가 단어와 그 단어가 세상에서 지시하는 대상을 짝지은 조합은 각 화자의 개인적인 규약이다. 그럼에도 규약이 오래도록 존속하기 위해서는 화자가 속한 사회 안에서 생존 가치를 가져야 한다. 개인적 규약의 생존력을 높이는 속성은 다양하지만 크게 두 가지를 꼽을 수 있다. 첫째, 비슷한 규약을 가진 화자와 청자가 많을수록 규약의 생존 가능성이 높아진다. 둘째, 단어가 세상의 중요한 특징을 묘사할 때 그 규약이 더 잘 살아남는다. 몸짓과 소리—혹은 속으로 읽기subvocalization—역시 이와 같은 과정을 거쳐 현실세계의 사물을 지시하는 표현으로 자리 잡아 간다. 기원, 기능, 원인, 결과는 되풀이되는 계 안에서 불가분의 관계로 얽히고설켜 있다.

단어의 정의는 필수 속성은 없지만 역사를 가지고 꾸준히 진화한다. 요즘 생물철학계는 생물종을 한 *계통분류*로 정의하다가 점점 *개체*로 취급하는 분위기다. 유기체는 정의상의 특징 유무보다는 조상의 계보를 바탕으로 특정 종species으로 분류된다. 통시적 관점에서는 모든 단어가 동등한 개체성을 갖는다. 그러나 공시적 관점에서는 단어 토큰을 협의된 정의에 부합하는 계통 구성원으로 본다. 단어는 역사적 존재다.

언어는 인간으로 하여금 협동해 위험을 피하고 기회를 창출하게끔 정교한 호혜적 이타주의 시스템으로 발달한 자아의 기술이다. 하지만 언어는 언어 사용자가 다른 사용자들을 착취하는 수단으로 이용되기도 한다. 윤리적으로 적법한 설득 수단을 윤리적으로 의심스러운 조종이나 비윤리적 강요와 구분하는 기준은 뭘까? 이 논제를 깊이 파고드는 것은 지금 내 의도를 벗어난다. 그래서 지금은 딱 두 가지 핵심만 언급하고 넘어가려 한다. 윤리적으로 의심스러운 수단이란 내가 기대하는 선택을 하지 않는다면 큰 대가를 치를 거라고 타인을 위협하거나 실제로 대가를 강제하는 것을 말한다. 또한 내 개입의 이유를 유도하려는 나의 속내를 상대방에게서 숨기는 기만 역시 윤리적으로 의심스러운 수단에 해당한다.

붙임에 붙임

Es ist heute unmöglich, bestimmt zu sagen, warum eigentlich gestraft wird: alle Begriffe, in denen sich ein ganzer Prozeß semiotisch zusammenfaßt, entziehen sich der Definition; definierbar ist nur Das, was keine Geschichte hat.

오늘날 사람들이 왜 형벌을 받는지 정확히 설명하는 것은 불가능하다. 전체 *과정*

*process*이 기호학적으로 집약된 모든 개념이 정의를 거부한다. 정의될 수 있는 개념은 오직 비역사적인 것뿐이다.

- 프리드리히 니체(원본: 1887, 번역본: 2007)

독일어 *프로체스Prozeß*(과정, 소송)에는 영단어 *process*로 번역되면서 누락된 형사재판이라는 또 다른 의미가 들어 있다.

세상을 나의 말로 묘사하고 해석하도록 독자를 설득하는 방법에는 크게 두 가지가 있다. 하나는 원래 존재하던 단어들에 대한 내 정의를 그들이 받아들이게끔 하는 것이다. 또 하나는 내가 만든 신조어를 사람들이 사용하게끔 하는 것이다. 그런 맥락에서 이 붙임에 붙임에서는 단어 재정의의 성공 사례인 *gender*를 자세히 다루려 한다. 뒤이은 붙임에 붙임에 붙임에서는 처참한 실패 사례인 *madumnal*을 소개하겠다.

찰스 디킨스Charles Dickens의 《데이비드 코퍼필드*David Copperfield*》 제1장을 보면 이런 구절이 나온다. "내가 태어난 날짜와 시각을 두고 산파가 이 아이는 평생 재수가 없는 데다 귀신과 영혼을 보는 재주를 타고났다고 말했다. 금요일 한밤중에 태어난 불길한 아이라면 남녀gender를 가릴 것 없이 모두 그런 재주를 떠안고 사는 게 당연하다고들 믿었으니까"(Dickens, 1849). 1899년에 출간된 《옥스퍼드 영어사전》 1판에서는 sex의 풀이에 "현재는 우스갯소리로만 쓰임"이라 부연되긴 했어도, 오랜 세월 sex와 gender는 동의어로 사용됐었다. 그땐 sex가 남자와 여자를 구분하는 평범한 단어였다. 그러다 gender

가 sex를 제치고 영어 사용자들이 압도적으로 선호하는 표현으로 등극한 게 고작 한 세기 동안의 일이다.

얼마 전 나는 밈의 진화를 사유할 시험 사례로서 sex와 gender의 최근 용도 변화를 연구했다(Haig, 2004b). 요약하자면, 1960년대에 사회심리학과 정신분석학이 "사회적으로 구축된" 것(gender)과 "생물학적으로 결정되는" 것(sex)이라는 성별 구분의 개념을 도입했다. 곧 gender는 두 분야에서 하나의 전문용어로 자리 잡아서, 이론적 경계를 그으면서 지식인 청중으로 하여금 화자가 생물학적 측면보다는 사회적 측면을 중시한다는 인상을 갖게 했다. 동물에겐 sex가 있고 gender를 가진 건 오직 인간뿐이라는 식이다. 그런 가운데 1980년대로 오면 페미니스트들이 gender라는 표현을 애용하기 시작했다. 성별의 차이에 가장 많은 영향을 주는 것은 사회적 인자라는 그들의 신념을 드러내기 위해서였다. 하지만 최근엔 sex와 gender의 구분이 다시 모호해졌다. 오늘날 gender는 그것이 사회적이든 생물학적이든 남녀 사이의 모든 차이를 일컫는 데 쓰인다. 이를테면 햄스터에게조차 gender가 있다(Robins 외, 1995).

내가 sex와 gender의 의미 재수렴에 기여했다고 제안하는 인자는 두 가지다(Haig, 2004b). 첫째, 남녀 간의 차이는 흔히 생물학적 인자와 사회적 인자의 상호작용에 의해 결정되며 그런 상황에서는 중립적 개념이 생기지 못한다. gender는 오직 교집합이 있을 때만 보다 안전한 표현이 되므로, 생물학적 sex와 문화적 gender 구분의 근거가 약화될 수밖에 없다. 둘째, gender는 남녀 차이를 일컫는 말로 일상에서 널리 들려오지만 학계의 응용례는 접하는 바가 없었다.

그런 경위로 대중이 이 단어를 유행하는 일반명사로만 수용하게 됐을 것이다. 여기에 나는 gender의 부상과 sex의 쇠락을 이끈 세 번째 인자를 추가하고자 한다. 한 학생이 자신이 gender라는 표현을 선호하는 까닭이라며 내게 한 말처럼 "gender는 분류고 sex는 행위"다. 사람들은 성행위를 연상시킨다는 이유로 sex를 소리내 말하길 꺼린다. 이 단어는 20세기에 성행위를 완곡하게 표현하는 말로 자리잡았다. 방금 '성행위' 부분에서 혹시 당신도 움찔했는가? 나는 이 단어를 적으면서 살짝 망설였었고 읽는 글에 등장할 때마다 여전히 긴장하게 된다. 본래 완곡어법이란 불편한 얘기를 정중하게 꺼내는 기술이다. 하지만 완곡어법이 일상화되면 그 지시 대상에 대한 사람들의 불편감이 완곡어 자체를 집어삼켜 더 이상 정중하지 않아진다(현대에 지저분하거나 천박한 욕설들과 흔히 엮히는 단어 '화장실'의 언어학적 운명을 떠올려 보라). '성적 행동'에 관한 말을 공공연히 입에 올리길 주저하는 관행은 sex라는 단어를 '성적인 의미'로 오염시키고 지시 대상과의 연결 경로가 덜 직설적인 단어를 선호하는 문화를 낳았다. 정작 '교미하다'는 gender의 오래전 사라진 낡은 뜻인데 말이다.

문맥상의 쓰임새가 상전벽해를 겪는 내내 sex와 gender의 공적인 형태는 불변했다. 텍스트 형태가 공기를 진동시킨 음성인지, 종이 위에 잉크를 흘린 문자인지는 상관없다. 변한 것은 공적 형태와 엮인 사적인 연결고리다. 단어의 의미는 역사를 가질 뿐 필수 속성은 없다. 어느 시점에든 화자가 다르면 공적 형태의 텍스트가 뜻하는 해석과 그것이 사용되는 문맥도 제각각이다. 그들의 사적 정의가 언어집단 안에서 표준으로 받아들여지기 위해서는 한 단어를 절대

다수의 화자가 '잘못' 사용해야만 한다. 그제야 비로소 이설이 정설이 된다. 의미는 쓰임새다.

붙임에 붙임에 붙임

차례대로 나오는 이 붙임들을 통해 필요불가결성이 분명하게 드러난다. 줄곧 유예해 온 그것의 의미 확립을 위해서는 면부득하게 보충설명에 보충을 더하고 보태게 되는 무한 연쇄가 필요불가결한 것이다.

(인용 출처 표기 유예)

유전체 각인 연구 관계자들을 설득하려고 내가 고안했다가 실패한 신조어가 대립유전자를 구분하는 형용사 madumnal과 padumnal이다. Madumnal('모체에서 자식에게 대물림된'이라는 뜻)은 모계maternal('모체에 있는'이라는 뜻)와 차별화하려고 만든 단어이고, 비슷하게 padumnal은 부계paternal와 대응한다. 모체는 각 유전좌위마다 대립유전자를 한 쌍씩 가지는데 그중 하나를 난자를 통해 자식에게 물려준다. 흔히 'maternal'은 모체가 가진 *두 대립유전자 모두*와 자식이 물려받은 *대립유전자 한 짝*을 가리키는 표현으로 사용된다. 하지만 이 단어의 두 가지 쓰임새는 각각 독자적인 선택압이 작용하는 서로 다른 상황을 설명하고 있다. 그래서 의미 전달에 혼란이 생기기 쉽다. 일례로, 딸이 엄마로부터 받은 대립유전자를 통해서만 발현되는 각인된 유전자가 있다고 치자. 이 유전자는 딸이 자기 자식에게 얼마나 큰 모성애를 보일지를 쥐락펴락하는 유전자다. 이때 어느 물질 유전자를 *모계 유전자*라 불러야 할까? 만약 '모체에서 자식에게 대물림된' 유전자와 '모체에 있는' 유전자를 구분짓는 확실한 방법이 있다면 명쾌한 이해가 가능했을 것이다. 그런 까닭으로 나는 이 의미론적 구분을 명확히 하기 위해 언어학적 차이를 만들어야 했다.

처음에 생각한 방법은 maternal을 '모체에 있는'이라는 뜻으로 쓰고 maternally derived를 '모체에서 온'이라는 뜻으로 쓰는 것이었다(Haig and Westoby, 1989). 하지만 그러거나 말거나 과학 문헌들은 여전히 maternal을 '모체에 있는'과 '모체에서 온' 모두의 의미로 혼용했다. Maternally derived의 끝 세 음절이 거추장스럽다는 게 독자들의 평이었다. 그래서 나는 차선책으로 maternal과 madernal을 제안했다(Haig, 1992a). 이번엔 확실히 간결미가 있긴 했다. 그럼에도 누구 하나 이 아이디어를 반기지 않았고 두 단어의 영어 발음이 잘 구분되지 않는다는 지적만 받았다(t를 힘을 빼서 읽으면 둘이 같게 들린다). 그런 사연으로 다시 찾은 해결책이 바로 maternal('모체에 있는'이라는 뜻)과 madumnal('모체에서 자식에게 대물림된'이라는 뜻)이었는데(Haig, 1996b), 후자는 형용사 '가을의autumnal'에서 착안한 것이다. 이 신조어에는 읽기에도 듣기에도 두 발음의 구분이 확실히 된다는 장점이 있다. 문제는 아무도 madumnal이라는 표현을 좋아하지 않는다는 것이었다. Madumnal의 독음 자체가 입과 귀에 착 감기지 않아서였을까? 아니면 처음에 생소해서 다들 어색해했던 것이고 점점 익숙해지면 대접이 나아졌을 수도 있었을까? 만약 정말로 내 미운 오리새끼가 우아한 백조로 환골탈태했다면 사람들도 내가 지금 그러듯이 세상을 보게 됐을 것이다. 내 언어학적 도전이 실패로 돌아간 가장 큰 이유는 두 개념을 구분할 *필요성*을 느낀 독자가 별로 없었다는 점이다. 내 생각은 확고하고 지금도 이 구분이 중요하다고 믿는다. 그러나 이 책을 쓰는 동안에는 중도를 지켜서 maternal과 paternal의 기존 용법을 따르기로 했다. 주제 전달의 명료성을 깎아 먹으면서까지 신조어를 등장시켜 혼란을 일으킬 가치는 없다고 판단했기 때문이다.

모든 의미는 은유다. 한 의미는 또 다른 의미를 대신한다. 입 밖으로 나온 단어가 활자로 표기되고 이것이 다시 다른 언어로 된 문자언어로 번역된다. 기표記標, signifier(기의를 물질적으로 표시한 것. 소쉬르가 제안한 언어의 두 기본요소 중 하나다—옮긴이)는 기의記意, signified(기표가 표시하는 개념—옮긴이)의 은유이며, 이 기의는 한때 또 다른 기표의 은유였다. 텍스트의 *의의*는 텍스트가 과거의 선택들을 영구순환시키면서 미래 선택의 이정표로 삼는다는 점에 있다. 해석들의 해석이 무한히 이어진다. 최후의 단어는 아무도 알 수 없다.

감사의 말

사람들은 잘된 일은 자신 덕이라 하고 안 풀리는 일은 어쩔 수 없는 환경 탓으로 돌리는 실수를 자주 저지른다. 나도 마찬가지다. 독서를 하면 할수록 나는 내가 얼마나 창의성이 부족한 인간인지를 깨닫는다. 프랜시스 크릭Francis Crick과 시드니 브레너Sydney Brenner의 연구실 벽에 붙어 있던 "독서는 정신을 썩힌다"라는 글귀 때문이 아니다. 남들의 글을 웬만큼 읽고 나면 '내가 최초'라고 믿었던 아이디어가 매번 실은 나보다 앞선 누군가의 머리에서 나온 것임을 알게 된다. 어떤 아이디어가 독자적인 창작물인지 또는 그 뒤에 복잡한 과거사가 있는지 그 누가 장담할 수 있을까? 그렇기에 이 책에 관해 조언과 통찰을 준 많은 이들에게 감사한 마음뿐이다. 그들이 없었다면 지금과 같은 모습으로 완성될 수 없었다. 본디 아이디어는 공동체 안에서 탄생한다. 이 책도 예외가 아니었다. 그런 의미에서 이 책은 내가 읽었던 글들과 들었던 이야기들의 재구성이라 할 수 있다. 일일이 열거하지는 못하지만 그들 모두에게 고맙다고 말하고 싶다. 특히 대니얼 데닛에게는 심심한 감사를 전한다. 오랜 지기이자 대선배인 그가 있었기에 책이 세상의 빛을 볼 수 있었다. 내 생각에 스스로 냉정하게 반문하도록 자꾸만 나를 부추긴 '만물의 본질적 상호연관성에 관한 세미나Colloquium on the Fundamental Interconnectedness of All Things' 참석자들도 마찬가지다.

피터 아파리, 마르턴 부드리, 알렉스 번, 리처드 본디, 존 브록먼, 로사 카오, 캐슬린 콜먼, 버나드 크레스피, 헬레나 크로닌, 닉 데이비스, 대니얼 데닛, 파트리치아 데토레, 토머스 디킨스, 홀리 엘모어, 스티브 프랭크, 앤디 가드너, 샨타누 가우르, 피터 고드프리-스미스, 앨런 그라펜, 데이비드 휴스, 로런스 허스트, 저스틴 융게, 일라이어스 칼릴, 존 크렙스, 제프리 립쇼, 아반티카 마이니에리, 다코타 매코이, 제프 매키넌, 라사 메논, 루카스 믹스, 파비트라 무랄리다르, 에릭 넬슨, 솔 뉴먼, 마틴 노박, 사미르 오카샤, 마누스 패튼, 나오미 피어스, 쥐라 핀타르, 수재나 포터, 로버트 프라이어, 바버라 라이스, 주디스 라이언, 리처드 샤흐트, 에릭 슐리에서, 카를 지크문트, 제임스 심슨, 애덤 스미스, 스티븐 스턴스, 킴 스티렐니, 리처드 토머스, 웬페이 텅, 로버트 트리버스, 프란시스코 우베다 데 토레스, 칼 벨러, 헬렌 벤들러, 브리아나 위어, 플로렌스 웨스토비, 마크 웨스토비, 조너선 와이트, 존 윌킨스, 제이슨 울프, 그리고 에이드리언 영까지, 모두가 이 책의 공저자다.

더불어 원고를 반려해 더 나은 길을 찾도록 유도해 준 편집위원들에게도 감사드린다. 여러분은 여러분도 모르게 이 책에 힘을 보태었습니다. 일찍이 내 조상들이 선택의 기로에서 지금과 같은 결정을 한 것 역시 감사할 일이다. 그들에게도 역시 몇 세대를 다시 거슬러 올라간 조상이 내린 결정의 결과였다. 내 인생을 가치 있게 만들어 주는 딸 제스 구드룬과 이 세상의 방랑자인 두 아들 시저 아이네아스와 리엄 율리시스에게도 고마운 마음이다.

에네이다 파르도와, 자신이 무슨 짓을 저지른 줄도 모르고 먼 옛날 한 줌 재로 사라진 브라질 마릴리아의 나비 한 마리에게 특별한 공로를 돌린다.

참고문헌

Abramowitz, J., D. Grenet, M. Birnbaumer, H. N. Torres, and L. Birnbaumer. 2004. XLαs, the extra-long form of the α-subunit of the Gs G protein, is significantly longer than suspected, and so is its companion Alex. *Proceedings of the National Academy of Sciences USA* 101:8366–8371.

Ackrill, J. L. 1973. Aristotle's definitions of "psuche." *Proceedings of the Aristotelian Society* 73:119–133.

Adami, C. 2002. What is complexity? *BioEssays* 24:1085–1094.

Adami, C., C. Ofria, and T. C. Collier. 2000. Evolution of biological complexity. *Proceedings of the National Academy of Sciences USA* 97:4463–4468.

Adams, D., K. Horsler, and C. Oliver. 2011. Age-related change in social behavior in children with Angelman syndrome. *American Journal of Medical Genetics Part A* 155:1290–1297.

Ainslie, G. 2001. *Breakdown of Will*. Cambridge: Cambridge University Press.

Alexander, R. D. 1987. *The Biology of Moral Systems*. New York: Aldine de Gruyter.

Alvares, R. L., and S. F. Downing. 1998. A survey of expressive communication skills in children with Angelman syndrome. *American Journal of Speech-Language Pathology* 7:14–24.

Amundson, R., and G. V. Lauder. 1994. Function without purpose: The uses of causal role function in evolutionary biology. *Biology & Philosophy* 9:443–469.

Aquinas, T. 1965. *Selected Writings of St. Thomas Aquinas*. Indianapolis: Bobbs-Merrill.

Aquinas, T. 1975. *Summa contra gentiles*. Book 1: *God*. Notre Dame: University of Notre Dame Press.

Arima, T., T. Kamikihara, T. Hayashida, K. Kato, T. Inoue, Y, Shirayoshi, et al. 2005. *ZAC*, *LIT1* (*KCN1Q1OT1*) and *p57*^{KIP2} (*CDKN1C*) are in an imprinted gene network that may play a role in Beckwith-Wiedemann syndrome. *Nucleic Acids Research* 33:2650–2660.

Aristotle. 1984. *The Complete Works of Aristotle*. Princeton: Princeton University Press.

Arrow, K. J. 1963. *Social Choice and Individual Values*. 2nd ed. New Haven: Yale University Press.

Atkins, P. W. 1994. *The Second Law*. New York: W. H. Freeman.

Aughton, D. J., and S. B. Cassidy. 1990. Physical features of Prader-Willi syndrome in neonates. *American Journal of Diseases of Children* 144:1251–1254.

Augustine of Hippo. 2012. *City of God*. Part 1: *Refutation*. Trans. M. Dods. London: Folio Society.

Axelrod, R., and W. D. Hamilton. 1981. The evolution of cooperation. *Science* 211:1390–1396.

Ayala, F. J. 1970. Teleological explanations in evolutionary biology. *Philosophy of Science* 37:1–15.

Bacolla, A., M. J. Ulrich, J. E. Larson, T. J. Ley, and R. D. Wells. 1995. An intramolecular triplex in the human γ-globin 5′-flanking region is altered by point mutations associated with hereditary persistence of fetal hemoglobin. *Journal of Biological Chemistry* 270:24556–24563.

Bacon, F. 1596. *Maxims of the Law*. London.

Bacon, F. 1605/1885. *The Advancement of Learning*. Ed. W. A. Wright. Oxford: Clarendon Press.

Bacon, F. 1623/1829. *De dignitate et augmentis scientiarum*. Ed. P. Mayer. Nuremberg: Riegell and Wiessner.

Badcock, C., and B. Crespi. 2006. Imbalanced genomic imprinting in brain development: An evolutionary basis for the aetiology of autism. *Journal of Evolutionary Biology* 19:1007–1032.

Baldwin, J. M. 1896. A new factor in evolution. *American Naturalist* 30:441–451, 536–553.

Bamford, D. H. 2003. Do viruses form lineages across different domains of life? *Research in Microbiology* 154:231–236.

Bamford, D. H., J. M. Grimes, and D. I. Stuart. 2008. What does structure tell us about virus evolution? *Current Opinion in Structural Biology* 15:655–663.

Barrett, P. H., P. J. Gautrey, S. Herbert, D. Kohn, and S. Smith. 1987. *Charles Darwin's Notebooks, 1836–1844*. Ithaca, NY: Cornell University Press.

Barton, N. H. 1995. A general model for the evolution of recombination. *Genetical Research* 65:123–144.

Bateson, G. 1972. *Steps to an Ecology of Mind*. Chicago: University of Chicago Press.

Beatty, J. 1994. The proximate/ultimate distinction in the multiple careers of Ernst Mayr. *Biology & Philosophy* 9:333–356.

Bendor, J., and P. Swistak. 1997. The evolutionary stability of cooperation. *American Political Science Review* 91:290–307.

Benirschke, K., J. M. Anderson, and L. E. Brownhill. 1962. Marrow chimerism in marmosets. *Science* 138:513–515.

Benne, R. 1994. RNA editing in trypanosomes. *European Journal of Biochemistry* 221:9–23.

Benson, S. D., J. K. H. Bamford, D. H. Bamford, and R. M. Burnett. 2004. Does common architecture reveal a viral lineage spanning all three domains of life? *Molecular Cell* 16:673–685.

Bergstrom, C. T., and M. Rosvall. 2011. The transmission sense of information.

Biology & Philosophy 26:159–176.

Berkeley, M. J. 1857. *Introduction to Cryptogamic Botany*. London: Bailliere.

Bestor, T. H. 1990. DNA methylation: Evolution of a bacterial immune function into a regulator of gene expression and genome structure in higher eukaryotes. *Philosophical Transactions of the Royal Society* B 326:179–187.

Bestor, T. H., and B. Tycko. 1996. Creation of genomic methylation patterns. *Nature Genetics* 12:363–367.

Bianchi, D. W., G. K. Zickwolf, G. J. Weil, S. Sylvester, and M. A. DeMaria. 1996. Male fetal progenitor cells persist in maternal blood for as long as 27 years postpartum. *Proceedings of the National Academy of Sciences USA* 93:705–708.

Bird, A. P. 1993. Functions for DNA methylation in vertebrates. *Cold Spring Harbor Symposia on Quantitative Biology* 58:281–285.

Bird, A. P. 1995. Gene number, noise reduction and biological complexity. *Trends in Genetics* 11:94–100.

Bock, W. J., and G. Wahlert. 1965. Adaptation and the form–function complex. *Evolution* 19:269–299.

Boghardt, T. 2012. *The Zimmermann Telegram*. Annapolis: Naval Institute Press.

Boke, N. H. 1940. Histology and morphogenesis of the phyllode in certain species of *Acacia*. *American Journal of Botany* 27:73–90.

Borges, J. L. 2000. The Total Library (1939). Trans. E. Weinberger. In *The Total Library: Non-Fiction 1922–1986*, ed. E. Weinberger, 214–216. London: Allen Lane.

Bouchard, F., and A. Rosenberg. 2004. Fitness, probability and the principles of natural selection. *British Journal for the Philosophy of Science* 55:693–712.

Bouillard, F., D. Ricquier, G. Mory, and J. Thibault. 1984. Increased level of mRNA for the uncoupling protein in brown adipose tissue of rats during thermogenesis induced by cold exposure or norepinephrine infusion. *Journal of Biological Chemistry* 259:11583–11586.

Bowler, P. J. 1983. *The Eclipse of Darwinism*. Baltimore: Johns Hopkins University Press.

Bowler, P. J. 1992. *The Non-Darwinian Revolution*. Baltimore: Johns Hopkins University Press.

Boyd, R., P. J. Richerson, and J. Henrich. 2011. The cultural niche: Why social learning is essential for human adaptation. *Proceedings of the National Academy of Sciences USA* 108:10918–10925.

Breaker, R. R. 2008. Complex riboswitches. *Science* 319:1795–1797.

Breaker, R. R. 2012. Riboswitches and the RNA world. *Cold Spring Harbor Perspectives in Biology* 4:a003566.

Brion, P., and E. Westhof. 1997. Hierarchy and dynamics of RNA folding. *Annual Review of Biophysics and Biomolecular Structure* 26: 113–137.

Brown, V. 1994. *Adam Smith's Discourse*. London: Routledge.

Brown, W. M., and N. S. Consedine. 2004. Just how happy is the happy puppet? An emotional signaling and kinship theory perspective on the behavioral phenotype of Angelman syndrome children. *Medical Hypotheses* 63:377–385.

Brunekreef, G. A., H. J. Kraft, J. G. G. Schoenmakers, and N. H. Lubsen. 1996. Mechanism of recruitment of the lactate dehydrogenase-B/ε-crystallin gene by the duck lens. *Journal of Molecular Biology* 262:629–639.

Burnham, T. C., and D. D. P. Johnson. 2005. The biological and evolutionary logic of human cooperation. *Analyse Kritik* 27:113–135.

Buss, L. W. 1982. Somatic cell parasitism and the evolution of somatic tissue compatibility. *Proceedings of the National Academy of Sciences USA* 79:5337–5341.

Butler, M. G. 1990. Prader-Willi syndrome: Current understanding of cause and diagnosis. *American Journal of Medical Genetics* 35:319–332.

Calcott, B. 2014. Engineering and evolvability. *Biology & Philosophy* 29:293–313.

Cannon, B., and J. Nedergaard. 2004. Brown adipose tissue: Function and physiological significance. *Physiological Reviews* 84:277–359.

Cannon, W. B. 1945. *The Way of an Investigator*. New York: W. W. Norton.

Capurro, R., and B. Hjørland. 2003. The concept of information. *Annual Review of Information Science and Technology* 37:343–411.

Cartmill, M. 1994. A critique of homology as a morphological concept.

American Journal of Physical Anthropology 94:115–123.

Cassidy, S. B. 1988. Management of the problems of infancy: Hypotonia, developmental delay, and feeding problems. In *Prader-Willi Syndrome: Selected Research and Management Issues*, ed. M. L. Caldwell and R. L. Taylor, 43–51. New York: Springer.

Chapman, J. 1865. Diarrhœa and Cholera: Their Origin, Proximate Cause, and Cure, through the Agency of the Nervous System, by Means of Ice. London: Trübner.

Charlesworth, B. 1990. Mutation-selection balance and the evolutionary advantage of sex and recombination. *Genetical Research* 55:199–221.

Chaudhry, A., R. G. MacKenzie, L. M. Georgic, and J. G. Granneman. 1994. Differential interaction of β_1- and β_3-adrenergic receptors with Gi in rat adipocytes. *Cellular Signaling* 6:457–465.

Chuong, E. B. 2013. Retroviruses facilitate the rapid evolution of the mammalian placenta. *BioEssays* 35:853–861.

Chuong, E. B., M. A. K. Rumi, M. J. Soares, and J. C. Baker. 2013. Endogenous retroviruses function as species-specific enhancer elements in the placenta. *Nature Genetics* 45:325–329.

Clarke, D. J., and G. Marston. 2000. Problem behaviors associated with 15q– Angelman syndrome. *American Journal on Mental Retardation* 105:25–31.

Clayton-Smith, J. 1993. Clinical research on Angelman syndrome in the United Kingdom: Observations on 82 affected kindreds. *American Journal of Medical Genetics* 46:12–15.

Coase, R. H. 1993. The nature of the firm (1937). In *The Nature of the Firm*, ed. O. E. Williamson and S. G. Winter, 18–33. New York: Oxford University Press.

Cohen, C. J., W. M. Lock, and D. L. Mager. 2009. Endogenous retroviral LTRs as promoters for human genes: A critical assessment. *Gene* 448:105–114.

Cohen, J. 2002. The immunopathogenesis of sepsis. *Nature* 420:885–891.

Colgate, S. A., and H. Ziock. 2011. A definition of information, the arrow of information, and its relationship to life. *Complexity* 16:54–62.

Collins, J. A., I. Irnov, S. Baker, and W. C. Winkler. 2007. Mechanism of mRNA destabilization by the *glmS* ribozyme. *Genes & Development* 21:3356–3368.

Cosmides, L. M., and J. Tooby. 1981. Cytoplasmic inheritance and intragenomic conflict. *Journal of Theoretical Biology* 89:83–129.

Cranefield, P. F. 1957. The organic physics of 1847 and the biophysics of today. *Journal of the History of Medicine and Allied Sciences* 12:407–423.

Csermely, P., R. Palotai, and R. Nussinov. 2010. Induced fit, conformational selection and independent dynamic segments: An extended view of binding events. *Trends in Biochemical Sciences* 35:539–546.

Cummins, R. 2002. Neo-teleology. In *Functions: New Essays in the Philosophy of Psychology and Biology*, ed. A. Ariew, R. Cummins, and M. Perlman, 157–172. Oxford: Oxford University Press.

Cuvier, G. 1817. Le règne animal distribué d'après son organisation, volume 1. Paris: Deterville.

Darwin, C. 1859. On the Origin of Species by Means of Natural Selection, or The Preservation of Favoured Races in the Struggle for Life. London: John Murray.

Darwin, C. 1862. On the Various Contrivances by Which British and Foreign Orchids Are Fertilised by Insects, and on the Good Effects of Intercrossing. London: John Murray.

Darwin, C. 1883/1998. *The Variation of Animals and Plants under Domestication*, volume 2. 2nd ed. Baltimore: Johns Hopkins University Press.

Darwin, E. 1818. *Zoonomia, or The Laws of Organic Life*. 4th American ed. Philadelphia: Edward Earle.

Darwin, F. 1898. *The Life and Letters of Charles Darwin*, volume 2. London: John Murray.

Davis, L. I. 1995. The nuclear pore complex. *Annual Review of Biochemistry* 64:865–896.

Dawkins, R. 1976. *The Selfish Gene*. Oxford: Oxford University Press.

Dawkins, R. 1982. *The Extended Phenotype*. Oxford: Oxford University Press.

Dawkins, R. 1989. The evolution of evolvability. In *Artificial Life*, ed. C. G. Langton, 201–220. Reading, MA: Addison-Wesley.

DeChiara, T. M., E. J. Robertson, and A. Efstratiadis. 1991. Parental imprinting of the mouse insulin-like growth factor II gene. *Cell* 64:849–859.

Delaine, C., C. L. Alvino, K. A. McNeil, T. D. Mulhern, L. Gauguin, P. De Meyts, et al. 2007. A novel binding site for the human insulin-like growth factor-II (IGF-II)/mannose 6-phosphate receptor on IGF-II. *Journal of Biological Chemistry* 282:1886–18894.

Delbrück, M. 1949. A physicist looks at biology. *Transactions of the Connecticut Academy of Arts and Sciences* 38:173–190.

Delbrück, M. 1971. Aristotle-totle-totle. In *Of Microbes and Life*, ed. J. Monod and E. Borek, 50–55. New York: Columbia University Press.

Dennett, D. C. 1984. *Elbow Room*. Cambridge, MA: MIT Press.

Dennett, D. C. 1987. *The Intentional Stance*. Cambridge, MA: MIT Press.

Dennett, D. C. 1991. *Consciousness Explained*. Boston: Little, Brown.

Dennett, D. C. 1995. *Darwin's Dangerous Idea*. New York: Simon and Schuster.

Dennett, D. C. 2005. *Sweet Dreams*. Cambridge, MA: MIT Press.

Dennett, D. C. 2009. Darwin's "strange inversion of reasoning." *Proceedings of the National Academy of Sciences USA* 106:10061–10065.

Dennett, D. C. 2011. Homunculi rule: Reflections on *Darwinian Populations and Natural Selection* by Peter Godfrey-Smith. *Biology & Philosophy* 26:475–488.

Dennett, D. C. 2014. The evolution of reasons. In *Contemporary Philosophical Naturalism and Its Implications*, ed. B. Bashour and H. D. Muller, 47–62. New York: Routledge.

Derrida, J. 1967. *De la grammatologie*. Paris: Éditions de Minuit.

Derrida, J. 1976. *Of Grammatology*. Trans. G. C. Spivak. Baltimore: Johns Hopkins University Press.

Derrida, J. 2016. *Of Grammatology*. 40th anniv. ed. Trans. G. C. Spivak. Baltimore: Johns Hopkins University Press.

Descartes, R. 1641/2011. *Meditations and Other Writings*. London: Folio Society.

Descartes, R. 1647/1983. *Principles of Philosophy*. Trans. V. R. Miller and R. P. Miller. Dordrecht: Reidel.

Dewey, J. 1896. The reflex arc concept in psychology. *Psychological Review*

3:357–370.

Dewsbury, D. A. 1999. The proximate and the ultimate: Past, present, and future. *Behavioral Processes* 46:189–199.

Dickens, C. 1849. *David Copperfield*. London: Bradbury & Evans.

Dickins, T. E., and R. A. Barton. 2013. Reciprocal causation and the proximate–ultimate distinction. *Biology & Philosophy* 28:747–756.

Didden, R., H. Korzilius, P. Duker, and L. M. G. Curfs. 2004. Communicative functioning in individuals with Angelman syndrome: A comparative study. *Disability and Rehabilitation* 26:1263–1267.

Dietrich, M. R. 1998. Paradox and persuasion: Negotiating the place of molecular evolution within evolutionary biology. *Journal of the History of Biology* 31:85–111.

Dill, K. A. 1999. Polymer principles and protein folding. *Protein Science* 8:1166–1180.

Dilthey, W. 1883. *Einleitung in die Geisteswissenschaften: Versuch einer Grundlegung für daß Studium der Gesellschaft und der Geschichte*. Leipzig: Dunder & Humblot.

Dilthey, W. 1894. Ideen über eine beschreibende und zergliedernde Psychologie. *Sitzungsberichte der Königlich Preußischen Akademie der Wissenschaften zu Berlin* 2 Hb: 1309–1407.

Dilthey, W. 1900. Die Entstehung der Hermeneutik. In *Philosophische Abhandlungen, Christoph Sigwart zu seinem siebigsten Geburtstage 28. März 1900*, 185–202. Tübingen: J. C. B. Mohr (Paul Siebeck).

Dilthey, W. 1979. Ideas about a descriptive and analytical psychology. Trans. of excerpts by H. P. Rickman. In *W. Dilthey: Selected Writings*, 88–97. Cambridge: Cambridge University Press.

Dilthey, W. 1989. *Introduction to the Human Sciences*. Princeton: Princeton University Press.

Dilthey, W. 1996. The rise of hermeneutics. Trans. F. R. Jameson and R. A. Makkreel. In *Hermeneutics and the Study of History: Wilhelm Dilthey, Selected Works*, volume 4, ed. R. A. Makkreel and F. Rodi, 235–258.

Princeton: Princeton University Press.

Dover, G. A. 1993. Evolution of genetic redundancy for advanced players. *Current Opinion in Genetics and Development* 3:902–910.

du Bois-Reymond, E. 1918. *Jugendbriefe von Emil du Bois-Reymond an Eduard Hallmann*. Berlin: Reimer.

Duesterberg, V. K., I. T. Fischer-Hwang, C. F. Perez, D. W. Hogan, and S. M. Block. 2015. Observation of long-range tertiary interactions during ligand binding by the TPP riboswitch aptamer. *eLife* 4:e12362.

Duker, P., S. van Driel, and J. van de Bercken. 2002. Communication profiles of individuals with Down's syndrome, Angelman syndrome and pervasive developmental disorder. *Journal of Intellectual Disability Research* 46:35–40.

Dupré, J. 2017. The metaphysics of evolution. *Interface Focus* 7:20160148.

Eberhard, W. G. 1980. Evolutionary consequences of intracellular organelle competition. *Quarterly Review of Biology* 55:231–249.

Eckermann, J. P. 1836. *Gespräche mit Goethe in den lezten Jahren seines Lebens 1823–1832*. Zwenter Theil. Leipzig: Brodhaus.

Eimer, T. *On Orthogenesis and the Impotence of Natural Selection in Species-Formation*. Chicago: Open Court, 1898.

Ellington, A. D., and J. W. Szostak. 1990. *In vitro* selection of RNA molecules that bind specific ligands. *Nature* 346:818–822.

Emera, D., C. Casola, V. J. Lynch, D. E. Wildman, D. Agnew, and G. P. Wagner. 2012. Convergent evolution of endometrial prolactin expression in primates, mice, and elephants through the independent recruitment of transposable elements. *Molecular Biology and Evolution* 29:239–247.

Emera, D., and G. P. Wagner. 2012a. Transformation of a transposon into a derived prolactin promoter with function during human pregnancy. *Proceedings of the National Academy of Sciences USA* 109:11246–11251.

Emera, D., and G. P. Wagner. 2012b. Transposable element recruitments in the mammalian placenta: Impacts and mechanisms. *Briefings in Functional Genomics* 11:267–276.

Errington, J. 1996. Determination of cell fate in *Bacillus subtilis*. *Trends in*

Genetics 12:31–34.

Eshel, I. 1985. Evolutionary genetic stability of Mendelian segregation and the role of free recombination in the chromosomal system. *American Naturalist* 125:412–420.

Eshel, I. 1996. On the changing concept of evolutionary population stability as a reflection of a changing point of view in the quantitative theory of evolution. *Journal of Mathematical Biology* 34:485–510.

Etzel, M., and M. Mörl. 2017. Synthetic riboswitches: From plug and pray toward plug and play. *Biochemistry* 56:1181–1198.

Ewens, W. J. 2011. What is the gene trying to do? *British Journal for the Philosophy of Science* 62:155–176.

Filson, A. J., A. Louvi, A. Efstratiadis, and E. J. Robertson. 1993. Rescue of the T-associated maternal effect in mice carrying null mutations in *Igf-2* and *Igf2r*, two reciprocally imprinted genes. *Development* 118:731–736.

Finnegan, D. J. 2012. Retrotransposons. *Current Biology* 22:R432–R437.

Fisher, R. A. 1934. Indeterminism and natural selection. *Philosophy of Science* 1:99–117.

Fisher, R. A. 1941. Average excess and average effect of a gene substitution. *Annals of Eugenics* 11:53–63.

Fisher, R. A. 1950. *Creative Aspects of Natural Law*. Cambridge: Cambridge University Press.

Fisher, R. A. 1958. *The Genetical Theory of Natural Selection*. 2nd ed. New York: Dover.

Fitch, W. M. 1970. Distinguishing homologous from analogous proteins. *Systematic Zoology* 19:99–113.

FitzGibbon, C. D., and J. H. Fanshawe. 1988. Stotting in Thomson's gazelles: An honest signal of condition. *Behavioral Ecology and Sociobiology* 23:69–74.

Fogassi, L. 2010. The mirror neuron system: How cognitive functions emerge from motor organization. *Journal of Economic Behavior and Organization* 77:66–75.

Fonstein, M., and R. Haselkorn. 1995. Physical mapping of bacterial genomes.

Journal of Bacteriology 177:3361–3369.

Francis, R. C. 1990. Causes, proximate and ultimate. *Biology & Philosophy* 5:401–415.

Frank, S. A. 2009. Natural selection maximizes Fisher information. *Journal of Evolutionary Biology* 22:231–244.

Frank, S. A. 2012. Natural selection. III. Selection versus transmission and the levels of selection. *Journal of Evolutionary Biology* 25:227–243.

Frede, M. 1980. The original notion of cause. In *Doubt and Dogmatism*, ed. M. Schofield, M. Burnyeat, and J. Barnes, 217–249. Oxford: Clarendon Press.

Freeman, P. 2006. The Zimmermann telegram revisited: A reconciliation of the primary sources. *Cryptologia* 30:98–150.

Friedman, W. F., and C. J. Mendelsohn. 1994. *The Zimmermann Telegram of January 16, 1917 and Its Cryptographic Background*. Rev. ed. Laguna Hills, CA: Aegean Park Press.

Gadamer, H.-G. 1992. *Truth and Method*. 2nd. rev. edition. Trans. J. Weinsheimer and D. G. Marshall. New York: Crossroads.

Galantucci, B., C. A. Fowler, and M. T. Turvey. 2006. The motor theory of speech perception reviewed. *Psychonomic Bulletin & Review* 13:361–377.

Gallese, V. 2007. Before and below "theory of mind": Embodied simulation and the neural correlates of social cognition. *Philosophical Transactions of the Royal Society B* 362:659–669.

Gardner, A. 2013. Ultimate explanations concern the adaptive rationale for organism design. *Biology & Philosophy* 28:787–791.

Gentilucci, M., and M. C. Corballis. 2006. From manual gesture to speech: A gradual transition. *Neuroscience and Biobehavioral Reviews* 30:949–960.

Gerhart, J., and M. Kirschner. 2009. The theory of facilitated variation. *Proceedings of the National Academy of Sciences USA* 104:8582–8589.

Gibson, W., and L. Garside. 1990. Kinetoplast DNA minicircles are inherited from both parents in genetic hybrids of *Trypanosoma brucei*. *Molecular and Biochemical Parasitology* 42:45–54.

Gliddon, C. J., and P. H. Gouyon. 1989. The units of selection. *Trends in Ecology and Evolution* 4:204–208.

Godfrey-Smith, P. 2009. *Darwinian Populations and Natural Selection*. Oxford: Oxford University Press.

Goodey, N. M., and S. J. Benkovic. 2008. Allosteric regulation and catalysis emerge via a common route. *Nature Chemical Biology* 4:474–482.

Gornik, S. G., K. L. Ford, T. D. Mulhern, A. Bacic, G. I. McFadden, and R. F. Waller. 2012. Loss of nucleosomal DNA condensation coincides with appearance of a novel nuclear protein in dinoflagellates. *Current Biology* 22:2303–2312.

Gould, S. J. 1980. Sociobiology and the theory of natural selection. In *Sociobiology: Beyond Nature/Nurture? Reports, Definitions and Debate,* ed. G. W. Barlow and J. Silverberg, 257–269. Boulder, CO: Westview Press.

Gould, S. J. 1990. Wonderful Life: The Burgess Shale and the Nature of History. London: Hutchinson.

Gould, S. J., and R. C. Lewontin. 1979. The spandrels of San Marco and the Panglossian paradigm: A critique of the adaptationist programme. *Philosophical Transactions of the Royal Society B* 205:581–598.

Gould, S. J., and E. S. Vrba. 1982. Exaptation—a missing term in the science of form. *Paleobiology* 8:4–15.

Gouyon, P. H., and C. Gliddon. 1988. The genetics of information and the evolution of avatars. In *Population Genetics and Evolution*, ed. G. de Jong, 119–123. Berlin: Springer.

Grafen, A. 2006. Optimization of inclusive fitness. *Journal of Theoretical Biology* 238:541–563.

Grafen, A. 2014. The formal Darwinism project in outline. *Biology & Philosophy* 29:155–174.

Gray, A. 1874. Scientific worthies. III.—Charles Robert Darwin. *Nature* 10:79–81.

Gray, R. 1992. Death of the gene: Developmental systems strike back. In *Trees of Life: Essays in Philosophy of Biology*, ed. P. Griffiths, 165–209. Dordrecht: Kluwer.

Graw, J. 2009. Genetics of crystallins: Cataract and beyond. *Experimental Eye*

Research 88:173–189.

Gregory, R. L. 1981. *Mind in Science*. Cambridge: Cambridge University Press.

Grene, M. 1972. Aristotle and modern biology. *Journal of the History of Ideas* 33:395–424.

Grieco, J. C., R. H. Bahr, M. R. Schoenberg, L. Conover, L. N. Mackie, and E. J. Weeber. 2018. Quantitative measurement of communication ability in children with Angelman syndrome. *Journal of Applied Research in Intellectual Disabilities* 31:e49–e58.

Griffiths, P. E. 1998. What is the developmentalist challenge? *Philosophy of Science* 65:253–258.

Griffiths, P. E. 2013. Lehrman's dictum: Information and explanation in developmental biology. *Developmental Psychobiology* 55:22–32.

Griffiths, P. E., and E. M. Neumann-Held. 1999. The many faces of the gene. *BioScience* 49:656–662.

Guerrero-Bosagna, C. 2012. Finalism in Darwinian and Lamarckian evolution: Lessons from epigenetics and developmental biology. *Evolutionary Biology* 39:283–300.

Hackett, J. A., R. Sengupta, J. J. Zylicz, K Murakami, Ca. Lee, T. A. Down, and M. A. Surani. 2013. Germline DNA demethylation dynamics and imprint erasure through 5-hydroxymethylcytosine. *Science* 339:448–452.

Haidt, J. 2001. The emotional dog and its rational tail: A social intuitionist approach to moral judgment. *Psychological Review* 108:814–834.

Haig, D. 1992a. Genomic imprinting and the theory of parent-offspring conflict. *Seminars in Developmental Biology* 3:153–160.

Haig, D. 1992b. Intragenomic conflict and the evolution of eusociality. *Journal of Theoretical Biology* 156:401–403.

Haig, D. 1993a. The evolution of unusual chromosomal systems in sciarid flies: Intragenomic conflict and the sex ratio. *Journal of Evolutionary Biology* 6:249–261.

Haig, D. 1993b. Genetic conflicts in human pregnancy. *Quarterly Review of Biology* 68:495–532.

Haig, D. 1996a. Gestational drive and the green-bearded placenta. *Proceedings of the National Academy of Sciences USA* 93:6547–6551.

Haig, D. 1996b. Placental hormones, genomic imprinting, and maternal–fetal communication. *Journal of Evolutionary Biology* 9:357–380.

Haig, D. 1997. Parental antagonism, relatedness asymmetries, and genomic imprinting. *Proceedings of the Royal Society B* 264:1657–1662.

Haig, D. 1999. Multiple paternity and genomic imprinting. *Genetics* 151:1229–1231.

Haig, D. 2000a. Genomic imprinting, sex-biased dispersal, and social behavior. *Annals of the New York Academy of Sciences* 907:149–163.

Haig, D. 2000b. The kinship theory of genomic imprinting. *Annual Review of Ecology and Systematics* 31:9–32.

Haig, D. 2002. *Genomic Imprinting and Kinship*. New Brunswick: Rutgers University Press.

Haig, D. 2003. Meditations on birthweight: Is it better to reduce the variance or increase the mean? *Epidemiology* 14:490–492 (erratum *Epidemiology* 14:632).

Haig, D. 2004a. Genomic imprinting and kinship: How good is the evidence? *Annual Review of Genetics* 38:553–585.

Haig, D. 2004b. The inexorable rise of gender and the decline of sex: Social change in academic titles, 1945–2001. *Archives of Sexual Behavior* 33:87–96.

Haig, D. 2006. Intragenomic politics. *Cytogenetic and Genome Research* 113:68–74.

Haig, D. 2007a. The amoral roots of morality. In *Biomedical Ethics*, ed. D. Steinberg, 25–28. Lebanon, NH: University Press of New England.

Haig, D. 2007b. Weismann rules! OK? Epigenetics and the Lamarckian temptation. *Biology & Philosophy* 22:415–428.

Haig, D. 2008a. Huddling: Brown fat, genomic imprinting, and the warm inner glow. *Current Biology* 18:R172–R174.

Haig, D. 2008b. Placental growth hormone-related proteins and prolactin-related proteins. *Placenta* 29 (supplement A): S36–S41.

Haig, D. 2010a. The huddler's dilemma: A cold shoulder or a warm inner glow.

In *Social Behaviour: Genes, Ecology and Evolution,* ed. T. Székely, A. J. Moore, and J. Komdeur, 107–109. Cambridge: Cambridge University Press.

Haig, D. 2010b. Transfers and transitions: Parent-offspring conflict, genomic imprinting, and the evolution of human life history. *Proceedings of the National Academy of Sciences USA* 107:1731–1735.

Haig, D. 2011a. Does heritability hide in epistasis between linked SNPs? *European Journal of Human Genetics* 19:123.

Haig, D. 2011b. Genomic imprinting and the evolutionary psychology of human kinship. *Proceedings of the National Academy of Sciences USA* 108:10878–10885.

Haig, D. 2012. Retroviruses and the placenta. *Current Biology* 22:R609–R613.

Haig, D. 2013. Genomic vagabonds: Endogenous retroviruses and placental evolution. *BioEssays* 35:845–846.

Haig, D. 2014. Troubled sleep: Night waking, breastfeeding, and parent–offspring conflict. *Evolution, Medicine, and Public Health* 2014:32–39.

Haig, D. 2016. Transposable elements: Self-seekers of the germline, team players of the soma. *Bioessays* 38:1158–1166.

Haig, D. 2017. The extended reach of the selfish gene. *Evolutionary Anthropology* 26:95–97.

Haig, D., and A. Grafen. 1991. Genetic scrambling as a defence against meiotic drive. *Journal of Theoretical Biology* 153:531–558.

Haig, D., and C. Graham. 1991. Genomic imprinting and the strange case of the insulin-like growth factor-II receptor. *Cell* 64:1045–1046.

Haig, D., and S. Henikoff. 2004. Deciphering the genomic palimpsest. *Current Opinion in Genetics and Development* 14:599–602.

Haig, D., and R. Trivers. 1995. The evolution of parental imprinting: A review of hypotheses. In *Genomic Imprinting: Causes and Consequences,* ed. R. Ohlsson, K. Hall, and M. Ritzen, 17–28. Cambridge: Cambridge University Press.

Haig, D., and M. Westoby. 1989. Parent-specific gene expression and the triploid endosperm. *American Naturalist* 134:147–155.

Haig, D., and R. Wharton. 2003. Prader-Willi syndrome and the evolution of human childhood. *American Journal of Human Biology* 15:320–329.

Haig, D., and J. F. Wilkins. 2000. Genomic imprinting, sibling solidarity, and the logic of collective action. *Philosophical Transactions of the Royal Society B* 355:1593–1597.

Haldane, J. B. S. 1955. Population genetics. *New Biology* 18: 34–51.

Hall, N. 2004. Two concepts of causation. In *Causation and Counterfactuals*, ed. J. Collins, N. Hall, and L. Paul, 225–276. Cambridge, MA: MIT Press.

Hamburger, V. 1980. Embryology and the modern synthesis in evolutionary theory. In *The Evolutionary Synthesis: Perspectives on the Unification of Biology*, ed. E. Mayr and W. B. Provine, 97–112. Cambridge, MA: Harvard University Press.

Hamilton, W. D. 1964. The genetical evolution of social behaviour. *Journal of Theoretical Biology* 7:1–52.

Hamilton, W. D. 1966. The moulding of senescence by natural selection. *Journal of Theoretical Biology* 12:12–45.

Hamilton, W. D. 1967. Extraordinary sex ratios. *Science* 156:477–488.

Hamilton, W. D. 1975. Gamblers since life began: Barnacles, aphids, elms. *Quarterly Review of Biology* 50:175–180.

Hamilton, W. D. 1979. Wingless and fighting males in fig wasps and other insects. In *Sexual Selection and Reproductive Competition in Insects*, ed. M. S. Blum and N. A. Blum, 167–220. New York: Academic Press.

Hamilton, W. D., R. Axelrod, and R. Tanese. 1990. Sexual reproduction as an adaptation to resist parasites (a review). *Proceedings of the National Academy of Sciences USA* 87:3566–3573.

Hamilton, W. J., D. J. Boyd, and H. W. Mossman. 1947. *Human Embryology*. Baltimore: Williams & Wilkins.

Hammerstein, P. 1996. Darwinian adaptation, population genetics and the streetcar theory of evolution. *Journal of Mathematical Biology* 34:511–532.

Hanchard, N., A. Elzein, C. Trafford, K. Rockett, M. Pinder, M. Jallow, et al. 2007. Classical sickle beta-globin haplotypes exhibit a high degree of longrang haplotype similarity in African and Afro-Caribbean populations. *BMC Genetics* 8:52.

Hastings, I. M. 1992. Population genetic aspects of deleterious cytoplasmic genomes and their effect on the evolution of sexual reproduction. *Genetical Research* 59:215–225.

Hastings, I. M. 2000. Models of human genetic disease: How biased are the standard formulae? *Genetical Research* 75:107–114.

Heap, S. H., M. Hollis, B. Lyons, R. Sugden, and A. Weale. 1992. *The Theory of Choice*. Oxford: Blackwell.

Held, V. 2006. *The Ethics of Care*. Oxford: Oxford University Press.

Helmholtz, H. 1861. On the application of the law of the conservation of force to organic nature. *Proceedings of the Royal Institute of Great Britain* 3:347–357.

Hickey, D. A. 1982. Selfish DNA: A sexually transmitted nuclear parasite. *Genetics* 101:519–531.

Hicks, G. R., and N. V. Raikhel. 1995. Protein import into the nucleus: An integrated view. *Annual Review of Cell and Developmental Biology* 11:155–188.

Hitchcock, C. 2007. Prevention, preemption, and the principle of sufficient reason. *Philosophical Review* 116:495–532.

Hochman, A. 2013. The phylogeny fallacy and the ontogeny fallacy. *Biology & Philosophy* 28:593–612.

Hofstadter, D. R. 1979. *Gödel, Escher, Bach*. New York: Basic Books.

Hofstadter, D. R. 2007. *I Am a Strange Loop*. New York: Basic Books.

Holm, V. A., S. B. Cassidy, M. G. Butler, J. M. Hanchett, L. R. Greenswag, B. Y. Whitman, and F. Greenberg. 1993. Prader-Willi syndrome: Consensus diagnostic criteria. *Pediatrics* 91:398–402.

Horsler, K., and C. Oliver. 2006a. The behavioral phenotype of Angelman syndrome. *Journal of Intellectual Disability Research* 50:33–53.

Horsler, K., and C. Oliver. 2006b. Environmental influences on the behavioral phenotype of Angelman syndrome. *American Journal on Mental Retardation* 111:311–321.

Hughes-Schrader, S. 1948. Cytology of coccids (Coccoidea-Homoptera). *Advances in Genetics* 2:127–203.

Hull, D. L. 1978. A matter of individuality. *Philosophy of Science* 45:335–360.

Hurst, L. D., and W. D. Hamilton. 1992. Cytoplasmic fusion and the nature of sexes. *Proceedings of the Royal Society B* 247:189–194.

Hume, D. 1748/2004 An Enquiry Concerning Human Understanding. Mineola, NY: Dover.

Huxley, T. H. 1859. Darwin on the origin of species. *Times* (London), December 26, 8–9.

Huxley, T. H. 1869. Anniversary address of the president. *Quarterly Journal of the Geological Society of London* 25:xxxviii–liii.

Huxley, T. H. 1869a. The Natural History of Creation.—By Dr. Ernst Haeckel. [*Natürliche Schöpfungs-Geschichte.*—Von Dr. Ernst Haeckel, Professor an der Universität Jena.] Berlin 1868. First Notice. *Academy* 1: 13–14 (October 9, 1869).

Ingram, G. I. C. 1976. The history of haemophilia. *Journal of Clinical Pathology* 29:469–479.

Isles, A. R., W. Davies, and L. S. Wilkinson. 2006. Genomic imprinting and the social brain. *Philosophical Transactions of the Royal Society B* 361:2229–2237.

Jacob, F. 1977. Evolution and tinkering. *Science* 196:1161–1166.

James, W. 1887. What is an instinct? *Scribner's Magazine* 1:355–365.

James, W. 1890/1983. *The Principles of Psychology*. Cambridge, MA: Harvard University Press.

Johannsen, W. 1909. *Elemente der exacten Erblichkeitslehre*. Jena: Gustav Fischer.

Johannsen, W. 1911. The genotype conception of heredity. *American Naturalist* 45:129–159.

Jolleff, N., and M. M. Ryan. 1993. Communication development in Angelman's syndrome. *Archives of Disease in Childhood* 69:148–150.

Jonas, H. 1966. *The Phenomenon of Life: Toward a Philosophical Biology*. New York: Harper & Rowe.

Joyce, G. F. 2002. The antiquity of RNA-based evolution. *Nature* 418:214–221.

Jurgenson, C. T., T. P. Begley, and S. E. Ealick. 2009. The structural and biochemical foundations of thiamin biosynthesis. *Annual Review of Biochemistry* 78:569–603.

Kaiser, D. 1986. Control of multicellular development: *Dictyostelium* and *Myxococcus*. *Annual Review of Genetics* 20:539–566.

Kant, I. 1781/1998. *Critique of Pure Reason*. Trans. and ed. P. Guyer and A. W. Wood. Cambridge: Cambridge University Press.

Kant, I. 1790/2000. *Critique of the Power of Judgment*. Trans. P. Guyer and E. Matthews. Cambridge: Cambridge University Press.

Kashtan, N., and U. Alon. 2005. Spontaneous evolution of modularity and network motifs. *Proceedings of the National Academy of Sciences USA* 102:13733–13778.

Keverne, E. B., R. Fundele, M. Narasimha, S. C. Barton, and M. A. Surani. 1996. Genomic imprinting and the differential roles of parental genomes in brain development. *Developmental Brain Research* 92:91–100.

Killian, J. K., C. M. Nolan, A. A. Wylie, T. Li, T. H. Vu, A. R. Hoffman, and R. L. Jirtle. 2001. Divergent evolution in M6P/IGF2R imprinting from the Jurassic to the Quaternary. *Human Molecular Genetics* 10:1721–1728.

Kingsley, C. 1873. *Madam How or Lady Why, or First Lessons in Earth Lore for Children*. 3rd. ed. London: Strahan.

Klein, D. J., and A. R. Ferré-D'Amaré. 2006. Structural basis of *glmS* ribozyme activation by glucosamine-6-phosphate. *Science* 313:1752–1756.

Knight, R., and M. Yarus. 2003. Finding specific RNA motifs: Function in a zeptomole world? *RNA* 9:218–230.

Kotler, J., and D. Haig. 2018. The tempo of human childhood: A maternal foot on the accelerator, a paternal foot on the break. *Evolutionary Anthropology* 27:80–91.

Kristeller, P. O. 1978. Humanism. *Minerva* 16:586–595.

Kusano, K., T. Naito, N. Handa, and I. Kobayashi. 1995. Restriction–modification systems as genomic parasites in competition for specific sequences. *Proceedings of the National Academy of Sciences USA* 92:11095–11099.

Kuwajima, T., I. Nishimura, and K. Yoshikawa. 2006. Necdin promotes

GABAergic neuron differentiation in cooperation with Dlx homeodomain proteins. *Journal of Neuroscience* 26:5383–5392.

Laland, K. N., J. Odling-Smee, W. Hoppitt, and T. Uller. 2013a. More of how and why: Cause and effect in biology revisited. *Biology & Philosophy* 28:719–745.

Laland, K. N., J. Odling-Smee, W. Hoppitt, and T. Uller. 2013b. More of how and why: A response to commentaries. *Biology & Philosophy* 28:793–810.

Lankester, E. R. 1870. On the use of the term homology in modern zoology and the distinction between homogenetic and homoplastic agreements. *Annals and Magazine of Natural History* 6:34–43.

Lankester, E. R. 1876. Perigenesis v. pangenesis—Haeckel's new theory of heredity. *Nature* 14:235–238.

Lankester, E. R. 1890. *The Advancement of Science: Occasional Essays and Addresses*. London: MacMillan.

Law, R., and V. Hutson. 1992. Intracellular symbionts and the evolution of uniparental cytoplasmic inheritance. *Proceedings of the Royal Society B* 248:69–77.

Lau, M. M. H., C. E. H. Stewart, Z. Liu, H. Bhatt, P. Rotwein, and C. L. Stewart. 1994. Loss of the imprinted IGF2/cation-independent mannose 6-phosphate receptor results in fetal overgrowth and perinatal lethality. *Genes & Development* 8:2953–2963.

Lau, M. W. L., and A. R. Ferré-D'Amaré. 2013. An *in vitro* evolved *glmS* ribozyme has the wildtype fold but loses coenzyme dependence. *Nature Chemical Biology* 9:805–810.

Lazcano, A., R. Guerrero, L. Margulis, and J. Oró. 1988. The evolutionary transition from RNA to DNA in early cells. *Journal of Molecular Evolution* 27:283–290.

Le Guyader, H. 2004. *Geoffroy Saint-Hilaire: A Visionary Naturalist*. Trans. M. Grene. Chicago: University of Chicago Press.

Lehman, N., C. D. Arenas, W. A. White, and F. J. Schmidt. 2011. Complexity through recombination: From chemistry to biology. *Entropy* 13:17–37.

Lehnherr, H., E. Maguin, S. Jafri, and M. B. Yarmolinsky. 1993. Plasmid addiction genes of bacteriophage P1: *doc*, which causes cell death on curing of prophage, and *phd*, which prevents host death when prophage is retained. *Journal of Molecular Biology* 233:414–428.

Leigh, E. G. 1971. *Adaptation and Diversity*. San Francisco: Freeman Cooper.

Lenski, R. E., S. C. Simpson, and T. T. Nguyen. 1994. Genetic analysis of a plasmid-encoded, host genotype-specific enhancement of bacterial fitness. *Journal of Bacteriology* 176:3140–3147.

Leopold, P. E., M. Montal, and J. N. Onuchic. 1992. Protein folding funnels: A kinetic approach to the sequence–structure relationship. *Proceedings of the National Academy of Sciences USA* 89:8721–8725.

Lerner, D., ed. 1965. *Cause and Effect*. New York: Free Press.

Lewis, D. 1973. Causation. *Journal of Philosophy* 70:556–567.

Lewis, D. 2000. Causation as influence. *Journal of Philosophy* 97:182–197.

Lewontin, R. C. 1974. The analysis of variance and the analysis of causes. *American Journal of Human Genetics* 26:400–411.

Lewontin, R. C. 2000. Foreword. In S. Oyama, *The Ontogeny of Information*, 2nd ed., vii–xv. Durham, NC: Duke University Press.

Li, S., and R. R. Breaker. 2013. Eukaryotic TPP riboswitch regulation of alternative splicing involving long-distance base pairing. *Nucleic Acids Research* 41:3022–3031.

Lickliter, R., and T. D. Berry. 1990. The phylogeny fallacy: Developmental psychology's misapplication of evolutionary theory. *Developmental Review* 10:348–364.

Lindley, D. V. 2000. The philosophy of statistics. *Statistician* 49:293–337.

Lloyd, E. 2005. Why the gene will not return. *Philosophy of Science* 72:287–310.

Lloyd, S. 2009. A quantum of natural selection. *Nature Physics* 5:164–166.

Lorenz, M. G., and W. Wackerknagel. 1994. Bacterial gene transfer by natural genetic transformation in the environment. *Microbiological Reviews* 58:563–602.

Lynch, M. 2007. The evolution of genetic networks by non-adaptive processes. *Nature Reviews Genetics* 8:803–813.

Lynch, V. J., A. Tanzer, Y. Wang, F. C. Leung, B. Gellersen, D. Emera, and G. P.

Wagner. 2008. Adaptive changes in the transcription factor HoxA-11 are essential for the evolution of pregnancy in mammals. *Proceedings of the National Academy of Sciences USA* 105:14928–14933.

Lynch, V. J., R. D. LeClerc, G. May, and G. P. Wagner. 2011. Transposon-mediated rewiring of gene regulatory networks contributed to the evolution of pregnancy in mammals. *Nature Genetics* 43:1154–1159.

Mantovani, G., S. Bondioni, M. Locatelli, C. Pedroni, A. G. Lania, E. Ferrantee, et al. 2004. Biallelic expression of the Gsα gene in human bone and adipose tissue. *Journal of Clinical Endocrinology and Metabolism* 89:6316–6319.

Maynard Smith, J. 1982. *Evolution and the Theory of Games*. Cambridge: Cambridge University Press.

Maynard Smith, J. 1987. How to model evolution. In *The Latest on the Best: Essays on Evolution and Optimality*, ed. J. Dupré, 119–131. Cambridge, MA: MIT Press.

Maynard Smith, J., and E. Szathmáry. 1993. The origin of chromosomes I. Selection for linkage. *Journal of Theoretical Biology* 164:437–446.

Maynard Smith, J., and E. Szathmáry. 1995. *The Major Transitions in Evolution*. Oxford: Oxford University Press.

Mayr, E. 1961. Cause and effect in biology. *Science* 134:1501–1506.

Mayr, E. 1965. Cause and effect in biology. In *Cause and Effect*, ed. D. Lerner, 33–50. New York: Free Press.

Mayr, E. 1969. Footnotes on the philosophy of biology. *Philosophy of Science* 36:197–202.

Mayr, E. 1974. Teleological and teleonomic, a new analysis. *Boston Studies in the Philosophy of Science* 14:91–117.

Mayr, E. 1992. The idea of teleology. *Journal of the History of Ideas* 53:117–135.

Mayr, E. 1993. Proximate and ultimate causations. *Biology & Philosophy* 8:93–94.

Mayr, E. 2004. *What Makes Biology Unique?* Cambridge: Cambridge University Press.

McCosh, J., and G. Dickie. 1856. *Typical Forms and Special Ends in Creation*. Edinburgh: Thomas Constable.

Mellor, J. 2005. The dynamics of chromatin remodeling at promoters. *Molecular Cell* 19:147–157.

Miller, F. D. 1999. Aristotle's philosophy of soul. *Review of Metaphysics* 53:309–337.

Miller, S. P., P. Riley, and M. I. Shevell. 1999. The neonatal presentation of Prader-Willi syndrome revisited. *Journal of Pediatrics* 134:226–228.

Millikan, R. G. 1989. In defense of proper functions. *Philosophy of Science* 56:288–302.

Millikan, R. G. 1999. Historical kinds and the "special sciences." *Philosophical Studies* 95:45–65.

Milner, K. M., E. E. Craig, R. J. Thompson, M. W. M. Veltman, N. S. Thomas, S. Roberts, et al. 2005. Prader-Willi syndrome: Intellectual abilities and behavioural features by genetic subtype. *Journal of Child Psychology and Psychiatry* 46:1089–1096.

Moffatt, B. 2011. Conflations in the causal account of information undermine the parity thesis. *Philosophy of Science* 78:284–302.

Molnar-Szakacs, I. 2010. From actions to empathy and morality—a neural perspective. *Journal of Economic Behavior and Organization* 77:76–85.

Monod, J., and F. Jacob. 1961. Teleonomic mechanisms in cellular metabolism, growth, and differentiation. *Cold Spring Harbor Symposia on Quantitative Biology* 26:389–401.

Monod, J., J. P. Changeux, and F. Jacob. 1963. Allosteric proteins and cellular control systems. *Journal of Molecular Biology* 6:306–329.

Montange, R. K., and P. T. Batey. 2008. Riboswitches: Emerging themes in RNA structure and function. *Annual Review of Biophysics* 37:117–133.

Monteverde, D. R., L. Gómez-Consarnau, C. Suffridge, and S. A. Sañudo-Wilhelmy. 2017. Life's utilization of B vitamins on early Earth. *Geobiology* 15:3–18.

Moore, T., and D. Haig. 1991. Genomic imprinting in mammalian development: A parental tug-of-war. *Trends in Genetics* 7:45–49.

Morrison, S. F. 2004. Central pathways controlling brown adipose tissue thermogenesis. *News in Physiological Sciences* 19:67–74.

Morton, N. E. 1991. Parameters of the human genome. *Proceedings of the National Academy of Sciences USA* 88:7474–7464.

Mullahy, J. H. 1951. Evolution in the plant kingdom. *Bios* 22:20–25.

Muller, H. J. 1922. Variation due to change in the individual gene. *American Naturalist* 56:32–50.

Muller, H. J. 1929. The method of evolution. *Scientific Monthly* 29:481–505.

Muller, H. J. 1949. The Darwinian and modern conceptions of natural selection. *Proceedings of the American Philosophical Society* 93:459–470.

Nag, N., K. Peterson, K. Wyatt, S. Hess, S. Ray, J. Favor, et al. 2007. Endogenous retroviral insertion in *Cryge* in the mouse No3 cataract mutant. *Genomics* 89:512–520.

Nakamura, K., and S. F. Morrison. 2007. Central efferent pathways mediating skin-cooling evoked sympathetic thermogenesis in brown adipose tissue. *American Journal of Physiology* 292:R127–R136.

Nash, O. 1936. *The Bad Parents' Book of Verse*. New York: Simon and Schuster.

Nauert, C. G. 1990. Humanist infiltration into the academic world: Some studies of northern universities. *Renaissance Quarterly* 43:799–812.

Neander, K. 1991. Functions as selected effects: The conceptual analyst's defense. *Philosophy of Science* 58:168–184.

Neher, R. A., and B. I. Shraiman. 2009. Competition between recombination and epistasis can cause a transition from allele to genotype selection. *Proceedings of the National Academy of Sciences USA* 106:6866–6871.

Neher, R. A., T. A. Kessinger, and B. I. Shraiman. 2013. Coalescence and genetic diversity in sexual populations under selection. *Proceedings of the National Academy of Sciences USA* 110:15836–15841.

Nietzsche, F. 1886/1989. *Jenseits von Gut und Böse (Beyond Good and Evil)*. Trans. W. Kaufmann. New York: Random House.

Nietzsche, F. 1887. *Zur Genealogie der Moral*. Leipzig: Naumann.

Nietzsche, F. 2007. *On the Genealogy of Morality*. Rev. student ed. Trans. C. Diethe. Cambridge: Cambridge University Press.

Nordström, K., and S. J. Austin. 1989. Mechanisms that contribute to the stable segregation of plasmids. *Annual Review of Genetics* 23:37–69.

Nose, A., A. Nagafuchi, and M. Takeichi. 1988. Expressed recombinant cadherins mediate cell sorting in model systems. *Cell* 54:993–1001.

Nowak, M. A., and K. Sigmund. 1998. Evolution of indirect reciprocity by image scoring. *Nature* 393:573–577.

O'Day, D. H. 1979. Aggregation during sexual development in *Dictyostelium discoideum*. *Canadian Journal of Microbiology* 25:1416–1426.

Õiglane-Shlik, E., R. Zordania, H. Varendi, A. Antson, M.-L. Mägi, G. Tasa, et al. 2006. The neonatal phenotype of Prader-Willi syndrome. *American Journal of Medical Genetics* 140A:1241–1244.

Okada, T., O. P. Ernst, K. Palczewski, and K. P. Hofmann. 2001. Activation of rhodopsin: New insights from structural and biochemical studies. *Trends in Biochemical Sciences* 26:318–324.

Okasha, S. 2008. Fisher's fundamental theorem of natural selection—a philosophical analysis. *British Journal for the Philosophy of Science* 59:319–351.

Okasha, S. 2012. Social justice, genomic justice and the veil of ignorance: Harsanyi meets Mendel. *Economics and Philosophy* 28:43–71.

Oliver, C., L. Demetriades, and S. Hall. 2002. Effects of environmental events on smiling and laughing behavior in Angelman syndrome. *American Journal on Mental Retardation* 107:194–200.

Oliver, C., K. Horsler, K. Berg, G. Bellamy, K. Dick, and E. Griffiths. 2007. Genomic imprinting and the expression of affect in Angelman syndrome: What's in the smile? *Journal of Child Psychology and Psychiatry* 48:571–579.

Owen, R. 1846. Observations on Mr. Strickland's article on the structural relations of organized beings. *London, Edinburgh and Dublin Philosophical Magazine and Journal of Science* (third series) 28:525–527.

Owen, R. 1848. *On the Archetype and Homologies of the Vertebrate Skeleton*. London: van Voorst.

Owen, R. 1849. *On the Nature of Limbs*. London: Van Voorst.

Owen, R. 1868. *On the Anatomy of Vertebrates*, volume 3: *Mammals*. London:

Longmans Green.

Oyama, S. 2000. *The Ontogeny of Information*. 2nd ed. Durham, NC: Duke University Press.

Pancer, Z., H. Gershon, and B. Rinkevich. 1995. Coexistence and possible parasitism of somatic and germ cell lines in chimeras of the colonial urochordate *Botryllus schlosseri*. *Biological Bulletin* 189:106–112.

Parnas, D. L. 1972. On the criteria to be used in decomposing systems into modules. *Communications ACM* 15:1053–1058.

Papineau, D. 1984. Representation and explanation. *Philosophy of Science* 51:550–572.

Pearl, J. 2000. *Causality*. Cambridge: Cambridge University Press.

Pearson, L. 1952. *Prophasis and aitia*. *Transactions and Proceedings of the American Philological Association* 83:203–223.

Peirce, C. S. 1877. Illustrations of the logic of science. First paper.—The fixation of belief. *Popular Science Monthly* 12:1–15.

Peirce, C. S. 1905. What pragmaticism is. *Monist* 15:161–181 [title corrected].

Pembrey, M. 1996. Imprinting and transgenerational modulation of gene expression; human growth as a model. *Acta Geneticae Medicae et Gemellologiae* 45:111–125.

Penner, K. A., J. Johnston, B. H. Faircloth, P. Irish, and C. A. Williams. 1993. Communication, cognition, and social interaction in the Angelman syndrome. *American Journal of Medical Genetics* 46:34–39.

Piatigorsky, J. 2007. *Gene Sharing and Evolution*. Cambridge, MA: Harvard University Press.

Pittendrigh, C. S. 1961. On temporal organization in living systems. *Harvey Lectures* 56:93–125.

Pittendrigh, C. S. 1993. Temporal organization: Reflections of a Darwinian clock-watcher. *Annual Review of Physiology* 55:17–54.

Plagge, A., E. Gordon, W. Dean, R. Boiani, S. Cinti, J. Peters, and G. Kelsey. 2004. The imprinted signaling protein XLαs is required for postnatal adaptation to feeding. *Nature Genetics* 36:818–826.

Plotkin, S. S., and J. N. Onuchic 2002. Understanding protein folding with energy landscape theory. Part 1: Basic considerations. *Quarterly Reviews of Biophysics* 35:111–116.

Popper, K. R. 2014. A new interpretation of Darwinism (1986). The first Medawar lecture. In *Karl Popper and the Two New Secrets of Life*, ed. H. J. Niemann, 115–129. Tübingen: Mohr Siebeck.

The potato disease. II. 1872. Editorial. *Nature* 6:409–410.

Poulton, E. B. 1908. *Essays on Evolution 1889–1907*. Oxford: Clarendon Press.

Price, G. R. 1995. The nature of selection. *Journal of Theoretical Biology* 175:389–396.

Punnett, R. C. 1913. *Mendelism*. 3rd ed. New York: MacMillan.

Queller, D. C. 2011. A gene's eye view of Darwinian populations. *Biology & Philosophy* 26:905–913.

Quine, W. V. 1987. *Quiddities*. Cambridge, MA: Harvard University Press.

Rawls, J. 1971. *A Theory of Justice*. Cambridge, MA: Harvard University Press.

Reddy, V. 2008. *How Infants Know Minds*. Cambridge, MA: Harvard University Press.

Redfield, R. J. 1993. Genes for breakfast: The have-your-cake-and-eat-it-too of bacterial transformation. *Journal of Heredity* 84:400–404.

Rice, W. R. 1987. The accumulation of sexually antagonistic genes as a selective agent promoting the evolution of reduced recombination between primitive sex chromosomes. *Evolution* 41:911–914.

Richerson, P. J., and R. Boyd. 2005. *Not by Genes Alone*. Chicago: University of Chicago Press.

Ricoeur, P. 1971. The model of the text: Meaningful action considered as a text. *Social Research* 38:529–562.

Ricoeur, P. 2004. *Memory, History, Forgetting*. Trans. K. Blamey and D. Pellauer. Chicago: Chicago University Press.

Ridge, K. D., N. G. Abulaev, M. Sousa, and K. Palczewski. 2003. Photo transduction: Crystal clear. *Trends in Biochemical Sciences* 28:479–487.

Ridley, M. 2000. *Mendel's Demon*. London: Weidenfeld and Nicholson.

Ridley, M., and A. Grafen. 1981. Are green beard genes outlaws? *Animal Behaviour* 29:954–955.

Rivier, D. H., and L. Pillus. 1994. Silencing speaks up. *Cell* 76:963–966.

Robins, S. J., J. M. Fasulo, G. M. Patton, E. J. Schaefer, D. E. Smith, and J. M. Ordovas. 1995. Gender differences in the development of hyperlipemia and atherosclerosis in hybrid hamsters. *Metabolism* 44:1326–1331.

Romanes, G. J. 1895. *Darwin, and after Darwin. II. Post-Darwinian Questions. Heredity and Utility.* Chicago: Open Court.

Romanovsky, A. A. 2007. Thermoregulation: Some concepts have changed. Functional architecture of the thermoregulatory system. *American Journal of Physiology* 292:R37–R46.

Roth, A., and R. R. Breaker. 2009. The structural and functional diversity of metabolite-binding riboswitches. *Annual Review of Biochemistry* 78:305–334.

Rowley, A., S. J. Dowell, and J. F. X. Diffley. 1994. Recent developments in the initiation of chromosomal DNA replication: A complex picture emerges. *Biochimica et Biophysica Acta* 1217:239–256.

Royer, M. 1975. Hermaphroditism in insects: Studies on *Icerya purchasi*. In *Intersexuality in the Animal Kingdom*, ed. R. Reinboth, 135–145. Berlin: Springer.

Rudolf Ludwig Karl Virchow: Obituary. 1902. *Nature* 66:551–552.

Russell, B. 1913. On the notion of cause. *Proceedings of the Aristotelian Society* 13:1–26.

Salmon, M. A., L. van Melderen, P. Bernard, and M. Couturier. 1994. The antidote and autoregulatory functions of the F plasmid CcdA protein: A genetic and biochemical survey. *Molecular and General Genetics* 244:530–538.

Sandhu, K. S., C. Shi, M. Sjölinder, Z. Zhao, A. Göndör, L. Liu, et al. 2009. Nonallelic transvection of multiple imprinted loci is organized by the H19 imprinting control region during germline development. *Genes & Development* 23:2598–2603.

Sartorio, C. 2005. Causes as difference makers. *Philosophical Studies* 123:71–96.

Saumitou-Laprade, P., J. Cuguen, and P. Vernet. 1994. Cytoplasmic male sterility in plants: Molecular evidence and the nucleocytoplasmic conflict. *Trends in Ecology and Evolution* 9:431–435.

Saussure, F. de. 1916. *Cours de Linguistique Générale*. Paris: Payot.

Saussure, F. de. 1986. *Course in General Linguistics*. Trans. R Harris. La Salle, IL: Open Court.

Scantlebury, M., A. F. Russell, G. M. McIlraith, J. R. Speakman, and T. H. Clutton-Brock. 2002. The energetics of lactation in cooperatively breeding meerkats *Suricata suricatta*. *Proceedings of the Royal Society B* 269:2147–2153.

Selker, E. U. 1990. Premeiotic instability of repeated sequences in *Neurospora crassa*. *Annual Review of Genetics* 24:579–613.

Shannon, C. 1948. A mathematical theory of communication. *Bell System Technical Journal* 27:379–423, 623–656.

Shea, N. 2007. Representation in the genome and in other inheritance systems. *Biology & Philosophy* 22:313–331.

Shimkets, L. J. 1990. Social and developmental biology of the myxobacteria. *Microbiological Reviews* 54:473–501.

Smith, A. 1976. *The Theory of Moral Sentiments*. Oxford: Oxford University Press.

Sniegowski, P. D., and H. A. Murphy. 2006. Evolvability. *Current Biology* 16:R831–R834.

Sober, E. 1984. *The Nature of Selection*. Cambridge, MA: MIT Press.

Sober, E., and R. C. Lewontin. 1982. Artifact, cause, and genic selection. *Philosophy of Science* 49:157–180.

Sober, E., and D. S. Wilson. 1994. A critical review of philosophical work on the units of selection problem. *Philosophy of Science* 61:534–555.

Sober, E., and D. S. Wilson. 1998. *Unto Others*. Cambridge, MA: Harvard University Press.

Spencer, H. 1852. A theory of population deduced from the general law of animal fertility. *Westminster Review* (April):462–501.

Spencer, H. 1857. Progress: Its laws and cause. *Westminster Review* (April):445–485.

Spencer, H. 1867. *First Principles*. 2nd ed. London: Williams and Norgate.

Spinoza, B. 2002. *Spinoza: Complete Works*. Trans. S. Shirley. Ed. M. L. Morgan. Indianapolis: Hackett.

Sterne, L. 1767. *The Life and Opinions of Tristram Shandy, Gentleman*. York.

Sterelny, K., and P. E. Griffiths. 1999. *Sex and Death*. Chicago: Chicago University Press.

Sterelny, K., and P. Kitcher. 1988. The return of the gene. *Journal of Philosophy* 85:339–361.

Sterelny, K., K. C. Smith, and M. Dickison. 1996. The extended replicator. *Biology & Philosophy* 11:377–403.

Stewart, G. J., and C. A. Carlson. 1986. The biology of natural transformation. *Annual Review of Microbiology* 40:211–235.

Stock, D. W., J. M. Quattro, G. S. Whitt, and D. A. Powers. 1997. Lactate dehydrogenase (LDH) gene duplication during chordate evolution: The cDNA sequence of the LDH of the tunicate *Styela plicata*. *Molecular Biology and Evolution* 14:1273–1284.

Stoddard, C. D., R. K. Montange, S. P. Hennelly, R. P. Rambo, and K. Y. Sanbonmatsu. 2010. Free state conformational sampling of the SAM-I riboswitch aptamer domain. *Structure* 18:787–797.

Stokes, G. G. 1887. Science and revelation. *Nature* 36:333–335.

Strevens, M. 2013. Causality reunified. *Erkenntnis* 78:299–320.

Sturtevant, A. H. 1915. The behavior of the chromosomes as studied through linkage. *Zeitschrift für induktive Abstammungs- und Vererbungslehre* 13:234–287.

Su, T. T., P. J. Follette, and P. H. O'Farrell. 1995. Qualifying for the license to replicate. *Cell* 81:825–828.

Sudarsan, N., M. C. Hammond, K. F. Block, R. Welz, J. E. Barrick, A. Roth, and R. R. Breaker. 2006. Tandem riboswitch architectures exhibit complex gene control functions. *Science* 314:300–304.

Swainson, W. 1835. *A Treatise on the Geography and Classification of Animals*. London: Longman, Rees, Orme, Brown, Green, & Longman.

Terasawa, H., D. Kohda, H. Hatanaka, K. Nagata, N. Higashihashi, H. Fujiwara, et al. 1994. Solution structure of human insulin-like growth factor II; recognition sites for receptors and binding proteins. *EMBO Journal* 13:5590–5597.

Thierry. B. 2005. Integrating proximate and ultimate causation: Just one more go! *Current Science* 89:1180–1183.

Thisted, T., N. S. Sørensen, E. G. H. Wagner, and K. Gerdes. 1994. Mechanism of post-segregational killing: Sok antisense RNA interacts with Hok mRNA via its 5′-end single-stranded leader and competes with the 3′-end of Hok mRNA for binding to the *mok* translation initiation region. *EMBO Journal* 13:1960–1968.

Tinbergen, N. 1963. On aims and methods of ethology. *Zeitschrift für Tierpsychologie* 20:410–433.

Tinbergen, N. 1968. On war and peace in animals and man. *Science* 160:1411–1418.

Tononi, G. 2004. An information integration theory of consciousness. *BMC Neuroscience* 5:42.

Traulsen, A., and F. A. Reed. 2012. From genes to games: Cooperation and cyclic dominance in meiotic drive. *Journal of Theoretical Biology* 299:120–125.

Trivers, R. 1971. The evolution of reciprocal altruism. *Quarterly Review of Biology* 46:35–57.

Trivers, R. 1974. Parent-offspring conflict. *American Zoologist* 14:249–264.

Trivers, R. 2000. The elements of a scientific theory of self-deception. *Annals of the New York Academy of Sciences* 907:114–131.

Trivers, R. 2011. *Deceit and Self-Deception*. London: Allen Lane.

Tseng, Y. H., A. J. Butte, E. Kokkotou, V. K. Yechoor, C. M. Taniguchi, K. M. Kriauciunas, et al. 2005. Prediction of preadipocyte differentiation by gene expression reveals role of insulin receptor substrates and necdin. *Nature Cell Biology* 7:601–611.

van Dijk, B. A., D. I. Boomsma, and A. J. M. de Man. 1996. Blood group chimerism in multiple human births is not rare. *American Journal of*

Medical Genetics 61:264–268.

van Rheede, T., R. Amons, N. Stewart, and W. W. de Jong. 2003. Lactate dehydrogenase A as a highly abundant eye lens protein in platypus *(Ornithorhynchus anatinus)*: Upsilon (υ)-crystallin. *Molecular Biology and Evolution* 20:994–998.

Vitale, F. 2018. *Biodeconstruction: Jacques Derrida and the Life Sciences*. New York: SUNY Press, 2018.

von zur Gathen, J. 2006. Zimmermann telegram: The original draft. *Cryptologia* 31:2–37.

Wachter, A. 2010. Riboswitch-mediated control of gene expression in eukaryotes. *RNA Biology* 7:67–76.

Wachter, A., M. Tunc-Ozdemir, B. C. Grove, P. J. Green, D. K. Shintani, and R. R. Breaker. 2007. Riboswitch control of gene expression in plants by splicing and alternative 3′ end processing of mRNAs. *Plant Cell* 19:3437–3450.

Waddell, D. R. 1982. A predatory slime mould. *Nature* 298:464–466.

Waddington, C. H. 1957. *The Strategy of the Genes*. London: George Allen & Unwin.

Wagner, G. P. 1989. The biological homology concept. *Annual Review of Ecology and Systematics* 20:51–69.

Wagner, G. P. 2014. *Homology, Genes, and Evolutionary Innovation*. Princeton: Princeton University Press.

Wardlaw, C. W. 1952. *Phylogeny and Morphogenesis*. London: Macmillan.

Waters, C. K. 2005. Why genic and multi-level selection theories are here to stay. *Philosophy of Science* 72:311–333.

Waters, C. K. 2007. Causes that make a difference. *Journal of Philosophy* 104:551–579.

Watson, P. Y., and M. J. Fedor. 2011. The *glmS* riboswitch integrates signals from activating and inhibitory metabolites in vivo. *Nature Structural and Molecular Biology* 18:359–363.

Watt, W. B. 2013. Causal mechanisms of evolution and the capacity for niche construction. *Biology & Philosophy* 28:757–766.

Weaver, W. 1949. The mathematics of communication. *Scientific American* 181(1):11–15.

Weismann, A. 1890. Prof. Weismann's theory of heredity. *Nature* 41:317–323.

Weismann, A. 1896. Germinal selection. *Monist* 6:250–293.

Whewell, W. 1833. *Astronomy and General Physics Considered with Reference to Natural Theology*. Third Bridgewater Treatise. Philadelphia: Carey, Lee & Blanchard.

Whewell, W. 1845. *Indications of the Creator*. Philadelphia: Carey & Hart.

White, H. B. 1976. Coenzymes as fossils of an earlier metabolic state. *Journal of Molecular Evolution* 7:101–104.

Wilkins, J. F., and D. Haig. 2001. Genomic imprinting of two antagonistic loci. *Proceedings of the Royal Society B* 268:1861–1867.

Wilkins, J. F., and D. Haig. 2003. What good is genomic imprinting: The function of parent-specific gene expression. *Nature Reviews Genetics* 4:359–368.

Williams, A. F., and A. N. Barclay. 1988. The immunoglobulin superfamily—domains for cell surface recognition. *Annual Review of Immunology* 6:381–405.

Williams, C. A., H. Angelman, J. Clayton-Smith, D. J. Driscoll, J. E. Hendrickson, J. H. M. Knoll, et al. 1995. Angelman syndrome: Consensus for diagnostic criteria. *American Journal of Medical Genetics* 56:237–238.

Williams, C. A., A. L. Beaudet, J. Clayton-Smith, J. H. Knoll, M. Kyllerman, L. A. Laan, et al. 2005. Angelman syndrome 2005: Updated consensus for diagnostic criteria. *American Journal of Medical Genetics* 140A:413–418.

Williams, G. C. 1966. *Adaptation and Natural Selection*. Princeton: Princeton University Press.

Williams, G. C. 1986. Comments on Sober's *The Nature of Selection*. *Biology & Philosophy* 1:114–122.

Williams, G. C. 1992. *Natural Selection: Domains, Levels, and Challenges*. Oxford: Oxford University Press.

Wilson, D. S. 1980. *The Natural Selection of Populations and Communities*. Menlo Park, CA: Benjamin/Cummings.

Wilson, D. S., and E. Sober. 1994. Reintroducing group selection to the human behavioral sciences. *Behavioral and Brain Sciences* 17:585–654.

Winkler, W., A. Nahvi, and R. R. Breaker. 2002. Thiamine derivatives bind messenger RNAs directly to regulate bacterial gene expression. *Nature* 419:952–956.

Winnie, J. A. 2000. Information and structure in molecular biology: Comments on Maynard Smith. *Philosophy of Science* 67:517–526.

Wistow, G. 1993. Lens crystallins: Gene recruitment and evolutionary dynamism. *Trends in Biochemical Sciences* 18:301–306.

Wistow, G. J., J. W. M. Mulders, and W. W. de Jong. 1987. The enzyme lactate dehydrogenase as a structural protein in avian and crocodilian lenses. *Nature* 326:622–624.

Wittgenstein, L. 1958. *Preliminary Studies for the "Physiological Investigations": Generally Known as the Blue and Brown Books*. Oxford: Blackwell.

Wrangham, R. W. 1999. Evolution of coalitionary killing. *Yearbook of Physical Anthropology* 42:1–30.

Wunner, W. H. 2007. Rabies virus. In *Rabies*, 2nd ed., ed. A. C. Jackson and W. H. Wunner, 23–68. Amsterdam: W. H. Elsevier.

Yamada, K. A., and J. J. Volpe. 1990. Angelman's syndrome in infancy. *Developmental Medicine and Child Neurology* 32:1005–1011.

Yu, S., D. Yu, E. Lee, M. Eckhaus, R. Lee, Z. Corria, et al. 1998. Variable and tissue-specific hormone resistance in heterotrimeric G_s protein α-subunit ($G_s\alpha$) knockout mice is due to tissue-specific imprinting of the $G_s\alpha$ gene. *Proceedings of the National Academy of Sciences USA* 95:8715–8720.

Zhivotovsky, L. A., M. W. Feldman, and F. B. Christiansen. 1994. Evolution of recombination among multiple selected loci: A generalized reduction principle. *Proceedings of the National Academy of Sciences USA* 91:1079–1083.

Zwanzig, R., A. Szabo, and B. Bagchi. 1992. Levinthal's paradox. *Proceedings of the National Academy of Sciences USA* 89:20–22.

Zyskind, J. W., and D. W. Smith. 1992. DNA replication, the bacterial cell cycle, and cell growth. *Cell* 69:5–8.

출처

챕터 2부터 11까지는 기출간된 에세이를 수정한 내용이다.

Chapter 2: Haig, D. 1997. "The Social Gene." In *Behavioural Ecology*, 4th ed., ed. J. R. Krebs and N. B. Davies, 284–304. Oxford: Blackwell Scientific.

Chapter 3: Haig, D. 2006. "The Gene Meme." In *Richard Dawkins: How a Scientist Changed the Way We Think*, ed. A. Grafen and M. Ridley, 50–65. Oxford: Oxford University Press.

Chapter 4: Haig, D. 2012. The strategic gene. *Biology and Philosophy* 27:461–479.

Chapter 5: Haig, D. 2008. "Conflicting Messages: Genomic Imprinting and Internal Communication." In *Sociobiology of Communication*, ed. P. D'Ettorre and D. P. Hughes, 209–223. Oxford: Oxford University Press.

Chapter 6: Haig, D. 2006. "Intrapersonal Conflict." In *Conflict*, ed. M. K. Jones and A. C. Fabian, 8–22. Cambridge: Cambridge University Press, Cambridge.

Chapter 7: Haig, D. 2003. "On Intrapersonal Reciprocity." *Evolution and Human*

Behavior 24:418–425.

Chapter 8: Haig, D. 2011. "Sympathy with Adam Smith and Reflexions on Self." *Journal of Economic Behavior and Organization* 77:4–13.

Chapter 9: Haig, D. 2013. "Proximate and Ultimate Causes: How Come? And What For?" *Biology and Philosophy* 28:781–786.

Chapter 10: Haig, D. 2015. "Sameness, Novelty, and Nominal Kinds." *Biology and Philosophy* 30:857–872.

Chapter 11: Haig, D. 2014. "Fighting the Good Cause: Meaning, Purpose, Difference, and Choice." *Biology and Philosophy* 29:675–697.